Albert und Franz Haug

Angewandte Elektrische Meßtechnik

Albert und Franz Haug

Angewandte Elektrische Meßtechnik

Grundlagen, Sensorik, Meßverarbeitung

Mit 339 Bildern

Friedr. Vieweg & Sohn   Braunschweig/Wiesbaden

CIP-Titelaufnahme der Deutschen Bibliothek

Haug, Albert:
Angewandte elektrische Messtechnik: Grund-
lagen, Sensorik, Messwertverarbeitung / Albert
und Franz Haug. – Braunschweig; Wiesbaden:
Vieweg, 1991.
   (Viewegs Fachbücher der Technik)
   ISBN 3-528-04567-1

NE: Haug, Franz:

Der Verlag Vieweg ist ein Unternehmen der Verlagsgruppe Bertelsmann International.

Umschlaggestaltung: Hanswerner Klein, Leverkusen
Satz: Vieweg, Braunschweig
ISBN-13: 978-3-528-04567-8   e-ISBN-13: 978-3-322-85367-7
DOI: 10.1007/978-3-322-85367-7

Vorwort

Die elektrische Meßtechnik durchsetzt heute die gesamte Technik. Es gibt kaum noch Fälle, in denen Messungen nicht mit elektrischen bzw. elektronischen Mitteln abgewickelt werden. Das bedeutet, daß jeder Techniker und Ingenieur mit der elektrischen Meßtechnik in Berührung kommt — und sie eigentlich beherrschen müßte. Eine Ausbildung in elektrischer Meßtechnik ist in den Studiengängen der Elektrotechnik und auch der Feinwerktechnik üblich; andere Bereiche wie z. B. Maschinenbau oder Verfahrenstechnik haben die elektrische Meßtechnik jedoch nicht immer in ihrem Pflichtprogramm.

Bücher zum Fach „Elektrische Meßtechnik" gibt es eine ganze Reihe für die verschiedensten Stufen technischer Ausbildung bis zum Hochschulbereich. Oft sind es sehr breit angelegte Titel oder solche mit einer gewissen Spezialisierung. Deswegen haben wir versucht, ein Buch zu schaffen, das möglichst *alle* anspricht, Ingenieure in der Praxis sowie Studenten der verschiedensten Fachbereiche in Elektrotechnik und Maschinenwesen. Es soll ein Buch für Praktiker, es soll anwendbar und doch solide fundiert sein. Es werden die grundsätzlichen Zusammenhänge angesprochen, um das Verständnis zu setzen und das gezielte Einarbeiten in bestimmte Teilbereiche zu unterstützen. So wird das Buch auch zum Nachschlagewerk für den Praktiker, der oftmals die Grundlage in gestraffter Form nochmals durchgehen möchte. Dies führt ebenso wie der große Umfang des Gebiets zu einer recht knapp gefaßten Darstellung. Ein Buch, das alle, auch die spezielleren Fragen in Form von Patentlösungen beantworten könnte, wird es nicht geben und können wir nicht vorlegen.

Wir: das sind Vater und Sohn, beide in verschiedenen Bereichen der Meßtechnik tätig. Albert Haug ist Professor für Elektrische Meßtechnik an der Fachhochschule Ulm. Aus seiner langjährigen Erfahrung mit Vorlesungen und Wahlfächern für Nachrichtentechniker, Industrie-Elektroniker und Maschinenbauer stammen die Inhalte und die Darstellung. Er hat das Buch durchgehend getextet. Franz Haug ist Maschinenbauer und betreibt seit Jahren Meßtechnik und Meßdatenverarbeitung in der Prüfstandstechnik (für Kolbenmaschinen). Er hat das ganze Buch redigiert und korrigiert, von ihm stammen die Inhalte und die Darstellung der Meßpraxis, selbstverständlich hat er auch dort eingehender mitgewirkt, wo maschinenbauliche Vorstellungen auftreten, z.B. bei der Festigkeits- und Strömungslehre.

So hoffen wir, daß ein brauchbares Buch entstanden ist. Ein Buch vom Lehrer für Lernende geschrieben, ein Buch vom Maschinenbau-Meßtechniker für den Anwender (vor allem auch aus Bereichen außerhalb der Elektrotechnik) zugeschnitten. Wir würden uns sehr freuen, wenn das Buch in diesem Sinne seine Wirkung hat, und sind für jede Anregung und konstruktive Kritik dankbar. Dem Verlag danken wir, daß er dieses ungewöhnliche Autorenteam zugelassen und beim Entstehen des Buches entsprechend gefördert hat.

Ulm, im Oktober 1990
Albert Haug
Franz Haug

Inhaltsverzeichnis

Messen nicht-elektrischer Größen: BASIS-Sensoren 126

Messen nicht-elektrischer Größen:
Messen mechanischer Größen 162

Grundlagen: Definitionen, Geräte, Verfahren

1 Strukturen der elektrischen Meßtechnik

1.1 Die Meßkette

Die elektrische Meßtechnik hat die Aufgabe, physikalische Größen der verschiedensten Art umzusetzen in elektrische Signale. Die so formulierte Aufgabenstellung weist schon auf einige Probleme hin: die zu messende Größe wird nur in seltenen Fällen ihrer Natur nach elektrisch sein, also brauchen wir einen Umwandlungseffekt in eine elektrische Größe. Diese jedoch wird sehr verschieden sein können, eine Spannung, ein Strom, eine Frequenz oder ein digitales Signal. Ein kleines Beispiel soll die Situation aufzeigen.

Soll ein Druck (einer Flüssigkeit oder eines Gases) gemessen werden, dann gibt es hierfür keinen direkt brauchbaren „Effekt", um ein elektrisches Signal zu erzeugen. Man wird also nach **Bild 1.1** den Druck auf eine Membran wirken lassen und deren Durchbiegung in geeigneter Weise auf einen veränderlichen Widerstand, auf ein Potentiometer, übertragen. Die zu messende Größe *Druck* wird vom Umformer-Element *Membran* in eine andere physikalische Größe *Weg* übergeführt, die sich nun leicht in eine elektrische Größe *Widerstand* umsetzen läßt. Ein Widerstand ist nur über das Ohmgesetz erfaßbar, deswegen ist noch eine weitere, in Bild 1.1 als Meßbrücke ausgeführte Anordnung nötig, mit welcher die nicht direkt geeignete Größe *Widerstand* in ein elektrisch sehr gut verarbeitbares Signal *Spannung* umgesetzt wird.

Normalerweise ist eine solche Mehrfach-Umformung (Druck – Weg – Widerstand – Spannung) notwendig, wie dies **Bild 1.2**, die allgemeine Darstellung der sog. Meßkette, zeigt. Zu messende physikalische Größen müssen zunächst in solche umgeformt werden, die zur Umwandlung in eine elektrische Größe geeignet sind, wo also ein gut verwend-

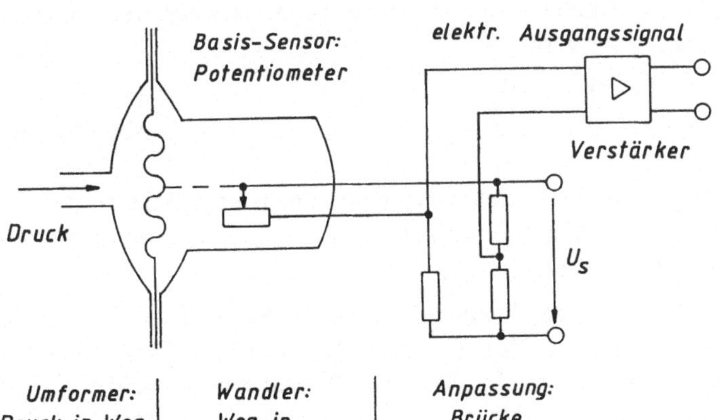

Bild 1.1
Beispiel für einen Sensor:
Aufnehmer für Druck

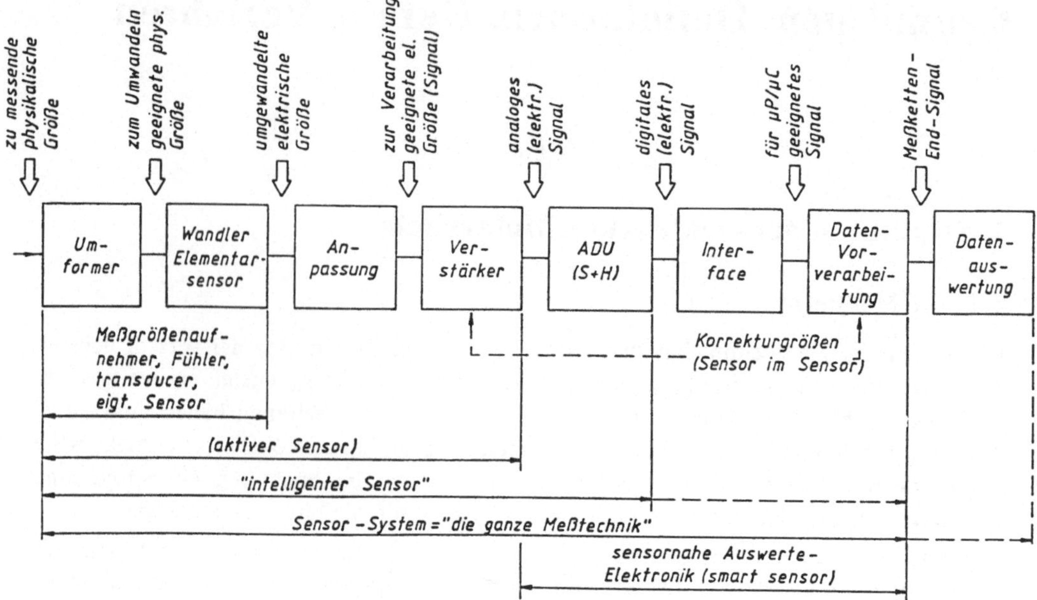

Bild 1.2 Die möglichen Glieder der Meßkette

barer physikalischer Umwandlungseffekt vorhanden ist. Dieser Umwandlungseffekt bzw. seine technische Realisierung wird als *Elementar-Sensor* oder *Basis-Sensor* bezeichnet. Die vorbereitende *Umformung* der zu messenden Größe und ihre *Umwandlung* in eine elektrische Größe zusammengenommen wird meist Meßgrößenaufnehmer, Fühler, *Transducer* (oder oft kurz *Sensor*) genannt.

Die Umsetzung in eine elektrische Größe bedeutet also leider nicht automatisch, daß diese als elektrisches Signal auch gut verarbeitbar ist. Möglicherweise ist eine Umformung in eine geeignete elektrische Größe wie Spannung, Strom oder Frequenz nötig, welche mit einem *Anpassung* genannten Glied der Meßkette erfolgt. Ein Verstärker macht üblicherweise die aufbereitete elektrische Größe zu einem weiter verwertbaren analogen Signal, wir haben einen *aktiven Sensor* vorliegen.

Typisch für Sensoren sind also folgende Schritte:

1. Umformung der zu messenden physikalischen Größe in eine zum Umwandeln ins Elektrische geeignete Größe;
2. Umwandlung über einen physikalischen Effekt in eine prinzipiell elektrische Größe;
3. Umformung/Anpassung der erzeugten elektrischen Größe in eine zur weiteren Verarbeitung gut geeignete; ggf. Verstärkung.

Nachdem nun ein analoges Signal vorliegt, kann es von einem Analog-Digital-Umsetzer (ADU) in ein rechner-geeignetes digitales Signal umgesetzt werden, ggf. ist dazu ein Abtast-Halte-Verstärker (*sample and hold*, S + H) nötig. Bei solchen Verstärkern wird über einen kurzzeitig betätigten, meist elektronischen Schalter ein Kondensator auf den

Wert des analogen Signals aufgeladen. Der Kondensator wirkt (für kurze Zeiten) wie ein Speicher, ein Verstärker nimmt das Signal ab und stellt es niederohmig zur Verfügung (vgl. Pufferverstärker, 5.2.2).

Die Meßkette bis einschließlich des ADU wird häufig als *intelligenter Sensor* bezeichnet. Ein Interface schafft vollends die Anpassung an die Datenverarbeitung, entweder als Vorverarbeitung oder als endgültige Auswertung. Damit ist jedoch alles genannt, was ein Sensor-System kennzeichnet, und dieses wiederum ist eigentlich nichts anderes als die gesamte (elektrische) Meßtechnik selbst.

Leider gibt es Größen, welche die Messung störend beeinflussen, entweder im zu messenden Prozeß vorhandene Störgrößen oder auch Nichtlinearitäten der einzelnen Meßkettenglieder. Hier kann man auf der analogen oder digitalen Seite eingreifen, z. B. durch Linearisierung oder dadurch, daß störende Größen zusätzlich gemessen und dann entsprechend berücksichtigt werden (Sensor im Sensor). Als *smart sensor* schließlich wird die sensornahe Elektronik bezeichnet, wenn man die Meßkette sozusagen von ihrem Ende her betrachtet.

1.2 Meßglied- und Meßketten-Koeffizient

Es gibt eine sehr einfache Methode, um Meßketten auch quantitativ abzuschätzen. Man geht dabei von idealisierten Gliedern der Meßkette aus, vgl. **Bild 1.3**, was aber normalerweise zulässig ist (bei elektrischen Meßkettengliedern wird z. B. der Eingang extrem hochohmig, der Ausgang extrem niederohmig angenommen). Sodann wird jedem Meßglied ein *Meßgliedkoeffizient* c_k zugeordnet, welcher Antwort gibt auf folgende Frage: wieviele Einheiten der Eingangsgröße werden benötigt, damit am Ausgang eine Einheit der Ausgangsgröße entsteht? Somit ist er definiert zu

$$c_k = \frac{\text{Einheiten der Eingangsgröße}}{\text{Einheit der Ausgangsgröße}} .$$

Dabei ist die Wahl der Einheit offen und kann auch in Untereinheiten nach DIN 1301 erfolgen. Das Aufstellen von Meßgliedskoeffizienten soll nun in einem Beispiel für eine Temperaturmeßeinrichtung vorgestellt werden.

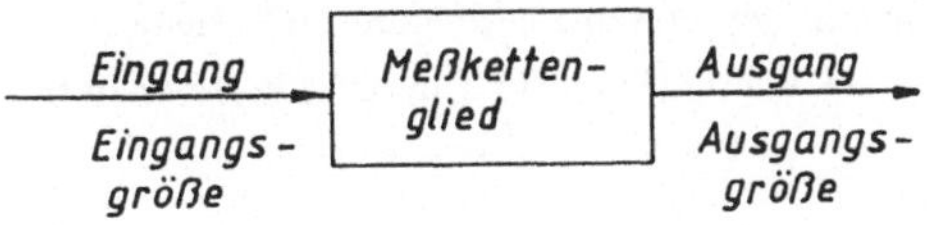

Bild 1.3
Symbol für ein allgemeines Meßkettenglied

Beispiel 1-1

Als *Sensor* dient ein Platin-Element Pt-100, dessen Widerstand R (nahezu) linear mit der Temperatur ϑ (in °C) zusammenhängt: $R(t) = R_0 (1 + \alpha \cdot \vartheta)$. Ändert sich die Eingangsgröße Temperatur des Sensors um $\Delta\vartheta$, dann ändert sich sein Widerstand, die Ausgangsgröße, um $\Delta R = R_0 \cdot \alpha \cdot \Delta\vartheta$. Mit der Zahlenangabe $R_0 = 100\ \Omega$ und $\alpha = 0{,}004/°\text{C}$ folgt zunächst $\Delta R = (0{,}4\ \Omega/°\text{C}) \cdot \Delta\vartheta$ und folglich der Meßgliedkoeffizient

$$c_{k1} = \frac{\Delta\vartheta}{\Delta R} = \frac{1}{(0{,}4\ \Omega/°\text{C})} = 2{,}5\ °\text{C}/\Omega .$$

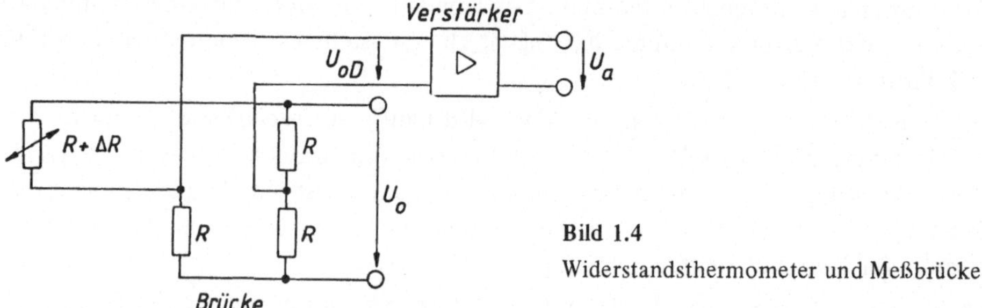

Bild 1.4

Widerstandsthermometer und Meßbrücke

Die Ausgangsgröße des Temperatursensors ist zwar eine elektrische Größe, ein Widerstandswert, aber somit zur weiteren Auswertung ungeeignet. Mit einer Brücke als *Anpaß-Schaltung* kann eine Spannung gewonnen werden. Für die in **Bild 1.4** gezeigte einfache Brücke gilt für kleine ΔR der Zusammenhang $U_{oD} = (1/4) \cdot U_0 \cdot (\Delta R/R)$. Dabei ist U_0 die Speisespannung der Brücke, U_{oD} ist die Ausgangsspannung dieser Anpaß-Schaltung, ΔR deren Eingangsgröße. Mit den Zahlwerten von $R = 100\ \Omega$ und $U_0 = 10\ V$ folgt für den Meßgliedkoeffizienten

$$c_{k2} = \frac{\Delta R}{U_{oD}} = \frac{4 \cdot R}{U_0} = \frac{4 \cdot 100\ \Omega}{10\ V} = \frac{40\ \Omega}{V} = \frac{0,04\ \Omega}{mV}.$$

Hier zeigt sich deutlich, wie die Angabe des Meßgliedkoeffizienten in den Einheiten frei wählbar ist. Da Brückenschaltungen kleine Ausgangsspannungen liefern, ist die Angabe $c_{k2} = 0,04\ \Omega/mV$ günstig.

Die kleine Diagonalspannung U_{oD} muß noch verstärkt werden. Dazu werde ein in Bild 1.4 eingezeichneter *Verstärker* verwendet. Seine Verstärkung ist $v = U_a/U_{oD} = 100$. Der Meßgliedkoeffizient ist indes als Kehrwert definiert mit

$$c_{k3} = \frac{U_{oD}}{U_a} = \frac{1}{100} = \frac{10\ mV}{V} = \frac{10\ mV}{1000\ mV}.$$

Bei Meßgliedkoeffizienten werden in Zähler und Nenner Dimensionsangaben gemacht, auch wenn sie eigentlich dimensionslos sind.

Bei *Anzeigen* ist die Eingangsgröße z. B. ein Spannungswert, die Ausgangsgröße hängt von der Art der Anzeige ab. Verwenden wir zur Anzeige bei unserem Temperaturmeßgerät ein Voltmeter, so hat ein solches z. B. den Meßgliedkoeffizienten $c_{k4} = 10\ mV/Skt$: die Angabe bezieht sich auf die Skalenteile. Bei einem Digitalvoltmeter würde die Angabe entsprechend z. B. $c_{k4} = 10\ mV/Digit$ lauten, wobei ein Digit eine Einheit der letzten angezeigten Stelle bedeutet.

Multipliziert man alle Meßgliedkoeffizienten einer Meßkette, dann wird der *Meßketten-Koeffizient* c_M gebildet:

$$c_M = c_{k1} \cdot c_{k2} \cdot \ldots$$

Er beschreibt eine Meßkette von ihrem Eingang, der zu messenden Größe, bis zum Ausgang, also z. B. der Anzeige. Für unsere Beispiele ist die Meßkette in **Bild 1.5** zusammengefaßt. Rechnerisch ergibt sich der Meßkettenkoeffizient für die analoge Anzeige mit Voltmeter zu

$$c_M = \frac{2,5\ ^\circ C}{\Omega} \cdot \frac{0,04\ \Omega}{mV} \cdot \frac{10\ mV}{1000\ mV} \cdot \frac{10\ mV}{Skt} = \frac{0,01\ ^\circ C}{Skt},$$

derjenige für die digitale Anzeige mit

$$c_M = \frac{2,5\ ^\circ C}{\Omega} \cdot \frac{0,04\ \Omega}{mV} \cdot \frac{10\ mV}{1000\ mV} \cdot \frac{10\ mV}{Digit} = \frac{0,01\ ^\circ C}{Digit}.$$

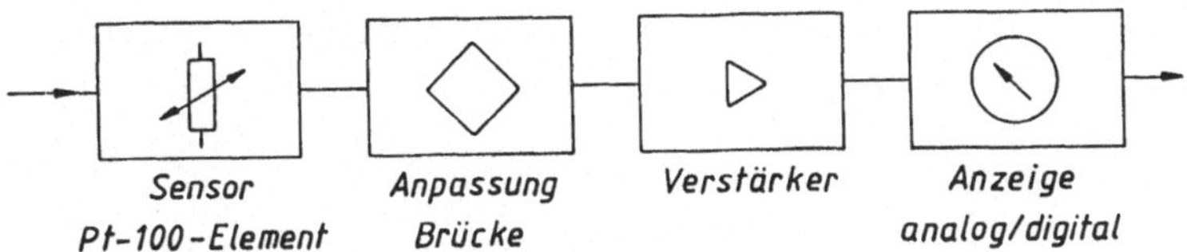

Bild 1.5 Einfache Meßkette zur Temperaturmessung

Mit den zusammengefaßten Angaben 0,01 °C/Skt bzw. 0,01 °C/Digit wird ein Temperaturmeßgerät, vor allem für den Anwender wie etwa den Maschinenbauer, summarisch sehr gut beschrieben. Der Meßkettenkoeffizient c_M kennzeichnet in einfacher Art die Auflösung bzw. Empfindlichkeit einer Meßkette, sagt aber nichts aus über Fehler oder Nichtlinearitäten. Mit dem ausführlichen Beispiel konnte der Meßkettenkoeffizient wie auch der Begriff des Meßgliedkoeffizienten anschaulich eingeführt werden.

1.3 Geeignete elektrische Größen

In Abschnitt 1.1 war angeklungen, daß die Umwandlung einer nicht-elektrischen in eine elektrische Größe mit einem Elementarsensor nicht unbedingt auch zu einer ‚geeigneten‘, also gut weiterverarbeitbaren, Größe führen muß. Dann ist das Meßkettenglied der Anpassung nötig, wie wir am Beispiel von 1.2 gesehen haben. Somit ist die Frage gestellt, was denn eigentlich „geeignete" elektrische Größen sind. Die Antwort ist einfach: Spannung, Strom und Frequenz brauchen keine weitere Anpassung, sind also zur Weiterverarbeitung gut geeignet, vor allem auch zur direkten Übertragung von Signalen mit Leitungen. Diese sei jetzt noch etwas näher erläutert.

Bild 1.6 zeigt den Spannungsausgang eines Meßkettengliedes bzw. einer Meßkette. Eine solche Spannungs*quelle* wird in der Elektrotechnik grundsätzlich dargestellt als Innenwiderstand R_0 und Quellenspannung U_0, wobei letztere zur Meßgröße proportional ist. Eine solche Spannungsquelle arbeitet über den Widerstand R_L der Hin- und Rückleitung auf eine Empfangseinrichtung (z. B. einen Verstärker) mit dem Eingangswiderstand R_E. Die dort ankommende Spannung läßt sich berechnen zu

$$U_E = \frac{R_E}{R_0 + 2R_L + R_E} \cdot U_0 = U_0 \Big/ \left[1 + \frac{R_0 + 2R_L}{R_E}\right] \approx U_0 \cdot \left[1 - \frac{R_0 + 2R_L}{R_E}\right],$$

wenn man annimmt, daß der Eingangswiderstand R_E sehr groß ist gegen die beiden Zuleitungen $2R_L$ und den Innenwiderstand R_0 der Quelle. Denn dann darf man das Verhältnis der Widerstände als kleine Größe $\Delta = (R_0 + 2R_L)/R_E$ ansetzen und nach

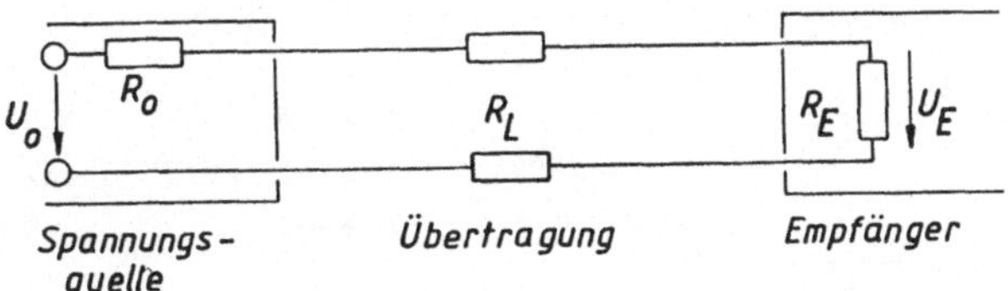

Bild 1.6

Meßkette mit Spannungsausgang

$1/(1 + \Delta) \approx 1 - \Delta$ behandeln. Darf der Fehler der Spannungsübertragung $F\,\%$ groß sein, so muß der Verstärkereingang die Größe

$$R_E \geqslant (R_0 + 2\,R_L) \cdot \frac{100\,\%}{F\,\%}$$

haben. Spannungsübertragungen sind nicht genormt, es hat sich aber eine Spannung von $\pm\,10\,V$ als Einheitsspannung (für Ein- und Ausgänge) eingebürgert.

Endet ein Meßglied oder eine Meßkette mit einem Stromausgang nach **Bild 1.7**, dann ist der Innenwiderstand R_0 der Stromquelle hochohmig, der Eingangswiderstand R_E des nachfolgenden Gliedes jedoch sollte möglichst klein sein, denn nur dann fließt der größtmögliche Strom in den Empfänger. Damit ergibt sich der Empfängerstrom zu

$$I_E \approx I_0 \cdot \left[1 - \frac{R_E + 2\,R_L}{R_0} \right]$$

und

$$R_0 \geqslant (R_E + 2\,R_L) \cdot \frac{100\,\%}{F\,\%}$$

für den Ausgangsinnenwiderstand R_0 der Stromquelle, wenn der Fehler nicht größer als $F\,\%$ sein darf.

Zur Stromübertragung ist eine Zuordnung von $0{-}20\,mA$ genormt, ebenso eine solche von $4{-}20\,mA$. Bei letzterer wird der Meßgröße Null ein Strom von $4\,mA$ zugeordnet (*live zero*). Diese $4\,mA$ können zur Überwachung der Leitung (Strom Null bei Leitungsunterbrechung!) oder zur Versorgung einer Elektronik mit geringem Leistungsbedarf verwendet werden.

Waren Strom und Spannung rein analoge Signale, so liegt die frequenzanaloge Signaldarstellung und -übertragung nach **Bild 1.8** zwischen Analog und Digital Der Ausgang des

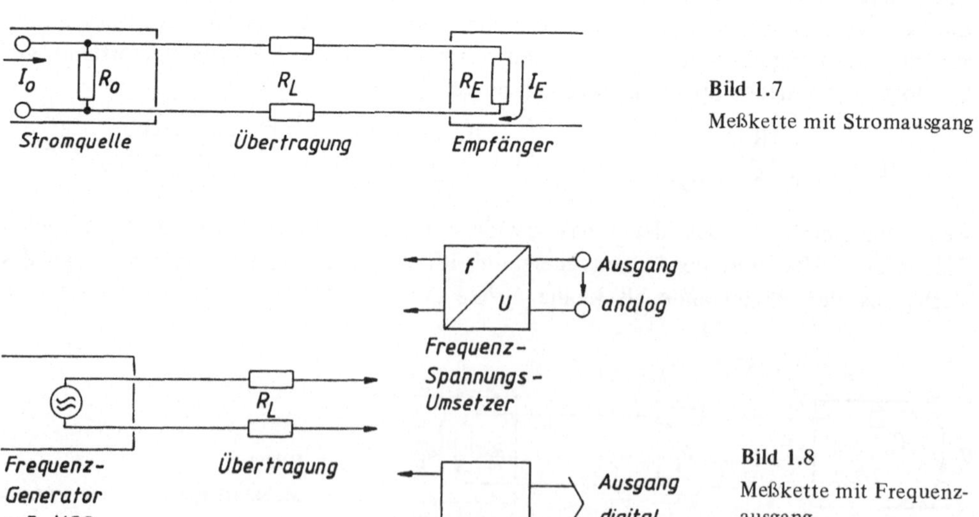

Bild 1.7
Meßkette mit Stromausgang

Bild 1.8
Meßkette mit Frequenzausgang

Meßgliedes bzw. der Meßkette ist ein Frequenzgenerator, dessen Ausgangsfrequenz zur Meßgröße proportional ist.

Dies wird normalerweise von Spannungs-Frequenz-Umsetzern geleistet (U-f-Umsetzer, engl. *voltage to frequency converter*), die oft auch als VCO (*voltage controlled oscillator*), als spannungsgesteuerte Oszillatoren, bezeichnet werden. Dafür gibt es eine Reihe von Schaltungen, die auch als integrierte Einheiten (IC's, *integrated circuits*) erhältlich sind. Verändert sich die Meßgröße x mit der Zeit t, dann ändert sich auch die Frequenz, und es gilt $f(t) \sim x(t)$.

Die Darstellung als variable Frequenz ist aber nichts anderes als eine Frequenzmodulation FM, die wir als das beim UKW-Rundfunk benützte (und gegenüber der Amplitudenmodulation AM weniger störanfällige) Verfahren kennen. Liegt also FM vor, dann wird der U-f-Umsetzer auch als „Unterträgeroszillator" bezeichnet.

Nach der Signalübertragung kann ein Frequenz-Spannungs-Umsetzer (f-U-Umsetzer, *frequency to voltage converter*) wieder eine analoge Spannung erzeugen. Dann erfolgte die Übertragung zwar als Frequenz, das Ausgangssignal ist jedoch als Spannung analog. Die übertragene Frequenz kann aber auch in einem Zähler gezählt und somit digitalisiert werden.

Die Frequenz als Signalgröße steht sozusagen zwischen Analog und Digital. Die Leitungsqualität braucht nicht groß zu sein, die Widerstände $2 \cdot R_L$ spielen keine Rolle. Die Information liegt in der Anzahl von Vorgängen (Impulse, Sinusschwingungen) bzw. Nulldurchgängen pro Zeit; die Spannungswerte (Amplituden) selbst spielen keine Rolle. Die frequenzanaloge Darstellung für die Übertragung von Meßwerten ist in den IRIG-Regeln (*interrange instrumentation group*) zwar niedergelegt, aber nicht genormt.

1.4 Parallel- und Kreisstruktur

Außer der Kettenstruktur kommt in der Meßtechnik noch die Parallel- und die Kreis-Struktur vor. Die Parallelstruktur ist in **Bild 1.9** skizziert. Die Größe x wird auf zwei parallele Glieder gegeben, danach wird die Summe bzw. Differenz der Signale y_1 bzw. y_2 gebildet. Sehr häufig wird das Differenzprinzip verwendet, um additive Störungen zu eliminieren.

Nehmen wir einmal an, die Meßkettenglieder von Bild 1.9 hätten eine nichtlineare Übertragungskennlinie mit quadratischem Glied (darstellbar durch eine Potenzreihe) und es komme noch additiv eine Störung f(stör) zum Tragen. Dann kann man angeben

$$y = a_0 + a_1 \cdot x + a_2 \cdot x^2 + f(\text{stör}).$$

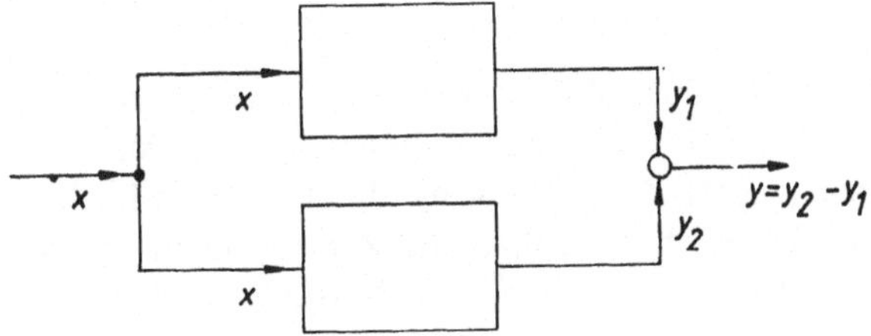

Bild 1.9
Parallel-Struktur

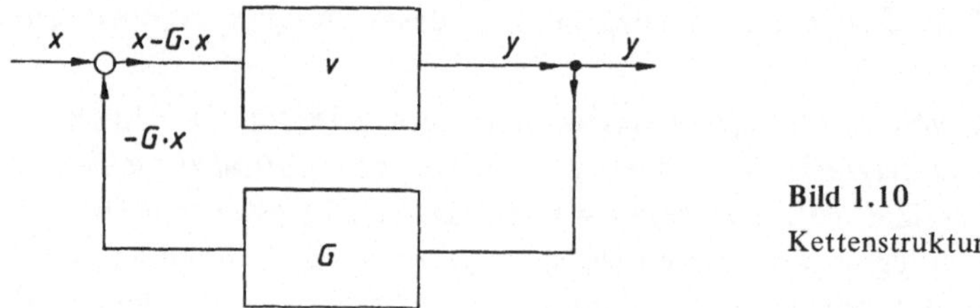

Bild 1.10
Kettenstruktur

Wird nun auf das Meßglied 2 die Größe $(x_0 + x)$, auf das Meßglied 1 jedoch $(x_0 - x)$ gegeben und nach der Parallelstruktur die Differenz gebildet, dann folgt

$$y_2 = a_0 + a_1 \cdot (x_0 + x) + a_2 \cdot (x_0 + x)^2 + f(\text{stör})$$

und

$$y_1 = a_0 + a_1 \cdot (x_0 - x) + a_2 \cdot (x_0 - x)^2 + f(\text{stör}).$$

Die Differenz

$$y = y_2 - y_1 = 2 \cdot (a_1 + 2 \cdot a_2 x_0) \cdot x$$

enthält keinen quadratischen Anteil mehr, ist also linear. Auch das Störglied hebt sich weg. Die Differenzschaltung kann also mit Erfolg zur Linearisierung und zum Eliminieren gleichgroßer Störungen benutzt werden.

Bei der Kreisstruktur nach **Bild 1.10** wird die Ausgangsgröße y, mit dem Faktor G multipliziert, von der Eingangsgröße x abgezogen und die Differenz auf ein Glied mit der Verstärkung v gegeben. Somit gilt

$$y = v \cdot (x - G \cdot y) = x \cdot \frac{v}{1 + v \cdot G} = \frac{v/G}{v + 1/G} \cdot x.$$

Ist $v \gg 1/G$, dann gilt $y \sim x/G$, der Reziprokwert der Übertragung G bestimmt das Gesamtverhalten.

Kreisstrukturen sind in der Meßtechnik überwiegend Gegenkopplungen der dargestellten Art, die als elektromechanische oder elektronische Nachführschaltungen eingesetzt werden.

1.5 Messen − Steuern − Regeln − Rechnen

Es wird kaum möglich sein, die Vielfalt der Zusammenhänge im Bereich der Meßtechnik alle aufzuzählen. Trotzdem läßt sich sagen, daß die Meßtechnik ein wesentlicher Teil im Gesamtbereich der Erfassung, Steuerung, Regelung und Berechnung von Größen aller Art ist. In **Bild 1.11** ist dies skizziert.

Die uns schon geläufige Meßkette ist durch einen Multiplexer (MUX) erweitert, der es gestattet, mehrere Meßkanäle zeitlich nacheinander durchzuschalten. Die Meßkette endet mit einem Analog-Digital-Umsetzer (ADU), dessen Ausgang direkt mit dem Rechner bzw. (Mikro-)Prozessor verbunden ist. Der Rechner enthält die Zentraleinheit (*central processing unit*, CPU) und interne Speicher. Diese können als Nur-Lesespeicher (*read*

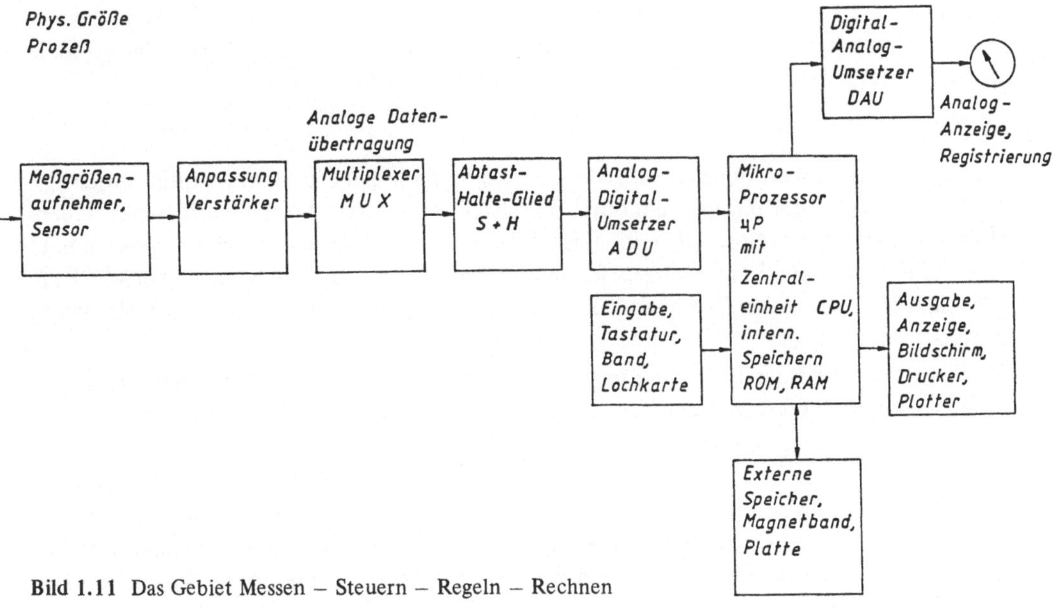

Bild 1.11 Das Gebiet Messen – Steuern – Regeln – Rechnen

only _memory_, ROM) oder Schreib-Lese-Speicher mit wahlfreiem Zugriff (_random_ _access_ _memory_, RAM) ausgeführt sein. Weiterhin verfügt der Rechner über externe Massenspeicher, über eine Eingabe sowie über eine Ausgabe von Daten. Die Ausgabe kann eine reine Anzeige oder Protokollierung sein, sie kann aber auch ein elektrisches, z. B. über einen Digital-Analog-Umsetzer (DAU) gewonnenes, Analogsignal sein.

Wird das Ausgangssignal zur Nachführung einer Größe benützt, dann liegt eine Steuerung vor, deren Struktur kettenartig ist. Wird das Ausgangssignal zur Einwirkung auf die gemessene Größe zurückgeführt, dann haben wir den klassischen geschlossenen Regelkreis vor uns. Meßtechnik ist also der Anfang jeder Erfassung, Steuerung, Regelung oder (rechnerischen) Auswertung physikalischer Größen.

2 Fehler

2.1 Fehler-Definitionen

2.1.1 Systematische Fehler

Systematische Fehler haben nach DIN 1319 folgende Kennzeichen:

- Sie werden verursacht durch die Unvollkommenheit der Meßgeräte bzw. Meßverfahren;
- sie lassen sich grundsätzlich bestimmen nach Betrag und Vorzeichen und können deswegen auch grundsätzlich durch Rechnung oder technischen Aufwand eliminiert werden;
- sie machen ein Meßergebnis _unrichtig_.

Systematische Fehler werden z. B. hervorgerufen durch Temperatureinflüsse, Schwankungen der Versorgungsspannungen, nicht-ideale Schaltungen und/oder Bauelemente. Man unterscheidet zwei Definitionen. Die eine gilt für den *absoluten Fehler,*

$$F_{abs} = IST - SOLL.$$

Dabei ist der IST-Wert der am Meßgerät angezeigte, fehlerbehaftete und mithin unrichtige Wert, der SOLL-Wert dagegen ein durch Vergleich mit einem „Normal" erhaltener fehlerfreier Vergleichswert. Normalien, im Maschinenbau auch als *Maßverkörperung* bezeichnet, sind reproduzierbare Darstellungen für die zu messenden Größen, werden bei der PTB (Physikalisch-technische Bundesanstalt, Braunschweig) gepflegt und sind als Gebrauchs-Normale marktgängig.

Ist der absolute Fehler F_{abs} noch mit der Dimension der zu messenden Größe behaftet, so verschwindet diese Eigenschaft beim *relativen Fehler,* dessen Grund-Definition mit

$$F_{rel} = (IST - SOLL)/SOLL$$

angegeben wird. Leider ist diese Grund-Definition nicht immer praktisch. Bei anzeigenden Meßgeräten wird ja für kleine zu messende Werte der SOLL-Wert immer kleiner, und damit wächst der relative Fehler mehr und mehr an. Deswegen definiert man für solche Fälle günstiger

$$F_{rel} = (IST - SOLL)/Meßbereichsendwert.$$

Beim Kalibrieren bzw. Eichen (zu den Begriffen wird auf die VDI/VDE-Richtlinie 2600 Metrologie – Meßtechnik – verwiesen) von anzeigenden Meßgeräten werden im Meßbereich mindestens 10 gleichmäßig verteilte Punkte durch Vergleich mit einem Normal ermittelt. Wird der SOLL-Wert als Ordinate über dem IST-Wert aufgetragen, dann entsteht die *Eich-Kurve;* wird jedoch der Fehler selbst über dem IST-Wert abgebildet, so liegt die *Fehler-Kurve* vor. Die gemessenen Punkte beider Kurven werden *geradlinig* verbunden, was einer linearen Interpolation entspricht. Schließlich bleibt anzumerken, daß man den Fehler mit umgedrehtem Vorzeichen als *Korrektur* oder *Korrektion* bezeichnet: Korr = − F.

2.1.2 Zufällige Fehler

Es gibt eine ganze Reihe von Fehlern, die nicht beherrschbar sind und andere Kennzeichen als diejenigen für absolute Fehler tragen:

- sie schwanken bei Wiederholung der Messungen nach Betrag und Vorzeichen und lassen sich somit über statistische Hilfsmittel angehen;
- sie machen ein Meßergebnis *unsicher.*

Die grundsätzlichen statistischen Überlegungen gehen davon aus, daß sich die zufälligen Fehler ausgleichen, wenn man eine Anzahl von n Messungen $x_1 \ldots x_i \ldots x_n$ unter (scheinbar) gleichen Bedingungen durchführt. Der *arithmetische Mittelwert*

$$\bar{x} = (x_1 + x_2 + \ldots + x_n)/n$$

strebt dem SOLL-Wert zu, $\bar{x} \rightarrow SOLL$, wenn $n \rightarrow \infty$.

Abweichungen können über die *Standard-Abweichung*

$$s = + \sqrt{\frac{1}{n-1} \cdot \left[x_i - \overline{x}\right]^2}$$

erfaßt werden. Der *Vertrauensbereich* gibt an, wieviel der arithmetische Mittelwert noch vom SOLL-Wert abweicht, wozu allerdings die Standard-Abweichung σ der Grundgesamtheit bekannt sein muß. Die einschlägigen Angaben finden sich in DIN 1319.

2.2 Fehlerangabe in der Praxis

In der Praxis wird davon ausgegangen, daß die systematischen Fehler vernachlässigbar klein oder in geeigneter Weise berücksichtigbar sind. Die zufälligen Fehler und den Anteil der weniger ins Gewicht fallenden, jedoch schwer erfaßbaren systematischen Fehler faßt man zusammen in die Angabe von *Grenzfehlern* der Form „SOLL-Wert ± Grenzfehleran-gabe". Wird vom Hersteller garantiert, daß die Fehler allenfalls die Grenzfehlerangabe erreichen, mit Sicherheit aber nicht übersteigen, dann liegt eine Angabe in Form einer *Garantie-Fehlergrenze* vor. Dies führt zu den bekannten Angaben wie etwa „Widerstand = SOLL-Wert ± Fehlergrenze" oder „Anzeige = SOLL-Wert ± Abweichung in % vom Meß-bereichs-Endwert".

Für anzeigende (analoge) Meßgeräte ist der *Klassenfehler* eine solche Grenzwert-Angabe: er besagt, um wieviel Prozent des Meßbereichs-Endwerts (bzw. der Skalenlänge) die Anzeige höchstens vom SOLL-Wert abweichen darf. Es gibt Klassen 0,1/0,2/0,5 für Fein-meßgeräte und diejenigen von 1,0/1,5/2,5/5 für Betriebsmeßgeräte. Will man den Fehler wissen, der infolge einer Anzeige (eines Zeigerausschlages also) bezogen auf diese Anzeige entsteht, dann gilt dafür die Beziehung F_{rel} = Klassenfehler x (Meßbereich/Anzeige); bei kleinen Zeigerausschlägen kann der relative Fehler F_{rel} also erheblich größer werden als die Klassenfehlerangabe! Dies ist auch der Grund dafür, daß Zeigermeßgeräte nur im oberen Drittel ihrer Skala benutzt werden sollen; dann ist nach unserer Angabe $F_{rel\,max}$ $\leqslant 1,5$ x Klassenfehler.

Bei digitalen Meßgeräten ist der typische Fehler ± 1 Digit, wobei 1 Digit die Einheit der letzten angezeigten Stelle bedeutet. Zu diesem prinzipiellen Fehler werden dann noch ggf. zusätzlich nötige Fehlergrenzen angegeben (vgl. 8.7).

Alle Grenzfehler-Angaben machen eine Aussage über den größten, zu erwartenden Fehler, der nicht eintreten muß, aber höchstenfalls eintreten kann. Es sind Fehlerangaben für den „schlimmsten zu erwartenden Fall" (*worst case*).

2.3 Fehler bei linearen Übertragungsgliedern

Jedes Meßkettenglied hat nach Bild 1.3 einen Eingang und einen Ausgang. Die Übertra-gung vom Eingang x zum Ausgang y soll linear erfolgen, also der Form y = k · x entspre-chen. Die ideale Übertragungskennlinie ist somit nach **Bild 2.1a** eine Ursprungsgerade. Leider gibt es jedoch drei Arten von Fehlern, welche diese ideale Übertragung stören.

a) Nullpunkt-Fehler (**Bild 2.1b**)

Die Steigung der Übertragungsgeraden stimmt, jedoch beginnt sie nicht im Nullpunkt, sondern bei einem Achsenabschnitt b, so daß die Kennlinie mit y = k · x + b beschrieben

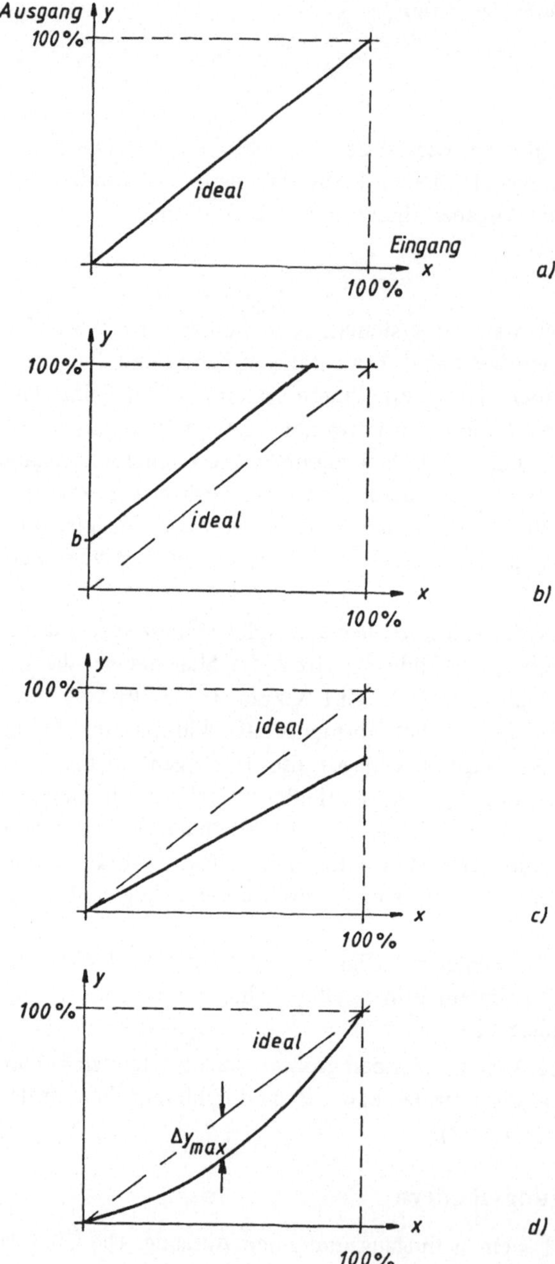

Bild 2.1 Fehler bei linearen Übertragunggliedern einer Meßkette

a) die ideale Kennlinie, eine Gerade

b) Offset-Fehler (Nullpunkt-Fehler): der Nullpunkt stimmt nicht!

c) Gain-Fehler (Skalenfaktor-Fehler): die Steigung stimmt nicht!

d) Nicht-Linearität, es wird der maximale Fehler Δy_{max} angegeben wird. Durch eine additive Korrektur (z. B. das Einaddieren einer Spannung oder die mechanische Nullstellung eines Zeigers) kann dieser Nullpunktfehler prinzipiell ausgeglichen werden. Das geschieht durch einen Nullpunkt- oder Offset-Abgleich.

b) Skalenfaktorfehler (**Bild 2.1c**)

Liegt ein solcher vor, dann stimmt zwar der Nullpunkt, nicht jedoch der Endpunkt der Übertragungsgeraden, die Kennlinie ist mit $y = m \cdot k \cdot x$ angebbar, wobei $m = 1 \pm p$ $(p \ll 1)$ nur wenig von 1,0 abweicht. Da bei elektronischen Meßketten(gliedern) oft ein Verstärker zu finden ist, kann die fehlerhafte Geradensteigung durch eine Korrektur des Verstärkungsfaktors (also multiplikativ) prinzipiell abgeglichen werden: man spricht von einem Gain-Abgleich (bzw. Abgleich am Meßbereichs-Ende).

c) Linearitätsfehler (**Bild 2.1d**)

Hier stimmen Nullpunkt und Meßbereichs-Ende überein, dazwischen aber verläuft die Übertragungskennlinie nicht linear, sondern gekrümmt. Ein solcher Fehler ist prinzipiell nicht abgleichbar. Die Übertragungskennlinie läßt sich durch eine Potenzreihe darstellen:

$$y = a_0 + a_1 \cdot x + a_2 \cdot x^2 + a_3 \cdot x^3 + \ldots$$
$$\uparrow = 0 \text{ wegen Offset-Abgleich}$$
$$= a_1 \cdot x \cdot [\,1 + (a_2/a_1) \cdot x + (a_3/a_1) \cdot x^2 + \ldots]$$
$$\uparrow \text{SOLL}$$

Mit einem Offset-Abgleich ist bereits $a_0 = 0$ erreicht worden. Dann kann man den SOLL-Wert ausklammern, und in der Klammer bleibt noch der Faktor 1,0 für die ideale Übertragung, additiv dazu der lineare relative Fehler der Größe $(a_2/a_1) \cdot x$ sowie die höheren Fehler, die aber in vielen Fällen unberücksichtigt bleiben können.

Die Praxis zeigt, daß nichtlineare, also gekrümmte Übertragungskennlinien meist keinen Wendepunkt haben, also nur einseitige Krümmung aufweisen. Wird nun ein Offset- und ein Gain-Abgleich vorgenommen, dann entsteht die Situation von Bild 2.1d: der Fehler Δy_{max} tritt nur in einer Richtung auf, diese sog. *Festpunkteinstellung* (nach VDI/VDE 2600) entspricht nicht der gewohnten Angabe von Grenzfehlern.

Dieses wird mit der *Toleranzband-Einstellung* nach **Bild 2.2** erreicht: Null- und Endpunkt werden so eingestellt, daß die Abweichung der nichtlinearen Kennlinie von der idealen Geraden nach Bild 2.1a symmetriert — und damit in ihrem Betrag auch in etwa halbiert! — wird. Das Halbieren des Fehlers und die Angabe als ± Grenzfehler machen einen guten

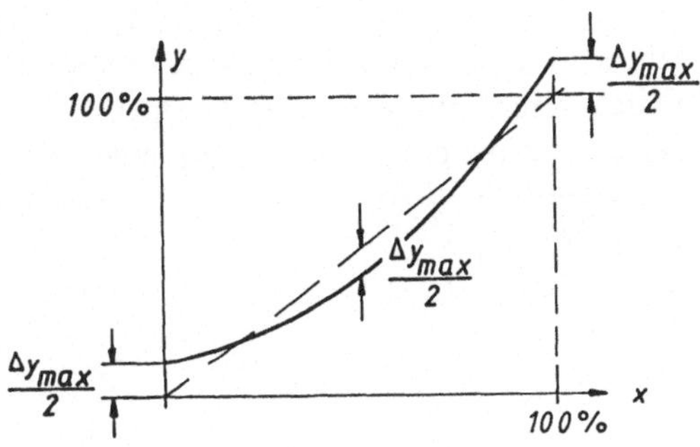

Bild 2.2

Die Toleranzband-Einstellung

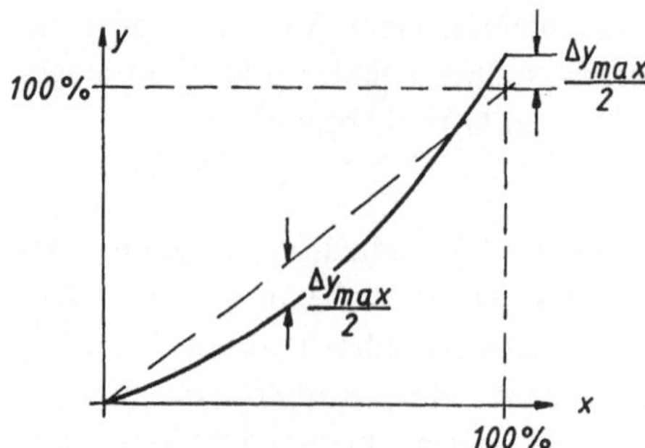

Bild 2.3
Die Minimum-Methode

Eindruck, können als Verkaufsargument benützt werden. Der Meßtechniker jedoch möchte zumindest gesichert wissen, daß der Nullpunkt auch wirklich bei Null liegt.

Dies schafft die *Anfangspunkt-Einstellung* (oder auch *Minimum-Methode* nach VDI/ VDE 2600) von **Bild 2.3**. Der Offset-Abgleich wird korrekt durchgeführt, der Gain-Abgleich jedoch so eingestellt, daß ebenfalls eine Symmetrierung des Fehlers in beide Richtungen entsteht.

2.4 Fehlerfortpflanzung

2.4.1 Allgemeine Angaben

Wird aus fehlerbehafteten Messungen $x_1, x_2, \ldots x_n$ rechnerisch eine neue Größe

$$y = f[x_1, x_2, \ldots x_n]$$

ermittelt, so interessiert selbstverständlich der infolge der Meßfehler auftretende Fehler Δy. Bei systematischen Fehlern in den Meßgrößen beschreibt das totale Differential den Fehler Δy:

$$\Delta y = \frac{\delta f}{\delta x_1} \cdot \Delta x_1 + \frac{\delta f}{\delta x_2} \cdot \Delta x_2 + \frac{\delta f}{\delta x_3} \cdot \Delta x_3 + \ldots .$$

Bei zufälligen Fehlern oder bei der Angabe von Grenzfehlern ist der größtmögliche, insgesamt zu erwartende Fehler (*worst case*) die Summe der Beträge aller Fehler, also

$$\Delta y_{max} = \pm \left[\left| \frac{\delta f}{\delta x_1} \cdot \Delta x_1 \right| + \left| \frac{\delta f}{\delta x_2} \cdot \Delta x_2 \right| + \left| \frac{\delta f}{\delta x_3} \cdot \Delta x_3 \right| + \ldots \right]$$

Wirken viele fehlerbehaftete Größen zusammen, dann ist zu erwarten, daß sich zufällige Fehler (auch bei Grenzfehlerangabe) zufällig auch einmal aufheben oder kompensieren. In einem solchen Fall gilt für den zu erwartenden Gesamtfehler folgender Zusammenhang:

$$\Delta y_{max} = \pm \sqrt{ \left[\frac{\delta f}{\delta x_1} \cdot \Delta x_1 \right]^2 + \left[\frac{\delta f}{\delta x_2} \cdot \Delta x_2 \right]^2 + \left[\frac{\delta f}{\delta x_3} \cdot \Delta x_3 \right]^2 + \ldots }$$

2.4.2 Einige Anwender-Regeln

Zunächst einmal nehmen wir an, es liegen nur jeweils zwei Meßwerte vor, die nach den Regeln der Grundrechenarten zu verknüpfen sind. Bei der Addition läßt sich nichts Allgemeines sagen. Bei der Subtraktion der beiden Meßwerte $x_1 = x_1 \pm \Delta x_1$ und $x_2 = x_2 \pm \Delta x_2$ folgt

$$y = (x_1 - x_2) \pm (\Delta x_1 + \Delta x_2) = y \pm \Delta y.$$

Bildet man den relativen Fehler, so folgt

$$F_{rel} = \frac{\Delta y}{y} = \pm \frac{\Delta x_1 + \Delta x_2}{x_1 - x_2}.$$

Daraus folgt eine erste Regel, denn für $x_2 \rightarrow x_1$ wächst F_{rel} evtl. über alle Grenzen an:

> Bei der Subtraktion zweier fehlerbehafteter Größen kann der relative Gesamtfehler sehr groß werden. Meßverfahren, welche auf Differenzbildung beruhen, möglichst vermeiden!

Für die Multiplikation wählt man die Form $x = x(1 \pm \Delta)$, so daß sich das Produkt als

$$y = x_1 \cdot x_2 \cdot (1 \pm \Delta_1) \cdot (1 \pm \Delta_2) = x_1 \cdot x_2 \cdot [1 \pm \Delta_1 \pm \Delta_2 \pm \Delta_1 \cdot \Delta_2]$$

schreiben läßt. Das Produkt $\Delta_1 \cdot \Delta_2$ ist „klein von 2. Ordnung" und kann vernachlässigt werden; der relative Fehler in y ist $F_{rel} = \Delta y/y = \pm (\Delta_1 + \Delta_2)$.

Dasselbe geschieht bei der Division: wird hier von der bekannten Näherungsformel Gebrauch gemacht, dann ergibt sich

$$y = \frac{x_1 \cdot (1 \pm \Delta_1)}{x_2 \cdot (1 \pm \Delta_2)} \approx \frac{x_1}{x_2} \cdot (1 \pm \Delta_1) \cdot (1 \pm \Delta_2)$$

und mithin wieder $F_{rel} = \pm (\Delta_1 + \Delta_2)$ wie bei der Multiplikation. Das führt zu der einfachen Regel:

> Bei Multiplikation und Division addieren sich (schlimmstenfalls) die relativen Fehler.

Ein einfaches Verfahren zum Ermitteln des (größten zu erwartenden) Gesamtfehlers gibt es bei Potenzprodukten der Form

$$y = (x_1)^a \cdot (x_2)^b \cdot (x_3)^c \cdot \ldots,$$

die sehr häufig vorkommen. Wendet man auf sie die Regel des totalen Differentials an, so ergibt sich einfach

$$F_{rel} = \frac{\Delta y}{y} = a \cdot \frac{\Delta x_1}{x_1} + b \cdot \frac{\Delta x_2}{x_2} + c \cdot \frac{\Delta x_3}{x_3} + \ldots$$

und damit eine weitere Anwenderregel.

> Bei Potenzprodukten ergibt sich der relative Gesamtfehler als die Summe der relativen Fehler der einzelnen Größen, jeweils (vorzeichenrichtig) multipliziert mit dem Exponenten.

Zwei Beispiele sollen das Kapitel über Fehler abschließen:

Beispiel 2-1

Für einen Plattenkondensator mit quadratischen Platten der Abmessung a im Abstand d gilt für die Kapazität der Zusammenhang $C = \epsilon_0\,\epsilon_r \cdot a^2/d$ mit ϵ_0 als der absoluten und ϵ_r als der relativen Dielektrizitätskonstanten. In Potenzform geschrieben wird daraus dann $C = \epsilon_0 \cdot (\epsilon_r)^1 \cdot (a)^2 \cdot (d)^{-1}$. Für den Fehler in der Kapazität, abhängig von den anderen Parametern des Kondensators, läßt sich sofort angeben: $F_{rel} = \Delta C/C = \Delta\epsilon_r/\epsilon_r + 2 \cdot \Delta a/a - \Delta d/d$.

Beispiel 2-2

Widerstände lassen sich durch Messen von Strom I und Spannung U nach dem Ohmgesetz $R = U/I$ bestimmen. Für den Quotienten R ist dessen rel. Fehler gleich der Summe der rel. Fehler von Spannung U und Strom I. Das Amperemeter habe einen Fehler von 1,5 % (Meßbereich 10 mA), das Voltmeter 1 % (Meßbereich 10 V), der Fehler ist beidemal auf den Meßbereichs-Endwert bezogen. Stellt man den Fehler verschiedener Anzeigen, bezogen auf diese Anzeige und den Gesamtfehler für R zusammen, dann entsteht **Tabelle 2.1.** Man kann deutlich die Unsicherheit in der Widerstandsmessung erkennen, wenn bei Volt- und Amperemeter nicht möglichst beim Meßbereichs-Endwert gearbeitet wird. Für $R = 10\ V/10\ mA = 1\ k\Omega$ beträgt der Fehler „nur" 1 % + 1,5 % = 2,5 %. Wird derselbe Widerstand bei $R = 1\ k\Omega = 1\ V/1\ mA$ bestimmt, dann muß ein Fehler von 10 % + 15 % = 25 % (!) in Kauf genommen werden. Übrigens sind bei Widerstandsmessungen nach dem Ohmgesetz diese Fehler aus der sog. Klassengenauigkeit der verwendeten Instrumente meist größer als die in 10.1 abgeleiteten systematischen Fehler.

Tabelle 2.1 Zum Beispiel 2-2

Anzeige U / Anzeige I	F_{rel}	1	2	5	10 mA	
	F_{rel}	15	7,5	3	1,5 %	
1	10	25	17,5	13	11,5	F_{rel} in %
2	5	20	12,5	8	6,5	für den
5	2	17	9,5	5	3,5	Widerstand
10 V	1 %	16	8,5	4	2,5	R = U/I

3 Klassische Meßwerke

3.1 Prinzipieller Aufbau

Die *klassischen* Meßwerke sollen hier als eine Art Analogrechner behandelt werden, die aus einem elektrischen Eingang (meistens für die Größe: Strom) einen analogen Ausgang in Form eines Zeigerausschlages ableiten. Für eine solche Betrachtung ist **Bild 3.1** günstig: Diese Darstellung mit dem elektrischen Eingang links und dem analogen *Ausgang* der Anzeige rechts entspricht der schon gewohnten Form eines Meßkettenglieds.

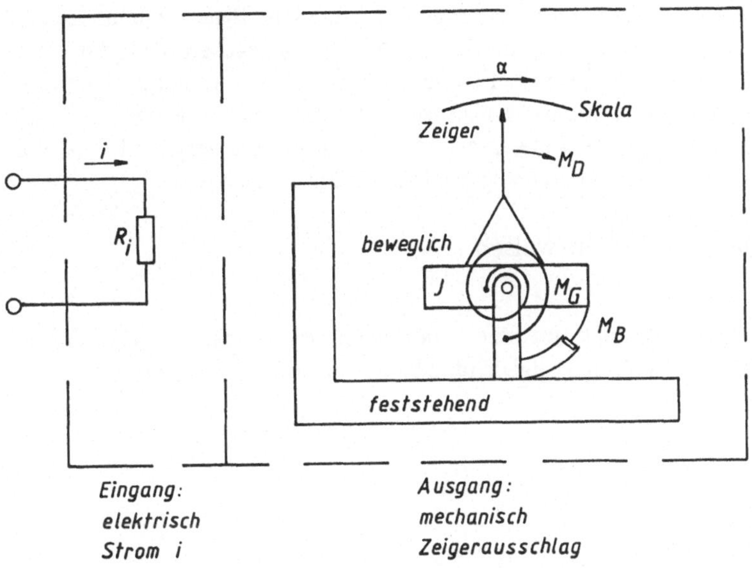

Bild 3.1 Aufbau-Elemente analoger Meßwerke

Der Eingang wird hinreichend genau beschrieben mit dem Innenwiderstand R_i des betreffenden Meßwerks; in einzelnen Fällen müßte noch die Induktivität L_i einer Spule oder die Kapazität C_i der Anordnung berücksichtigt werden, was aber für unsere Belange nicht vorkommen wird. In den Eingang hinein fließt ein Strom i, der als i(t) eine (z. B. periodische) Zeitfunktion sein kann.

Im Ausgang entsteht ein Zeigerausschlag als Winkel α, den ein bewegliches, drehbares Teil gegenüber einem festen Teil des Systems einnimmt. Dabei sind folgende Momente beteiligt:

$M_D = f[i(t)]$ — das antreibende Moment M_D ist eine Funktion des Stromes und kennzeichnet die typische Verhaltensweise des betreffenden Meßwerks

$M_G = c_f \cdot \alpha$ — das Gegenmoment ist proportional zum Zeigerausschlag und wird meist mit einer Spiralfeder verwirklicht

$M_B = W \cdot \dfrac{d\alpha}{dt}$ — das Bremsmoment M_B verhindert Schwingungen und ist zur Drehgeschwindigkeit $d\alpha/dt$ proportional

$M_J = J \cdot \dfrac{d^2\alpha}{dt^2}$ — das Trägheitsmoment M_J wird vom polaren Massenträgheitsmoment J und von der Winkelbeschleunigung bestimmt.

Die einzelnen hemmenden Momente müssen in jedem Augenblick mit dem antreibenden Moment im Gleichgewicht sein, was die Differentialgleichung des Systems ausdrückt:

$$J \cdot \frac{d^2\alpha}{dt^2} + W \cdot \frac{d\alpha}{dt} + c_f \cdot \alpha = f[(it)].$$

Der bewegliche Teil des anzeigenden Systems hat eine mechanische Eigenfrequenz ω_{mech}, die ohne Berücksichtigung der Dämpfung mit $\omega_{mech} \approx \sqrt{c_f/J}$ angegeben wird. Wir könnten nun die Differentialgleichung für jedes hier zu behandelnde Meßwerk und jede vorkommende Stromfunktion zu lösen versuchen. Es läßt sich viel Aufwand vermeiden, wenn wir uns die für jedes Meßwerk typische Funktion $f(i)$ ableiten und die verschiedenen typischen Betriebsweisen des hier behandelten allgemeinen Systems betrachten.

3.2 Typische Betriebs-Verhaltensweisen

a) Betrieb bei Gleichstrom

Es ist $I \neq f(t)$, der Zeiger stellt sich auf einen stationären Ausschlag α_0 ein, mithin ist $d\alpha/dt = 0 = d^2\alpha/dt^2$. Von der Differentialgleichung bleibt nur noch der Ausdruck

$$\alpha_0 = \frac{1}{c_f} \cdot f[I]$$

übrig.

b) Betrieb bei niedrigen Frequenzen $\omega_{el} \ll \omega_{mech}$

Die in der Stromfunktion $i(t)$ enthaltenen Frequenzen ω_{el} sind sehr klein. Das mechanische System kann trotz seiner Massenträgheit jedoch den Änderungen noch folgen, weil $d\alpha/dt$ sehr klein ist. Damit sind jedoch Zeigerbewegung und Beschleunigung in der Differentialgleichung wiederum vernachlässigbar, die Differentialgleichung schrumpft zusammen auf den Ausdruck

$$\alpha(t) = \frac{1}{c_f} \cdot f[i(t)]$$

Der Zeigerausschlag $\alpha(t)$ kann dem Stromverlauf $i(t)$ folgen, diese Betriebsweise ist also für schreibende Meßgeräte geeignet.

c) Betrieb bei hohen Frequenzen $\omega_{el} \gg \omega_{mech}$

Die Frequenzen im Stromverlauf $i(t)$ sind so groß, daß das mechanische System den raschen Änderungen nicht mehr folgen kann; es entsteht ein mittlerer Zeigerausschlag $\overline{\alpha}$ entsprechend dem zeitlichen Mittel aus dem antreibenden Moment M_D.

Dann ist definitionsgemäß $d\overline{\alpha}/dt = 0 = d^2\overline{\alpha}/dt^2$. Auf den Rest der Differentialgleichung ist die Mittelwertbildung anzuwenden:

$$\overline{\alpha} = \frac{1}{c_f} \cdot \frac{1}{T} \cdot \int_0^T f[i(t)] \cdot dt.$$

Dies ist eigentlich die wichtigste Aussage über das Verhalten aller analogen Zeigermeßwerke: sind die im Stromverlauf $i(t)$ enthaltenen Freqzenzen wesentlich größer als die mechanische Eigenfrequenz des Systems, so bildet dieses als Anzeige $\overline{\alpha}$ den zeitlichen Mittelwert.

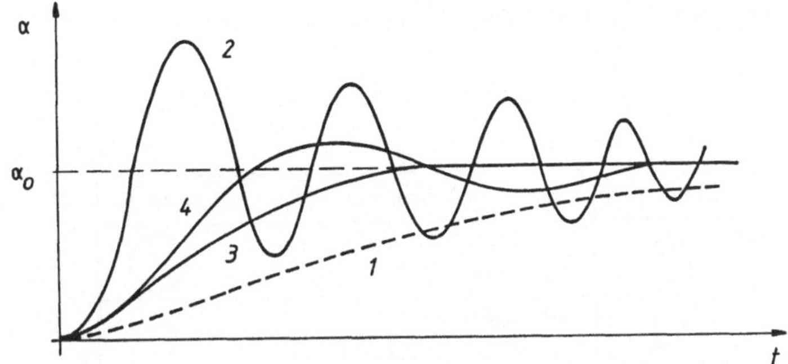

Bild 3.2 Einschaltverhalten analoger Meßwerke, α_0 ist der stationäre Endausschlag

(1) kriechend
(2) schwingend, periodisch
(3) theoretisch optimal, gerade nicht mehr schwingend: aperiodischer
    Grenzfall
(4) gedämpft schwingend.
    Einstellung in der Praxis: gedämpft schwingend, erstes Überschwingen
    ca. 1,5 % der Amplitude.

d) Einschaltverhalten

Wird für die Differentialgleichung des Systems der allgemeine Ansatz $\alpha = \alpha_0 \cdot [1 - e^{pt}]$ zur Lösung eingeführt, dann errechnet sich daraus $p = -(W/2J) \pm \sqrt{D}$. Darin ist der Ausdruck $D = (W/2J)^2 - c_f/J$ die Diskriminante. Ihr Wert bestimmt das Verhalten des Systems, wie es in **Bild 3.2** dargestellt wird:

$D > 0$ das System kriecht langsam in seine Endlage: kriechendes Verhalten (Kurve 1)

$D < 0$ das System schwingt um seinen Einstellpunkt mit gedämpfter Amplitude: schwingendes Verhalten (Kurve 2)

$D = 0$ das System stellt sich ohne Schwingen in der kürzest möglichen Zeit ein: aperiodisches Verhalten (Kurve 3).

Für den praktischen Betrieb sind Schwingen und Kriechen unbrauchbar. Auch das aperiodische (theoretisch ideale) Verhalten ist praktisch nicht sinnvoll, weil das System mit gegen Null gehender Geschwindigkeit in seine Endlage läuft und somit schon vorher beim Übergang von der Gleitreibung in die höhere Haftreibung steckenbleibt. Deswegen werden die mechanischen Systeme auf ein leicht schwingendes Verhalten mit ca. 1,5 % Überschwingen eingestellt (Bild 3.2, Kurve 4). Dann kann das Auge rechtzeitig wahrnehmen, wo etwa der Zeiger zur Ruhe kommen wird. Das Überschwingen verhindert ein zu frühzeitiges Steckenbleiben in der Reibung.

3.3 Allgemeine Angaben zu den Meßwerken

Auf den Skalen der klassischen Meßwerke finden sich die Sinnbilder und Symbole, wie sie in **Bild 3.3** nach VDE 0410 zusammengestellt sind. Weiterhin wird oftmals angegeben, wie sich die verschiedenen *Einflußgrößen* auf die Anzeige auswirken:

Sinnbilder zum Beschriften von Meßgeräten nach VDE 0410/10.59

Art des Meßwerkes	Sinnbild
Drehspul-Meßwerk mit Dauermagnet	
Drehspul-Quotientenmeßwerk	
Drehmagnet-Meßwerk	
Dreheisen-Meßwerk	
Elektrodynamisches Meßwerk	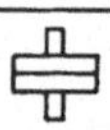
Eisengeschlossenes, elektrodynamisches Meßwerk	
Elektrodynamisches Quotientenmeßwerk	
Eisengeschlossenes elektrodynamisches Quotientenmeßwerk	
Induktions-Meßwerk	
Bimetall-Meßwerk	
Elektrostatisches Meßwerk	
Vibrations-Meßwerk	
Thermoumformer allgemein	
Drehspul-Meßwerk mit Thermoumformer	
Isolierter Thermoumformer	
Gleichrichter	
Drehspul-Meßwerk mit Gleichrichter	

Art des Meßwerkes	Sinnbild
Meßwerk mit Eisenschirm (Sinnbild für den Schirm)	
Meßwerk mit elektrostatischem Schirm (Sinnbild für den Schirm)	
Astatisches Meßwerk	a st
Gleichstrominstrument	
Wechselstrominstrument	
Gleich- und Wechselstrom-Instrument	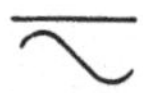
Drehstrominstrument mit einem Meßwerk	
Drehstrominstrument mit zwei Meßwerken	
Drehstrominstrument mit drei Meßwerken	
Senkrechte Gebrauchslage	
Waagerechte Gebrauchslage	
Schräge Gebrauchslage mit Angabe des Neigungswinkels	 $\angle 60°$
Zeigernullstellvorrichtung	
Prüfspannungszeichen: Die Ziffer im Stern bedeutet die Prüfspannung in kV (Stern ohne Ziffer 500 V Prüfspannung)	
Achtung (Gebrauchsanweisung beachten)	
Instrument entspricht bezüglich Prüfspannung nicht den Regeln	

Bild 3.3 Sinnbilder für Meßgeräte

Lage-Einfluß

Angabe bezogen auf die Skalenlänge, wenn eine Neigung um ± 5° gegenüber der Gebrauchs-
lage erfolgt.

Temperatur-Einfluß

Abweichung der Anzeige, bezogen auf Sollwert, bei Änderung der Temperatur um ± 10 °C
gegenüber Raumtemperatur (20 °C).

Fremdfeld-Einfluß

Zulässige zusätzliche Anzeigeänderung, bezogen auf Meßbereichsendwert, durch ein
homogenes Fremdfeld mit 4 A/cm.

3.4 Drehspulsysteme

3.4.1 Das Drehspulmeßwerk

Beim Drehspulmeßwerk wird die Kraftwirkung auf einen stromdurchflossenen Leiter im
Magnetfeld zum Erzeugen des antreibenden Moments ausgenützt. Das System besteht
nach **Bild 3.4** aus einem Dauermagneten, zwischen dessen Polen sich eine kleine Spule
drehen kann. Damit die magnetische Induktion B überall gleich ist, sind die Magnetpole
kreisförmig um einen zentrisch angeordneten Kraftlinienleitkörper angeordnet. Eine
solche Konstruktion macht hohe Induktionen im Luftspalt möglich, der Fremdfeldeinfluß bleibt gering. Bei sehr genauen Meßwerken (herstellbar ab Klasse 0,1, also mit 10^{-3}
Anzeigefehler) muß man ggf. den Temperaturgang der Wicklung der Drehspule berück-

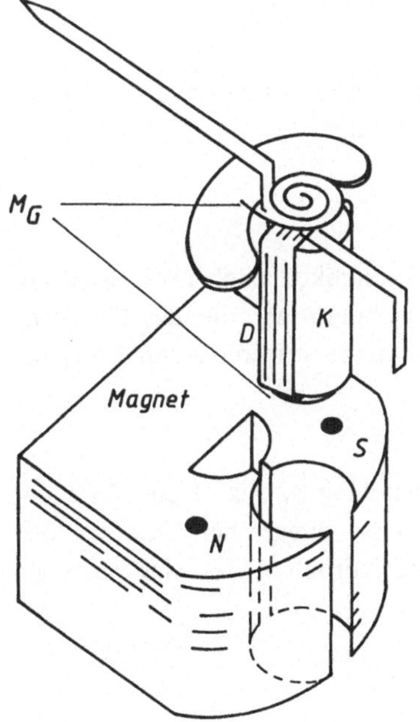

Bild 3.4
Drehspul;Meßwerk
mit Dauermagnet (N–S)
K: Kraftlinien;Leitkörper
D: Drehspule
M_G: Spiralfedern als Gegenmoment

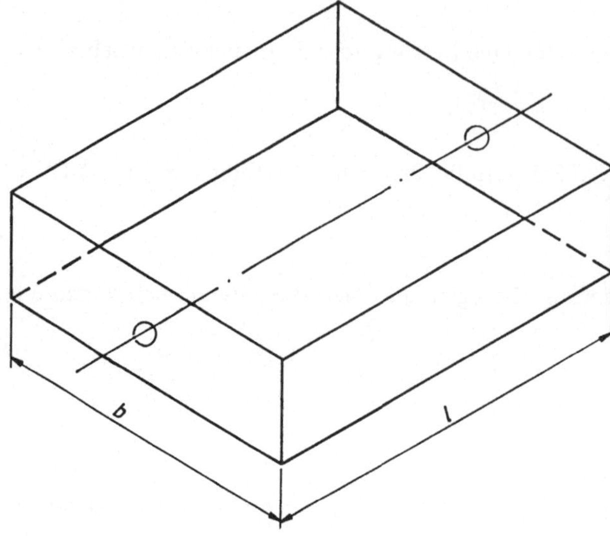

Bild 3.5
Die Drehspule und ihre
Abmessungen

sichtigen. Drehspulmeßwerke sind sehr empfindlich und sprechen ab ca. 10^{-8} W/Skalenteil an!

Zum Ermitteln der Skalengleichung verwenden wir **Bild 3.5**. Die Kraft auf einen vom Strom i durchflossenen Leiter der Länge l im Magnetfeld mit der Induktion B ist $F = l \cdot B \cdot i$, sofern Induktion und Strom senkrecht aufeinander stehen, was durch den Kraftlinienleitkörper erreicht wird. Bei N Windungen der Drehspule und Eingriff des Feldes auf beiden Längsseiten der Spule folgt

$$F = N \cdot 2 \cdot l \cdot B \cdot i.$$

Das antreibende Moment ist $M_D = F \cdot b/2$ und muß dem Gegenmoment $M_G = c_f \cdot \alpha$ die Waage halten. Aus dieser Gleichsetzung folgt die Skalengleichung

$$\alpha = \frac{1}{c_f} \cdot N \cdot l \cdot b \cdot B \cdot i(t) = k \cdot i(t) = f[i(t)].$$

Der Faktor k mit der Dimension [Skt/A] gibt die Empfindlichkeit nach DVE 0410 an, der Kehrwert $c_i = 1/k$ [A/Skt] heißt Stromkonstante. Nachdem wir die das Meßwerk beschreibende Beziehung $f[i(t)]$ kennen, werden wir nun die verschiedenen Betriebsweisen von Abschnitt 3.2 durchgehen.

a) Betrieb bei Gleichstrom

Bei Gleichstrom $i = I$ stellt sich ein stationärer Zeigerausschlag $\alpha_0 = k \cdot I$ ein. Dies beschreibt das bekannte Verhalten des Systems: die Skala ist linear, bei Umpolen des Stroms kehrt sich der Zeigerausschlag ebenfalls um. Das Verhalten des Meßwerks als lineares System wird deutlich.

b) Betrieb bei niedrigen Frequenzen $\omega_{el} \ll \omega_{mech}$

Hier ergibt sich $\alpha(t) = k \cdot i(t)$, der Zeiger folgt dem Augenblickswert des Stroms. Das wird bei schreibenden Meßgeräten (vgl. Abschnitt 4) ausgenützt.

c) Betrieb bei niedrigen Frequenzen $\omega_{el} \gg \omega_{mech}$

Diese Betriebsweise wird sehr viel verwendet und zeigt das Meßwerk mit zunächst nicht erwarteten Eigenschaften. Rein formal ergibt sich (vgl. Abschnitt 3.2 c) ein mittlerer Zeigerausschlag

$$\overline{\alpha} = k \cdot \frac{1}{T} \int_0^T i(t) \cdot dt = k \cdot \overline{i(t)}.$$

Das Meßwerk bildet den zeitlichen Mittelwert $\overline{i(t)}$ der Stromfunktion $i(t)$.

Ein Beispiel soll uns dies näherbringen, und zwar über die in der modernen Elektrotechnik/Elektronik häufig vorkommende Stromform einer Impulsfolge (auch als „Puls" bezeichnet) nach **Bild 3.6**. Der Abstand zweier Impulse ist durch die Periodendauer T_0 gegeben. Alle Impulse sind gleich groß und haben die Amplitude $\hat{i}$ sowie die Dauer t_1. Das Drehspulmeßwerk bildet unter der Voraussetzung $\omega_{el} \gg \omega_{mech}$ den Mittelwert

$$\overline{\alpha} \sim \overline{i(t)} = \frac{1}{T_0} \int_0^{t_1} \hat{i} \cdot dt = \frac{\hat{i}}{T_0} \int_0^{t_1} dt = \hat{i} \cdot \frac{t_1}{T_0}.$$

Daraus ergeben sich verschiedene Meß- und Einsatzmöglichkeiten für das Drehspulmeßwerk:

$\overline{\alpha} \sim \hat{i}$ Das Meßwerk mißt Strom-Scheitelwerte, wenn das Tastverhältnis t_1/t_0 bekannt ist.

$\overline{\alpha} \sim t_1$ Das Meßwerk kann Zeiten t_1 messen, wenn der Strom-Scheitelwert und die Periodendauer T_0 bekannt sind.

$\overline{\alpha} \sim t_1/T_0$ Das Meßwerk mißt Tastverhältnisse, wenn der Scheitelwert bekannt ist. Eine bekannte Anwendung ist die Anzeige des Zündwinkels bei Automotoren. Der Unterbrecherkontakt bildet eine Rechteckfunktion nach Bild 3.6, t_1/T_0 ist

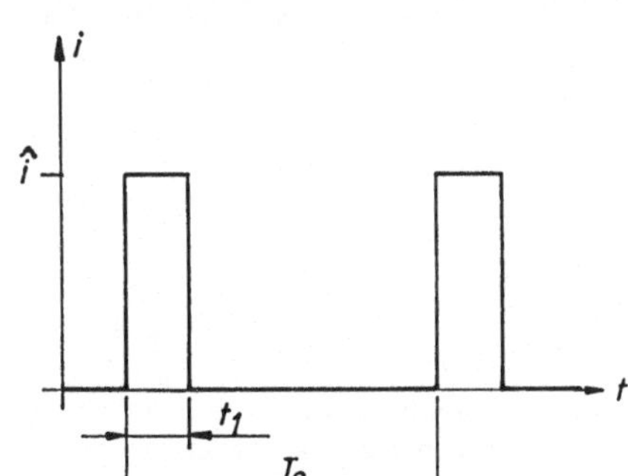

Bild 3.6
Stromverlauf periodischer Rechteck-Impulse

der Zündwinkel. Nach Kalibrieren auf 100 % Zündwinkel (bei Überbrücken des Unterbrecherkontakts) ist das Drehspulinstrument bereit zur direkten Anzeige des Zündwinkels in %.

$\bar{\alpha} \sim 1/T_0$ Der Kehrwert der Periodendauer ist die Frequenz, $f = 1/T_0$. Das Drehspulmeßwerk kann also direkt Frequenzen anzeigen, vgl. dazu Abschnitt 11.2.

Das Beispiel konnte zeigen, wie vielfältig der Einsatz des Drehspulsystems unter der Bedingung $\omega_{el} \gg \omega_{mech}$ sein kann. Dazu ist allerdings die genaue Kenntnis des Systemverhaltens nötig, und diese sollte hier herausgearbeitet werden.

3.4.2 Drehspul-Integrations-Systeme

Die integrierenden Eigenschaften des Drehspulsystems kommen vor allem beim Meßwerk gleicher Bezeichnung deutlich zutage: das integrierende System hat ein sehr kleines Massenträgheitsmoment $(J \to 0)$, kein mechanisches Gegenmoment $(c_f = 0)$ und kein eingebautes Bremsmoment, keine Dämpfung $(W = 0)$. Das System besitzt einen Innenwiderstand R_i und wird nach **Bild 3.7** an eine Spannung U_x angeschlossen.

Für den Elektrotechniker ist eine Spannung gekennzeichnet durch eine sogenannte Leerlaufspannung, in unserem Fall also U_x, und durch einen Innenwiderstand R_0. Mit diesem einfachen Ersatzschaltbild kann der Elektriker jede beliebige (und beliebig komplizierte) lineare Schaltung ersetzen. Ein solches Ersatzschaltbild beschreibt das Verhalten einer Spannungsquelle vollständig. Die Quellenspannung U_x ist die Spannung, die man ohne Stromentnahme (also für $i = 0$) an den Anschlußklemmen feststellen kann. Bei Belastung der Quelle mit einem Strom i ist der Innenwiderstand R_0 maßgebend dafür, daß dann die außen verfügbare Spannung kleiner ist als die Leerlaufspannung.

Nach diesen etwas theoretischen Vorbemerkungen können wir die Wirkungsweise von Bild 3.7 besser verstehen, die wir jetzt durchsprechen wollen. Dabei werden wir verschiedene Zustände des Systems betrachten.

Ruhe: Der Schalter hat die in Bild 3.7 eingezeichnete Lage, es fließt kein Strom $(i = 0)$, das System ist in Ruhe.

Start: Der Schalter wird umgelegt, die Spannung U_x angeschlossen. Es fließt im ersten Augenblick ein Strom $i_{max} = U_x/(R_0 + R_i)$, welcher das System in Bewegung setzt, beschleunigt.

Durch die Bewegung der Drehspule im Magnetfeld B wird an ihr eine Gegenspannung u_g erzeugt (induziert), sodaß der Strom nun mit $i = (U_x - u_g)/(R_0 + R_i)$ anzugeben ist.

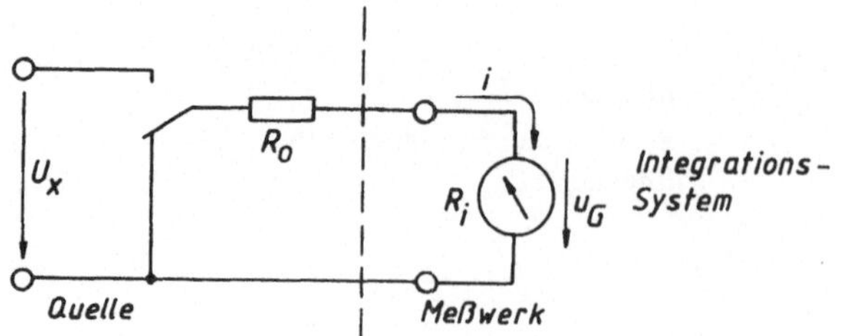

Bild 3.7

Anschluß eines Drehspul-Integrationsmeßwerks

Lauf: Das System wird solange beschleunigt, bis bei $u_g = U_x$ der Strom verschwunden ist, $i = 0$. Da die induzierte Gegenspannung proportional zur Drehgeschwindigkeit $d\alpha/dt$ sein muß, gilt nun $U_x = u_g \sim d\alpha/dt$. Außerdem stellt das System wegen $i = 0$ keine Belastung für die Spannungsquelle U_x dar, es erscheint hochohmig!

Stop: Die Spannung wird abgeschaltet, $U_x = 0$. Im ersten Augenblick hat das System noch die Geschwindigkeit $d\alpha/dt \sim u_g = U_x$, somit ist $i_{max} = (0 - U_g)/(R_0 + R_i)$: das System liefert über R_0 und R_i einen Strom zurück, es wird dadurch gebremst. Der Bremsvorgang verläuft identisch zum Beschleunigungsvorgang, bis das System zur Ruhe kommt (von den kleinen Verlusten wie etwa der Reibung abgesehen).

Da Start- und Stopvorgang identisch ablaufen und sich in ihrer Wirkung kompensieren, bleibt als interessante Betriebsweise der „Lauf". Für ihn galt $d\alpha/dt \sim U_x$ und somit nach Integration

$$\alpha \sim \int u_x \cdot dt.$$

Das System ist ein Integrator. Seine Verwendung als Meßwerk ist nicht mehr häufig, seitdem elektronische Integratorschaltungen (vgl. Abschnitt 5.2.4) verfügbar sind. Zur Langzeit-Integration jedoch wird es als sogenannter Integrationsmotor gern eingesetzt, weil die vollführte Anzahl von Umläufen $N = \int d\alpha$ immer erhalten bleibt, auch bei Störungen und Stromausfall! Übrigens hat jeder gute Glockenankermotor, z. B. aus dem Bereich der Funkfernsteuerung, ein recht gutes Integrationsverhalten.

3.4.3 Sondertypen

Aus der Menge von Drehspul-Sondertypen sollen nur einige herausgegriffen und mit ein paar Stichworten beschrieben werden. Dann ist das prinzipielle Verhalten aus unserem bisherigen Wissen (vor allem nach Abschnitt 3.4.1) herleitbar.

- *Kernmagnet-Meßwerk*
  Der Magnet bildet den Kraftlinienleitkörper, ein magnetischer Rückschluß vervollständigt den Magnetkreis. Billiges Drehspulmeßwerk mit Standardverhalten.

- *Langskalen-Meßwerk*
  Durch geeignete Konstruktion wird ein großer Winkelbereich von $0 \leqslant \alpha \leqslant 270°$ erreicht. Standardverhalten.

- *Drehspul-Galvanometer*
  Auf höchste Empfindlichkeit und kleinste Masse hin ausgelegtes Drehspulsystem. Ansprechempfindlichkeit bis zu 10^{-15} W/Skt und weniger. Statt Zeiger trägt das System ein Spiegelchen, die Anzeige erfolgt durch Ablenkung eines Lichtstrahls. Die Dämpfung wird durch die äußere Beschaltung erreicht (vgl. 3.4.2, Bild 3.7). Ist $R_0 = R_{ap}$, so tritt keine Schwingung auf. Der Wert dieses *aperiodischen Grenzwiderstands* wird in den Datenblättern angegeben.

● *Kreuzspulmeßwerk*

Dieses Drehspulsystem besitzt zwei um einen starren Winkel β gegeneinander versetzte Drehspulen, die von den Strömen i_1 und i_2 durchflossen werden. In einem gewissen Bereich gilt dann $\alpha \sim i_1/i_2$. Man spricht deswegen auch von einem Quotientenmeßwerk.

3.5 Das Dreheisen-Meßwerk

Beim Dreheisensystem wird die abstoßende Wirkung zweier gleichnamig magnetisierter Eisenplättchen zum Erzeugen des antreibenden Moments verwendet. Nach **Bild 3.8** erzeugt eine stromdurchflossene Spule in ihrem Innern ein Magnetfeld, das zwei eiserne Metallplättchen durchströmt und gleichsinnig magnetisiert. Damit entsteht zwischen den Plättchen eine abstoßende Kraft, die das drehbar bewegliche Eisenstückchen abdrängt. Der Fremdfeldeinfluß ist groß, weil das im lufterfüllten Innern der Spule erzeugte Magnetfeld schwach ist. Trotzdem muß man erhebliche Leistung investieren, 0,5 ... 1 W wird zum Erzeugen des Feldes durchaus benötigt. Dreheisenmeßwerke sind ab Klasse 0,2 herstellbar.

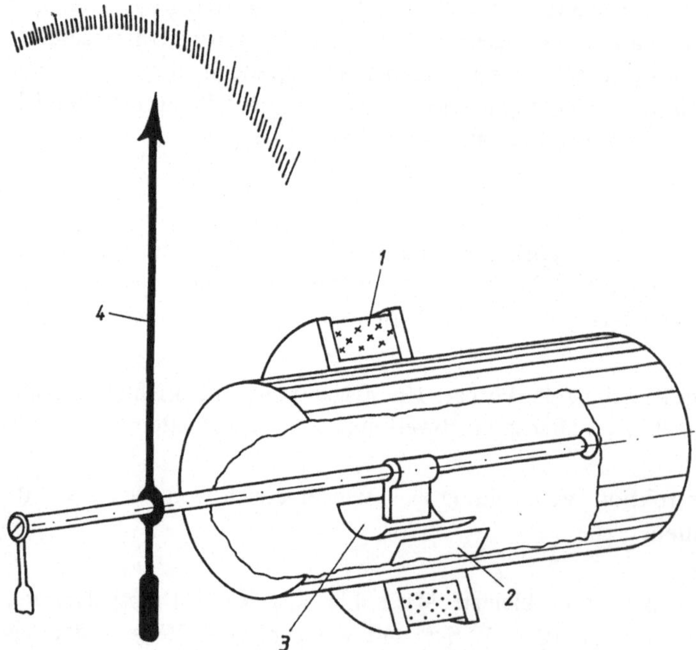

3.8 Aufbau des Dreheisen-Meßwerks

(1) Spule   (3) drehbares Eisenplättchen
(2) feststehendes Eisenplättchen (4) Zeiger

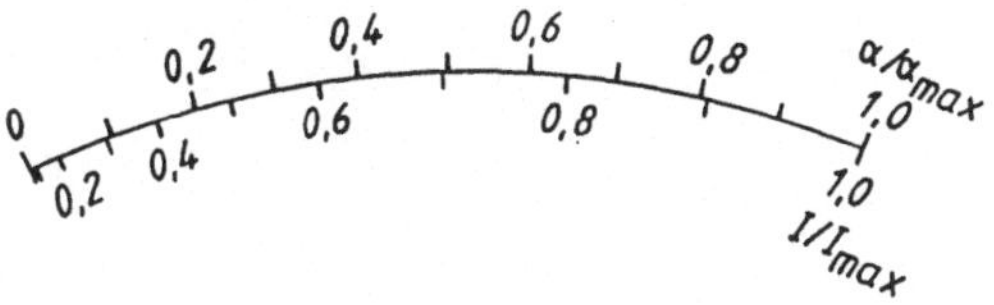

Bild 3.9

Radizieren mit quadratisch geteilter Skala

Zum Ermitteln der Skalengleichung verwenden wir die bekannte Tatsache, daß die abstoßende Wirkung zwischen zwei Magnetpolen $\sim B^2$ ist. Solange das vom Strom i erzeugte Feld $B \sim i$ ist, gilt also $M_D = k \cdot i^2$ und mit $M_G = c_f \cdot \alpha$ folgt als Skalengleichung einfach

$$\alpha = \frac{k}{c_f} \cdot i^2 = f[i(t)].$$

Wir haben ein quadratisch anzeigendes System vor uns und können nun in schon gewohnter Weise die einzelnen Betriebsfälle durchgehen.

a) Betrieb bei Gleichstrom

Bei Gleichstrom gilt $\alpha_0 \sim I^2$. Da man jedoch nicht Stromquadrate I^2, sondern den Strom I selbst ablesen will, kann man die Skalenbezifferung entsprechend einrichten. Wir wollen dies tun, indem wir den Ausschlag α_0 auf den Vollausschlag α_{max} beziehen, den Strom I entsprechend auf den Strom I_{max} bei Vollausschlag. Es gilt also $\alpha_0/\alpha_{max} \sim [I/I_{max}]^2$, einige Werte dieser Funktion sind nachfolgend aufgelistet:

I/I_{max} =	1,0	0,8	0,6	0,5	0,4	0,2	0,1	0,0
α_0/α_{max} =	1,0	0,64	0,36	0,25	0,16	0,04	0,01	0,0

Wenn bei den betreffenden Lagen des Zeigers (α_0/α_{max}) nun einfach der Strom selbst angeschrieben wird, wie dies in **Bild 3.9** geschehen ist, dann erreicht man dadurch ein Radizieren, ein Wurzelziehen. Zwar ist $\alpha \sim I^2$, jedoch wird Ablesung $\sim I$ erreicht, wenn die Skala „quadratisch geteilt" ist, wie man sagt.

b) Betrieb bei niedrigen Frequenzen $\omega_{el} \ll \omega_{mech}$

Nach den schon bekannten Zusammenhängen ergibt sich ein Ausschlag $\alpha(t) \sim [i(t)]^2$, wofür sich allerdings kaum ein Anwendungsfall erkennen läßt.

c) Betrieb bei hohen Frequenzen $\omega_{el} \gg \omega_{mech}$

Dies ist auch beim Dreheiseninstrument der interessanteste Fall, denn die Mittelwertbildung liefert

$$\bar{\alpha} \sim \frac{1}{T} \int_0^T [i(t)]^2 \cdot dt = [I_{eff}]^2.$$

Das Meßwerk bildet den quadratischen Mittelwert über die Stromfunktion i(t), und dies ist definitionsgemäß auch das Quadrat des *Effektiv*-Stroms I_{eff}, der dieselbe Leistung abgibt wie ein gleichgroßer Gleichstrom.

I_{eff} ist definiert als

$$I_{eff} = \sqrt{\frac{1}{T} \int\limits_0^T [i(t)]^2 \cdot dt}.$$

Diese Feststellung hat ihre Konsequenzen: wird durch die oben geschilderte quadratisch geteilte Skala der Strom selbst ablesbar, so kann man das Dreheisengerät bei Gleichstrom I kalibrieren (eichen) und auf gleicher Skala bei Wechselstrom den Effektivwert I_{eff} ablesen! Dies ist unabhängig von der Kurvenform i(t), denn über diese mußte keine Vereinbarung getroffen werden. Leider gilt dies aber nur in einem kleinen Frequenzbereich bis zu einigen Hundert Hertz. Darüber bilden sich in den Eisenplättchen Wirbelströme und somit Stromverdrängungseffekte, welche die Anzeige verfälschen. Deswegen ist das System nicht für Kurvenformen mit hohen Spitzen-, aber geringen Effektivwerten geeignet, weil auch hier im Frequenzspektrum höhere Frequenzen zu bewältigen wären.

Trotzdem leistet das System eine erstaunliche mathematische Operation. Das Dreheisenmeßwerk hat auch im Bereich von Starkstromtechnik und Maschinenbau weitgehend an Bedeutung verloren; seine Behandlung erfolgt hier mehr aus didaktischen Gründen, vor allem, um den quadratischen Mittelwert (Effektivwert) darzustellen.

3.6 Das elektrodynamische Meßwerk (Wattmeter)

Das elektrodynamische Meßwerk ist im Prinzip genauso aufgebaut wie ein Drehspulsystem (vgl. Abschnitt 3.4.1), nur wird anstelle des Dauermagneten ein Elektromagnet eingesetzt. Die magnetische Induktion B wird von einem Strom i_F erzeugt, der Index F steht für Feld bzw. Feldspule. Wir können also $B \sim i_F$ ansetzen, der Strom durch die Drehspule wird mit dem Index D als i_D bezeichnet. Für das Drehspulsystem hatte $\alpha = (N \cdot l \cdot b/c_f) \cdot B \cdot i_D$ gegolten, dann gilt für das elektrodynamische System

$$\alpha = k \cdot i_F \cdot i_D$$

als Skalengleichung. Das System ist im Prinzip ein Multiplizierer.

Der Elektromagnet braucht eine gewisse Leistung, also wird das System einen merklichen Eigenverbrauch (ca. 1 W) haben. Der Elektromagnet wird auch die Frequenz begrenzen, die das System noch verarbeiten kann. Da man Drehspulsysteme ab der Genauigkeitsklasse 0,1 (0,1 % Fehler bezogen auf Vollausschlag) bauen kann, ist dies auch beim elektrodynamischen Meßwerk möglich.

Weil selten das Produkt von Strömen zu bilden ist, wird das System nach **Bild 3.10** angeschlossen und arbeitet dann als Wattmeter. Es verknüpft dann den Strom i durch eine Last (Verbraucher) mit der Spannung u an der Last, denn es ist $i_D = u/(R_v + R_D)$. Folgende Bezeichnungen sind üblich:

Klemmen k–l: Strompfad für den Feldstrom i_F, Widerstand R_f

Klemmen u–v: Spannungspfad (Drehspulen-Strom i_D), Widerstand R_D

Klemmen V–W: Vorwiderstand R_v.

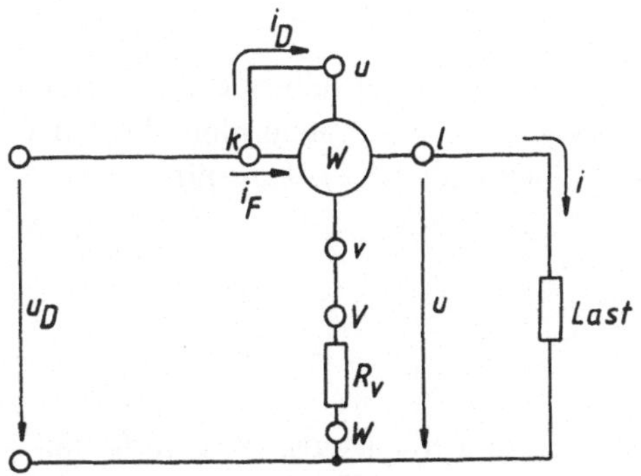

Bild 3.10
Anschluß eines Wattmeters

Der Strom durch die Last wird wegen $i_F = i$ richtig erfaßt, der Strom i_D jedoch ist etwas zu groß, weil er nicht wie gewünscht von der Spannung u an der Last, sondern von der Spannung $u_D = u + R_F \cdot i_F$ abgeleitet wird. Diesen Fehler kann man meist vernachlässigen. Mit den hier angegebenen Bezeichnungen wollen wir jetzt die typischen Verhaltensweisen des Systems durchgehen.

a) Betrieb bei Gleichstrom

Bei Gleichgrößen stellt sich ein Zeigerausschlag $\alpha_0 \sim I \cdot U$ ein, gemessen wird die Leistung $P = I \cdot U$, das System arbeitet als Gleichstrom-Wattmeter.

b) Betrieb bei niedrigen Frequenzen $\omega_{el} \ll \omega_{mech}$

Der Zeiger folgt der Funktion $\alpha(t) \sim i(t) \cdot u(t)$, also der Augenblicksleistung p(t). In dieser Betriebsweise kann man Leistungs-Schreiber bauen, die den Augenblickswert der Leistung aufzeichnen.

c) Betrieb bei hohen Frequenzen $\omega_{el} \gg \omega_{mech}$

Nach unseren Regeln läßt sich das Verhalten des Systems sofort anschreiben; es bildet den zeitlichen Mittelwert über die Augenblicksleistung, und dies ist definitionsgemäß die sogenannte *Wirkleistung* Pw:

$$\bar{\alpha} \sim \frac{1}{T} \int_0^T i(t) \cdot u(t) \cdot dt = Pw$$

Wir haben ein Wattmeter vor uns, das nach der angegebenen Beziehung die Wirkleistung Pw, den zeitlichen Mittelwert der Wechselstromleistung, unabhängig von den Kurvenformen i(t) und u(t) bildet. Die Kurvenformen sind in der Praxis allerdings eingeengt, weil ihre Fourierzerlegung eben nur Frequenzanteile enthalten darf, die das Instrument noch verarbeiten kann (einige Hundert Hz für eisengeschlossene, um 1 kHz für eisenlose Meßwerke).

Für sinusförmige Wechselgrößen, Spannung $u = \hat{u} : \sin(2\pi f \cdot t)$ und Strom $i = \hat{i} \cdot \sin(2\pi f \cdot t + \varphi)$ wird die allgemein bekannte Beziehung $Pw = I_{eff} \cdot U_{eff} \cdot \cos(\varphi)$ aus der Gleichung

$$\bar{\alpha} \sim \frac{1}{2\pi} \int_0^{2\pi} \hat{i} \cdot \sin(2\pi ft + \varphi) \cdot \hat{u} \cdot \sin(2\pi ft) \cdot d(2\pi ft) = I_{eff} \cdot U_{eff} \cdot \cos\varphi$$

gebildet.

3.7 Elektrizitätszähler

Beim elektrodynamischen Meßwerk nach Abschnitt 3.6 war das antreibende Moment M_D proportional zur Wirkleistung gewesen. Baut man ein derartiges System ohne Winkelbegrenzung (also auch ohne Gegenmoment) als „Motor" auf (vgl. 3.4.2), dann gilt

$$M_D \sim Pw, \quad M_B \sim d\alpha/dt$$

und im Gleichgewichtszustand

$$d\alpha/dt \sim Pw.$$

Die Drehgeschwindigkeit des Systems ist proportional zur Wirkleistung. Werden die vollführten Umläufe N eines solchen Motor-Meßwerks aufsummiert, z. B. nach der Skizze von **Bild 3.11** mit einem Rollenzählwerk, so gilt

$$\int d\alpha = N \sim \int Pw \cdot dt = W_{el}.$$

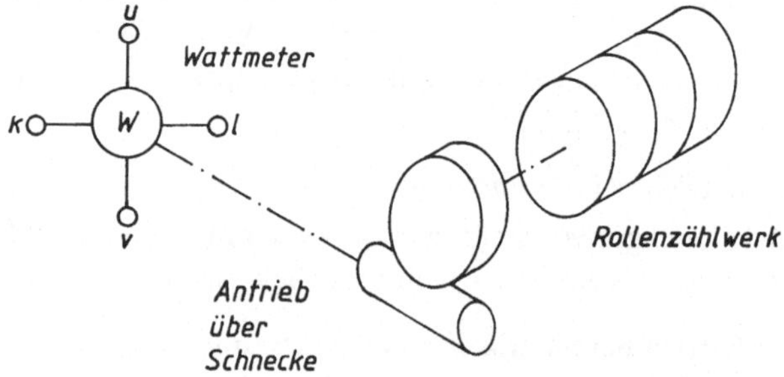

Bild 3.11
Leistungsmesser als
Elektrizitätszähler

Wir haben ein Meßgerät für die elektrische Arbeit W_{el}, einen Elektrizitätszähler vor uns. Zwar wäre hierfür das elektrodynamische System gut geeignet, doch würde ein motorisches System dieser Art wegen des notwendigen Kommutators zu teuer.

Deswegen wurden Systeme entwickelt, bei denen das antreibende Moment über Wirbelströme in einer Alu-Scheibe entsteht. Läuft diese gleichzeitig auch noch durch das Feld eines Dauermagneten, dann entsteht eine Wirbelstrombremse, die ein drehgeschwindigkeitsproportionales Bremsmoment erzeugt. Diese Systeme sind in den Haushalten als Elektrizitätszähler eingeführt. Ihr Prinzip entspricht dem oben dargelegten Zusammenhang.

4 Schreiber

4.1 Linien-Schreiber

Bei schreibenden Meßgeräten zieht nach **Bild 4.1** ein kleiner Motor M (in tragbaren Geräten gelegentlich noch ein Uhrwerk) einen Streifen Registrierpapier mit konstanter Geschwindigkeit v_x an einer Schreibfeder F vorbei, welche an der Zeigerspitze Z eines Meßwerks angebracht ist. Welches Signal $y(t)$ abgebildet wird, hängt von den Eigenschaf-

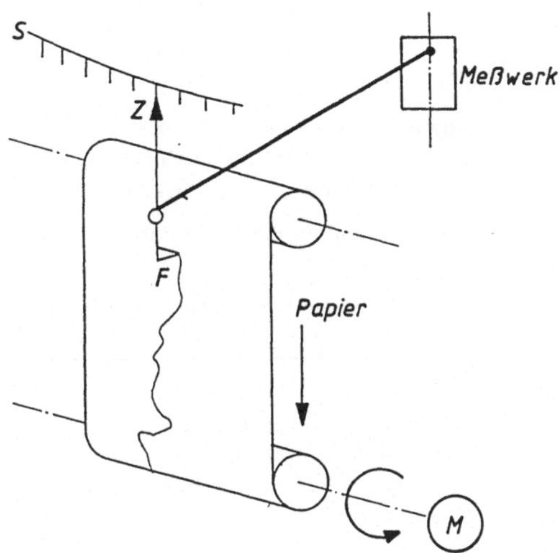

Bild 4.1
Aufbau eines Linienschreibers

ten des Meßwerks ab. In x-Richtung ergibt eine Strecke x einen Zeitmaßstab $t = x/v_x$. Bild 4.1 zeigt nicht nur das Prinzip eines Linien- bzw. yt-Schreibers, sondern auch dessen drei Hauptprobleme:

- *Antrieb*
  Als Antrieb werden geregelte kleine Gleichstrommotoren verwendet, wie sie von sonstigen Konstantantrieben (z. B. Bandlaufwerke) bekannt sind. Synchronmotoren, die exakt synchron mit der Netzfrequenz laufen, treten gegenüber kleinen Schrittmotoren immer mehr in den Hintergrund. Die Schrittmotoren haben den Vorteil, daß ihre Drehgeschwindigkeit einfach von der ansteuernden Frequenz abhängt und somit ein mechanisches, einstellbares Untersetzungsgetriebe entfallen kann.

- *Art der Registrierung*
  Die Feder ist laufend in Eingriff mit dem Papier, es wird eine ununterbrochene Linie geschrieben. Somit muß aber auch laufend das Drehmoment aufgebracht werden, welches die Reibung Feder/Papier mit dem Zeiger als Hebelarm verlangt. Deswegen sollte diese Reibung möglichst klein gehalten werden. Weiterhin wird verlangt, daß der Schrieb sichtbar erfolgt und auch längere Zeiten überdauert, also z. B. nicht verblaßt. Die Forderungen sind sehr umfassend und widersprüchlich, sodaß eigentlich keine der üblichen Registrierungsarten alle Forderungen erfüllt und jede ihre Vor- und Nachteile hat. Verschiedene Kombinationen Schreibfeder/Schreibmedium sind in **Tabelle 4.1** mit einer kurzen Wertung zusammengestellt.

- *Geradführung*
  Die Angleichung der auf einem Kreisbogen laufenden Schreibfeder an die Papier-Ebene und auf dem Papier aufgebrachte rechtwinklige y-t-Koordinaten ist das Problem der *Geradführung*. Die Lösung kann auf sehr verschiedene Art und Weise erfolgen.

  In vielen Fällen wird die Methode der Seilführung angewandt. Bei ihr bewegt nach **Bild 4.2** die Meßwerkachse über Seilzug und Umlenkrolle die auf einer Schiene linear laufende Schreibfeder. Die Methode ist sehr elegant, benötigt aber ein entsprechendes

Tabelle 4.1 Kombinationen Schreibfeder / Registrierpapier

Schreibgerät	Papier	Bemerkungen
Tintennapf mit Kapillare	Normal-Papier	Kapillare oft verstopft, oder Kleckserei! In der Feder darf die Tinte nicht trocknen, auf dem Papier soll sie sofort trocknen
Tinte wird aus Düse gespritzt	Normal-Papier	Großer Aufwand, sauberer Schrieb
Kratzfeder, geheizte Feder	beschichtetes Papier, Wachspapier	Großes Drehmoment, Sonderpapier nötig
Druckfeder	druckempfindliches Papier, beschichtet	wie oben
Elektrode	Metallschichtpapier	Schrieb durch Abtrag der Metallschicht. Diese ist gegen Berührung (Handschweiß) empfindlich
Elektrode	Normal-Papier	Funkenüberschlag brennt Löcher in Papier
Lichtstrahl	Fotopapier	Entwickeln, Fixieren nötig, bevor Schrieb sichtbar!
UV-Strahl	UV-empfindliches Papier	Schrieb sofort sichtbar, Fixieren als Schutz gegen Schwärzung nötig

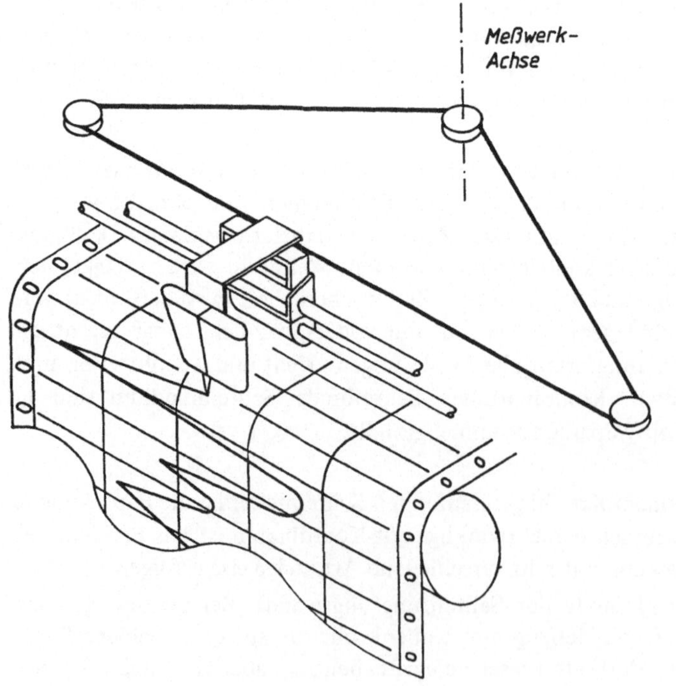

Bild 4.2
Geradführung mit Seilzug

Drehmoment und wird deswegen meist über kleine Servomotoren und Kompensations-Schaltungen realisiert (vgl. 8.4.1 Gleichstromkompensation).

4.2 Punktdrucker

Bei den Punktschreibern oder Punktdruckern läuft der Meßwerkszeiger Z nach **Bild 4.3** normalerweise völlig frei. Es ist also keine Schreib-Reibung zu überwinden. In gleichen

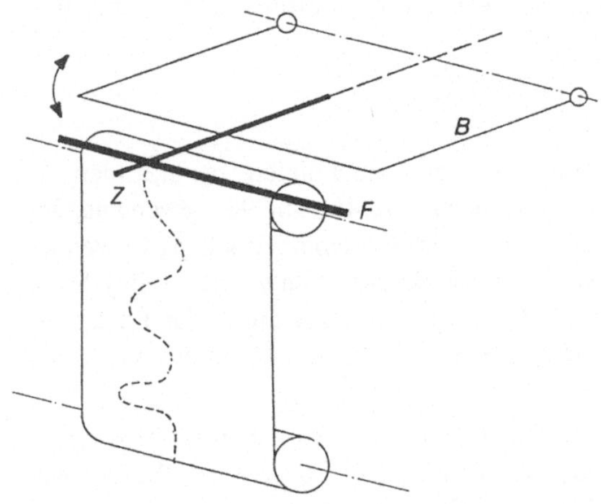

Bild 4.3

Prinzip des Punktdruckers

B   Fallbügel
F   Farbband
Z   Zeiger

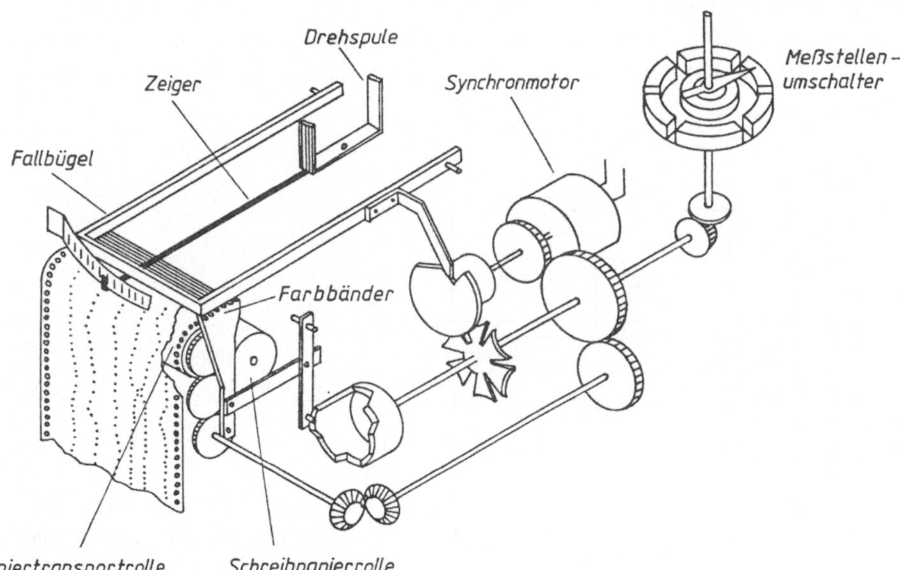

Bild 4.4 Mehrkanal-Punktdrucker

Zeitabständen fällt ein Bügel B auf den Zeiger, sodaß über ein Farbband F eine punkt-
förmige Registrierung erfolgt. Die aufzuzeichnende Größe y(t) wird also nicht kontinu-
ierlich als Linie, sondern als Reihe von Pünktchen geschrieben. Die sonstigen Probleme
(Antrieb, Geradführung) entsprechen dem Linienschreiber.

Ihm gegenüber sind Punktdrucker langsamer, die Druckfolge liegt im Bereich von Sekun-
den. Dafür lassen sich jedoch recht einfach Mehrkanal-Schreiber aufbauen. **Bild 4.4** zeigt
das Prinzip. Mit dem Papiervorschub ist der Antrieb des Fallbügels verbunden. Synchron
dazu wird ein Meßstellenumschalter betätigt sowie eine Kulisse mit verschiedenfarbigen
Farbbändern verschoben. Auf einfache Weise ist es möglich, mehrere Meßgrößen mit
verschiedenfarbiger (oder auch durch Drucktypen wie *, +, o unterscheidbarer) Registrierung aufzuzeichnen.

4.3 X-Y-Schreiber und Plotter

Um allgemeine Funktionen der Form y = f(x) registrieren zu können, benützt man die
X-Y-Schreiber. Sie bestehen im Prinzip aus zwei nach **Bild 4.5** um 90° gegeneinander
versetzten Bahnen für einen Schreibstift, wobei meist ein Antrieb über Seilzug verwendet
wird. Die Schreibfeder S wird auf der x-Schiene in x-Richtung, vom y-Antrieb in y-Richtung bewegt. Auf diese Weise kann man jeden Punkt P(x,y) in der durch das Registrierpapier aufgespannten x-y-Ebene anfahren. Die Arbeitsweise hängt davon ab, wie dieses
Anfahren geschieht:

Wird die x-Schiene mit konstanter Geschwindigkeit v_x bewegt, so haben wir den schon
bekannten y-t-Schreiber (Linienschreiber) vor uns, allerdings mit begrenzter Papierlänge.
Werden die Koordinaten, z.B. nach dem Kompensationsprinzip (vgl. 8.4.1), jeweils getrennt eingestellt, dann arbeitet das Gerät als kontinuierlicher xy-Linienschreiber. Schließlich ist es jederzeit möglich, den Schreibstift (z.B. magnetisch) abhebbar zu machen.
Dann ist – mit definierter Auflösung! – jeder Punkt P(x, y) in der Papierebene einzeln
anfahr- und registrierbar. Damit ist aber jede Registrierung möglich, die sich aus Punkten
zusammensetzt, also jedes Punktraster-Bild. Unsere Anordnung von Bild 4.5 arbeitet als

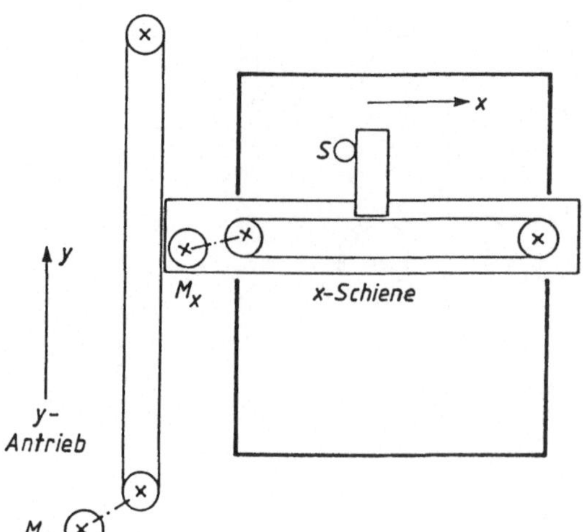

Bild 4.5
Prinzip-Aufbau eines X-Y-Schreibers

Plotter und ist voll graphikfähig. An einen entsprechenden Computer angeschlossen, kann er beliebige Zeichen und Grafiken erzeugen, bei auswechselbaren Farbstiften auch Mehrfarbschriebe (bei Variation der Schreibstärke sogar Halbtonbilder).

4.4 Matrix- und Kamm-Drucker

Matrixdrucker sind sozusagen eine Kombination von Linienschreibern und Punktplottern, sie werden vor allem zur Ausgabe von Texten und Ziffern verwendet. Diese lassen sich alle aus einem Punktraster zusammensetzen, wobei eine Darstellungsmatrix mit wenigstens 5 × 7 Punkten üblich ist. **Bild 4.6** zeigt Buchstaben, Ziffern und einige Sonderzeichen in der 5 × 7-Punkt-Darstellung. Für bessere Schriftqualität werden Raster mit mehr Punkten verwendet.

In **Bild 4.7** ist schematisch ein Schreiber skizziert. Der Papiervorschub geschieht in x-Richtung, quer dazu in y-Richtung kann über Seilzug ein Druckkopf bewegt werden, der sieben in x-Richtung hintereinander angeordnete Drucknadeln besitzt. Der Druck erfolgt durch Ansteuern dieser Nadeln, die z. B. per Magnet unter Zwischenschalten eines Farbbandes die Druckpunkte erzeugen.

Der Druckkopf stehe in Ruhelage links am Papierrand. Zum Schreiben einer Zeile bewegt ihn ein Motor nach rechts, wobei sich ein kleines Zahnrädchen dreht, das über eine Spule Impulse erzeugt. Die Anzahl dieser Impulse ist ein genaues Abbild der y-Lage des Druckkopfs und wird in einem Lagezähler gespeichert. Beim Drucken von Zeichen (z. B. nach Bild 4.6) werden in jeder möglichen y-Lage genau die Nadeln angesteuert, die an dieser

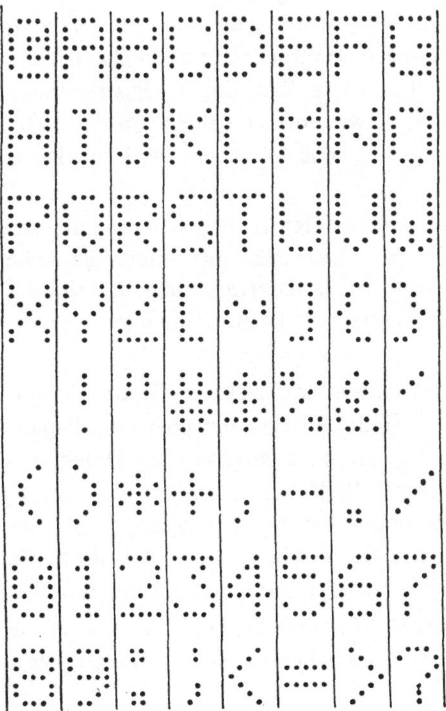

Bild 4.6

Einige mit einer 5 × 7-Matrix
darstellbare Zeichen

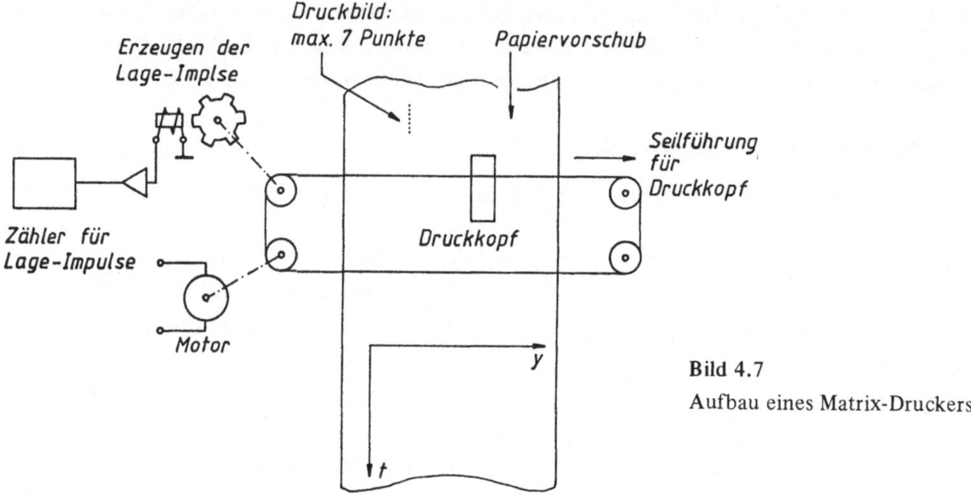

Bild 4.7
Aufbau eines Matrix-Druckers

Stelle zum Erzeugen des Zeichens nötig sind. Die gesamte für eine ganze Zeile nötige Information ist in einem weiteren Speicher abgelegt, sodaß jeweils eine gesamte Zeile von Zeichen in einem Durchlauf des Druckkopfs von links nach rechts (genauso ist es in umgekehrter Richtung möglich) ausgedruckt wird.

Nun gehört eine solche Registrierung von Ziffern und Text eigentlich nicht in die Meßtechnik, sondern in die Informatik. Jeder Matrixdrucker läßt sich jedoch auch als eine Art Punktdrucker einsetzen, vor allem zur Registrierung sehr langsam veränderlicher Größen. Dazu wird im Zähler für die Lage-Impulse (in y-Richtung) der Wert der zu registrierenden Meßgröße $y(t)$ abgelegt. Wenn der Druckkopf losläuft, wird dieser Zähler von den Lageimpulsen rückwärts gezählt; erreicht er Null, dann erfolgt das Ansteuern des Druckkopfs mit einem geeigneten Druckbild.

Dieses kann z. B. aus allen sieben Nadeln bestehen, dann erfolgt die Registrierung in einer Art Treppenkurve, wie es **Bild 4.8a** zeigt. Es können jedoch auch histogramm-ähnliche Registrierungen in Art von **Bild 4.8b** erfolgen, auch ist es jederzeit möglich, mehrere Kanäle zum Registrieren mehrerer Meßgrößen mit unterschiedlichen Druckbildern unterscheidbar zu machen.

Der Kamm-Drucker ist die konsequente Weiterentwicklung, mit welcher die Bewegungsmechanik für den Druckkopf umgangen wird. Nach **Bild 4.9** liegt quer über dem Papierstreifen eine Brücke mit n Nadeln, und zwar so, daß an jeder vorgesehenen Druckposition genau eine Nadel vorhanden ist. Die Auflösung in y-Richtung ist Δy = (Gesamtbreite y_{max})/n, die Auflösung in x-Richtung entspricht dem Vorschubschritt Δx (z. B. über Schrittmotor). Der Druckkamm besitzt zwar keine (für Verschleiß anfällige) Mechanik mehr, ist jedoch sehr aufwendig wegen der vielen Drucknadeln und deren Ansteuerung.

Die neue Druckergeneration nutzt die Verfahren des Matrix- bzw. Kamm-Druckers und ist fähig, Ziffern, Text und Kurvenschriebe auszugeben. Meist haben die Geräte einen Prozessor und sind Computer-kompatibel.

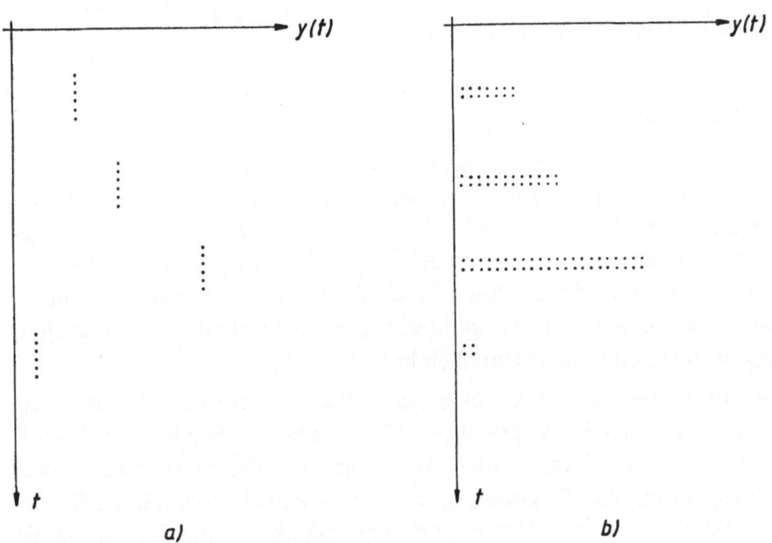

Bild 4.8 Beispiele für Druckbilder des Matrixdruckers als „*Analog*"-Schreiber

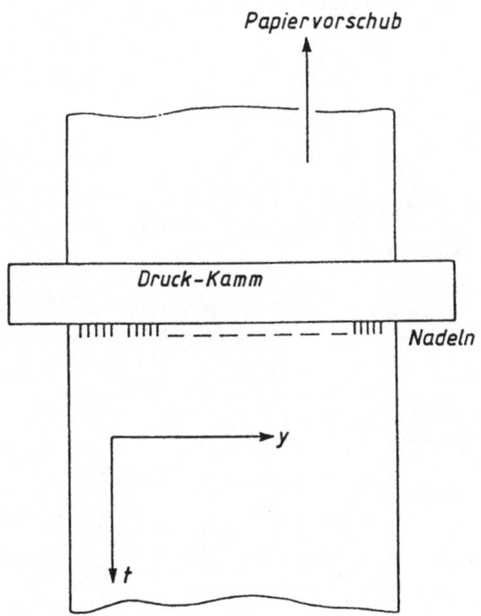

Bild 4.9
Zum Prinzip des Kammdruckers

5 Verstärker und Funktionsbausteine

5.1 Ein einfaches Verstärker-Ersatzbild

Ein Verstärker ist für uns zunächst ein „schwarzer Kasten", eine black box. Er wird nach **Bild 5.1a** von einer Quelle angesteuert, wie wir sie als einfachstes Ersatzbild für alle linearen Schaltungen schon in Abschnitt 3.4.2 (Bild 3.7) beschrieben hatten; abgeschlossen ist der Verstärker mit einer Last, im einfachsten Falle mit einem Widerstand. Nun wollen wir für den Verstärker, der in Bild 5.1a als Kästchen mit Dreieck im Innern, also mit seinem Schaltsymbol dargestellt ist, ein möglichst einfaches Ersatzbild aufstellen, das alle für uns wichtigen Eigenschaften beschreiben kann.

In **Bild 5.1b** ist dieses Ersatzbild dargestellt. In seinem Eingang wirkt demnach ein Verstärker wie ein Widerstand R_E, der Eingangswiderstand. In einigen Fällen muß auch noch die Eingangskapazität C_E berücksichtigt werden. Im Ausgang wirkt ein Verstärker wie eine Quelle: die Quellenspannung hat die Größe $v_0 \cdot u_e$, der Innenwiderstand dieser Ersatzquelle (genauer: der „Ausgangs-Innenwiderstand des Verstärkers"), heißt R_A. v_0 ist die *Leerlauf*-Verstärkung, eine für den Verstärker selbst typische Größe. u_e ist die Spannung an seinem Eingang, also die Klemmenspannung der steuernden Quelle.

Nun sollten wir ein klein wenig Elektrotechnik betreiben, um das Verstärker-Ersatzbild besser zu verstehen. Der Verstärker wird von der Quelle mit einer Quellen- oder Leerlaufspannung u_{0e} angesteuert. Weil sie einen Innenwiderstand R_0 besitzt und vom Verstärker mit dessen Eingangswiderstand R_E belastet wird, kommt am Verstärkereingang nur der Anteil $u_e = u_{0e} \cdot R_E/(R_0 + R_E)$ an, der mit dem Verstärkungsfaktor v_0 multipliziert wird.

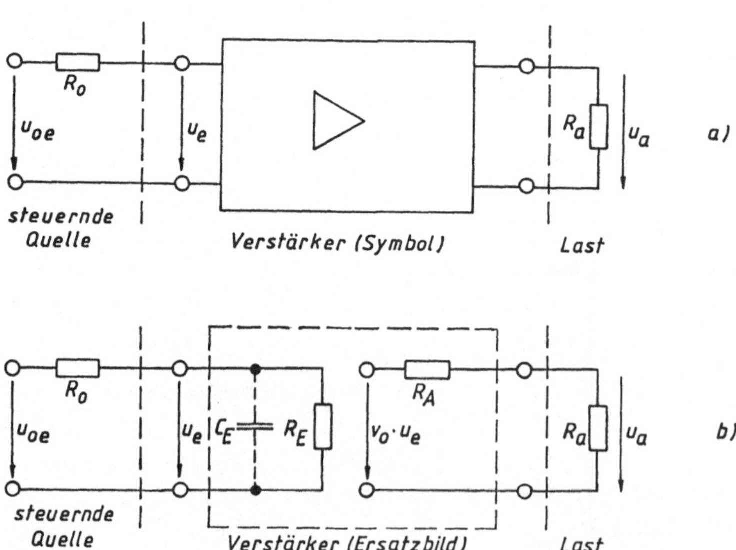

Bild 5.1 a) Blockbild eines Verstärkers   b) einfaches Verstärker-Ersatzbild

Die Spannung u_{0e} wird über den Spannungsteiler R_0, R_E auf den Wert u_e heruntergeteilt. Genauso ergeht es der Spannung im Innern des Verstärkers, $v_0 \cdot u_e$. Von ihr gelangt, ebenfalls infolge Spannungsteilung, nur der Anteil $u_a = v_0 \cdot u_e \cdot R_a/(R_A + R_a)$ an die Last R_a! Rechnet man über den gesamten Verstärker, so folgt der Zusammenhang

$$u_a = v_0 \cdot u_{0e} \cdot \frac{R_E}{R_0 + R_E} \cdot \frac{R_a}{R_A + R_a} \cdot$$

Aus dieser Beziehung läßt sich entnehmen, daß nur für den Fall $R_E \to \infty$ und $R_A \to 0$ der eigentlich gewünschte Verstärker-Zusammenhang $u_a = v_0 \cdot u_{0e}$ erreicht wird.

5.2 Operations-Verstärker

5.2.1 Eigenschaften und invertierende Grundschaltung

Operationsverstärker (operational amplifiers) ermöglichen eine Verknüpfung von elektrisch analogen Signalen (vor allem von Spannung und Strom) über mathematische Operationen. Der Operationsverstärker ist im Prinzip ein Differenzverstärker, denn er verstärkt die Differenz $u_{in} = u_1 - u_2$ seiner beiden Eingangsspannungen nach **Bild 5.2**. Es gilt die Beziehung

$$u_a = -(u_1 - u_2) \cdot v_0 = u_{in} \cdot v_0.$$

Störspannungen $u_{stör}$, die sich gleichsinnig auf beide Eingangsspannungen auswirken, werden durch die Differenzbildung eliminiert, man spricht von der „Gleichtaktunterdrückung" (common mode rejection CMR). Der Verstärker wird mit meist symmetrischer Betriebsspannung (gegen Masse bzw. Null) $\pm U_B$ betrieben. Wegen des Minuszeichens in der oben angegebenen Beziehung bekommt im Schaltsymbol der obere Eingang ein $-$, der untere ein $+$ zugeordnet. Die ideal angestrebten Eigenschaften für das Ersatzbild eines Operationsverstärkers sind samt den real erreichbaren Werten in **Tabelle 5.1** zusammengestellt. Operationsverstärker werden als monolithisch integrierte Bausteine, als IC's (*integrated circuits*) hergestellt.

Wir wollen nun die Grundschaltung von **Bild 5.3** berechnen. Dabei sei vorweg daran erinnert, daß die Leerlaufverstärkung sehr groß sein soll ($v_0 \to \infty$). Mithin ist die Eingangsspannung u_{in} des Verstärkers klein gegenüber der Ausgangsspannung u_a; und wegen der Forderung $R_E \to \infty$ darf man den Strom $i_{in} = u_{in}/R_E$ erst recht vernachlässigen.

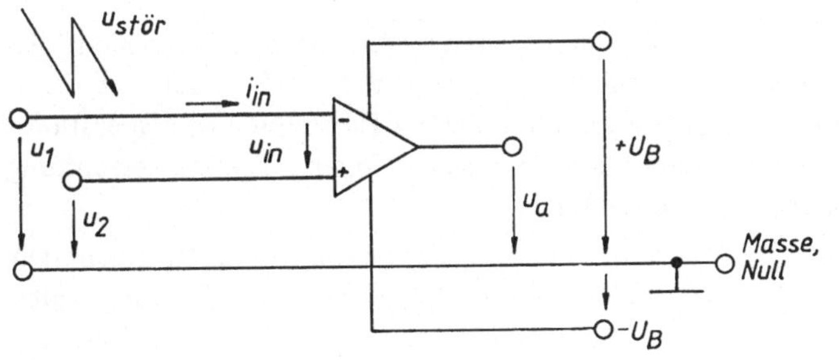

Bild 5.2

Grundsätzliche Anordnung zum Operationsverstärker

Tabelle 5.1 Eigenschaften von Operationsverstärkern

Eigenschaft	ideal	real
Eingangswiderstand R_E	∞	$10^6 \dots 10^{14}\ \Omega$
Ausgangs-Innenwiderstand R_A	0	$1 \dots 100\ \Omega$
Leerlaufverstärkung v_0	∞	$10^4 \dots 10^6\ \Omega$

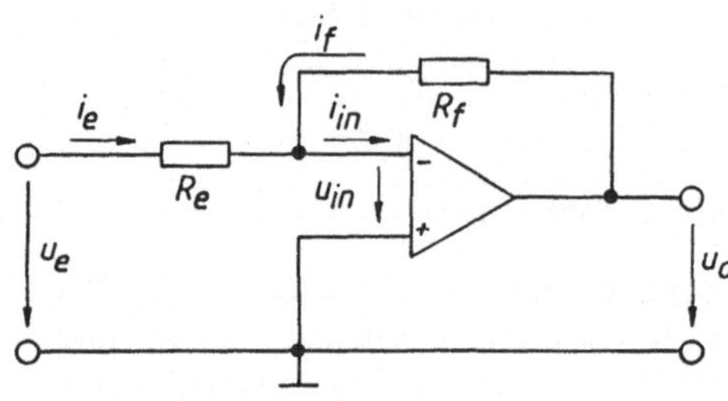

Bild 5.3
Invertierende Grundschaltung des
Operationsverstärkers

Außerdem können wir nun die Betriebsspannung $\pm U_B$ in den Schaltbildern getrost weglassen, das erhöht die Übersichtlichkeit. Gehen wir nun an die Schaltung:

Nach der Knotenregel gilt: $i_e + i_f = i_{in} = 0$. Der Eingangsstrom i_e kann nicht in den Verstärkereingang hineinfließen, und nimmt seinen Weg über den Rückführwiderstand R_f (Index f für *feedback*, Rückführung), $i_f = -i_e$. Das negative Vorzeichen rührt daher, daß wir i_e und i_f mit gegensinnigen Zählpfeilen versehen hatten.

Die Maschenregel bringt uns zwei Gleichungen,

$$u_e = i_e \cdot R_e + u_{in}; \quad u_a = i_f \cdot R_f + u_{in}.$$

Setzen wir wie schon erwähnt $u_{in} = 0$, dann ergibt sich der Eingangsstrom mit $i_e = u_e/R_e$ nur aus den Daten des Eingangskreises der Schaltung, $i_f = u_a/R_f$ wird nur durch die Daten des Ausgangskreises (und der Rückführung) festgelegt. Eingang und Ausgang sind, wie der Elektriker sagt, voneinander *entkoppelt*. Der Gesamtzusammenhang ergibt sich zu

$$u_a = -\frac{R_f}{R_e} \cdot u_e = -v_B \cdot u_e.$$

Diese Beziehung erscheint einfach, sie hat es aber sehr wohl in sich, wenn wir sie jetzt durchgehen:

Zunächst einmal ist ein invertierender Verstärker entstanden, die real vorhandene Betriebsverstärkung v_B hängt von zwei Widerständen ab und ist von der Leerlaufverstärkung v_0 unabhängig (wenn diese nur hinreichend groß ist). Bei der Herstellung von Operationsverstärkern wird also nur eine große, nicht aber eine genau fixierte Leerlaufverstärkung verlangt, ein erheblicher fertigungstechnischer Vorteil.

Von der Spannung u_e aus gesehen fließt in die Schaltung der Strom $i_e = u_e/R_e$ hinein. Die Spannung u_e wird also mit dem Widerstand R_e belastet, der als wirksamer Eingangswiderstand der Schaltung erscheint (und nicht der hochohmige Wert R_E des Verstärkers!).

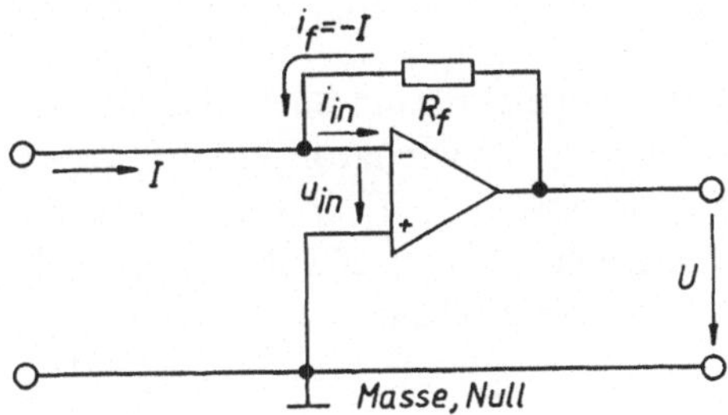

Bild 5.4

Der invertierende Operationsverstärker als Strom-Spannungs-Wandler

Wegen $u_{in} = 0$ hat der invertierende Eingang $(-)$ genauso das Potential Masse (Null) wie der nicht invertierende Eingang $(+)$, der an Masse angeschlossen ist. Man sagt, der Eingang des Verstärkers bilde einen *virtuellen Kurzschluß* und meint damit, i_e fließe auf das Potential Null zu (obwohl ja i_e als $- i_f$ über die Rückführung R_f fließen muß).

Das können wir gleich ausnutzen, indem wir mit **Bild 5.4** einen Strom-Spannungs-Umsetzer bauen. Für ihn ist $i_e = I$ und $i_f = - I$ sowie $i_f = U/R_f$, also gilt insgesamt

$$U = - I \cdot R_f.$$

Der Eingangsstrom I fließt auf Null-Potential zu, man sagt, der Verstärker-Eingang wirke als *Stromsenke*. Übliche Operationsverstärker können Ströme bis ca. 10 mA verarbeiten, Sonderschaltungen kommen weiter. Die Ausgangsspannung bleibt immer unter dem Wert der Speisespannung $\pm U_b$ (häufig ± 15 V), es gilt also $|u_{a\,max}| < |U_b|$.

Berechnet man die invertierende Grundschaltung nach Bild 5.3 für endliche Leerlaufverstärkung und mit $u_{in} = u_a/v_0$, dann ergibt sich die Abschätzformel

$$u_a \approx - v_B \cdot u_e \cdot [1 - v_B/v_0],$$

der Fehler beläuft sich auf $F_{rel} = (-)\, v_B/v_0$, wenn v_0 endlich ist und man trotzdem mit $v_0 = \infty$ rechnet.

Ein kleines Beispiel soll die Zusammenhänge verdeutlichen:

Beispiel 5-1

Ein Standard-Operationsverstärker hat eine Leerlaufverstärkung von $v_0 = 10^5$ und kann maximal 10 mA im Ausgang liefern. Um diesen Ausgangsstrom für eine nachfolgende Last möglichst verfügbar zu haben, soll der Rückführstrom $i_f \leqslant 0{,}1$ mA sein. Als Betriebsverstärkung wird $v_B = 100$ (invertierende Grundschaltung, vgl. Bild 5.3) verlangt, die max. Ausgangsspannung ist $u_{a\,max} = 10$ V.

Um die Bedingung für den Rückführstrom zu halten, muß für $u_{a\,max} = 10$ V gelten: $i_f = u_{a\,max}/R_f = 0{,}1$ mA. Daraus folgt jedoch $R_f = 10$ V$/0{,}1$ mA $= 100$ kΩ. Mit der gewünschten Betriebsverstärkung ergibt sich $R_e = R_f/v_B = 100$ k$\Omega/100 = 1$ kΩ. Der wirksame Eingangswiderstand, welcher die Quelle u_e belastet, beträgt also 1 kΩ.

Der bei dieser Berechnung gemachte Fehler zufolge der endlichen Leerlaufverstärkung liegt bei $v_B/v_0 = 10^{-3}$ und ist somit durchaus tragbar.

5.2.2 Nicht invertierende Grundschaltungen

Da man nicht immer nur negative Betriebsverstärkungen braucht, ist in **Bild 5.5** eine nicht invertierende Schaltung vorgestellt. Bei ihrer Berechnung gehen wir davon aus, daß wegen $u_{in} = 0$ die Gleichheit $u_e = u_e^*$ gegeben sein muß. Die Spannung u_e^* errechnet sich aus u_a in der schon gewohnten Weise über die Spannungsteilung an R_f und R_e, so daß sich schreiben läßt $u_e^* = u_a \cdot R_e/(R_e + R_f)$. Mithin folgt der Zusammenhang

$$u_a = \frac{R_f + R_e}{R_e} \cdot u_e = [R_f/R_e + 1] \cdot u_e = v_B \cdot u_e .$$

Die Spannung u_e liegt direkt am nicht invertierenden Eingang (+) des Operationsverstärkers, sie sieht als Eingangswiderstand denjenigen des Verstärkers selbst, R_E. Die Schaltung ist hochohmig im Eingang und wird deswegen oft *Elektrometerverstärker* genannt.

Im Extrem kann man $R_f = 0$ (ein Kurzschluß zwischen Ausgang und invertierendem Eingang) machen. Dann liegt R_e nur noch als Belastung an u_a und kann weggelassen ($R_e = \infty$) werden. Dadurch entsteht die Schaltung von **Bild 5.6**, der Pufferverstärker. Er hat einen sehr hochohmigen Eingang (R_E) und die Verstärkung $v_B = 1,0$; der bei der Berechnung begangene Fehler ist nach Abschnitt 5.2.1 $F_{rel} = (-) v_B/v_0$, in unserem Falle also $F_{rel} = (-) 1/v_0$ und somit verschwindend klein. Da der Ausgangs-Innenwiderstand der Operationsverstärker klein ist ($R_A \to 0$), wirkt die Schaltung als sog. Impedanzwandler: Eingang hochohmig, Ausgang niederohmig, Verstärkung + 1,0. Man kann damit hochohmige Quellen ohne sonstige Verfälschung niederohmig machen.

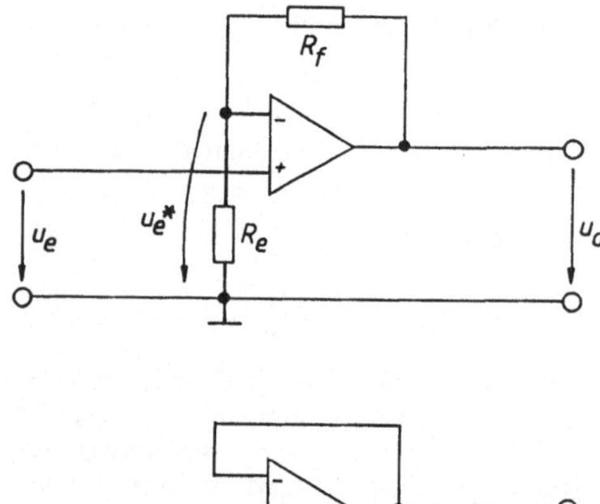

Bild 5.5
Nicht invertierender Operationsverstärker
(Elektrometerverstärker)

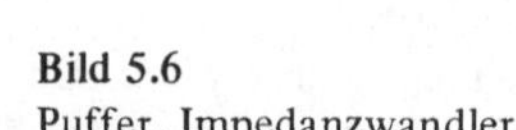

Bild 5.6
Puffer, Impedanzwandler

5.2.3 Summier- und Differenz-Verstärker

Bild 5.7 zeigt einen Verstärker mit Summier-Eigenschaften, weil für den Knotenpunkt am invertierenden Eingang die Summe aller Eingangsströme als $- i_f$ über den Ausgang fließen muß, denn in den Verstärker hinein fließt kein Strom, es gilt $i_{in} = 0$. Also ist

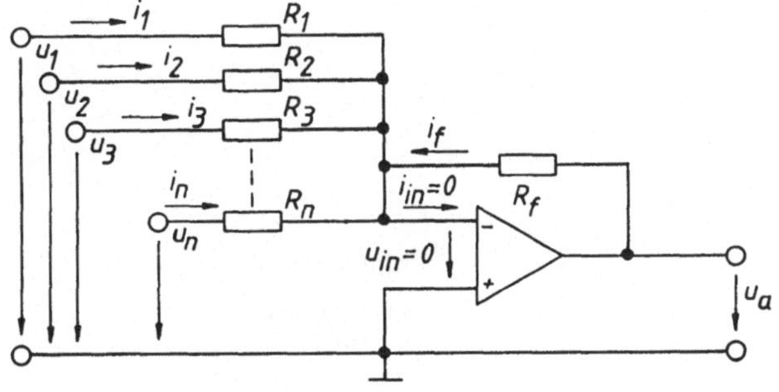

Bild 5.7
Summier-Verstärker

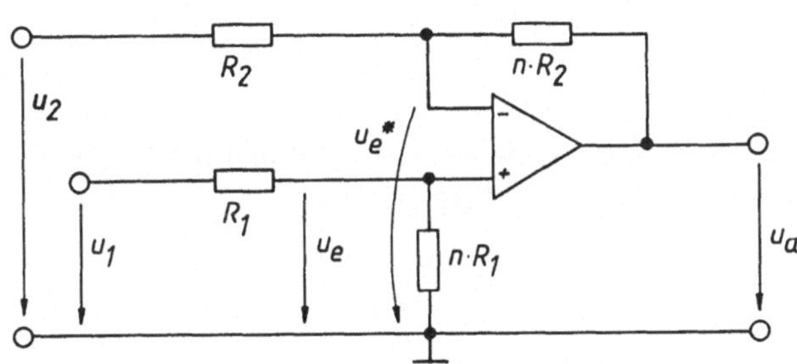

Bild 5.8
Subtrahier-Verstärker

$i_1 + i_2 + i_3 + \ldots = - i_f$. Die Eingangsströme indes errechnen sich nach dem Schema $i_n = u_n/R_n$, weil ja $u_{in} = 0$ anzusetzen ist. Also gilt für die gesamte Schaltung nach Bild 5.7

$$u_a = - \left[\frac{R_f}{R_1} \cdot u_1 + \frac{R_f}{R_2} \cdot u_2 + \ldots + \frac{R_f}{R_n} \cdot u_n \right].$$

Diese Schaltung summiert die einzelnen Eingangsspannungen u_n und bewertet jede mit einem eigenen *Gewichtsfaktor* R_f/R_n. Es liegt die mathematische Operation einer gewichteten Summe vor.

Beim Berechnen der Schaltung nach **Bild 5.8** wird wie beim nicht invertierenden Verstärker vorgegangen und $u_e = u_e^*$ gesetzt. Über das Teilerverhältnis $n \cdot R/R$ an den beiden Spannungsteilern folgt nach einiger Zwischenrechnung

$$u_a = n \cdot [u_1 - u_2].$$

Die Schaltung arbeitet als Subtrahierer. Dabei müssen die Widerstandswerte R_1 und R_2 nicht gleich sein, wohl aber ihr gegenseitiges Verhältnis n, das wie eine Betriebsverstärkung wirkt.

5.2.4 Integrierer und Differenzierer

Integrier- bzw. Differenzier-Verhalten läßt sich erreichen, wenn Opeationsverstärker mit Kondensatoren zusammenarbeiten. Die Schaltungen werden nach dem Schema des invertierenden Verstärkers (vgl. 5.2.2) berechnet. Weiterhin ist der bekannte Zusammenhang $i = C \cdot du/dt$ am Kondensator zu berücksichtigen.

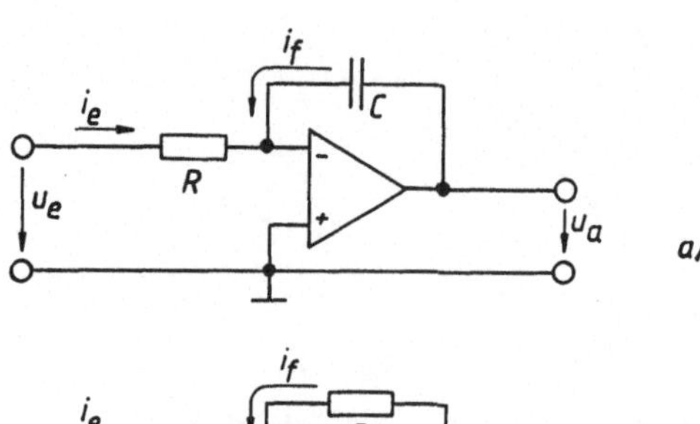

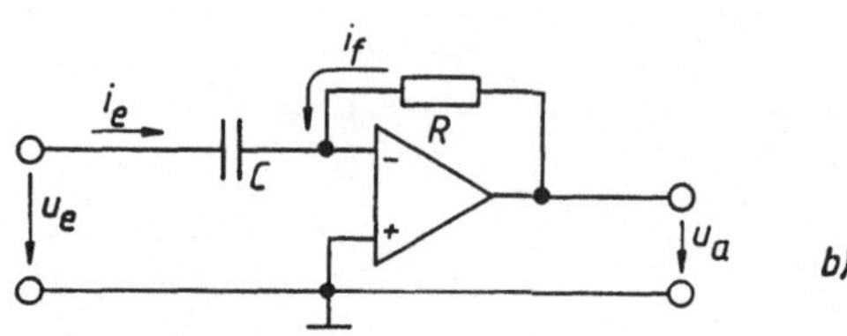

Bild 5.9

a) Integrierer
b) Differenzierer

Für den Integrator nach **Bild 5.9a** gilt wieder $i_f = -i_e$, wobei $i_e = u_e/R$ und $i_f = C \cdot du_a/dt$ ist. Daraus folgt sofort $du_a = (-1/RC) \cdot u_e\, dt$ oder nach Integration

$$u_a(t) = -\frac{1}{R \cdot C}\int u_e(t) \cdot dt + U_{a0}.$$

Wegen des unbestimmten Integrals ist der Anfangswert der Ausgangsspannung (also die schon am Kondensator C vorhandene Spannung) U_{a0} mit angegeben. Beim Einsatz des Integrators wird man dafür sorgen, daß (z. B. durch Kurzschließen von C) der Anfangswert $U_{a0} = 0$ erreicht wird.

Die Schaltung nach **Bild 5.9b** ist ein Differenzierer. Mit den Strömen $i_f = u_a/R = -i_e = C \cdot \frac{du_e}{dt}$ folgt der Zusammenhang

$$u_a(t) = -R \cdot C \cdot \frac{du_e(t)}{dt}.$$

Um die Einsatzfähigkeiten der beiden Schaltungen besser abschätzen zu können, wollen wir uns zwei einfache Fälle durchüberlegen. Erhält ein Integrierer nach **Bild 5.10a** eine

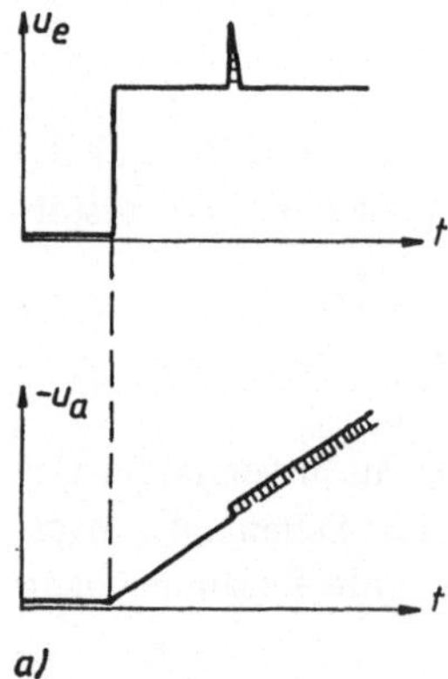

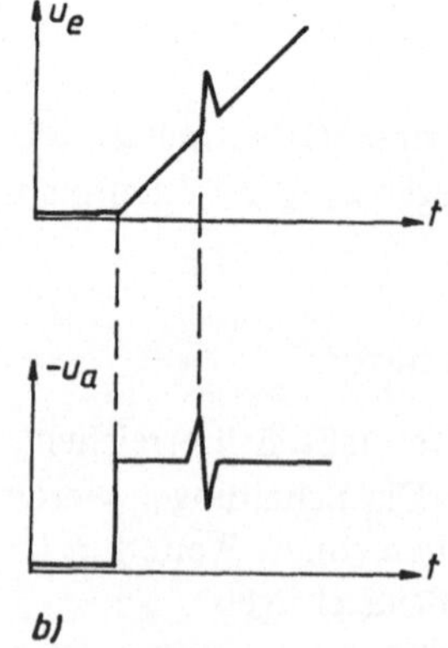

Bild 5.10

Reaktion der Ausgänge bei Störspitzen im Eingang für den Integrierer und den Differenzierer

konstante Eingangsspannung U_e, dann wird er darauf mit einer fallenden Rampe im Ausgang $u_a = -(1/RC) \cdot U_e \cdot t$ reagieren. Im Bild ist $-u_a$, also eine ansteigende Rampe, gezeichnet. Tritt in der Eingangsspannung U_e eine Störspitze auf, so kann man sich deren Wirkung rein zeichnerisch ganz einfach klarmachen: es geht nur die Fläche unter der Störspitze in das Integrationsergebnis ein, weil ja die Integralkurve als Fläche unter der Funktionskurve gedeutet werden kann. Kurze Impulse haben kleine Flächen und beeinträchtigen den Integrator kaum.

Anders beim Differenzierer, dessen Ausgangsspannung u_a ein Maß für die Steigung der Eingangsspannung u_e darstellt. Eine kurze Störspitze (vgl. **Bild 5.10b**) in u_e hat große Steigungen, somit wird die Differenzierer-Ausgangsspannung selbst große Änderungen erfahren. Ein Differenzierer reagiert äußerst empfindlich auf Störspitzen im Eingang. Deswegen wird er nur selten eingesetzt. Soll etwa eine Geschwindigkeit indirekt erfaßt werden, dann wird man dies weniger mit einem Weg-Sensor tun, s messen und danach ds/dt bilden. Es ist sicherer, die Beschleunigung d^2s/dt^2 zu messen und per Integration auf die Geschwindigkeit ds/dt zu kommen.

5.3 Einige Anwendungen für Operationsverstärker

5.3.1 Instrumentierungsverstärker

Der Instrumentierungsverstärker nutzt den hochohmigen Eingang von Operationsverstärkern und die Eigenschaft als Differenzverstärker und führt so zum fast idealen Meßverstärker. Wir wollen den Aufwand betreiben und die Schaltung ausführlicher herleiten, weil man daran das Prinzip der Überlagerung in der Elektrotechnik deutlich machen kann. Dieses Prinzip wird auch im Maschinenbau verwendet und geht davon aus, daß sich die Wirkungen verschiedener Ursachen in linearen Systemen einfach addieren, wenn man die Gesamtwirkung bestimmen will. In **Bild 5.11a** ist eine Verstärkerschaltung gezeigt, an welcher zwei Eingangsspannungen u_1 und u_2 wirksam sind. Die Ausgangsspannung u_a setzt sich zusammen aus einem Anteil $u_a(1)$, der nur von u_1 herrührt, wenn u_2 nicht wirkt (also $u_2 = 0$ ist), und aus einem Anteil $u_a(2)$, der von u_2 herrührt, wenn $u_1 = 0$ ist. Was $u = 0$ bedeutet, wissen wir schon: der Spannungspfeil wird in der Schaltung sozusagen weggenommen und durch einen Kurzschluß ersetzt.

Wenn wir in Bild 5.11a u_2 wegnehmen und das untere Ende des Widerstands R_e an Masse (kurz-)schließen, entsteht der schon bekannte nicht invertierende Verstärker mit dem Zusammenhang $u_a(1) = (1 + R_f/R_e) \cdot u_1$. Wirkt nur die Eingangsspannung u_2, dann liegt für $u_1 = 0$ der nicht invertierende Eingang an Masse, es entsteht der bekannte invertierende Verstärker mit $u_a(2) = -(R_f/R_e) \cdot u_2$.

Bild 5.11a ist also die Kombination aus invertierendem und nicht invertierendem Verstärker. Mit $R_f/R_e = v_B$ schreibt sich seine Ausgangsspannung zu

$$u_a = (1 + v_B) \cdot u_1 - v_B \cdot u_2 \, .$$

Mit unserer Kenntnis des Überlagerungsverfahrens ist es nicht schwierig, zwei nach **Bild 5.11b** verschachtelte Verstärker der eben besprochenen Art zu berechnen. Es ist

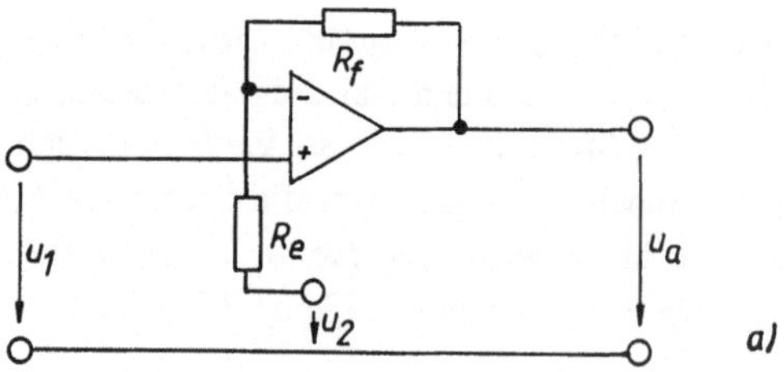

Bild 5.11

Zur Wirkungsweise des Instrumentierungs-Verstärkers

a) kombinierter invertierender und nicht-invertierender Verstärker
b) zwei verschachtelte Kombi-Verstärker nach a)
c) der Instrumentierungsverstärker

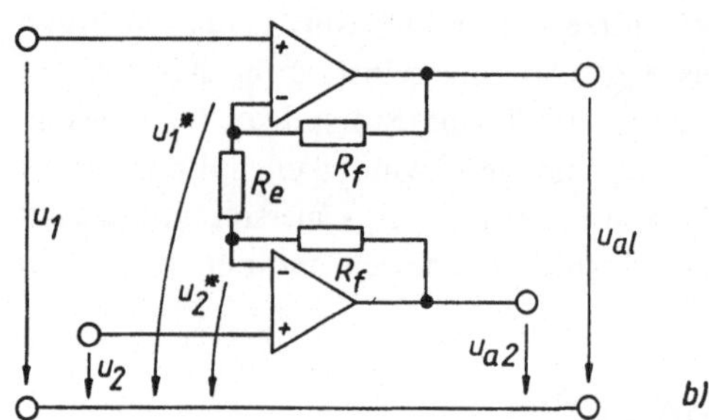

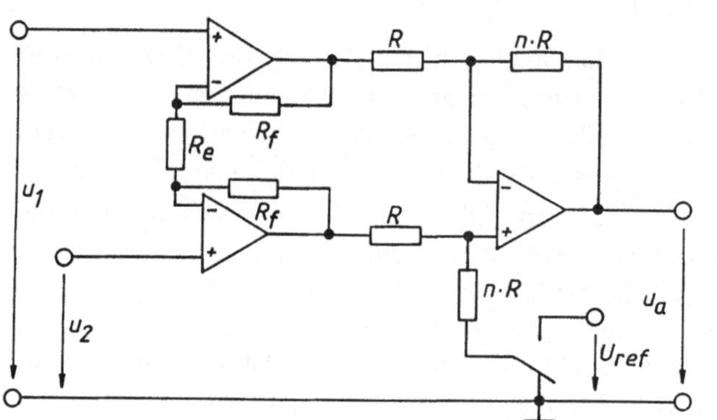

lediglich zu beachten, daß (wegen $u_{in} = 0$) jeweils $u_1 = u_1^*$ und $u_2 = u_2^*$ ist. Daraus folgt aber sofort

$$u_{a1} = (1 + v_B) \cdot u_1 - v_B \cdot u_2; \quad u_{a2} = (1 + v_B) \cdot u_2 - v_B \cdot u_1.$$

Die Differenz beider Spannungen, nach **Bild 5.11c** mit dem bekannten Subtrahierer gebildet, ergibt den gesuchten Zusammenhang

$$u_a = n \cdot [a_{a2} - u_{a1}] = n \cdot \left[1 + 2 \cdot \frac{R_f}{R_e}\right] \cdot [u_2 - u_1].$$

Mit drei Operationsverstärkern läßt sich ein hervorragender Meßverstärker aufbauen. Dessen Betriebsverstärkung ist mit einem einzigen Widerstand, R_e, einstellbar. Die Gesamtverstärkung kann man mit den Werten R_f/R_e und n „verteilen". Wird, wie in Bild 5.11c mit einem Umschalter angedeutet, noch eine Referenzspannung U_{ref} eingeführt, dann kann diese als Vorspannung (für größere Offsetwerte, vgl. 5.4.2) direkt in den Ausgang addiert werden:

$$u_a = n \cdot \left[1 + 2 \cdot \frac{R_f}{R_e} \right] \cdot [u_2 - u_1] + U_{ref} \, .$$

5.3.2 Schreiben der Hystereseschleife

Die Hystereseschleife ist der Zusammenhang zwischen Feldstärke H und Induktion B in einem ferromagnetischen Material. Dieses wird als Kern für eine Spule mit N Windungen eingesetzt, der Eisenquershnitt ist A_{Fe}, die mittlere Feldlinienlänge l_{Fe}. Der Zusammenhang zwischen Strom i und Feldstärke H folgt aus dem Durchflutungssatz und ist $H = N \cdot i / l_{Fe}$, zwischen der Spannung u an der Spule und der Induktion wirkt das Induktionsgesetz $u = N \cdot A_{Fe} \cdot dB/dt$.

In der Schaltung nach **Bild 5.12** wird der Strom i an einem Nebenschlußwiderstand R_N gemessen und die Spannung u_x auf den x-Eingang eines XY-Schreibers oder eines Oszilloskops im XY-Betrieb gegeben. Aus dem Ohmgesetz und dem Zusammenhang zwischen i und H folgt

$$u_x = R_N \cdot \frac{l_{Fe}}{N} \cdot H.$$

Die Integration der Spannung u liefert

$$\int u \cdot dt = N \cdot A_{Fe} \cdot \int \frac{dB}{dt} \cdot dt = N \cdot A_{Fe} \cdot B.$$

Der Integrator von Abschnitt 5.2.3 multipliziert das Integral seiner Eingangsspannung mit $(- 1/RC)$, so daß als Spannung u_y auf das XY-Gerät

$$u_y = \frac{N \cdot A_{Fe}}{R \cdot C} \cdot B$$

gegeben wird. Das positive Vorzeichen entsteht, weil ja u als Eingangsspannung negativ ist. Die Schaltung kann mit langsam veränderlicher Spannung u_0 auf einen XY-Schreiber arbeiten, der die Hystereseschleife aufzeichnet. Es kann auch mit einer (sinusförmigen)

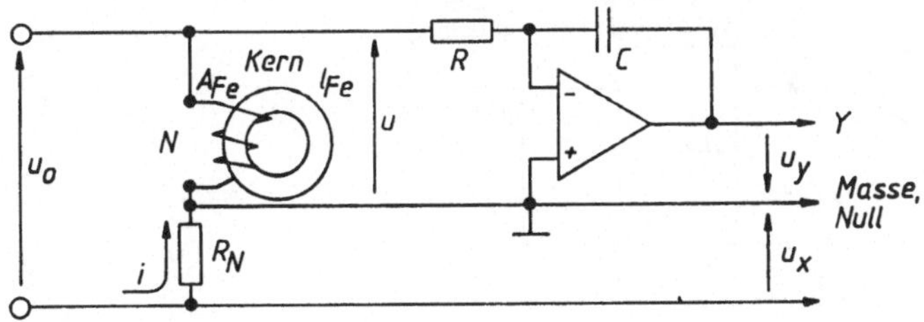

Bild 5.12 Integrator zum Aufzeichnen der Hystereseschleife ferromagnetischer Materialien

Wechselspannung $\underline{U}_0$ gearbeitet und die Hystereseschleife auf dem Schirm eines Oszilloskops abgebildet werden.

5.3.3 Spannungsgesteuerter Oszillator, Funktionsgenerator

Bild 5.13 zeigt einen einfachen Oszillator, dessen Frequenz von einer Eingangsspannung U_e bestimmt wird. Diese Spannung gelangt, durch einen Spannungsteiler mit 2 Widerständen R halbiert, auf einen Integrator. Seine Ausgangsspannung u_a wird von einer Schwellenschaltung (Komparator, Schmitt-Trigger) überwacht, deren Wirkungsweise später vorgestellt wird und welche den Schalter S steuert.

U_e ist konstant, das Zeitintegral wird also einfach zum Produkt aus der wirksamen Eingangsspannung $U_e/2$ mit der Zeit t. Der Integrationswiderstand beträgt $2 \cdot R$. Für geöffneten Schalter gilt also $u_a = - (1/2\,RC) \cdot (U_e/2) \cdot t$. Dies ist eine zeitproportional abnehmende Spannung, eine negative Rampe. Erreicht sie den unteren Ansprechwert der Schwellenschaltung, $- U_s$, dann spricht diese an und schließt den Schalter S.

Nun wirkt außer $U_e/2$ über 2 R nocheinmal dieselbe Spannung, aber mit gegensätzlicher Polarität bezüglich des Integratoreingangs und über den Widerstand R. Beide Anteile überlagern sich, für die Ausgangsspannung gilt jetzt der Zusammenhang $u_a = - [(U_e/2)/ 2\,RC - (U_e/2)/RC] \cdot t$. Das ergibt insgesamt mit $u_a = + (1/2\,RC) \cdot (U_e/2) \cdot t$ eine Rampe mit derselben Steigung, jedoch positiv. u_a kann jedoch nur steigen, bis die positive Schwelle $+ U_s$ der Schwellenschaltung erreicht wird. Dann öffnet diese den Schalter S, eine erneute negative Rampe beginnt.

Bild 5.14 zeigt die symmetrisch dreieckförmige Ausgangsspannung des Integrierers sowie die Ansteuerung des Schalters S. Er ist ein elektronischer Schalter (im einfachsten Fall ein Schalt-Transistor) und wird von der Rechteck-Ausgangsspannung der Schwellenschaltung angesteuert. Die Rampen u_a benötigen die Zeit $t = T/2$ zum Durchlaufen des Abstands U_D zwischen den Schwellenspannungen $\pm U_s$. Dafür gilt jeweils die Beziehung $t = T/2 = 2\,RC \cdot U_D/(U_e/2)$. Die volle Periodendauer T für eine Dreieck- bzw. Rechteck-,,Schwingung" ist der Kehrwert der Ausgangsfrequenz

$$1/T = f = \frac{1}{4} \cdot \frac{1}{2\,RC} \cdot \frac{U_e}{U_D} \, .$$

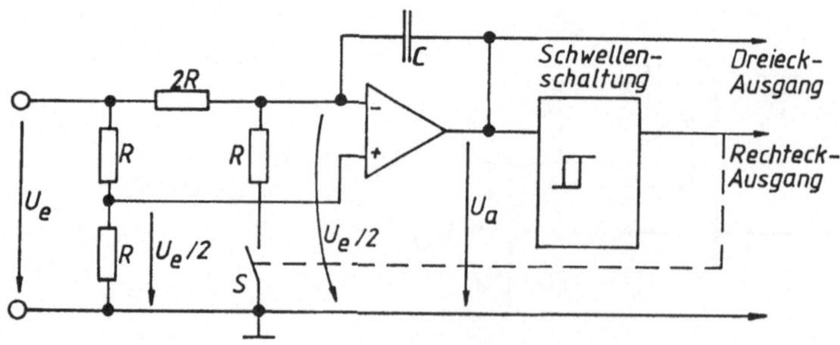

Bild 5.13 Ein einfacher spannungsgesteuerter Oszillator

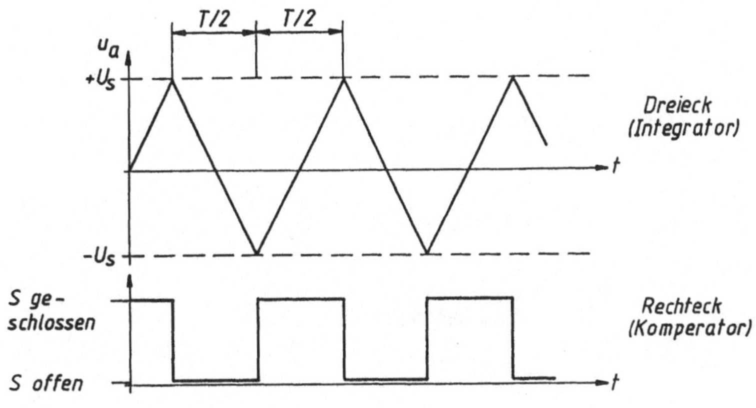

Bild 5.14 Die Ausgänge der Schaltung von Bild 5.13

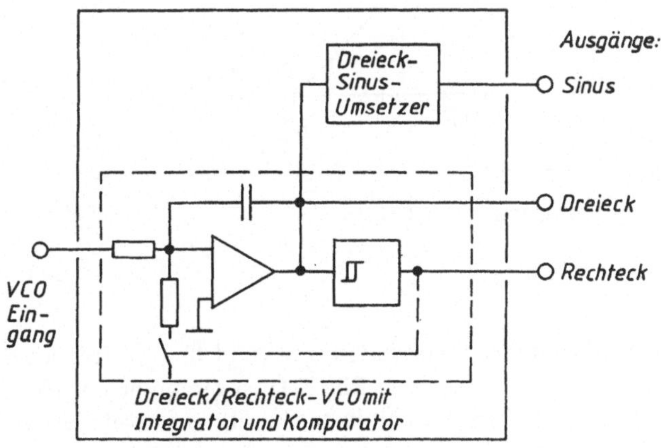

Bild 5.15

Prinzip des Funktionsgenerators

Die Ausgangsfrequenz ist streng proportional zur Eingangspannung, wir haben einen Spannungs-Frequenz-Umsetzer vor uns, einen VCO (*voltage controlled oscillator*).

Wird die Dreieckspannung durch besondere Schaltungen (Dreieck/Sinus-Umformer oder *sine-shaper*) sinusförmig gemacht, dann entsteht ein *Funktionsgenerator* nach dem Blockbild von **Bild 5.15**. Er liefert sinus-, dreieck- und rechteckförmige Ausgangssignale, die nicht über einen harmonischen Schwingungsvorgang, sondern über die hier geschilderte Methode der Integration zustandekommen.

5.4 Zur Praxis der Operationsverstärker

5.4.1 Frequenzgang und Anstiegszeit

Wir hatten seither unterstellt, daß die Leerlauf- und die Betriebsverstärkung von Operationsverstärkern konstant sei. Dies ist leider nicht so, die Verstärkung hängt von der

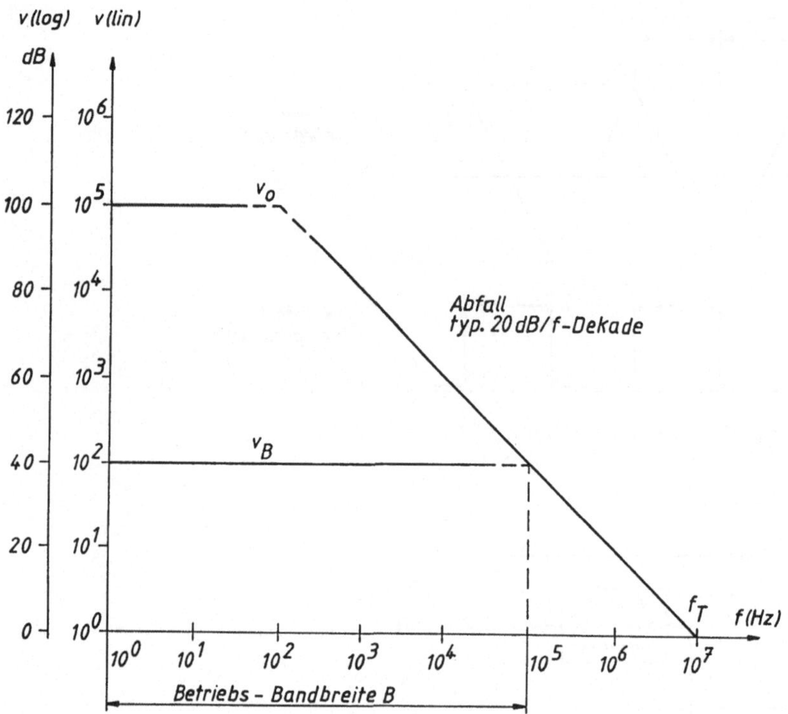

Bild 5.16 Frequenzgang der Verstärkung beim Operationsverstärker

Frequenz ab, und zwar sehr stark. Für einfache Abschätzungen (und für voll frequenz-kompensierte Verstärker) kann ein Zusammenhang nach **Bild 5.16** angenommen werden. In dieser Darstellung wird die Verstärkung als Verhältnis $v = u_a/u_e$ auf zweierlei Art angegeben, entweder

> linear: $v = u_a/u_e$ oder
> logarithmisch: $v = 20 \cdot \log [u_a/u_e]$ in dB.

Das logarithmische Maß in Dezibel dB hat den Vorteil, daß man die Einzelverstärkungen hintereinander liegender Verstärker einfach addieren kann.

Nun aber zu Bild 5.16: Verstärkung und Frequenz sind logarithmisch aufgetragen. Die in den Datenblättern angegebene Leerlaufverstärkung v_0 wird nur bis zu kleinen Frequenzen (einige Zehn bis Hundert Hertz) gehalten und fällt dann mit typisch 20 dB je Frequenz-dekade ab, bis bei der Transit-Frequenz f_T die Verstärkung $v_0 = 1$ erreicht ist.

Wenn wir nun in das Diagramm von Bild 5.16 eine bestimmte Betriebsverstärkung, z. B. $v_B = 100$, eintragen, so wird diese gehalten, bis die Grenzkennlinie für v_0 erreicht ist, ab dort beginnt der Abfall auf f_T. Der Frequenzbereich, in welchem v_B gehalten wird, heißt *Betriebs-Bandbreite* B. Das Diagramm läßt eine einfache Regel für das *Verstärkungs-/ Bandbreite-Produkt* erkennen:

Betriebsbandbreite B $\times$ Betriebsverstärkung $v_B = f_T$.

Mit dieser Beziehung können wir Operationsverstärker-Schaltungen auch in ihrem Frequenzverhalten abschätzen. Bild 5.16 ist ein Teil aus dem *Bode-Diagramm,* und zwar der Amplitudengang; der andere Teil, der Phasengang, ist für unsere Belange der Meßtechnik kaum von Bedeutung und wird daher weggelassen.

Wichig ist noch eine weitere Kenngröße, die Anstiegzeit. Wird auf den Eingang des Operationsverstärkers ein steiler Spannungssprung, eine (ideal: unendlich) steile Flanke, gegeben, dann folgt die Ausgangsspannung nicht ebenso schnell, sondern mit einer maximalen Anstiegsgeschwindigkeit, eben der Anstiegszeit (*slew rate*). Sie wird in den Datenblättern üblicherweise in V/μ_s angegeben.

5.4.2 Offset- und Eingangsgrößen

Macht man die Spannungen an den beiden Eingängen eines Operationsverstärkers (u_1 und u_2 in Bild 5.2) zu Null, dann ist die Ausgangsspannung u_a keineswegs Null, wie dies zu erwarten wäre. Um diesen Zustand $u_a = 0$ zu erreichen, müßte man an den Eingang eine entsprechende Spannung, die sog. Offsetspannung $u_{0s} = u_1 - u_2$ anlegen. Für empfindliche Verstärkerschaltungen wird dies auch gemacht, viele Operationsverstärker weisen zwei Anschlüsse zum Offsetabgleich auf. Die Offsetspannung liegt im Bereich einiger mV und wird in den Datenblättern angegeben. Wird kein Offsetabgleich vorgenommen, dann hat man für Eingangsspannung Null im Ausgang die Offsetspannung, multipliziert mit der Betriebsverstärkung, zu erwarten.

Trotz der hohen Eingangswiderstände fließt in den Eingang von Operationsverstärkern ein kleiner Strom, mit den Polaritäten der Eingänge als I^+ und I^- bezeichnet. Dann ist der Eingangsruhestrom (*input bias current*) das arithmetische Mittel $(I^+ + I^-)/2$. Der Offsetstrom ist definiert als die Größe $I_{0s} = I^+ - I^-$. Um den Einfluß ungleicher Eingangsströme auszuschalten, wird in kritischen Fällen dafür gesorgt, daß die von den beiden Verstärker-Eingängen in die Schaltung hinein „gesehenen" (gemessenen oder gerechneten) Ersatz-Widerstände gleich groß sind.

Zur Erläuterung der Verhältnisse soll Beispiel 5-1 (vgl. 5.2.2) entsprechend ergänzt werden.

Beispiel 5-2

Der in Beispiel 5-1 unterstellte Standard-Operationsverstärker habe eine Transitfrequenz $f_T = 10$ MHz. Damit entspricht sein Frequenzgang demjenigen von Bild 5.16, dort ist auch die Verstärkung mit $v_B = 100$ eingetragen. Sie wird demnach bis zur Frequenz der Betriebsbandbreite $B = f_T/v_B = 10$ MHz/100 = 100 kHz (theoretisch) eingehalten.

Die Offsetspannungen betragen bei solchen Standardverstärkern $u_{0s} = 2 \ldots 5$ mV. Werden sie nicht abgeglichen, dann hat man bei $v_B = 100$ im Ausgang eine Spannung von 2 mV $\cdot 100 \ldots$ 5 mV $\cdot 100$, also bis zu 0,5 V, zu erwarten, wenn am Eingang $u_e = 0$ V anliegt! Dies ist nicht mehr tragbar, ein Offsetabgleich also im vorliegenden Fall unumgänglich.

5.5 Multiplizierer- und Funktionsbausteine

5.5.1 Multiplizierer

Multiplizierer sind komplexe integrierte Bausteine. Sie liefern nach der Blockdarstellung von **Bild 5.17** eine Ausgangsspannung

$$u_a(t) = \frac{u_x(t) \cdot u_y(t)}{10\ V}.$$

Hatte das Elektrodynamische Meßwerk (vgl. 3.6) das Produkt zweier Ströme geliefert, so bildet der Multiplizierer das Produkt zweier Spannungen, und zwar bis zu recht hohen Frequenzen (Standardbausteine bis ca. 100 kHz, im Extremfall bis 10 MHz).

Interessant wird der Einsatz bei Wechselstrom, wenn die beiden Spannungen mit $u_x = \hat{u}_x \cdot \sin(2\,\pi\,ft)$ und $\hat{u}_y = \hat{u}_y \cdot \sin(2\,\pi\,ft + \varphi)$ angesetzt werden. Wird dann die zeitlich mittlere Ausgangsspannung $\overline{u_a}$ gebildet, z. B. über die Trägheit eines Drehspulsystems oder über einen Tiefpaß (z. B. ein einfaches RC-Glied), so ergibt sich

$$\overline{u_a} = \frac{U_{x\,eff} \cdot U_{y\,eff}}{10\ V} \cdot \cos\varphi.$$

Auf die Anwendung des Multiplizierers als elektronisches Wattmeter wird später eingegangen (vgl. 9.1). Eine weitere Anwendung liegt im Erkennen einer Wechselspannung $\underline{U}_x$ samt ihrem „Vorzeichen" gegenüber einer Bezugsspannung $\underline{U}_0$, wobei letztere konstant und bekannt sein muß. Nun ist $\varphi = \sphericalangle\,\underline{U}_x,\,\underline{U}_0$ und kennt folgende Werte:

$\varphi = 0$, beide Spannungen gleichphasig, $\qquad\qquad\qquad\qquad\qquad \cos(0) = +1{,}0$

$\rho = 180°$ Spannungen gegenphasig ($\underline{U}_x$„ negativ" bezügl. $\underline{U}_0$), $\quad \cos(180°) = -1{,}0$

Der Multiplizierer bildet das Produkt der Effektivwerte mit $U_x \cdot U_0/10\ V$ und versieht es durch Multiplikation mit den Kosinuswerten $+1{,}0$ und $-1{,}0$ mit dem entsprechenden Vorzeichen. Sind senkrecht stehende, meist durch Kapazitäten bedingte Störspannungen vorhanden, dann stehen diese senkrecht auf $\underline{U}_0$ und werden wegen $\cos(90°) = 0$ unterdrückt. Dieser Effekt wird häufig genutzt.

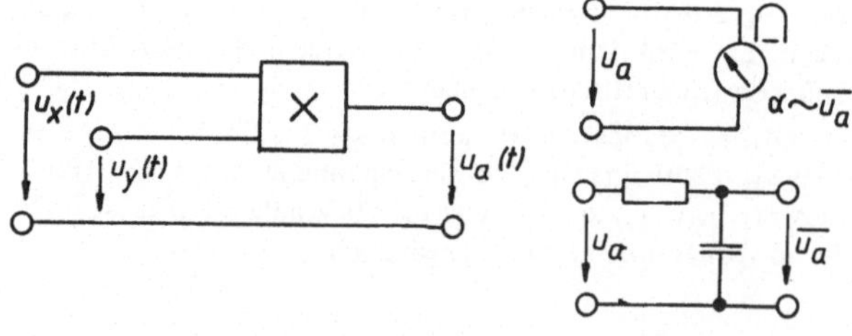

Bild 5.17

Multipliziererbaustein
Zur Bildung des Mittelwerts der Ausgangsspannung kann ein Drehspulsystem oder ein Tiefpaß (RC-Glied) verwendet werden

5.5.2 Quadrierer

Werden die beiden Eingänge eines Multiplizierers nach **Bild 5.18** zusammengelegt, so entsteht ein Quadrierer mit der Formel $u_a(t) = u_e(t)^2/10\ V$. Auch hier ergeben sich interessante Aspekte, wenn der zeitliche Mittelwert der Ausgangsspannung (durch die Massenträgheit eines Drehspulsystems oder durch einen Tiefpaß) gebildet wird:

$$\overline{u_a} = \frac{1}{T} \cdot \frac{1}{10\,V} \cdot \int_0^T [u_e(t)]^2 \cdot dt \equiv (U_{eff})^2 .$$

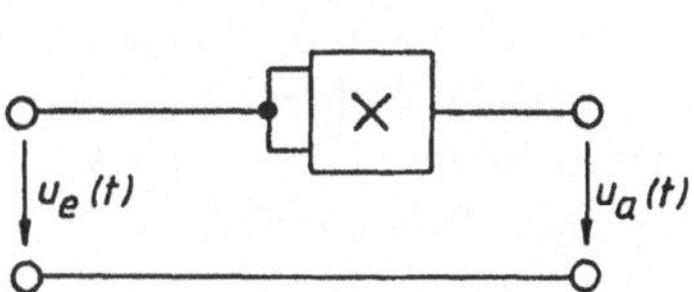

Bild 5.18 Der Multiplizierer als Quadrierer

Der Quadrierer ist zusammen mit einer Mittelwertbildung ein Meßinstrument für den Effektivwert. Das zur Anzeige von U_{eff} allein nötige Radizieren besorgt (vgl. 3.5) eine quadratische Skala beim mittelwertbildenden Drehspulsystem oder eine eigene Radizierschaltung.

5.5.3 Radizierer

In **Bild 5.19** ist in die Rückführung eines Operationsverstärkers ein kompletter Quadrierer eingefügt, wie wir ihn im vorausgegangenen Abschnitt kennengelernt haben. Soll in Bild 5.19 die Eingangsspannung des Verstärkers, U_{in}, entsprechend ihrem Zählpfeil positiv sein, dann ist nach den Vereinbarungen über den Operationsverstärker (vgl. 5.2.1, Bild 5.2) die Ausgangsspannung U_a negativ. Die Ausgangsspannung des Quadrierers, $U_a^2/10\,V$, ist jedoch wieder positiv. Nun gilt nach der Maschenregel

$$(U_a)^2/10\,V - U_e = U_{in} = 0$$

oder aufgelöst nach U_a

$$U_a = -\sqrt{10\,V \cdot U_e} .$$

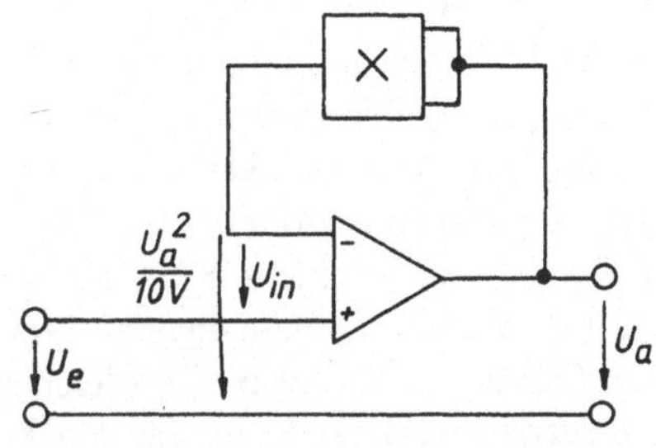

Bild 5.19 Der Multiplizierer als Radizierer

Damit ist die Radizierung geleistet, die Ausgangsspannung U_a muß negativ sein, wie wir schon überlegt haben. In der Praxis wird eine negative Ausgangsspannung durch geeignet in die Schaltung eingefügte Dioden erzwungen, was aber mit dem Prinzip des Radizierens nicht zusammenhängt.

Der Radizierer weist uns noch auf eine grundsätzliche Regel hin: wird in die Rückführung eines Operationsverstärkers eine Schaltung eingefügt, welche ihre Ausgangsgröße über eine Funktion f mit der Eingangsgröße verknüpft, dann stellt der Operationsverstärker samt Rückführung zwischen seinem Ein- und Ausgang die Kehrfunktion f^{-1} her! Dieser Zusammenhang läßt sich ab und zu verwenden, z. B. um aus einem Digital-Analog-Umsetzer einen Analog-Digital-Umsetzer zu machen oder um einen „krummen" Sensor der Funktion f mit der Kehrfunktion f^{-1} zu linearisieren.

6 Elektronenstrahl-Oszilloskop

6.1 Gerätekonzept und Oszillographen-Röhre

Das Oszilloskop (oft auch Oszillograph genannt) ist wohl das wichtigste Gerät in der elektrischen Meßtechnik. Seine Hauptanwendung erfährt es als rascher y-t-Schreiber, ebenso ist der Einsatz als x-y-Schreiber möglich. Herzstück dieser Geräte ist die Oszillographen-Röhre (CRT, _cathode ray tube_), welche in **Bild 6.1** schematisch dargestellt ist.

Wir als Anwender betrachten die Oszillographen-Röhre einfach als einen Baustein mit drei Eingängen, über die der Lichtpunkt auf dem (Bild-)Schirm beeinflußt werden kann: eine Spannung u_y an den Y-Ablenkplatten verschiebt den Punkt in y-Richtung (vertikal), u_x an den X-Ablenkplatten verschiebt ihn in x-Richtung (horizontal). Mit einer außen angelegten positiven Spannung am Z-Eingang kann der Lichtpunkt hell, mit einer negativen dunkel gesteuert werden. Die Helligkeit oder Intensität (_intensity, brillance_) des Lichtpunkts kann auch mit einem Drehknopf eingestellt werden, ebenso die Schärfe (_focus_). Wird an die Platten X bzw. Y eine Gleichspannung gelegt, so läßt sich der Lichtpunkt beliebig auf dem Schirm verschieben (_position_), und zwar in den Koordinaten x und y eines über den Schirm der Röhre gedachten (oder dort als Rasterplatte angebrachten) Koordinatensystems.

In der Röhre selbst wird ein Elektronenstrahl erzeugt, durch Hochspannung beschleunigt, elektrisch fokussiert und abgelenkt. Der Z-Eingang liegt auf (negativer) Hochspannung, welche aber entsprechend abgeblockt ist (z. B. durch einen Kondensator oder einen Oktokoppler). In x- und y-Richtung wird der Elektronenstrahl durch das elektrische Feld zwischen den jeweils als Kondensatorplatten wirkenden X- und Y-Ablenkplatten abgelenkt, vgl. auch Bild 6.1.

In **Bild 6.2** ist das Gerätekonzept skizziert, das drei große Funktionsblöcke erkennen läßt. Das Grundgerät (_main frame_) umfaßt die Röhre mit ihren Anschlüssen (X, Y-Platten, Z-Eingang) sowie das Netzgerät (_power supply_). Häufig enthält das Grundgerät auch noch eine Eichspannungsquelle (_calibrator_), mit der eine Kalibrierung erfolgen kann. Das Y-Signal wird in einem Y-Verstärker (_y-amplifier_) aufbereitet, die Ablenkung in x-Richtung geschieht in einem eigenen Block. Arbeitet das Oszilloskop als x-y-Schreiber, so wird das Signal am X-Eingang in gleicher Weise aufbereitet (verstärkt) wie das Y-Signal. Bei y-t-Betrieb wird das Signal für den X-Eingang der Röhre als zeitproportional veränderliche Spannung im Zeitablenkteil (_time base_) erzeugt. Das soll nun näher erläutert werden.

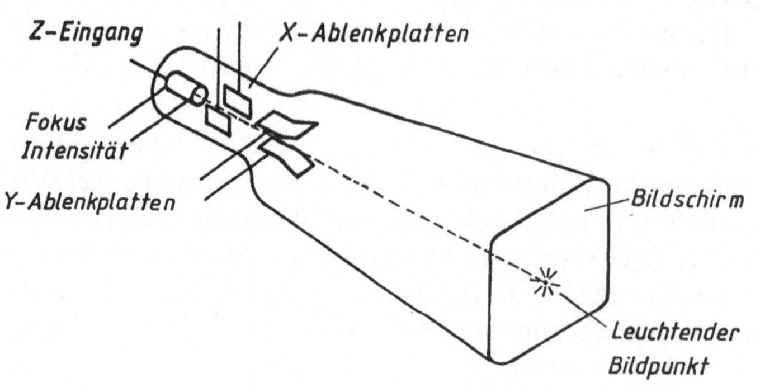

Bild 6.1
Die Oszillographenröhre

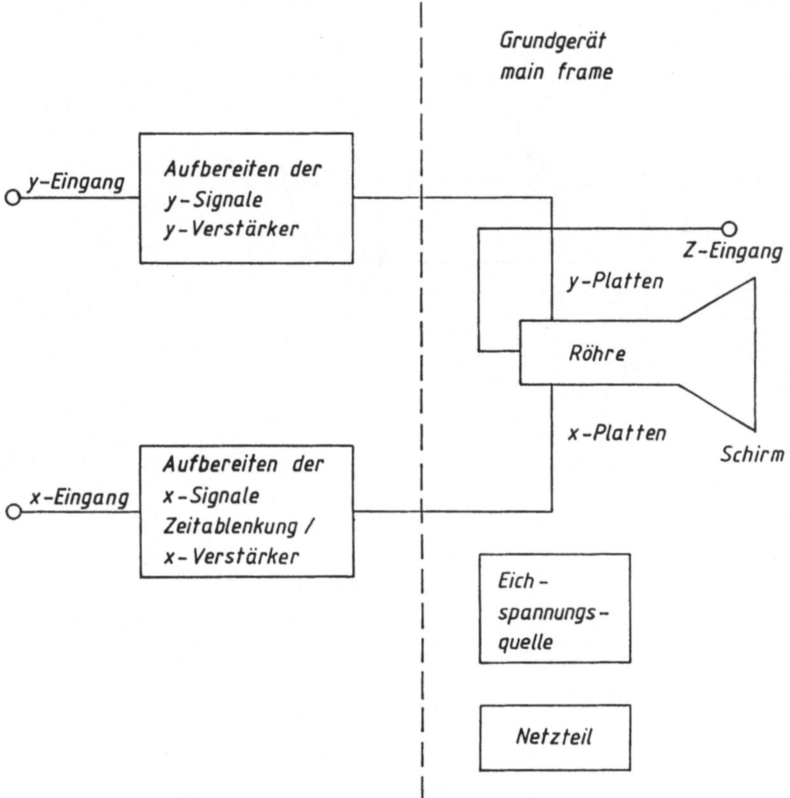

Bild 6.2 Das Gerätekonzept eines Oszilloskops

6.2 Zustandekommen des Schriebs, Triggerung

Soll eine zeitabhängige Spannung $u_y(t)$ abgebildet werden, dann wird sie, entsprechend verstärkt, auf die Y-Platten der Röhre gegeben. Liegt an den X-Platten eine zeitlinear ansteigende Spannung u_x, dann wird von ihr das Signal u_y in seinem Zeitablauf auf dem Schirm dargestellt. In **Bild 6.3** ist dieser Vorgang für die Zeitpunkte 0 bis 8 konstruiert worden für den Fall, daß genau eine Sinusschwingung abgebildet werden soll.

Ist der Schreibvorgang einer Sinusperiode abgeschlossen, dann kippt das Signal u_x vom Zeitpunkt 8 (Bild 6.3) wieder auf den Ausgangspunkt 0 zurück. Dies kann nicht unendlich rasch, sondern nur in endlicher Zeit geschehen. Der Lichtpunkt wäre deswegen sichtbar und störend. Gibt man während der Rücklaufdauer des sägezahnförmigen X-Signals eine negative Spannung auf den Z-Eingang der Röhre, dann bleibt der Rücklaufvorgang auf alle Fälle unsichtbar.

Um ein stehendes Bild der Funktion $u_y(t)$ auf dem Schirm zu erhalten, müßte jedoch die Periodendauer der sägezahnförmigen Spannung u_x exakt mit derjenigen des Signals u_y übereinstimmen, was nicht realisierbar ist. Deswegen greift man zum Trick der Triggerung

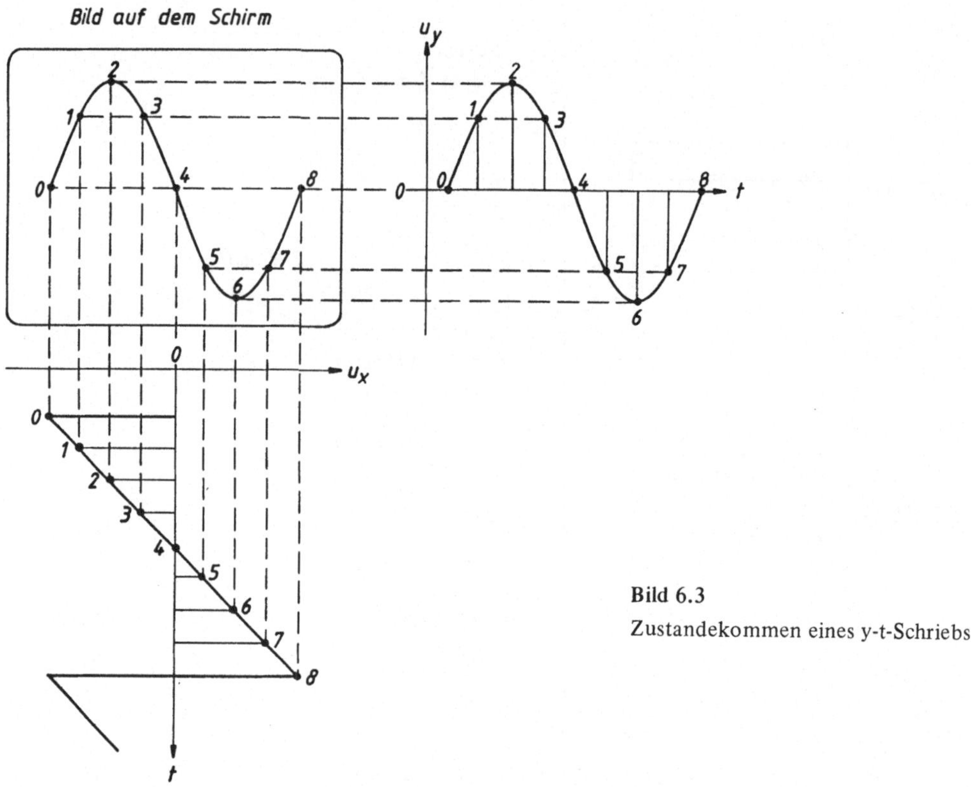

Bild 6.3
Zustandekommen eines y-t-Schriebs

(*to trigger:* auslösen). Eine Periode des Anstiegs der Spannung u_x (also der Zeitablenkung) wird dann und nur dann ausgelöst, wenn das entweder ansteigende (Einstellung: + *slope*) oder fallende (Einstellung: − *slope*) Y-Signal eine gewisse Höhe (*level*) erreicht hat. Die Anstiegssteilheit der Ablenkspannung u_x und damit natürlich auch der Zeitmaßstab dieser x-Ablenkung (Zeit pro cm) ist mit einem Schalter fest einstellbar.

Bild 6.4 verdeutlicht den Vorgang der Triggerung. Das Signal $u_y(t)$ besteht aus einer hohen Sinuswelle mit nachfolgend vier kleinen Sinusschwingungen und ist in dieser Form periodisch. Der Trigger-Level ist auf die steigende Flanke (+ *slope*) der großen Sinuswelle eingestellt; ab hier wird $u_y(t)$ abgebildet, und zwar gemäß der eingestellten Zeitablenkung u_x, in unserem Beispiel also bis zum Ende der zweiten kleinen Sinuswelle. Wird die Triggerschwelle (*level*) erneut erreicht, dann erfolgt erneut ein (jeweils einmaliger!) Ablenkvorgang und ein Schrieb, der deckungsgleich mit seinem Vorgänger ist. Das Auge sieht die rasch übereinandergeschriebenen Bilder als *ein* stehendes Bild, und der Zeitmaßstab ist kalibriert. In Bild 6.4 sind die einzelnen Abbildungen nebeneinander gezeichnet, wie die Einzelbildchen eines Films.

Eine kleine Ergänzung ist nachzutragen. Nach Ende einer jeden Zeitablenkung wird eine gewisse Wartezeit (*hold off*) eingelegt, während der die Zeitablenkung gesperrt bleibt. Erst nach Ablauf der Holdoff-Zeit kann beim Erreichen des nächstfolgenden Triggerpunktes der Sägezahn erneut gestartet werden. Da die zeitlinear ansteigende Spannung mit einem an konstante Eingangsspannung gelegten Integrator (vgl. 5.2.4) erzeugt wird,

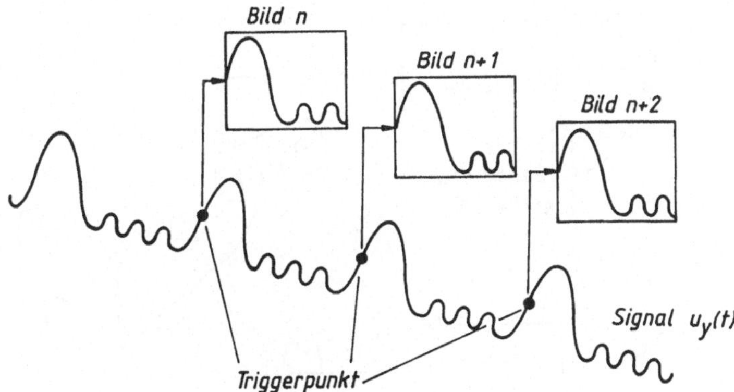

Bild 6.4 Wirkungsweise der Triggerung

braucht das C in einer solchen Schaltung eine gewisse Zeit, um wieder auf den Startzustand entladen zu werden; dies wird mit dem Hold-off gesichert.

Zum Schluß noch ein Hinweis für den Anwender. Ist kein y-Signal vorhanden oder dessen Amplitude kleiner als die eingestellte Triggerschwelle, dann bleibt der Bildschirm dunkel und man weiß nicht, woran das liegen könnte. Deswegen haben viele Oszilloskope eine Einstellung „normal" an der Zeitablenkung. Dann wird jedes Signal am y-Eingang geschrieben, eben ungetriggert, falls es die Triggerschwelle nicht erreicht (oder als Null-Linie, falls es gar nicht vorhanden ist).

6.3 Mehrkanal-y-Verstärker

Die meisten Oszilloskope verfügen über die Möglichkeit, zwei Zeitfunktionen zugleich anzuzeigen. Dazu wäre eigentlich ein doppeltes Röhrensystem nötig („echter Zwei-Strahler"), was aber unüblich geworden ist. Man bedient sich wie beim Film der Trägheit des menschlichen Auges sowie der kleinen Nachleuchtdauer des Bildschirms, um den Eindruck zweier gleichzeitiger (stehender) Bilder zu vermitteln. Um dies zu erreichen, wird zwischen den beiden abzubildenden Signalen $y_1(t)$ und $y_2(t)$ mit einem elektronischen Umschalter abgewechselt nach zwei verschiedenen Verfahren, die in **Bild 6.5** gezeigt sind.

Beim Verfahren *Chopping* wird während jedes Zeitablenkvorgangs in rascher Folge zwischen y_1 und y_2 umgeschaltet und damit jedes der Signale wie auf einem Punktdrucker geschrieben; Bild 6.5 zeigt dies für y_1 als Sinus-Signal und y_2 als Gleichspannung. Da die Zerhackerfrequenz und die Signalfrequenz nie übereinstimmen, verschwimmen die beiden Punktreihen ineinander und erscheinen dem trägen Auge als zwei komplette Linienzüge. Das Choppingverfahren ist für mittlere und niedrige Signalfrequenzen geeignet, es kann jedoch nur auf eines der beiden Signale getriggert werden.

Beim *Alternating*-Verfahren wird abwechselnd je eine Zeitablenkung das Signal y_1, die nächste Zeitablenkung das Signal y_2 geschrieben. Dieses Verfahren ist für niedrige Signalfrequenzen weniger geeignet, weil man dann das „Umspringen" vom einen zum anderen Signal sehen würde. Auf der anderen Seite ist es im Alternating-Betrieb möglich, getrennt

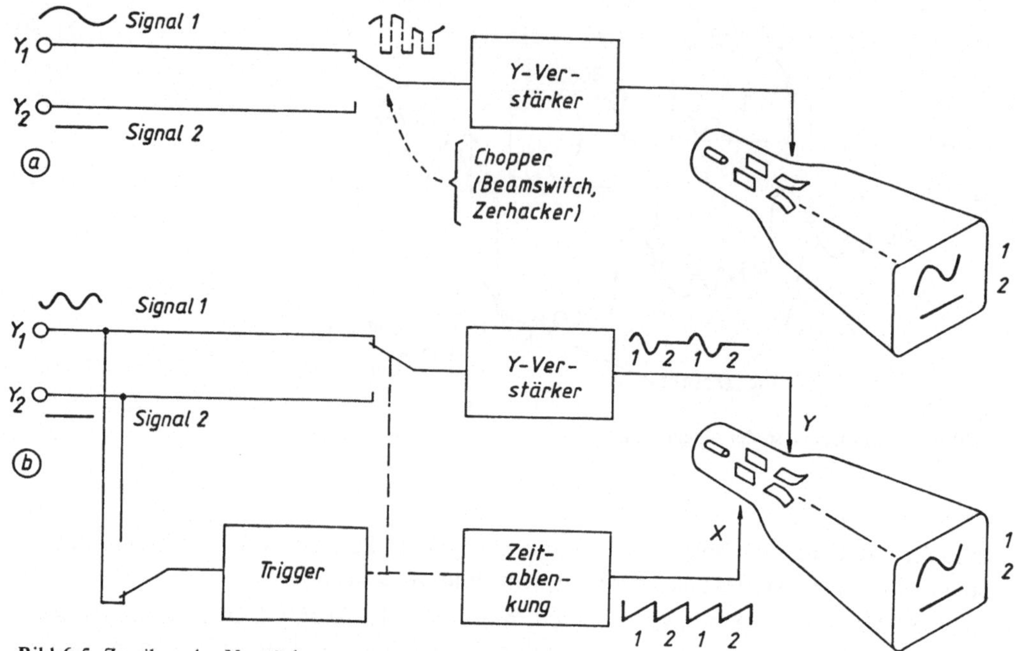

Bild 6.5 Zweikanal-y-Verstärker

a) Verfahren *Chopping*   b) Verfahren *Alternating*

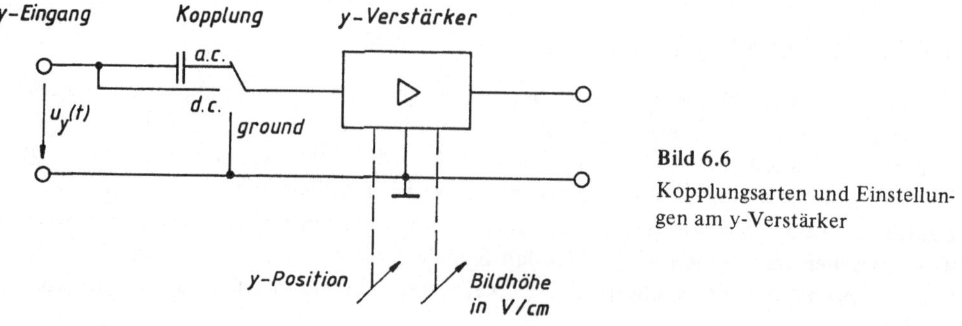

Bild 6.6

Kopplungsarten und Einstellungen am y-Verstärker

auf jedes der Eingangssignale zu triggern, wenn die Triggerung im Alternating-Takt mit umgeschaltet wird.

Üblicherweise lassen sich die Eingänge von y-Verstärkern umschalten zwischen a.c. (*alternating current*), d.c. (*direct current*) und Null/Masse (*ground*). Wie dies geschieht, zeigt **Bild 6.6**: bei d.c. wird der Verstärker direkt gleichspannungsmäßig mit dem Signal verbunden, bei a.c. trennt ein Eingangskondensator die Gleich-Komponente ab. Bei Null/Masse liegt der Verstärkereingang an Massepotential, auf dem Schirm wird die Null-Linie (für Eingangsspannung 0 Volt!) geschrieben. Selbstverständlich kann man in jedem y-Verstärker eine Gleichspannung einaddieren und damit die y-Lage (y-position) an den entsprechenden Drehknöpfen wählen. Die Verstärkung wird in V/cm (Bildhöhe) eingestellt; das kann durch Verstellen von Widerständen am Verstärker (vgl. Abschnitt 5.2, Operationsverstärker) oder durch kalibrierte Spannungsteiler (sogenannte Abschwächer) geschehen.

6.4 Blockschaltbild zum Oszilloskop

Mit dem Blockbild können wir noch einmal einige Zusammenhänge wiederholen und ein paar weitere Details kennenlernen. Über die Blöcke Stromversorgung, Hochspannungsversorgung, Kalibrierquelle in **Bild 6.7** ist nichts mehr zu sagen.

Der x-Teil des Geräts läßt gut erkennen, daß bei x-y-Betrieb die x-Platten über einen Verstärker mit dem x-Eingang verbunden sind. Bei y-t--Betrieb wird der x-Verstärker von der Zeitablenkung angesteuert. Bei ihr löst ein Trigger-Impuls einen Steuergenerator aus, der einerseits den Sägezahngenerator (einmalig) startet, andererseits während des Ablenkvorgangs den Strahl hell macht (Hellsteuerung) bzw. während des Rücklaufs abdunkelt. Das Triggersignal selbst wird dem verstärkten y-Signal entnommen, wenn der Wahlschalter für die Triggerung auf *intern* steht. In Stellung *extern* kann mit Signalen von außen getriggert werden. Oft sind zwischen dem Trigger-Wahlschalter (Triggerquelle, *source*) und dem Triggerbaustein noch Filter einschaltbar, so daß die Triggerung wahlweise auf Niederfrequenz (*low frequency*) oder Hochfrequenz (*high frequency*) oder

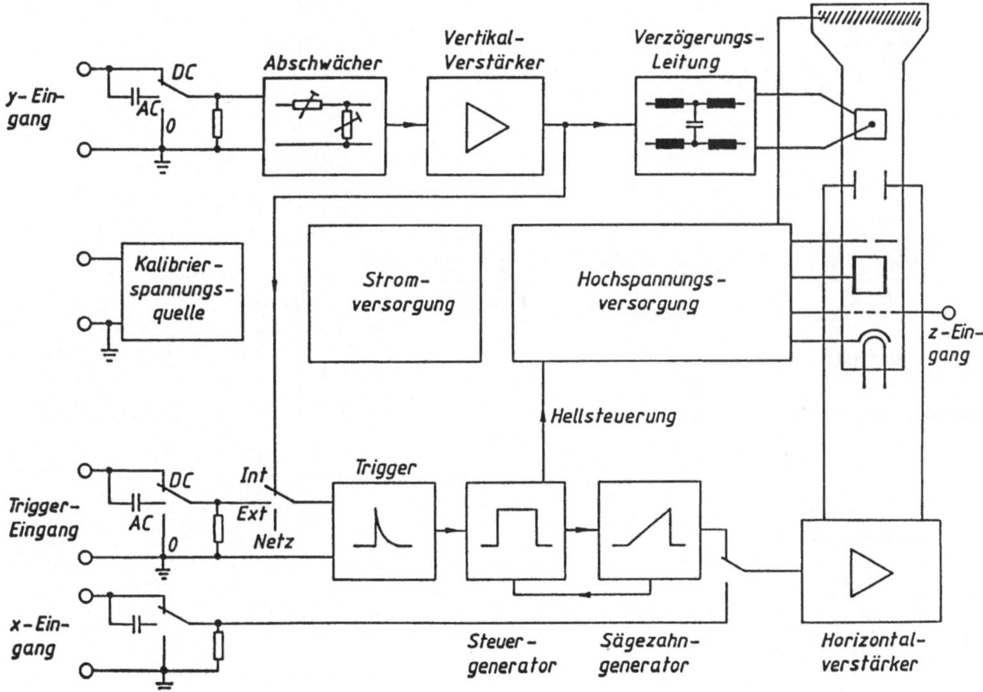

Bild 6.7 Blockschaltbild Oszilloskop

direkt ab DC erfolgen kann. Eine Triggerung mit Netzfrequenz ist ebenfalls häufig eingebaut.

Im y-Kanal findet sich als neuer Baustein eine Verzögerungsleitung. Sie verzögert rasche y-Signale so, daß die Bausteine der Zeitablenkung (Trigger, Steuergenerator) genügend Zeit zum Ansprechen haben. Dann ist der Sägezahn bereits „angelaufen", wenn das steile y-Signal verzögert (!) eintrifft. Auf diese Weise werden auch noch sehr rasche Impulse abgebildet, die sonst wegen der Eigenzeiten im Triggerteil verlorengingen.

6.5 Erweiterungen

6.5.1 Frequenzkompensierter Tastteiler

Ist die zu messende Spannung u_0 größer als die für den Verstärker zulässige Eingangsspannung u_e, dann ist ein Vorwiderstand R_v nötig (vgl. Spannungsmessung 8.2). Da jedoch der Verstärker nach **Bild 6.8** einen Eingangswiderstand R_E und eine Eingangskapazität C_E hat, wird man auch dem Vorwiderstand R_v eine Kapazität C_v parallel legen. Beide Elemente befinden sich in einem Tastkopf, von dem ein abgeschirmtes Kabel zum Verstärker führt.

Bild 6.9 zeigt das elektrische Schaltbild von Tastteiler und Verstärker, das wir nun durchrechnen müssen. Liegen Widerstand R und Kondensator C parallel, so gilt dafür der komplexe Widerstand

$$\underline{Z} = \frac{R \cdot \dfrac{1}{j\omega C}}{R + \dfrac{1}{j\omega C}}$$

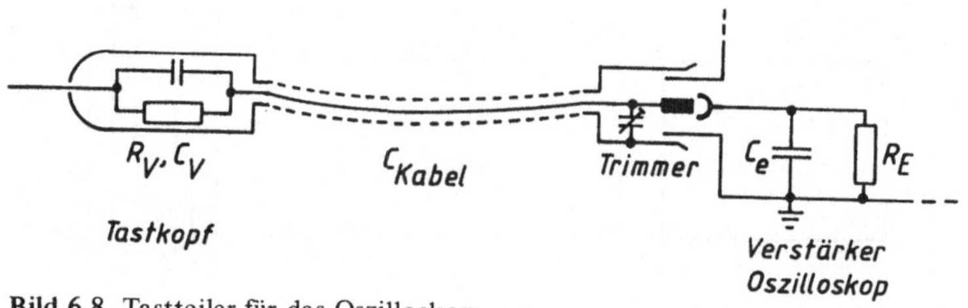

Bild 6.8 Tastteiler für das Oszilloskop

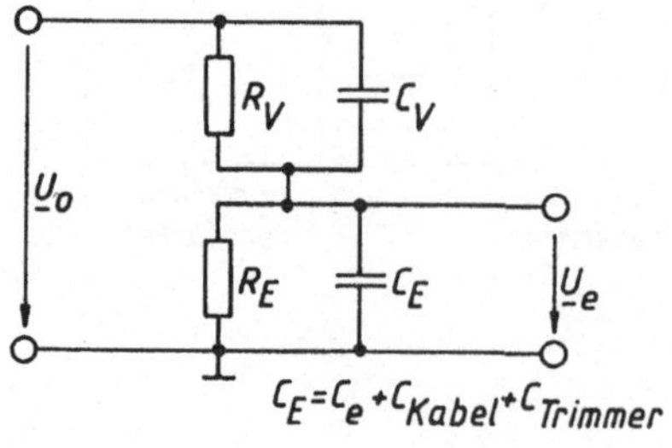

Bild 6.9

Ersatzbild des Tastteilers

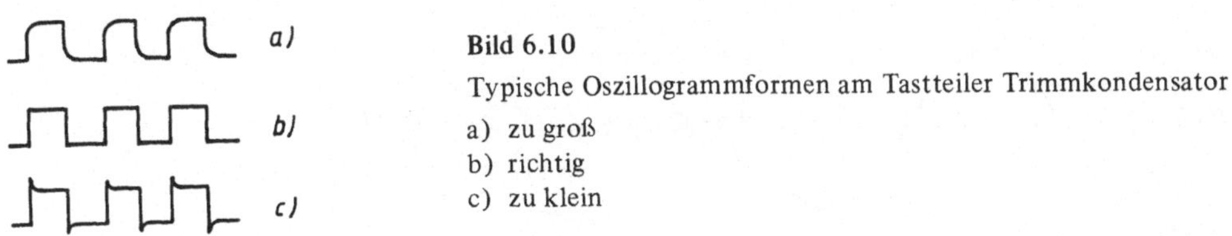

Bild 6.10

Typische Oszillogrammformen am Tastteiler Trimmkondensator

a) zu groß
b) richtig
c) zu klein

Wird mit dem Faktor $j\omega C$ erweitert, dann folgt $\underline{Z} = R/(1 + j\omega CR)$. Für den Spannungsteiler von Bild 6.9 mit den beiden RC-Gliedern $\underline{Z}_v$ und $\underline{Z}_E$ gilt nun

$$\frac{U_0}{\underline{U}_e} = \frac{\underline{Z}_E + \underline{Z}_v}{\underline{Z}_E} = 1 + \frac{\underline{Z}_v}{\underline{Z}_E} = 1 + \frac{R_v}{1 + j\omega C_v R_v} \cdot \frac{1 + j\omega C_E R_E}{R_E} \; .$$

Für $C_E \cdot R_E = C_v \cdot R_v$ wird das Verhältnis der beiden Wechselspannungen $\underline{U}_0/\underline{U}_e = 1 + R_v/R_E$ reell und unabhängig von der Frequenz $\omega = 2\pi \cdot f$, der Spannungsteiler ist frequenzkompensiert.

Der Anwender wird das aber nicht berechnen, sondern möglichst einfach einstellen wollen. Dazu ist im Stecker für den Tastteiler (vgl. Bild 6.8) ein Trimmer vorgesehen, mit dem man das Verhältnis der Kondensatoren einstellen kann. Dazu wird der Tastkopf an eine Eichspannungsquelle angeschlossen, normalerweise ein Rechtecksignal bekannter Amplitude; solche Quellen sind in vielen Oszilloskopen eingebaut. Ein Rechteck enthält nach der Fourierzerlegung ein Spektrum mit allen Oberschwingungen (wenn auch mit abnehmender Amplitude) und eignet sich zum Abgleich des Tastteilers sehr gut: zeigt das Oszilloskop ein sauberes Rechteck, dann ist der Tastteiler frequenzkompensiert; zeigen sich nach **Bild 6.10** Spitzen oder Rundungen, dann muß mit dem Trimm-Kondensator abgeglichen werden.

6.5.2 Verzögerte Zeitbasis/Doppel-Zeitbasis

Zum Beobachten komplexer Signale und zur Ausschnittvergrößerung von Teilen des Schriebs besitzen aufwendigere Oszilloskope eine doppelte Zeitbasis, wie es in **Bild 6.11** im Prinzip dargestellt ist. Die Haupt-Zeitbasis MTB (*main time base*) wird wie üblich

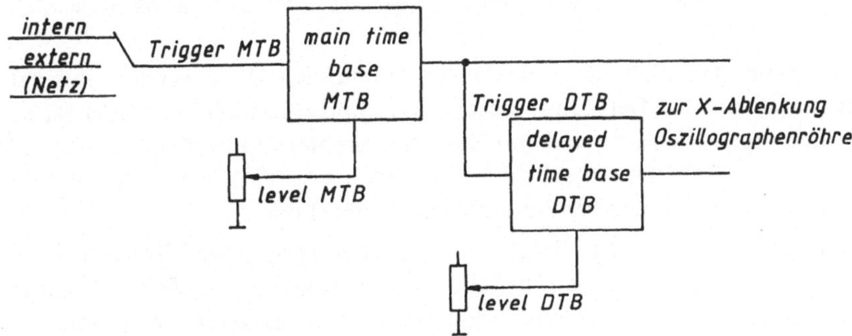

Bild 6.11 Blockschaltbild zur verzögerten/doppelten Zeitbasis

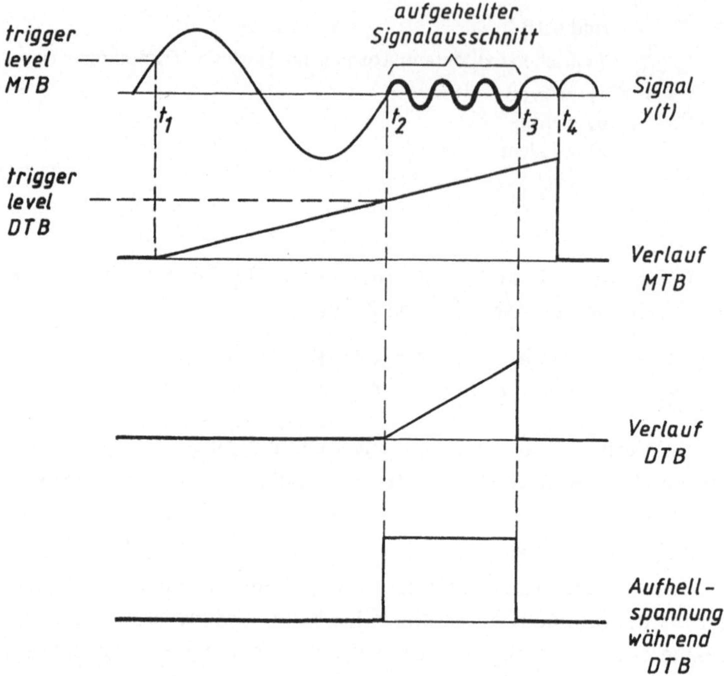

Bild 6.12 Ein Beispiel zur doppelten/verzögerten Zeitbasis

getriggert; in Bild 6.11 sind der Triggerpegel (*level MTB*) und die Triggerwahl (intern, extern, ggf. Netz usw.) als Einstellmöglichkeiten angedeutet. Die verzögerte Zeitbasis DTB (*delayed time base*) wird ausschließlich von der Haupt-Zeitbasis getriggert, der Pegel (*level DTB*) ist einstellbar.

Nachdem wir nun die prinzipielle Anordnung kennen, läßt sich ihre Funktion mit dem Beispiel von **Bild 6.12** erläutern. Dort ist ein periodisches Signal y (t) gezeichnet, bei welchem auf hohe Anfangsamplituden ein Anteil mit geringeren Spannungen, aber höherer Frequenz, folgt. Wir wollen annehmen, daß dieser Teil des Signals zwischen t_2 und t_3 besonders interessiert und deswegen in möglichst hoher Auflösung dargestellt werden soll.

Getriggert werden kann aber nicht auf die kleinen Amplituden ab t_2, sondern nur auf die größere Anfangsamplitude. Der Triggerpegel der Hauptzeitbasis (*level MTB*) sei so eingestellt, daß diese bei t_1 losläuft und mit dem eingestellten Zeitmaßstab das Signal bis zum Zeitpunkt t_4 abbildet. Der interessante Signalteil zwischen t_2 und t_3 steckt nun mitten im Bild und ist nicht mit besserer Zeitauflösung beobachtbar.

Nun greift die verzögerte Zeitbasis ein. Bei ihr wird der Triggerpegel (*level DTB*) so eingestellt, daß sie zur Zeit t_2 losläuft und mit hoher zeitlicher Auflösung zur Zeit t_3 beendet ist. Mit der DTB wird also der interessierende Signalabschnitt herausgeholt. Wird während des Verlaufs der MTB ein positives Signal zur Aufhellung der Schriebs auf die Röhre gegeben, so erscheint der mit DTB angewählte Zeitabschnitt im (durch MTB abgebildeten) Signalverlauf aufgehellt: dies gibt eine hervorragende Hilfe, um den richtigen *level DTB* einzustellen. Mit MTB wird der gesamte Signalverlauf, mit DTB der gewünschte Ausschnitt (mit zeitlich höherer Auflösung) abgebildet.

Man kann nun mit MTB das Gesamtsignal beobachten und dabei den gewünschten Ausschnitt über die Aufhellung genau sehen und wählen; dann wird auf DTB umgeschaltet, und auf dem Bildschirm erscheint der angewählte Signal-Ausschnitt. Es ist auch möglich, im *Alternating*-Verfahren Gesamtsignal und Ausschnitt gleichzeitig darzustellen. Natürlich existieren verschiedene Schaltungsvarianten des Verfahrens — das Prinzip der doppelten bzw. verzögerten Zeitbasis bleibt aber dasselbe.

6.5.3 Digital-Speicher

Im Bereich der Computer sind die Halbleiterspeicher bekannt, welche mit Daten beschreibbar und wieder lesbar sind. Sie werden als RAM (*random access memory*) bezeichnet und sind mit n Speicherzellen zu je k Bit Inhalt organisiert. In solchen RAMs können Meßwerte abgelegt und zu beliebigen Zeiten beliebig oft wieder „abgespielt" werden.

In **Bild 6.13** wird das vom y-Verstärker kommende Signal $y(t)$ in einem Analog-Digital-Umsetzer ADU (vgl. Kapitel 7) in ein k Bit breites binäres Wort umgesetzt. Dabei gibt 2^k die Anzahl von unterscheidbaren Stufen an, in welche der Bereich für $y(t)$ umgesetzt wird. k = 8 bedeutet also 2^8 = 256 Stufen, eine Auflösung von 1/256 oder ca. 0.4 %.

Zum Speichern des Signals ist in Bild 6.13 Schalter S_1 geschlossen, S_2 dagegen geöffnet. Kommt das auslösende Triggersignal, dann wird von einer Ablaufsteuerung mit dem

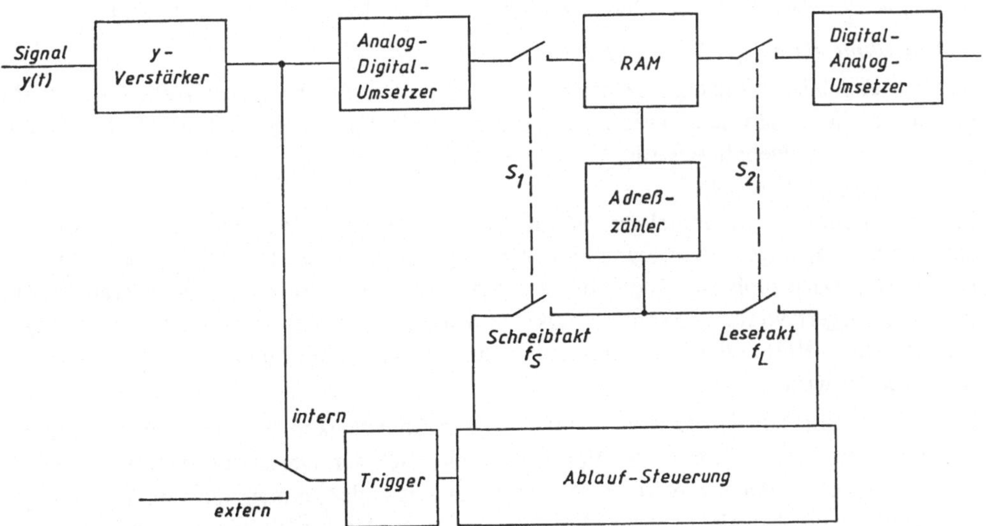

Bild 6.13 Blockschaltbild des Digitalspeichers zum Oszilloskop

Schreibtakt f_s ein Zähler hochgezählt. Er erzeugt die Adressen (also Nummern) zum Ansprechen der n Speicherzellen im RAM, und dieses wird nun Zelle für Zelle mit den digitalisierten Meßwerten $y(t)$ gefüllt. Ist das RAM voll, wird der Schreibvorgang beendet.

Zur Wiedergabe der gespeicherten Meßwerte wird Schalter S_1 geöffnet und S_2 geschlossen. Dann kann die Ablaufsteuerung mit dem Lesetakt f_L über den Adreßzähler Zelle für Zelle im Speicher auslesen. Ein Digital-Analog-Umsetzer DAU (vgl. Kapitel 7) macht daraus wieder das ursprüngliche analoge Signal $y(t)$, das in gewohnter Weise mit dem Oszilloskop anzeigbar ist.

Nachfolgend sind noch die verschiedenen Betriebsweisen für diese Ditigalspeicher erläutert.

- *Aufnahme von Funktionen*

Das abzuspeichernde Signal $y(t)$ läßt sich nach Fourier in eine Summe von Sinussignalen zerlegen. Soll das Signal nach dem DAU-Baustein fehlerfrei wiederhergestellt werden, dann muß dazu die Bedingung des Abtast-Theorems $f_s/f_y = r > 2$ eingehalten werden. Dabei ist f_s der Schreibtakt, mit dem das Signal $y(t)$ abgetastet wird, f_y ist die höchste in $y(t)$ steckende Frequenz, r ist die *Abtastrate*. Wird diese Bedingung nicht eingehalten, so können bei der abschließenden Analogisierung des Signals (tiefere) Frequenzen zustandekommen, die in $y(t)$ ursprünglich gar nicht enthalten waren. Man spricht vom *Aliasing*-Effekt. Oftmals wird zur Vorsicht das $y(t)$-Signal über einen Tiefpaß geschickt (*Anti-Aliasing-Filter*). Auf diese Weise werden zufällig enthaltene, höherfrequente und somit bei fester Abtastfrequenz f_s gegen das Abtast-Theorem verstoßende Frequenzanteile ferngehalten.

Bei der Wiedergabe der gespeicherten Signale kann die Lesefrequenz f_L beliebig gewählt werden, und so werden Zeitlupe und Zeitraffer möglich. Man kann das Signal $y(t)$ sogar so langsam abrufen, daß es auf mechanischen y-t--Schreibern aufgezeichnet wird.

- *Aufnahme einmaliger Vorgänge der Dauer T_y*

Werden einmalige Vorgänge gespeichert, dann sollten die n Speicherzellen des RAM möglichst alle gefüllt sein. Dies ist erreichbar, wenn für den Schreibtakt f_s die Bedingung $f_s = n/T_y$ eingehalten wird.

- *Transienten-Überwachung*

Eine Transiente ist ein einmaliger, sich nicht wiederholender Vorgang, z. B. eine Störung auf einem sonst ungestörten Signal. Mit dem Digitalspeicher ist es möglich, solche Signale zu erfassen. Dazu muß auf einen charakteristischen Teil des zu erwartenden Transientensignals getriggert werden. Normalerweise wird das RAM laufend überschrieben, solange, bis mit dem Auftreten der Transiente ein Triggervorgang kommt und mit ihm die Speicherung beendet wird.

Dieses Verfahren hat den großen Nachteil, daß in Abhängigkeit der Triggereinstellung die Transiente evtl. nur teilweise, die Vorgänge direkt nach der Transiente gewiß nicht erfaßt werden. In vielen Fällen möchte man jedoch das Zustandekommen, den Verlauf und ggf. das Abklingen der Transiente abspeichern. Man möchte also die Vorgänge vor dem Trigger-Ereignis (*pre-trigger*) und diejenigen *danach* (*post-trigger*) definiert abspeichern. Dies läßt sich recht elegant verwirklichen.

Das RAM hat n Speicherzellen. Sollen nach dem Triggerereignis noch p Zellen mit den *post-trigger*-Vorgängen gefüllt werden, dann enthalten (n − p) Zellen die Ereignisse vor der Triggerung (und damit das Auftreten der Transiente). Wird mit der Triggerung ein auf p voreingestellter Rückwärtszähler gestartet, so zählt dieser mit dem Schreibtakt f_s genau p Schritte bis Null. Hat er Null erreicht, wird der Speichervorgang beendet. Dann sind nach dem Trigger noch genau p Speicherzellen mit der Nachgeschichte gefüllt worden, in den restlichen (n − p) Speicherzellen steht die Vorgeschichte.

Bei der periodischen Wiedergabe auf dem Oszilloskop kann man den Zähler mitlaufen lassen und auf seinen Nulldurchgang triggern. Dann wird als stehendes Bild der gesamte Ablauf, *pre-trigger*, Transiente (*trigger*) und *post-trigger* abgebildet.

7 Analog-Digital-Umsetzung

7.1 Analoge und digitale Signaldarstellung

Bisher sind uns ausschließlich analoge Signale begegnet, die, vorzugsweise in der Form von Spannung, Strom oder Frequenz, Meßwerte dargestellt haben. Jetzt geht es darum, diese Signale mit dem schon in Abschnitt 1.1 erwähnten Analog-Digital-Umsetzer in eine digitale Form umzusetzen, welche auch der Prozessor und Computer „versteht".

Digital heißt ziffernmäßig, schrittweise, diskontinuierlich. Das ist uns aus dem gewohnten dezimalen Zahlensystem geläufig. Hat man sich auf die Stellenzahl geeinigt, dann gibt es eine Grenze für die kleinste Einheit, die als Digit bezeichnet wird. Beim Geld gibt es als kleinste Einheit den Pfennig, 1 Pfennig ist also 1 Digit im Geld- und Münzwesen.

Elektronik ist wenig geeignet, die für das Dezimalsystem nötigen 10 Zahlzeichen als 10 Zustände rasch und sicher zu unterscheiden. Ein Zahlensystem auf der Basis der Zahl Zwei, das nur die Zahlzeichen 0 und 1 benötigt, ist jedoch elektronisch sehr gut zu realisieren. Zudem entspricht ein solches System den Bedingungen der Aussagelogik, welche auch nur „wahr" (zutreffend) und „falsch" (nicht zutreffend) verwendet.

Die Zuordnung von Größen zu zweiwertigen, binären Ausdrücken oder „Worten" kann auf verschiedene Weise geschehen. Im rein dualen Zahlensystem wird jede Zahl als Summe von Potenzen der Basiszahl 2 dargestellt. Die dezimale Zahl 19 läßt sich als $1 \cdot 2^3 + 0 \cdot 2^2 + 1 \cdot 2^1 + 1 \cdot 2^0$ darstellen, in der gewohnten Weise eines Potenzzahlensystems als 1011 (dual) geschrieben. Mit Dualzahlen kann man genauso rechnen wie mit Dezimalzahlen. Die Einheit einer Stelle wird als Bit bezeichnet.

Eine Annäherung an das gewohnte Dezimalsystem ergibt sich, wenn jede dezimale Stelle für sich als Dualzahl verschlüsselt wird. Man spricht von BCD-Darstellung (*binary coded decimal*). Da mit 4 dualen Stellen, also 4 Bit, insgesamt $2^4 = 16$ Zahlen gebildet werden können, braucht man für BCD-Darstellung zwar 4 Bit, es bleiben aber 16 − 10 = 6 Zeichen übrig. Deswegen wird häufig ein 16er-System verwendet, in welchem jede Stelle mit 4 Bit verschlüsselt ist. Für die Zahlen 0 bis 9 werden die dezimalen Zahlen, für 10 bis 15 die Buchstaben A bis F benützt.

Ganz allgemein können Folgen von Nullen und Einsen, also binäre Worte, allen beliebigen anderen Zeichen zugeordnet werden; man spricht dann von einem Code. Mit am weitesten verbreitet ist der *ASCII*-Code, welcher mit 8 Bit (also 256 darstellbaren Zeichen) Ziffern, Buchstaben und viele Sonderzeichen umfaßt.

Bei positiver Logik ist die Spannung für den Wert „1" positiver als diejenige für „0", bei negativer Logik ist es umgekehrt. Dies gilt auch für die Zuordnung der 0 und 1 für „wahr" und „falsch", wenn die Signale im Sinne der Aussagelogik behandelt bzw. verknüpft werden sollen, z. B. durch die UND-Funktion, die ODER-Funktion u. a. m.

7.2 Grundprinzip der Digital-Analog-Umsetzer

Bild 7.1 zeigt eine Blockdarstellung für den Digital-Analog-Umsetzer DAU. Ein binäres Datenwort liegt parallel an den n Eingängen, am Ausgang ist die analoge Spannung U_a verfügbar. Sie hängt mit dem binären Eingangswort und der Referenzspannung U_{ref} zusammen nach der Beziehung:

$$U_a = U_{ref} \cdot [\text{Wert des binären Eingangsworts}].$$

Letzeres ist meist so angelegt, daß sein Wert im Bereich ≤ 1 liegt. Die Referenzspannung U_{ref} wirkt als multiplikativer Faktor. Ist U_{ref} schaltungstechnisch zugänglich, dann liegt ein sogenannter *multiplizierender DAU* vor. Einige DAU können über Steuerleitungen angesprochen werden bzw. so mit einem Prozessor korrespondieren.

In **Bild 7.2** ist die Kennlinie eines DAU skizziert, und zwar für den Fall eines 3-Bit-Eingangs für duale Datenworte. Diese Kenn-„Linie" besteht nur aus $2^3 = 8$ diskreten Punkten, denn für jedes der 8 möglichen Eingangsworte gibt es genau eine analoge Ausgangsspannung – Zwischenwerte im Ausgang kommen nicht vor. Die maximale Ausgangsspannung U_{amax} erreicht nicht den Wert von U_{ref}. Denn das maximale Eingangswort $111 = 1 \cdot 2^2 + 1 \cdot 2^1 + 1 \cdot 2^0$ erreicht nur den Wert von $7 \cdot (U_{ref}/8)$! Bei allen DAU bleibt U_{amax} um eine Einheit der letzten Stelle, um 1 LSB (*least significant bit*) hinter U_{ref} zurück.

Eine mögliche Schaltung für einen 3-Bit-Umsetzer (rein dual) ist in **Bild 7.3** gezeigt. Dort finden wir unseren bekannten Summier-Operationsverstärker, nur daß er hier nicht Spannungen, sondern Ströme summiert, die mit $I_1 = U_{ref}/2R$, $I_2 = U_{ref}/4R$ und $I_3 = U_{ref}/8R$ fließen können, wenn die entsprechenden Schalter geschlossen sind. Da letztere nur zwei Zustände kennen, kann man sie als die Bit des Eingangsworts mit $S_i = 1$ für den geschlossenen und $S_i = 0$ für den offenen Zustand kennzeichnen. Dann schreibt sich die oben

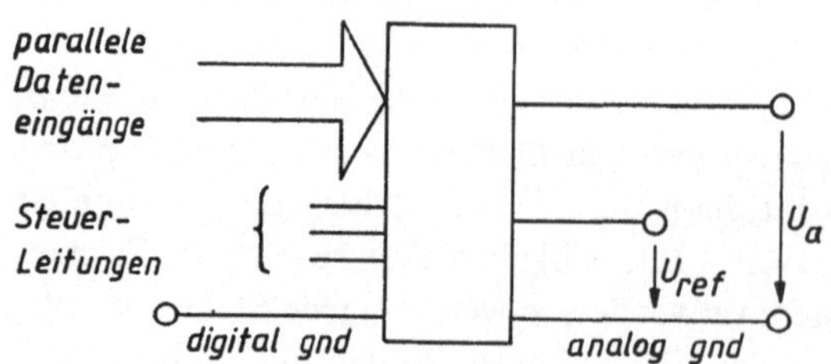

Bild 7.1

Blockschaltbild für einen Digital-Analog-Umsetzer

angegebene Umsetzergleichung für den vorliegenden Fall einfach als (das Vorzeichnen ist ohne prinzipielle Bedeutung)

$$U_a = (-)\,\Sigma\,I\cdot R = (-)\,U_{ref}\cdot\left[S_1\cdot\frac{1}{2} + S_2\cdot\frac{1}{4} + S_3\cdot\frac{1}{8}\right].$$

Der Faktor $1/8 = 1/2^3$ ist das schon erwähnte LSB, die höchstwertige Stelle $1/2^1 = 1/2$ heißt entsprechend MSB (_most significant bit_). Die maximale Ausgangsspannung $U_{a\,max}$ wird auch mit U_{FS} (FS für _full scale_) bezeichnet. Der verwendete Code muß die Eigenschaft haben, daß die einzelnen Stellen, also in Bild 7.3 die Schalter S_i, immer denselben Wert besitzen: der verwendete Code muß bewertbar sein, wie man sagt.

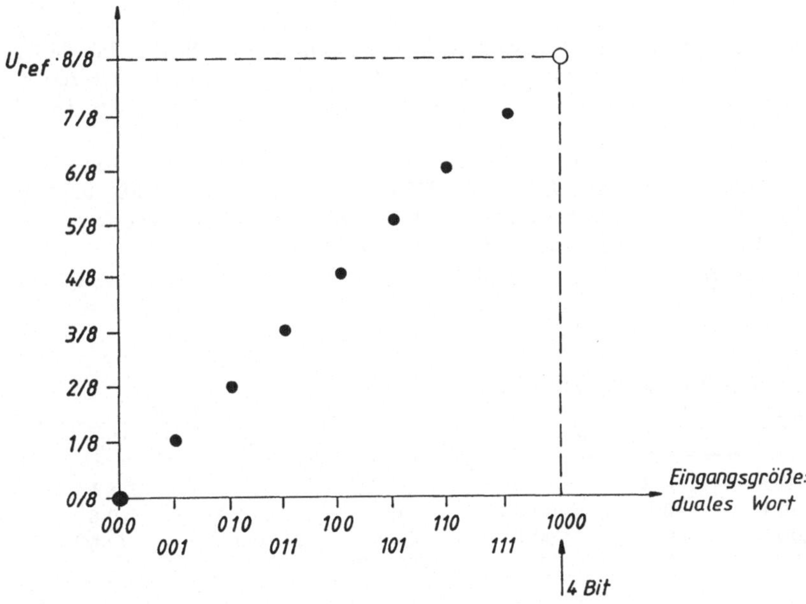

Bild 7.2 Kennlinie eines 3-Bit-Dual-Digital-Analog-Umsetzers

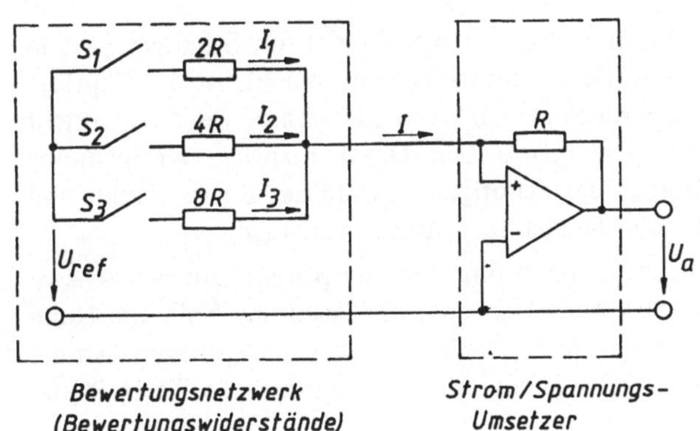

Bild 7.3

Schaltbild eines einfachen 3-Bit-Digital-Analog-Umsetzers (Code rein dual)

Eine Anordnung von Widerständen wie diejenige mit R_1, R_2 und R_3 in Bild 7.3 heißt Bewertungsnetzwerk (Bewertungswiderstände), weil mit ihnen binäre Stellen mit analogen Strömen verknüpft sind, die dem jeweiligen binären Stellen*wert* entsprechen. DAU benutzen meist das duale Zahlensystem oder BCD-Zuordnungen, bei denen immer 4 Bit eine Dezimalstelle umfassen. Bei drei Dezimalstellen (Auflösung also $1/10^3 = 1/1000 = 1$ LSB) sind Widerstände der Größe 2 R bis 16 R für die höchstwertige, 200 R bis 1600 R für die niedrigstwertige Dekade nötig. Das ergibt Schwierigkeiten, weil man Widerstände nicht beliebig genau herstellen kann. Ist der Widerstand 2 R auf 1 % genau, dann entspricht die mögliche Abweichung des durch ihn fließenden Stroms bereits dem Strom, den der Widerstand 200 R beiträgt. Um diese Schwierigkeiten zu umgehen, werden sehr häufig die nachfolgend beschriebenen R/2 R-Bewertungsnetzwerke eingesetzt.

Beispiel 7-1

Ein DA-Umsetzer nach Bild 7.3 ist ausgebaut auf 3 volle Dekaden (3 × 4 Bit). In **Tabelle 7.1** sind die Widerstände und die Spannungsangaben für MSB und LSB in jeder Dekade zusammengestellt. Der Umsetzer erfaßt einen Ausgangsspannungsbereich von 0,00 V bis 9,99 V (3 Digit).

Wir nehmen einmal an, der Widerstand $2 \cdot R$ für MSB der 1. Dekade habe einen Fehler von 10^{-3}. In der 1. Dekade entspricht 1 LSB = 1 V, 1 MSB = 8 V. Mithin ist $10^{-3} \cdot$ MSB = 0,008 V = 8 mV. In der 3. Dekade gilt jedoch 1 LSB = 0,01 V = 10 mV. Mithin beträgt der Fehler von 10^{-3} beim MSB der 1. Dekade bereits 80 % eines LSB der 3. Dekade!

Die übliche Grenze für DAU-Fehler, 1/2 LSB der letzten (3.) Dekade, würde nicht mehr gehalten.

Tabelle 7.1 Zu Beispiel 7-1: DA-Umsetzer mit 3 Dekaden

Dekade	Bewertungswiderstände				LSB =	MSB =
1.	2 R	4 R	8 R	16 R	1 V	8 V
2.	20 R	40 R	80 R	160 R	0,1 V	0,8 V
3.	200 R	400 R	800 R	1600 R	10 mV	80 mV

7.3 Umsetzer-Netzwerke

Üblicherweise werden die einzelnen Bit eines binären Worts nicht mit Schaltern (wie in Bild 7.3) realisiert, sondern elektronisch. Der Grundspeicher für ein Bit ist das Flipflop, eine Schaltung, deren Ausgang nur die Zustände „0" und „1" kennt. Dabei entspricht meist Q = 1 einer Spannung, die wir U_{ref} nennen wollen, Q = 0 entspricht der Spannung Null. Die Flipflops werden als Register in der benötigten Anzahl der Bit aufgereiht und können die Werte 0, 1 über Eingänge (S für Setzen, R für Rücksetzen) erhalten.

In **Bild 7.4** ist ein Register für 4 Bit, also mit 4 Flipflops, dargestellt. An den 4 Ausgängen $Q_1 \dots Q_4$ steht entweder die Spannung U_{ref} oder die Spannung Null. Die Nummern S_i samt den Wertigkeiten für rein duale Darstellung sind mit eingetragen. An die Flipflop-Ausgänge ist ein Widerstands-Netzwerk angeschlossen, das nur die Werte R und 2 R enthält.

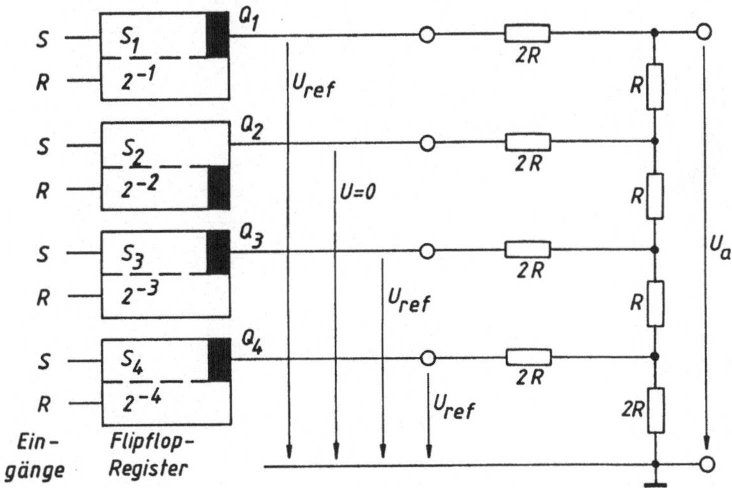

Bild 7.4 R-2R-Netzwerk für Spannungs-Eingang mit 4-Bit-Flipflopregister, eingestellt auf die Dualzahl 1011

Es läßt sich über die Netzwerktheorie der Elektrotechnik zeigen, daß dieses Bewertungs-Netzwerk eine Spannung U_a erzeugt, die dem im Register abgelegten binären Wort entspricht. Enthält dieses die in Bild 7.4 eingetragenen Werte (ein Balken am Ausgang Q_i eines Flipflops bedeutet die 1), dann gilt

$$U_a = U_{ref} \cdot [1 \cdot 2^{-1} + 0 \cdot 2^{-2} + 1 \cdot 2^{-3} + 1 \cdot 2^{-4}]$$

$$= (11/16) \cdot U_{ref}.$$

Die Ausgangsspannung wird entsprechend dem Wert 1011 (dual) = 11 (dezimal), bezogen auf *full scale* (Wert 16), also mit 11/16 der Referenzspannung, gebildet.

Leider sind die Ausgangsspannungen verschiedener Flipflops (auch gleicher Bauart) nie identisch gleich, während sich Ausgangsströme recht gut gleich machen lassen. In **Bild 7.5** ist ein R-2R-Netzwerk gezeigt, das von eingeprägten Strömen I_0 aus einem Register angesteuert wird. Die Umsetzergleichung lautet

$$U_a = (4/3) \cdot R \cdot I_0 \cdot [S_1 \cdot 2^{-1} + S_2 \cdot 2^{-2} + S_3 \cdot 2^{-3} + S_4 \cdot 2^{-4}].$$

Für das skizzierte binäre Wort 1011 (dual = 11 (dezimal) wird die Ausgangsspannung $U_a = (11/16) \cdot 4\,R \cdot I_0/3$ gebildet.

Diese R-2 R-Netzwerke umgehen die Schwierigkeit der Widerstandstoleranzen, wie sie bei sehr unterschiedlichen Widerstandswerten auftreten würden. Durch elektronische Schalter in MOS-Technologie lassen sich beide Netzwerke (nach Bild 7.4 und 7.5) direkt ansteuern, so daß die Schwierigkeiten der direkten Einspeisung aus Flipflop-Ausgängen vermieden werden.

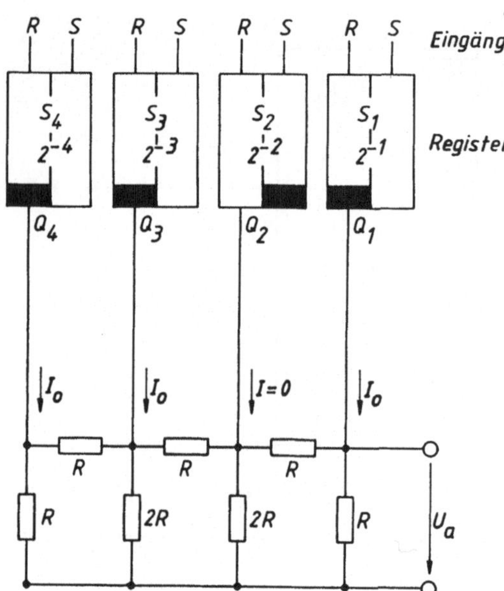

Bild 7.5

Variante zu Bild 7.4 mit Strom-Eingang

7.4 Grundprinzip der Analog-Digital-Umsetzer

Entsprechend der Darstellung für den DA-Umsetzer (Bild 7.1) ist in **Bild 7.6** das Prinzip des AD-Umsetzers gezeigt. Das binäre Ausgangswort ist meist parallel verfügbar, oft sind Steuerleitungen (auch für den prozessorkompatiblen Betrieb) vorgesehen. Aus der Kennlinie nach **Bild 7.7** ist eine Besonderheit der AD-Umsetzer erkennbar: zwar wird der Wechsel zwischen zwei benachbarten Eingangsworten in der Mitte der analogen Stufen liegen, er kann jedoch um $\pm \frac{1}{2}$ Stufenbreite verschoben werden, ohne daß die Umsetzung „falsch" wird. Somit lautet die Umsetzergleichung

$$U_{ref} \cdot [\text{Wert des binären Ausgangsworts}] = U_e \pm \frac{1}{2} \text{ LSB},$$

wobei LSB (*least significant bit*) in diesem Falle eine analoge Spannungsstufe (und nicht ein digitales Bit) bedeutet. Diese mögliche Verschiebung von $\pm \frac{1}{2}$ LSB wird als *Quantisierungsfehler* bezeichnet, der aber kein Fehler im üblichen Sinne (vgl. Abschnitt 2.3) ist, sondern nur die prinzipielle Unsicherheit bei AD-Umsetzern kennzeichnet. Durch ihn wird auch die immer geforderte *Monotonie* der Umsetzung nicht berührt; sie verlangt,

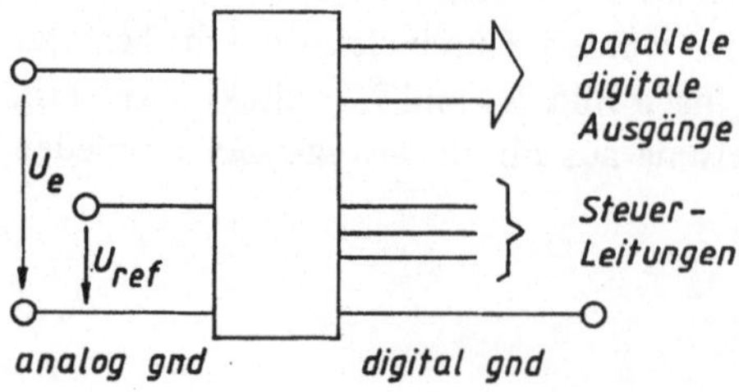

Bild 7.6

Blockschaltbild für den Analog-Digital-Umsetzer

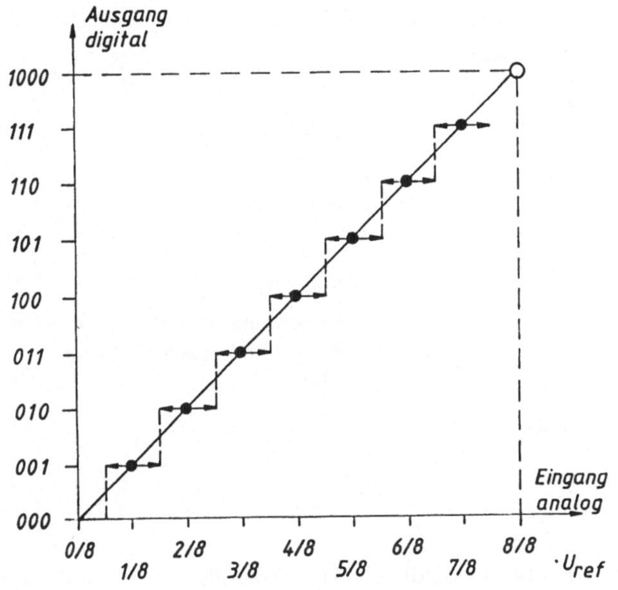

Bild 7.7
Kennlinie eines 3-Bit-Analog-Digital-Umsetzers (rein dual codiert) und Quantisierungsfehler

daß bei einem größeren Wert des Eingangswortes auch eine größere Ausgangsspannung entsteht. Dies gilt auch für den DA-Umsetzer. Übrigens ist der Umsetzer-Code für AD-Umsetzer frei, er muß nicht bewertbar sein.

7.5 AD-Umsetzung über DA-Umsetzer

In **Bild 7.8** sehen wir einen DA-Umsetzer im Rückführzweig eines Operationsverstärkers, der mit seiner hohen Leerlaufverstärkung v_0 als Vergleicher, *Komparator* wirkt. Für $U_x > U_a$ habe seine Ausgangsspannung den Wert, mit dem das binäre Zeichen „1" darge-

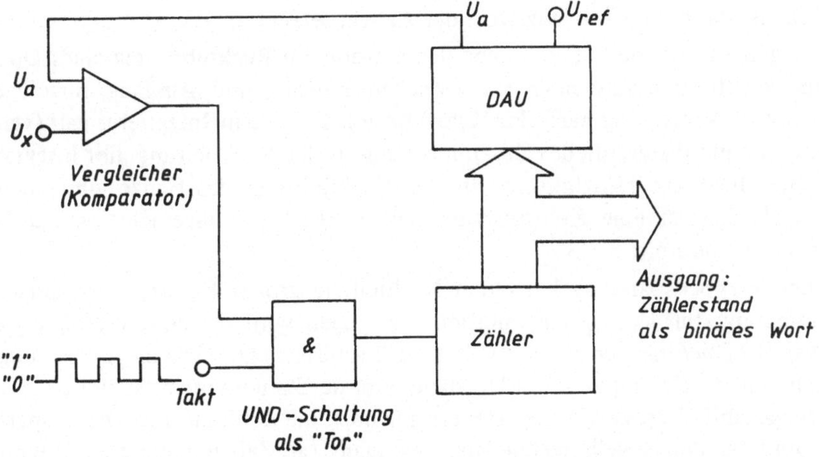

Bild 7.8 AD-Umsetzer mit DA-Umsetzer in der Rückführung eines Operationsverstärkers

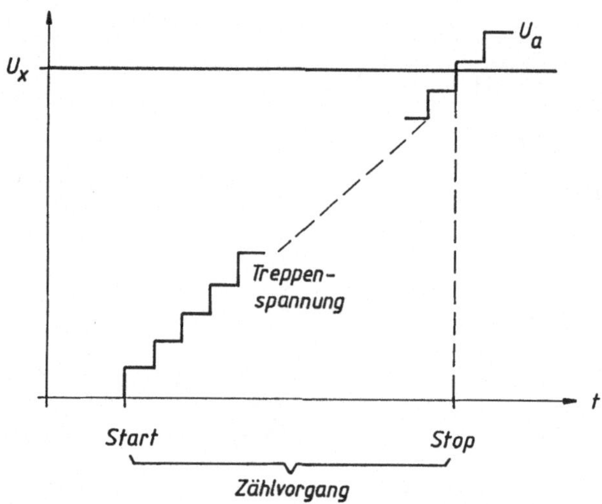

Bild 7.9

Umsetzvorgang der Schaltung nach
Bild 7.8: *„Treppenspannungs-
Umsetzer"*

stellt wird. Dann können aber Takt-Impulse durch die als Tor wirkende UND-Schaltung laufen, denn deren Ausgang ist immer dann der „1" entsprechend, wenn der eine UND der andere der Eingänge das Signal „1" führen.

Also wird für $U_x > U_a$ der Zähler laufend hochgezählt, und zwar in einem bewertbaren Code, wie ihn der DA-Umsetzer braucht. Damit steigt die analoge Ausgangsspannung U_a des DA-Umsetzers Bit für Bit wie eine Treppe an, wie dies in **Bild 7.9** gezeigt ist. Dieser treppenartige Aufbau von U_a gibt der Schaltung auch den Namen Treppenspannungs-Umsetzer. Ist jedoch zu einem Zeitpunkt $U_a \geqslant U_x$ geworden, dann schlägt die Ausgangs-spannung des als Komparator wirkenden Op.-Verstärkers um auf den der binären „0" zugeordneten Wert. An der UND-Schaltung kann nicht mehr gelten, daß der eine UND der andere Eingang die „1" führen — das Tor sperrt, der Zählvorgang ist beendet.

Im Zähler steht eine Zahl Z, welche der Anzahl der zum Erreichen von U_x nötigen, jeweils 1 LSB hohen Stufen entspricht. Die zugehörige Nullen-Einsen-Kombination des verwendeten Code ist das binäre Ausgangswort des AD-Umsetzers.

Zunächst eine allgemeine Bemerkung: immer dann, wenn im Rückführzweig eines Op.-Verstärkers ein Funktionszusammenhang f zwischen Eingang und Ausgang eingefügt ist, wirkt die *gesamte* Anordnung nach der Kehrfunktion f^{-1}. Beim Integrierer galt (vgl. 5.2.4) $i_f = C \cdot du_a/dt$: ein differentieller Zusammenhang in der Rückführung gibt Integrator-Verhalten. Hier liegt ein DA-Umsetzer in der Rückführung, das Ganze gibt einen AD-Umsetzer; auch dies ist eine *Kehrfunktion*. Diese Regel gilt allgemein, vgl. auch beim Radizierer nach Abschnitt 5.5.3.

Die Strategie der Treppenspannung hat einen Nachteil: je größer U_x ist, umso länger dauert die Umsetzung, für $U_{x\,max}$ am längsten. Deswegen wird oft eine Verfolgungs-strategie angewandt (*Tracking-Verfahren*): Gilt zum Start-Zeitpunkt für eine Umsetzung der Eingangsspannung die Bedingung $U_x > U_a$, dann wird der Zähler vorwärts, für $U_x < U_a$ jedoch rückwärts gezählt. Der Vergleicher steuert nur noch die Zählrichtung. Damit spart man sich Zeit, und für den jeweils ersten Umsetzvorgang (ab Zählerstellung Null) wird automatisch das Treppenverfahren erreicht.

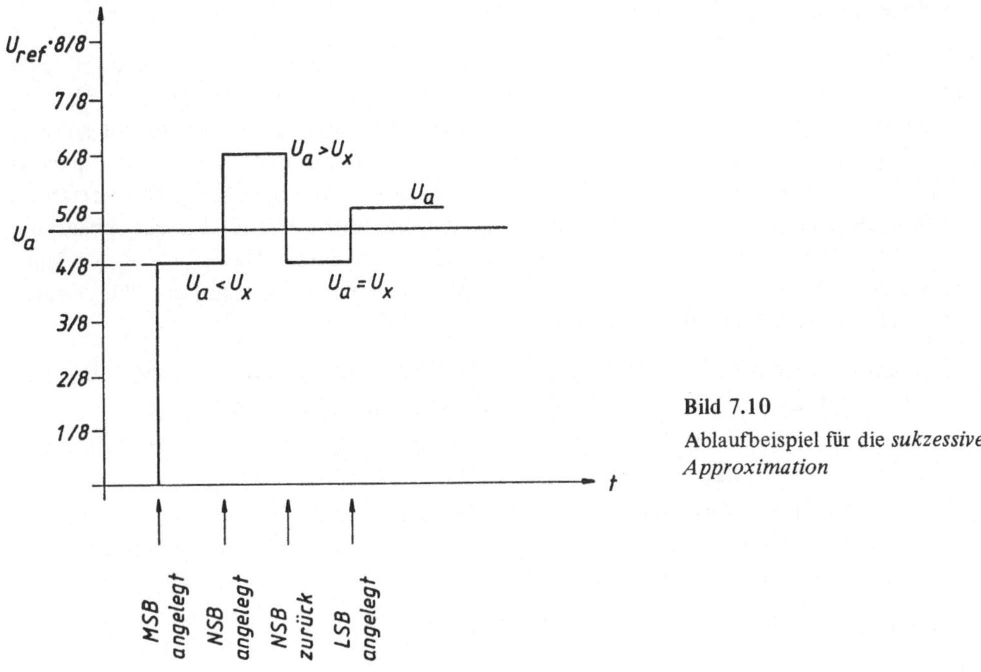

Bild 7.10

Ablaufbeispiel für die *sukzessive Approximation*

Am raschesten arbeitet die Strategie der *sukzessiven Approximation*, welche meist rein duale Codierung verwendet. Zunächst wird das höchstwertige Bit MSB am DA-Umsetzer eingeschaltet, beim Entscheid des Komparators $U_a < U_x$ belassen, bei $U_a > U_x$ jedoch wieder weggenommen. Dasselbe spielt sich bei allen NSB (*next significant bit*) ab. Auf diese Weise wird von U_a schrittchenweise (sukzessive) der Wert U_x angenähert (approximiert), wie dies in **Bild 7.10** für 3 Bit Dual-Code skizziert ist. Für n Bit rein dualen Code ist diese Approximation in spätestens n Schritten geleistet, obwohl die Auflösung 2^n Schritte (Treppenstufen) beträgt. Dieses Verfahren ist also recht schnell.

Bei allen drei Strategien (Treppenumsetzer, Tracking-Verfahren und sukzessive Approximation) ist der Umsetzvorgang dann beendet, wenn der Komparator $U_a \geqslant U_x$ meldet. Ist der zu digitalisierenden Eingangsspannung ein Störsignal überlagert, so daß $u_x = U_x + u_{stör}$ gilt, dann spricht der Komparator eben an, wenn für die *momentane* Spannung u_x das Kriterium $U_a \geqslant u_x$ gilt. Alle diese AD-Umsetzer können Störsignale nicht unterdrücken, sie sind sog. Momentanwertumsetzer, die auf den augenblicklichen Wert von u_x ansprechen.

Alle AD-Umsetzer, nicht nur diejenigen über DA-Umsetzung im Rückführzweig eines Op.-Verstärkers, brauchen eine Ablaufsteuerung. Beim Treppenspannungsverfahren kann sie einfach sein: sie setzt den Zähler auf Null und leitet damit einen Umsetzvorgang ein (Start). Nach dessen Ende für $U_a \leqslant U_x$ (Stop) wird ggf. noch eine Pause bis zum nächsten Umsetzvorgang vorgesehen. Das Tracking-Verfahren braucht keine aufwendige Ablaufsteuerung, sie besteht im Entscheid des Vorwärts-/Rückwärts-Zählens. Bei der sukzessiven Approximation hingegen ist die Ablaufsteuerung sehr aufwendig.

7.6 Integrierende AD-Umsetzer-Verfahren

Bei integrierenden AD-Umsetzverfahren handelt es sich jeweils um eine Anordung nach
Bild 7.11. Dort wird der Kondensator C eines Integrators über den Strom $I_e = U_x/R_e$
geladen. Die Entladung erfolgt immer dann, wenn der Schalter S geschlossen ist, mit
$I_{ref} = U_{ref}/R_{ref}$. Ein Komparator stellt fest, ob die Kondensatorspannung $U_c = 0$ geworden ist, und steuert dementsprechend über einen Modulator den Schalter S. Die Verfahren
benützen die Ladungsbilanz: was der Strom I_e über die umzusetzende Eingangsspannung
U_x an Ladung auf den Kondensator bringt, muß in geeigneter Weise über I_{ref} wieder
kompensiert werden. Die Verfahren unterscheiden sich vor allem dadurch, über welche
Zeiten die Ladungsbilanz durchgeführt wird:

> Beim *freilaufenden Umsetzer* wird die zugeführte Ladung periodisch abgeführt. Der
> Modulator ist ein Zeitglied (Monoflop), das eine Impulsfrequenz erzeugt.

> Beim *Dual-Slope-Verfahren* wird der Kondensator über eine definierte Zeit aufge-
> laden, die zur Entladung über U_{ref} nötige Zeit wird ausgezählt.

> Beim *getakteten Ladungsbilanzumsetzer* wird über eine größere Anzahl von Takt-
> impulsen hinweg festgestellt, wieviele von ihnen während der Schließzeiten des
> Schalters in den Ausgang gelangt sind.

Diese Verfahren wollen wir nun etwas näher besprechen.

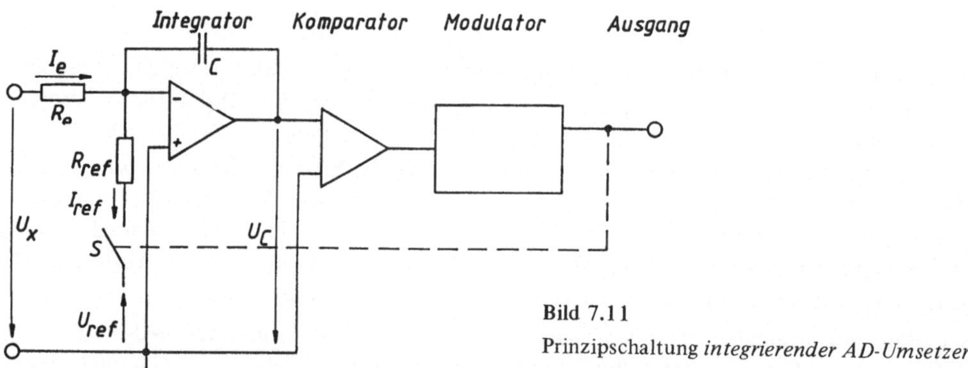

Bild 7.11

Prinzipschaltung *integrierender AD-Umsetzer*

7.6.1 Freilaufender Umsetzer

Sobald die Ausgangsspannung U_c des Integrators von **Bild 7.12** unter Null sinken möchte,
spricht der Komparator an und triggert ein Monoflop. Diese Kippschaltung zeigt dann für
eine über RC-Glied einstellbare Kippzeit t_Q am Ausgang die einer binären „1" entsprechende Spannung U_s und schließt mit ihr den Schalter S. Also wird sich der Kondensator
C während t_Q entladen. Geladen wird er während der Zeit T_0, denn diese ist die Wieder-
holdauer der periodischen Entladung von C, wie **Bild 7.13** zu entnehmen ist. Mithin gilt
für die Ladung des Kondensators $Q_L = T_0 \cdot I_e = T_0 \cdot U_x/R_e$, für die Entladung entspre-

chend $Q_e = t_{ref} \cdot I_{ref} = t_Q \cdot U_{ref}/R_{ref}$. Aus $Q_L = Q_e$, der Ladungsbilanz, ergibt sich die Umsetzerformel

$$1/T_0 = f = \frac{U_x \cdot R_{ref}}{R_e \cdot U_{ref}} \cdot \frac{1}{t_Q} \; .$$

Im Ausgang entsteht also eine Impulsfrequenz $f \sim U_x$, die Schaltung ist ein Spannungs-Frequenz-Umsetzer, ein VCO (vgl. Abschnitt 5.3.3). Die Frequenz kann mit einem Zähler ausgezählt und damit digitalisiert werden; dies wird im nächsten Abschnitt näher beschrieben (vgl. dazu auch 11.2, Zählende Frequenzmessung).

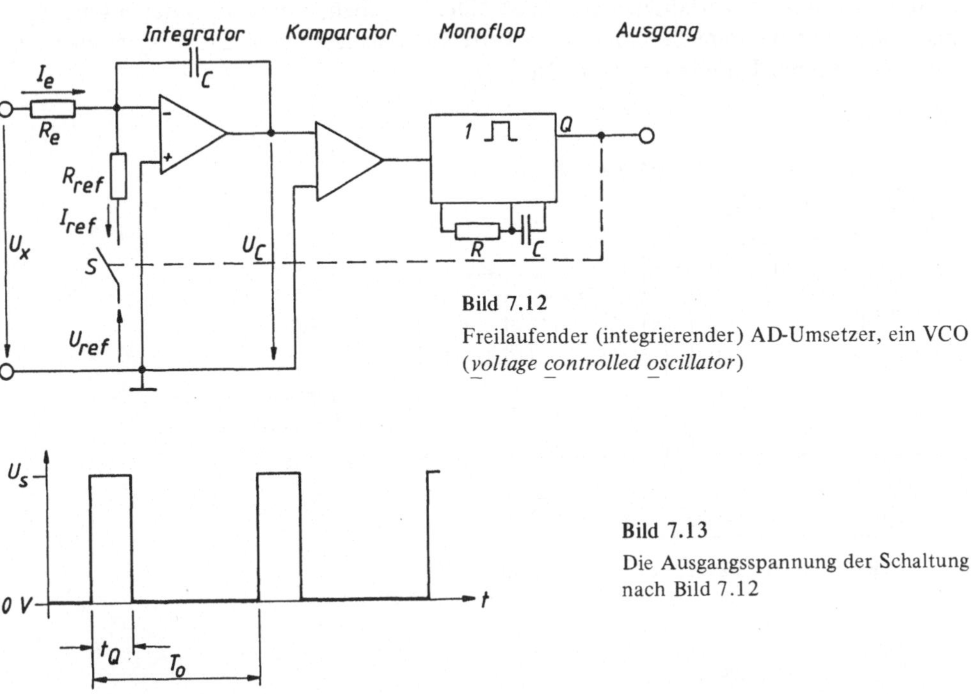

Bild 7.12

Freilaufender (integrierender) AD-Umsetzer, ein VCO (*voltage controlled oscillator*)

Bild 7.13

Die Ausgangsspannung der Schaltung nach Bild 7.12

7.6.2 Das Dual-Slope-Verfahren

Bei diesem Verfahren, das in **Bild 7.14** dargestellt ist, lädt der Strom I_e während einer von der Ablaufsteuerung vorgegebenen Zeit t_i, der Integrationszeit, den Kondensator C. Schalter S befindet sich dabei in Stellung 1, wie in Bild 7.14 gezeichnet. Während dieser Integration erhält der Kondensator die Ladung $Q_L = t_i \cdot U_x/R_e$. Nach diesem Vorgang schaltet die Ablaufsteuerung den Schalter S in Stellung 2, und nun wird dem Kondensator Ladung entnommen mit dem Strom I_{ref}. Sie beträgt $Q_e = t_u \cdot I_{ref} = t_u \cdot U_{ref}/R_{ref}$. Aus der Ladungsbilanz $Q_L = Q_e$ folgt für die Umsetzerzeit t_u der Zusammenhang

$$t_u = \frac{U_x \cdot R_{ref}}{R_e \cdot U_{ref}} \cdot t_i \; .$$

Während dieser Zeit wird die als Tor benützte UND-Schaltung geöffnet, es laufen Zähl-
impulse der bekannten Frequenz f_N in einen Zähler (vgl. **Bild 7.15**), so daß dessen Zählerstand Z durch

$$Z = f_N \cdot t_u \sim U_x$$

beschrieben wird. Der Zählerstand liegt als binäres Wort an den Ausgängen des Zählers
zur digitalen Weiterverarbeitung oder zur Anzeige an.

Beim *Momentanwert-Umsetzer* von Abschnitt 7.6.1 hatten wir uns überlegen müssen,
daß Störspannungen wie etwa ein Netzbrumm voll wirksam werden können. Sofern
diese Störspannungen im Eingang U_x periodisch-sinusförmig verlaufen, kann man sie
mit dem Dual-Slope-Verfahren dann unschädlich machen, wenn die Integrationszeit t_i
genau eine oder mehrere Perioden der Störfrequenz dauert, denn das Integral über eine
oder mehrere Sinus-Perioden ist exakt Null.

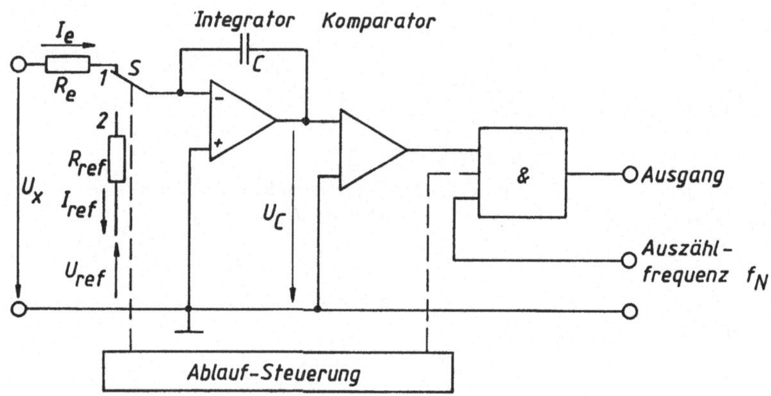

Bild 7.14 Blockschaltbild zum *Dual-Slope*-Verfahren

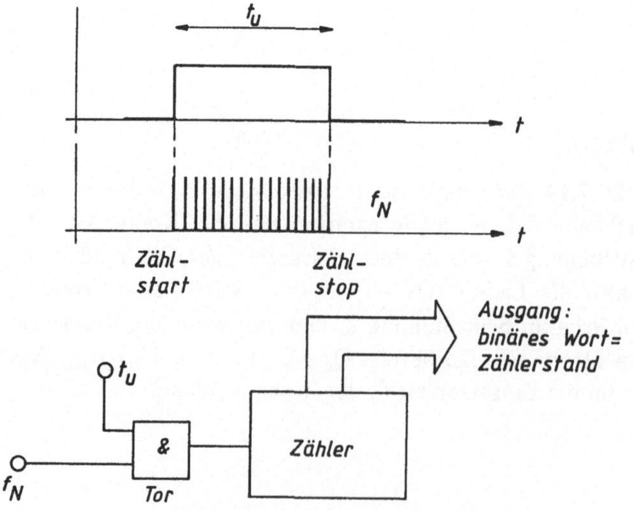

Bild 7.15

Auszähler der Umsetzzeit t_u
mit einer Zählfrequenz f_N

7.6.3 Getaktete Ladungsbilanz

Auch bei diesem integrierenden Verfahren finden wir nach **Bild 7.16** wieder den Block Integrator-Komparator. Der im Prinzip-Bild (Bild 7.11) notwendige Modulator ist ein sog. D-Flipflop. Steht am Eingang D das binäre Signal „1", dann wird ein solches Flipflop beim nächstfolgenden Taktimpuls gesetzt, steht an D die binäre „0", dann wird es vom nächstfolgenden Takt zurückgesetzt. In Ruhelage und bei geöffnetem Schalter S (wie in Bild 7.16 gezeichnet) führt der Flipflopausgang das binäre Signal „0". Deswegen ist die als Tor angefügte UND-Schaltung gesperrt, es können keine Taktimpulse in den Ausgang gelangen.

Bei offenem Schalter erfolgt Ladung über I_e, die Integrator-Ausgangsspannung U_C sinkt. Unterschreitet sie den Wert Null, dann spricht der Komparator an und setzt D = „1"; das Flipflop kann beim nächsten Takt kippen. Damit wird der Schalter S geschlossen, der Kondensator C wird mit I_{ref} entladen, bis der Komparator zurückkippt und D = „0" setzt. Der nächstfolgende Taktimpuls setzt das Flipflop zurück, das Spielchen beginnt erneut.

Ladung und Entladung sind damit zwar erklärt — aber wir können über die zugehörigen Zeiten keine Angaben machen, weil es völlig offen ist, *wann* das Flipflop nach Änderung des Signals D den nächsten Taktimpuls erhält. Diese zeitliche Ungewißheit macht eine Bilanz wie bei den anderen beiden Verfahren unmöglich. Diese muß mittels einer anderen Überlegung erfolgen:

Wir beobachten den Umsetzer während einer großen Anzahl N von Taktimpulsen und zählen die in den Ausgang gelangten $n \leqslant N$ Impulse. Das geschieht z. B. recht einfach dadurch, daß ein auf N voreingestellter Zähler rückwärts zählt (bis Null) und dabei ein weiteres Tor für die Ausgangsimpulse öffnet. In **Bild 7.17** sind die Verhältnisse visualisiert. Nun läßt sich sagen: während N Takten wurde mit $I_e = U_x/R_e$ geladen, während n Takten wurde mit $I_{ref} = U_{ref}/R_{ref}$ (zusätzlich) entladen. Mithin lautet die Ladungsbilanz

$$Q_L = N \cdot T \cdot I_e = Q_e = n \cdot T \cdot I_{ref},$$

wobei T die Periodendauer der Taktfrequenz ist, die sich aber herauskürzt und keine Rolle spielt. Aus der Ladungsbilanz folgt die Umsetzergleichung

$$\frac{n}{N} = \frac{U_x \cdot R_{ref}}{R_e \cdot U_{ref}}.$$

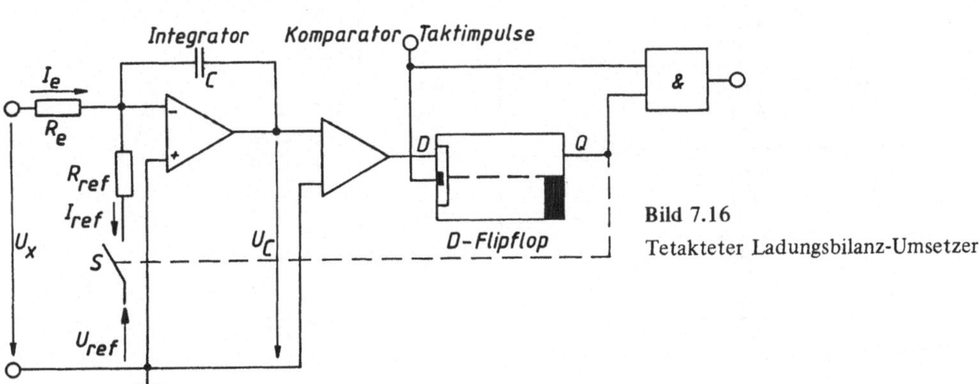

Bild 7.16
Tetakteter Ladungsbilanz-Umsetzer

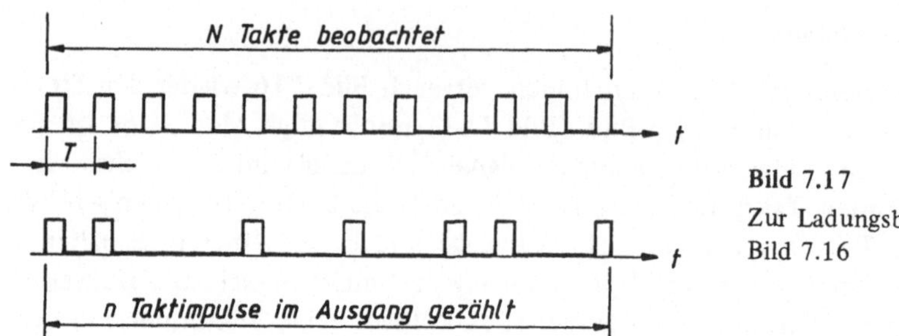

Bild 7.17
Zur Ladungsbilanz der Schaltung von
Bild 7.16

Dabei ist n die Zahl der beobachteten, N diejenige aller überhaupt möglichen Fälle. Das Verhältnis beider ist die Häufigkeit (oder bei $N \to \infty$ die Wahrscheinlichkeit) für das Auftreten von Ausgangsimpulsen im Ausgang. Hierin drückt sich die gewisse Unsicherheit bzw. Zufälligkeit zwischen dem Setzen des D-Signals und dem wirklichen Kippen des Flipflops aus. Die Ausgangsgröße des getakteten Ladungsbilanz-Umsetzers ist eine Impulshäufigkeit: man kann nicht sagen, *welche* Taktimpulse im Ausgang erscheinen, man kann aber sehr gut angeben, *wieviele* (nämlich n) es in einer großen Zahl N von Takten sein werden. Wegen der großen Taktzahl N ist das Verfahren nicht sehr schnell.

7.7 Rasche AD-Umsetzer

Das rascheste Umsetzverfahren besteht im parallelen Vergleich der Spannung U_x mit einer ganzen Reihe von Vergleichsspannungen. Diese werden dadurch gewonnen, daß nach **Bild 7.18** die Referenzspannung U_{ref} über einen Teiler mit n gleichen Widerständen R in n Teilspannungen der Größe $k \cdot U_{ref}/n$ mit $k = 1, 2, \dots n$ aufgeteilt wird. Wird die Spannung

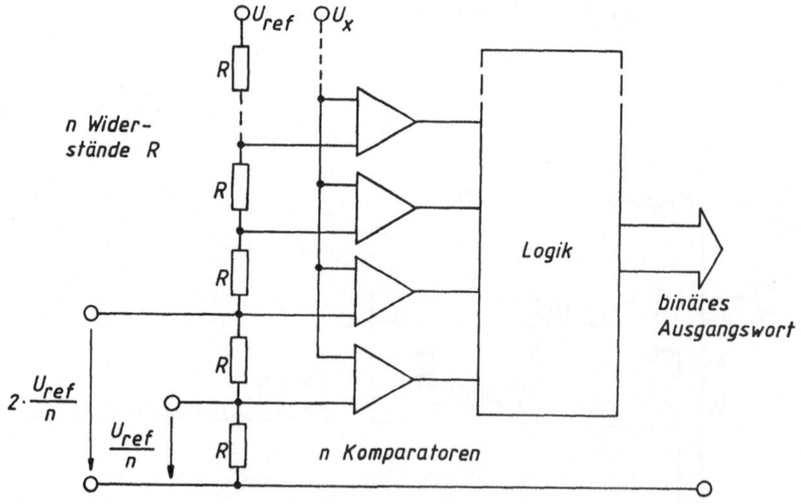

Bild 7.18 Parallel-Umsetzer (*flash converter*)

U_x angelegt, dann werden mit der Geschwindigkeit der Komparatoren alle diejenigen ansprechen, für welche $k \cdot U_{ref}/n < U_x$ ist. Eine nachfolgende Logik setzt die in der Stufenziffer k steckende Information in ein geeignetes binäres Ausgangswort um.

Für eine Auflösung des Meßbereichs $U_{FS} = (n-1) \cdot U_{ref}/n$ in n Stufen (analoges LSB) sind $n-1$ Komparatoren nötig, ein ungeheurer Aufwand; für 8 Bit Auflösung mit 256 Stufen würden 255 Komparatoren gebraucht. Deswegen wird häufig ein Kompromiß zwischen Aufwand und Geschwindigkeit dadurch angestrebt, daß das Verfahren mit zwei hintereinander geschalteten Anordnungen von Bild 7.18 arbeitet.

Messen elektrischer Größen

8 Messen von Spannung und Strom

8.1 Einfluß der Innenwiderstände

Beim Messen einer Spannung muß grundsätzlich ein Voltmeter an die beiden spannungsführenden Punkte einer Schaltung angelegt werden; bei der Strommessung wird in die Leitung zwischen zwei Punkten einer Schaltung ein Amperemeter eingefügt. Beide Meßgeräte haben einen endlichen Widerstand R_i. Die zu messende Schaltung kann durch die betr. Ersatzquelle mit Innenwiderstand R_0 und Quellenspannung U_{0x} bzw. Quellenstrom I_{0x} dargestellt werden, wie dies in **Bild 8.1** gezeigt ist.

Wenn wir eine Quellenspannung U_{0x} oder einen Quellenstrom I_{0x} messen wollen, muß also auch der zugehörige Innenwiderstand R_0 mit erfaßt werden: eine Spannungs- oder Strom-Messung führt immer auf ein Problem mit *zwei* unbekannten Größen. Mithin sind prinzipiell *zwei* Messungen nötig, weil ja die in **Bild 8.2** gezeigte Kennlinie einer Quelle ermittelt werden muß. Eine derartige Gerade ist durch zwei (durch Messung zu gewinnende) Punkte definiert, die eben nur durch zwei Messungen ermittelt werden können.

Mit zwei Spannungsmessungen (U_1, U_2) bzw. Strommessungen (I_1, I_2) bei verschiedenen Innenwiderständen (R_{i1}, R_{i2}) läßt sich der Innenwiderstand R_0 (bzw. Innenleitwert $G_0 = 1/R_0$) der gemessenen Quelle nach dem Ohmgesetz leicht ermitteln; da er immer positiv sein muß, genügt die Angabe des Betrags, obwohl nach Bild 8.2 der Differenzquotient durch jeweils positive Differenzen in U und I anzugeben wäre.

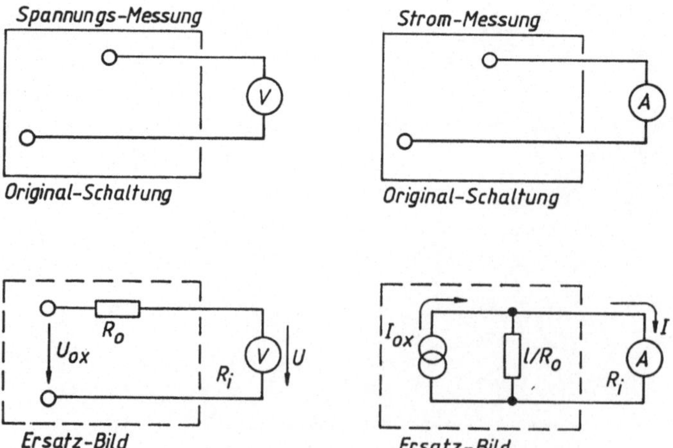

Bild 8.1 Strom- und Spannungsmessung in der Original- und in der Ersatz-Schaltung

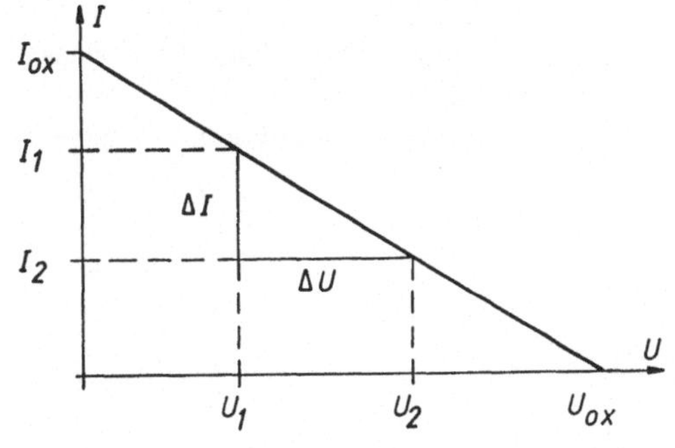

Bild 8.2

Die Kennlinie einer Spannungs- bzw.
Strom-Quelle

Es gilt:

$$R_0 = \left| \frac{U_1 - U_2}{I_1 - I_2} \right| = \left| \frac{U_1 - U_2}{U_1/R_{i1} - U_2/R_{i2}} \right| \qquad \text{(Spannungsmessung)}$$

$$G_0 = \left| \frac{I_1 - I_2}{U_1 - U_2} \right| = \left| \frac{I_1 - I_2}{I_1 \cdot R_{i1} - I_2 \cdot R_{i2}} \right| \qquad \text{(Strommessung)}$$

Nach den Regeln für die Spannungs- bzw. Stromteilung ergibt sich für die eigentlich zu messende Spannung U_{0x} (bzw. den eigentlich zu messenden Strom I_{0x})

$$U_{0x} = U_1 (R_{i1} + R_0)/R_{i1} = U_2 (R_{i2} + R_0)/R_{i2}$$

$$I_{0x} = I_1 (R_{i1} + R_0)/R_0 = I_2 (R_{i2} + R_0)/R_0$$

Wird eine der gemessenen Spannungen oder einer der gemessenen Ströme ohne Umrechnung auf die Größen U_{0x} bzw. I_{0x} als Meßwert verwendet, so ergeben sich Fehler der Größe

$$F_{rel} = -1/(1 + R_i/R_0) \qquad \text{(Spannungsmessung)}$$

$$F_{rel} = -1/(1 + R_0/R_i) \qquad \text{(Strommessung)}$$

Das bedeutet, daß Spannungen möglichst hochohmig und Ströme möglichst niederohmig gemessen werden müssen. Bei hinreichend kleinen Fehlern darf dann tatsächlich mit *einer* Messung gearbeitet werden.

8.2 Meßbereichserweiterung

8.2.1 Spannungsbereiche

Der Eingang von Spannungs- bzw. Strom-Meßgeräten kann normalerweise als Widerstand R_i dargestellt werden. Dann wird für den Meßbereichsendwert eine Spannung U_M bzw. ein Strom I_M angezeigt, wobei $U_M = R_i \cdot I_M$ gilt. Ist nun eine Spannung $U_x = n \cdot U_M > U_M$ zu messen, dann muß an einem Vorwiderstand R_v bei einem Strom I_M eine Spannung der Größe $(n-1) \cdot U_M$ anliegen, wie dies **Bild 8.3a** zeigt. Mithin gilt für die Meßbereichserweiterung bei der Spannungsmessung für den benötigten Vorwiderstand

$$R_v = (n-1) \cdot U_M/I_M = (n-1) \cdot R_i .$$

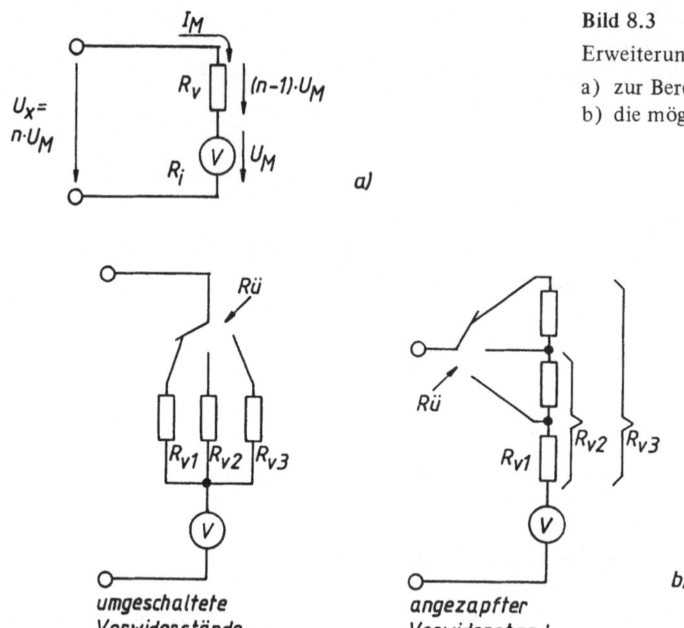

Bild 8.3
Erweiterung von Spannungs-Meßbereichen
a) zur Berechnung
b) die möglichen Schaltungen

Sollen mehrere Spannungsbereiche umschaltbar sein, so kann dies nach **Bild 8.3b** entweder durch umschaltbare einzelne Vorwiderstände oder über einen angezapften Vorwiderstand geschehen. Die Übergangswiderstände $R_{ü}$ des Umschalters spielen gegenüber den hohen Werten der Vorwiderstände keine Rolle und können vernachlässigt werden.

8.2.2 Strombereiche

Soll nach **Bild 8.4a** ein Strom $I_x = n \cdot I_m > I_M$ gemessen werden, dann müssen wir dafür sorgen, daß bei der Spannung U_M am Amperemeter der Teilstrom $(n-1) \cdot I_M$ im Nebenschluß R_N eine *Umleitung* vorfindet. Mithin gilt für den Nebenschluß

$$R_N = U_M/[(n-1) \cdot I_M] = R_i/(n-1).$$

Wie bei den Vorwiderständen gibt es für mehrere Strommeßbereiche umschaltbare Nebenschlußwiderstände oder einen angezapften Nebenschluß, vgl. **Bild 8.4b**. Bei den Strombereichen spielen die Übergangwiderstände des Umschalters eine Rolle, denn die Nebenschlußwiderstände sind klein. Somit würden sie in der Anordnung mit umschaltbaren Nebenschlüssen die Stromteilung stören. Bei der Anordnung mit angezapftem Nebenschluß hingegen liegen sie außerhalb der eigentlichen Stromteilung und sind somit eliminiert.

8.2.3 Angezapfte Vorwiderstände und Nebenschlüsse

Die Berechnung eines angezapften Vorwiderstandes ist einfach und läßt sich an einem Beispiel zeigen, handelt es sich doch nur um das Bilden einiger Differenzen. Der angezapfte Nebenschluß nach Bild 8.4b ist etwas umständlich zu berechnen und heute durch

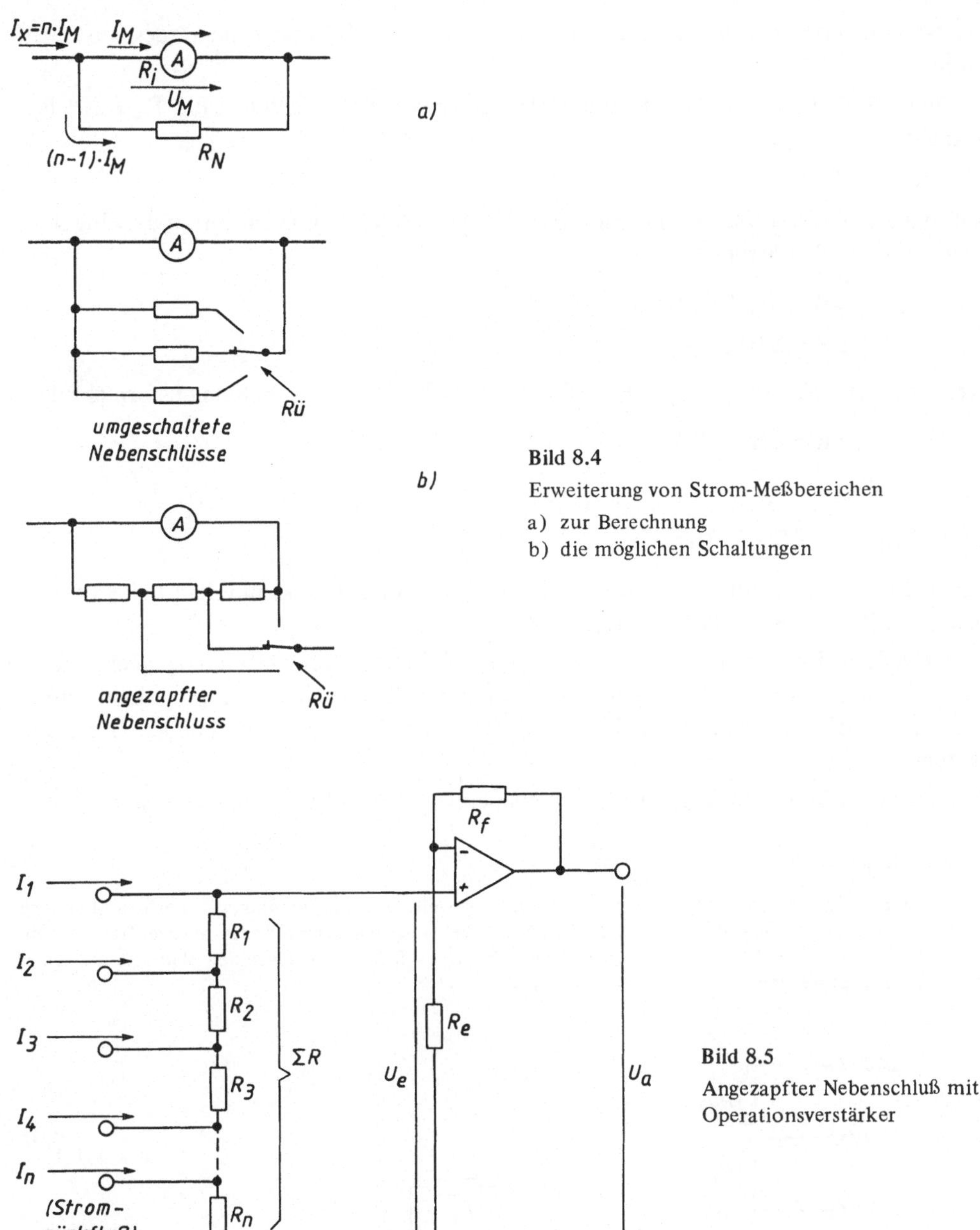

Bild 8.4

Erweiterung von Strom-Meßbereichen

a) zur Berechnung

b) die möglichen Schaltungen

Bild 8.5

Angezapfter Nebenschluß mit
Operationsverstärker

eine Schaltung mit Operationsverstärker ersetzt, die in **Bild 8.5** dargestellt ist; der Umschalter ist nicht mitgezeichnet.

Bei dieser Gestaltung fließen die jeweiligen Ströme durch Widerstände, der Spannungsfall $U = I \cdot R$ wird von einem nicht invertierenden (und somit im Eingang äußerst hochohmigen) Operationsverstärker (vgl. Abschnitt 5.2.2) abgenommen. Die Schalterübergangswiderstände liegen außerhalb dieses Spannungsfalls und können deshalb nicht stören.

In Bild 8.5 fließt der Strom I_1 durch den gesamten Nebenschluß $\Sigma R = R_1 + ... + R_n$, also gilt

$$U_e = \Sigma R \cdot I_1 \, .$$

Soll diese Spannung und mit ihr auch $U_a = U_e \cdot [1 + R_f/R_e]$ für jeden Strom dieselbe sein, so gilt z. B. für den Strom I_3

$$U_e = [\Sigma R - (R_1 + R_2)] \cdot I_3$$
$$= [\Sigma R - \Sigma R_2] \cdot I_3 \, ,$$

wenn wir die Abkürzung $\Sigma R_k = R_1 + R_2 + ... + R_k$ benützen. Als Rekursionsformel folgt

$$U_e = [\Sigma R - \Sigma R_{k-1}] \cdot I_k$$

oder aufgelöst

$$\Sigma R_{k-1} = \Sigma R - U_e/I_k \, .$$

Jeder Strombereich mit dem Index k führt auf den Anzapfpunkt mit dem Index (k − 1), also auf $\Sigma R_{k-1} = R_1 + R_2 + ... + R_{k-1}$.

Die jeweils in Reihe mit dem Verstärkereingang liegenden Teilwiderstände spielen keine Rolle, denn durch sie fließt wegen des sehr hochohmigen Verstärkereingangs kein Strom. Für die Schaltung nach Bild 8.5 können die Teilwiderstände sehr einfach berechnet werden.

Mit einem ausführlichen Beispiel soll nun eine einfache Schaltung durchgerechnet werden.

Beispiel 8-1

In **Bild 8.6** ist eine kombinierte Schaltung für jeweils mehrere Spannungs- und Strombereiche gezeichnet. Vorgegeben sind die Bereiche, der Gesamtwiderstand des angezapften Nebenschlusses mit $\Sigma R = 2\,k\Omega$ sowie die Spannung $U_M = 0{,}2$ V. Die einzelnen Widerstände sollen berechnet werden.

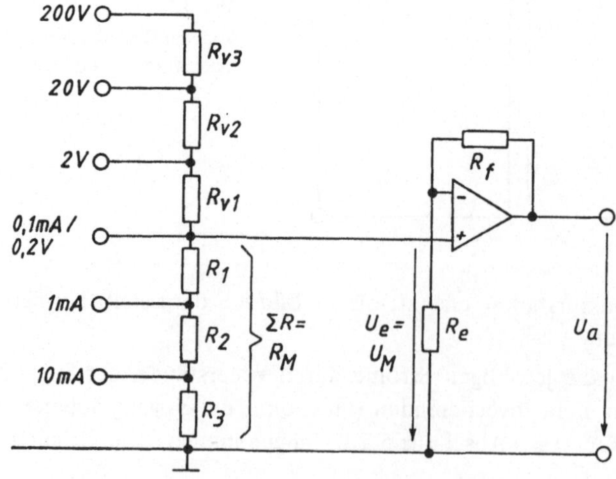

Bild 8.6

Schaltung zu Beispiel 8-1

Wir beginnen mit den Teilwiderständen des ebenfalls angezapften Vorwiderstandes, und zwar über den aus Abschnitt 8.2.1 bekannten Faktor $n = U_x/U_M$, wobei $\Sigma R = R_M$ ist.

Für $U_x = 2$ V ist $n = 2$ V$/0,2$ V $= 10$ und somit folgt für diesen Spannungsbereich $R_{v1} = (10-1)$ $\cdot 2\,k\Omega = 18\,k\Omega$. Für $U_x = 20$ V folgt $n = 20$ V$/0,2$ V $= 100$ und $(R_{v1} + R_{v2}) = (100-1)\cdot 2\,k\Omega$ $= 198\,k\Omega$. Schließlich wird für den Meßbereich $U_x = 200$ V der Faktor $n = 200$ V$/0,2$ V $= 1000$ und folglich die Summe aller Vorwiderstände $(R_{v1} + R_{v2} + R_{v3}) = (1000-1)\cdot 2\,k\Omega = 1\,198\,k\Omega$.

Durch Differenzbildung erhält man die Einzel-Vorwiderstände: $R_{v2} = (198-18)\,k\Omega = 180\,k\Omega$ und schließlich noch $R_{v3} = (1\,998 - 180 - 18)\,k\Omega = 1\,800\,k\Omega = 1,8\,M\Omega$.

Bezieht man die gesamten, in den betr. Spannungsmeßbereichen beteiligten Widerstände jeweils auf die zugehörigen Meßspannungen, dann ergibt sich ein konstanter Wert von 200 V/(1 800 + 180 + 18 + 2) kΩ = 20 V/(180 + 18 + 2) kΩ = 2 V/(18 + 2) kΩ = 0,2 V/2 kΩ = 10 kΩ/V.

Dieser Wert „kΩ/V" ist typisch für (Analog-)Voltmeter. Multipliziert mit dem Meßbereich ergibt sich daraus der jeweilige Innenwiderstand.

Werden nun die Widerstände für die Strommessung berechnet, so ist zu bedenken, daß $U_M = U_e = 0,2$ V ist. Für den Bereich $I_x = 0,1$ mA gilt 0,1 mA $\cdot \Sigma R = 0,1$ mA $\cdot 2\,k\Omega = 0,2$ V $= U_e$. Für $I_x = 1$ mA wird $\Sigma_{R1} = R_1 = \Sigma R - U_e/1\,\text{mA} = 2\,k\Omega - 0,2$ V$/1$ mA $= 1,8\,k\Omega$, für $I_x = 10$ mA folgt $\Sigma R_2 = R_1 + R_2 = 2\,k\Omega - 0,2$ V$/10$ mA $= 1,98\,k\Omega$.

Die Einzelwiderstände sind also $R_1 = 1,8$ kΩ, $R_2 = (1,98 - 1,8)\,k\Omega = 180\,\Omega$ und schließlich $R_3 = 20\,\Omega$.

8.3 Gleichspannungskompensation

Bei der Gleichspannungskompensation wird der zu messenden Spannung U_{0x} eine einstellbare Gegenspannung, die Kompensationsspannung U_k, gegengeschaltet, wie dies **Bild 8.7** zeigt. Zur Messung sind auch hier wieder zwei Vorgänge nötig:

1. Es wird die Kompensationsspannung U_k solange verändert, bis kein Ausgleichsstrom I mehr fließt, also I = 0 festgestellt ist.

2. Danach wird die Kompensationsspannung U_k an einem geeigneten Meßgerät abgelesen. Es gilt $U_{0x} \equiv U_k$, weil ja über den Innenwiderstand R_{0x} der Meßquelle kein Strom fließt und somit kein verfälschender Spannungsfall entstehen kann.

Im Prinzip sind wieder zwei Messungen nötig. Durch den ersten Meßvorgang (I = 0) wird der Innenwiderstand R_{0x} eliminiert, mit dem zweiten Meßvorgang kann die Spannung U_{0x} direkt und fehlerfrei erfaßt werden.

Die *Genauigkeit* der Messung liegt ausschließlich in der Genauigkeit des verwendeten Spannungsmessers. Die *Empfindlichkeit* hingegen ist dadurch definiert, welchen kleinsten Strom ΔI das Amperemeter noch von Null unterscheiden kann. Das soll mit einem kleinen Beispiel näher erläutert werden.

In **Bild 8.8a** ist links wieder die Meßquelle gezeichnet, auf der Kompensationsseite wird ein Potentiometer P verwendet, an dessen Schleifer ein Voltmeter liegt. Dieses dient der

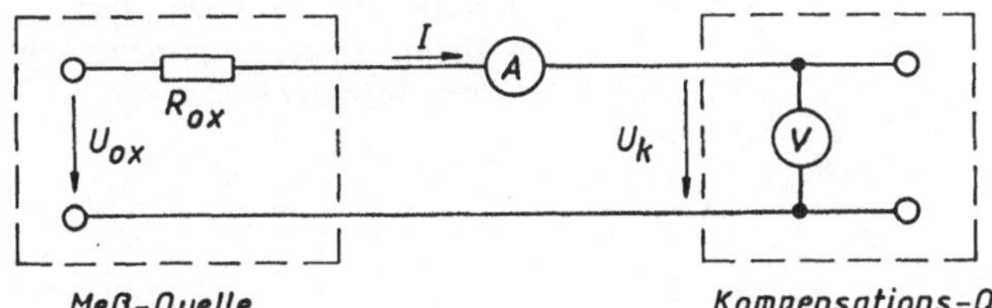

Bild 8.7

Prinzipschaltung zur Gleichspannungskompensation

Spannungsmessung und bestimmt deren Genauigkeit. In **Bild 8.8b** ist nicht nur für die Meßquelle das Ersatzbild gezeichnet, sondern auch für die Kompensationsquelle. Das Amperemeter ist durch seinen Innenwiderstand R_A dargestellt. Für den *abgeglichenen* Zustand gilt, wie schon bekannt, $I = 0$ und $U_{0x} \equiv U_k$.

Der kleinste, am Amperemeter noch als von Null verschieden feststellbare Strom sei ΔI. Jetzt können wir uns vorstellen, daß U_{0x} um einen kleinen Wert ΔU_{0x} erhöht wird, und zwar so, daß am Amperemeter gerade ΔI festzustellen ist. Dann gilt für diesen Zustand nach Bild 8.8c

$$U_{0x} + \Delta U_{0x} = \Delta I \cdot [R_{0x} + R_A + R_{0k}] + U_k$$

oder wegen $U_{0x} = U_k$ einfach

$$\Delta U_{0k} = \Delta I \cdot [R_{0x} + R_A + R_{0k}].$$

Die Auflösung ΔI bestimmt auf diese Weise die kleinste, eben noch feststellbare Änderung ΔU_{0x}, und genau diese Größe ist als die *Empfindlichkeit* der Anordnung definiert.

Der Innenwiderstand einer Ersatzquelle ist definiert als Widerstand, den man von den betreffenden Klemmen in die Schaltung hinein sieht (oder messen kann), wenn im Innern der Schaltung die treibende Spannung zu Null gemacht (also durch einen Kurzschluß ersetzt) worden ist. Unsere Kompensationsschaltung mit Potentiometer nach Bild 8.8a ist in **Bild 8.9a** nochmals detailliert herausgezeichnet. Der Voltmeter-Innenwiderstand ist R_v, die Schleiferstellung x mit $0 \leqslant x \leqslant 1$ teilt den Gesamtwiderstand P auf in $x \cdot P$ und $(1 - x) \cdot P$.

Zum Bestimmen des Innenwiderstandes R_{0k} muß in Bild 8.9b die treibende Hilfsspannung U_H durch einen Kurzschluß ersetzt werden, so daß sich R_{0k} aus der Parallelschaltung von R_v, $x \cdot P$ und $(1 - x) \cdot P$ ergibt. Dieses Beispiel mag zeigen, wie aufwendig die Berechnung von Innenwiderständen selbst einfacher Schaltungen sein kann und daß diese

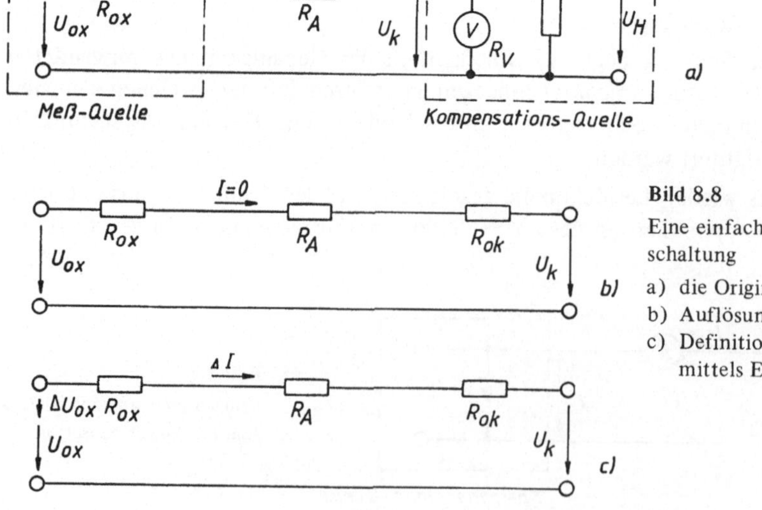

Bild 8.8

Eine einfache Kompensationsschaltung

a) die Originalschaltung
b) Auflösung in Ersatzquellen
c) Definition der Empfindlichkeit mittels Ersatzquellen

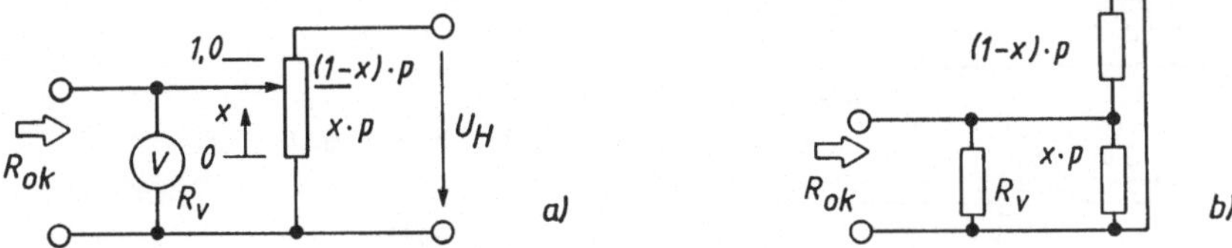

Bild 8-9 Die Kompensationsquelle von Bild 8.8

a) Originalschaltung   b) zum Innenwiderstand der Kompensationsquelle

Innenwiderstände sehr oft von irgendwelchen Einstellungen (wie der Schleiferstellung x) abhängig sind.

8.4 Selbstabgleichende Verfahren

8.4.1 Motor-Kompensatoren

Das Verfahren der Gleichspannungskompensation läßt sich sehr einfach elektro-mechanisch automatisieren. Dazu braucht im Prinzip lediglich der Ausgleichsstrom I des Verfahrens einen hochempfindlichen Motor (mit Getriebe und Potentiometer) anzutreiben. Ist I = 0, bleibt der Motor stehen, sonst läuft er je nach Vorzeichen des Ausgleichsstrom I so, daß er den Abgleich I = 0 erreicht. Für die Frage der Empfindlichkeit und der Genauigkeit gilt das schon Gesagte.

Wir wollen nun nicht die Kompensationsschaltung von Bild 8.8 automatisieren, obwohl hier sehr wohl ein Gleichspannungsmotor das Potentiometer betätigen könnte. In **Bild 8.10** wird eine neue Kompensationsschaltung mit interessanten Eigenschaften vorgestellt. Eine Hilfsspannung U_k treibt einen Hilfsstrom I_H durch den Normalwiderstand R_N. Der Spannungsfall $I_H \cdot R_N = U_k$ wird als Kompensationsspannung der zu messenden Spannung U_{0x} (mit Innenwiderstand R_{0x}) gegenübergestellt. Ist I = 0, also der Abgleich erreicht, dann gilt

$$U_{0x} = U_k = I_H \cdot R_N .$$

Der Motor stellt den Vorwiderstand R_v so ein, daß $I_H = U_{0x}/R_N$ erreicht wird. Der Strom I_H wird somit *nur* von U_{0x} und R_N bestimmt, nicht aber vom Widerstand R_A des anzeigenden Amperemeters oder von den Widerständen R_L der Leitungen: I_H ist ein *eingeprägter Strom*. Die ganze Schaltung kann man als (elektromechanischen) Spannungs-Strom-Umsetzer bezeichnen. Der Ausgangsstrom I_H wird durch die Leitungen R_L nicht beeinflußt.

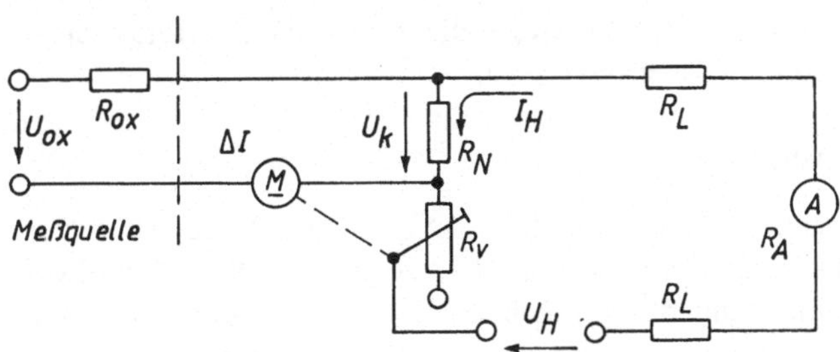

Bild 8.10

Beispiel für einen selbstabgleichenden Motorkompensator

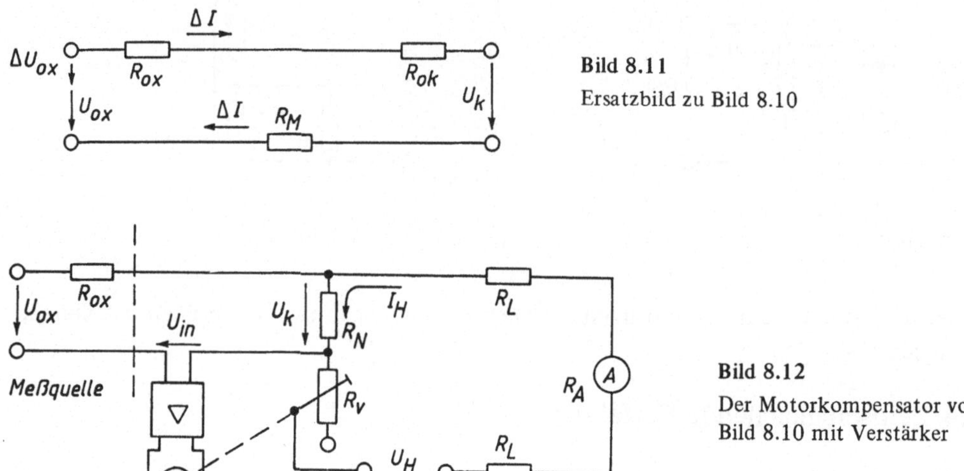

Bild 8.11
Ersatzbild zu Bild 8.10

Bild 8.12
Der Motorkompensator von
Bild 8.10 mit Verstärker

Die Genauigkeit der Anordnung liegt allein bei derjenigen des Amperemeters. Die
Empfindlichkeit kann leicht angegeben werden, wenn der Ankerruhewiderstand R_M des
Motors bekannt ist sowie der Strom ΔI, bei dem der Motor gerade anläuft. Denn dann
gilt für die kleinste Änderung ΔU_{0x}, auf die der Motor gerade noch anspricht, nach
Bild 8.11 einfach

$$\Delta U_{0x} = \Delta I \cdot [R_{0x} + R_M + R_{0k}].$$

Die Innenwiderstände rechnen sich nach den bekannten Regeln für Ersatzquellen. Empfindliche Stellmotoren, z. B. Integrationsmotore (vgl. Abschnitt 3.4.2), brauchen Anlauf-
ströme ΔI weit unter 1 mA, sind also sehr empfindlich.

Durch Vorschalten eines Verstärkers kann die Empfindlichkeit wesentlich erhöht werden,
außerdem spielen die Innenwiderstände wegen des hohen Verstärker-Eingangswiderstandes
keine Rolle mehr. In **Bild 8.12** ist die Schaltung von Bild 8.10 für Verstärkerbetrieb umge-
zeichnet. Der Motor mit Ankerruhewiderstand R_M und Anlaufstrom ΔI braucht eine
Anlaufspannung $U_M = \Delta I \cdot R_M$. Sie hängt mit der Eingangsspannung U_{in} des Verstärkers
zusammen nach $U_M = v \cdot U_{in}$, wobei v die (Spannungs-)Verstärkung ist. Jede Änderung
ΔU_{0x} der Spannung U_{0x}, welche hinter dem Verstärker zur Spannung U_M führt, läßt den
Motor anlaufen. Die Empfindlichkeit ist also

$$\Delta U_{0x} = U_{in} = U_M/v = \Delta I \cdot R_M/v.$$

Es ist deutlich erkennbar, wie der Verstärkungsfaktor v die zum Anlaufen nötige Spannung ΔU_{0x} kleiner, die Empfindlichkeit also größer macht.

8.4.2 Elektronische Kompensatoren

Die zur Kompensation nötige Spannung kann über einen DAU (Digital-Analog-Umsetzer,
vgl. 7.2) rein elektronisch erzeugt werden, wie dies **Bild 8.13** zeigt. Ein Zähler Z wird von
einem Takt hochgezählt, der Zählerstand durch einen DAU in eine analoge Spannung
(ggf. abhängig von einer Referenzspannung U_{ref}) umgesetzt, die als Kompensationsspan-

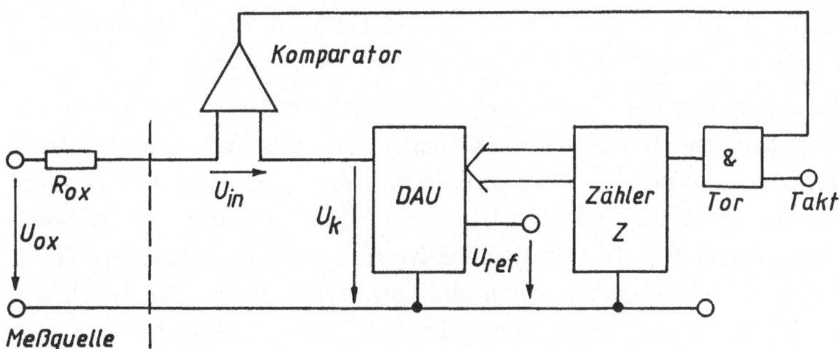

Bild 8.13 Ein elektronischer selbstabgleichender Kompensator

nung U_k der zu messenden Spannung U_{0x} gegengeschaltet ist. Spricht der Komparator bei $U_k = U_{0x}$ an dann wird der Zählvorgang gestoppt. Die Ansprechempfindlichkeit U_{in} des Komparators ist zugleich die Empfindlichkeit der Anordnung, die Genauigkeit liegt in der Auflösung des ADU.

Das Verfahren ist uns längst bekannt: es ist der in Bild 7.8 (vgl. 7.2) gezeigte AD-Umsetzer. Jetzt erkennen wir, daß er eigentlich als automatischer digitaler Kompensator arbeitet.

Abschließend sei zum Kompensationsverfahren bemerkt, daß man es auch bei Wechselspannungen einsetzen kann. Dann aber müssen die Kurvenformen der Ströme und Spannungen identisch, d. h. es muß die Kompensationsbedingung in jedem zeitlichen Augenblick erfüllt sein. Dies führt zu erheblichem Aufwand, der nur in seltenen Einzelfällen getrieben wird.

8.5 Messen bei Wechselspannung

8.5.1 Einfache Gleichrichterschaltungen

Als Gleichrichter werden in der Meßtechnik meist Halbleiterdioden verwendet. In Durchlaßrichtung stellen sie einen geringen Widerstand R_D dar, evtl. muß auch noch der Spannungsfall mit typ. 0,7 V (für Si-Dioden) bzw. 0,3 V (für Ge-Dioden) berücksichtigt werden. Im Sperrzustand stellen Dioden einen sehr hohen Sperrwiderstand R_{sperr} dar.

Wird nach **Bild 8.14** ein Drehspulmeßwerk in die Leitung eines Stromes $i(t)$ eingefügt dann sorgt die Diode D1 dafür, daß der Strom in der gezeichneten Richtung, also die positive Halbwelle i^+, durch das Instrument fließt. Damit die negative Strom-Halbwelle

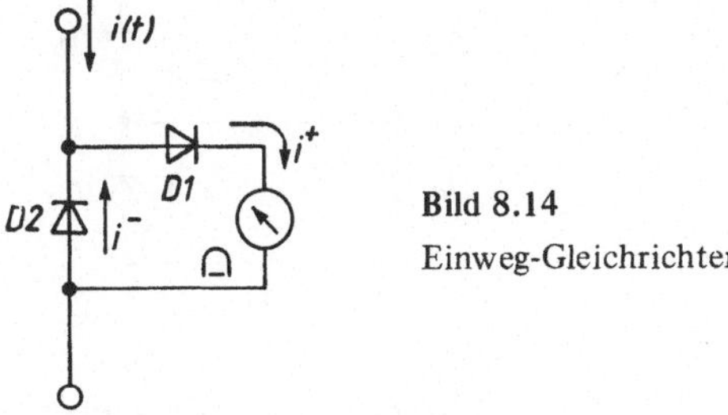

Bild 8.14
Einweg-Gleichrichter

i⁻ überhaupt fließen kann und zudem das Meßwerk nicht erfaßt, ist die Umwegdiode D2 vorhanden. Diese einfache *Einweg-Schaltung* wird jedoch kaum verwendet.

Die *Doppelweg-Schaltung* von **Bild 8.15** sorgt dafür, daß die positive und die negative Halbwelle in gleicher Richtung durch das Meßwerk fließen. Die positive Halbwelle (entsprechend dem Zählpfeil des Stromes i) findet auf ihrem Weg Diode D1 in Durchlaßrichtung, während Diode D2 in Sperr-Richtung liegt. Also fließt die positive Halbwelle i⁺ durch das Instrument und über R_4 ab. Für die negative Halbwelle i⁻ jedoch liegt D2 in Durchlaßrichtung, D1 sperrt. Also fließt i⁻ ebenfalls von rechts nach links durch das Instrument und über R_3 ab. Aus Symmetriegründen wird $R_3 = R_4 = R$ gemacht.

Nachteilig ist der Spannungsfall an den beiden Widerständen, denn diese müssen mit $R \gg R_D$ hochohmig gegenüber dem Durchlaßwiderstand sein. Für die positive Halbwelle sollte R_1 hochohmig, R_2 jedoch niederohmig sein, für die negative Halbwelle gerade umgekehrt. Dies schaffen wir aber leicht, wenn wir daran denken, daß ja Dioden nichts anderes sind als polungsabhängige Widerstände. Auf diese Weise entsteht die bekannte Graetz-Gleichrichterschaltung nach **Bild 8.16**, ebenfalls eine Doppelweg-Schaltung, jedoch mit 4 Dioden.

Für beide Doppelweg-Schaltungen (Bild 8.15 und 8.16) läßt sich der Gleichricht-Effekt einfach analytisch angeben. Denn von beiden Schaltungen fließen die Halbwellen i⁺ und i⁻ in gleicher Richtung durch das Meßwerk. Mithin wird die negative Halbwelle i⁻ sozusagen ins Positive geklappt; und wenn man dies tut, so wird von einem Strom i (t) die Betrags-Funktion |i(t)| gebildet. **Bild 8.17** zeigt das für eine reine Sinusfunktion und für eine Dreieckfunktion mit Gleichanteil. Das Drehspulmeßwerk bildet bekanntlich den zeitlichen Mittelwert und zeigt ihn als Ausschlag $\bar{\alpha}$ an, so daß wir Doppelweggleichrichter zusammen mit einem mittelwertbildenden Anzeigesystem generell mit folgender Beziehung beschreiben können:

$$\bar{\alpha} \sim \overline{|i(t)|} = \frac{1}{T} \cdot \int_0^T |i(t)|\, dt.$$

Mittelwertbildende Systeme (wie etwa Drehspulmeßwerke) hinter Doppelweggleichrichtern zeigen ganz allgemein den Betragsmittelwert. Er wird ab und zu auch Gleichrichtwert genannt.

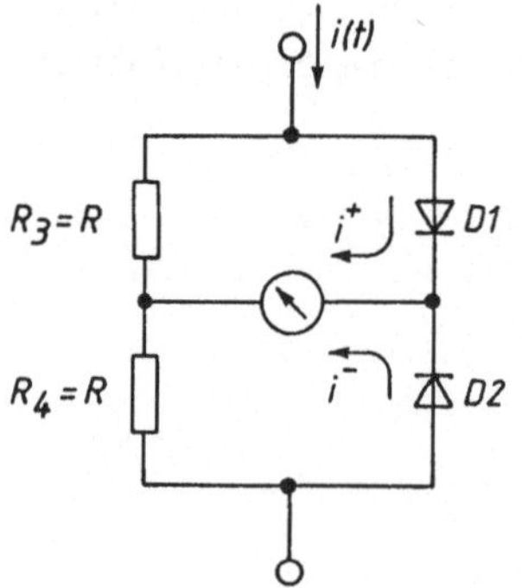

Bild 8.15 Doppelweg-Meßgleichrichter

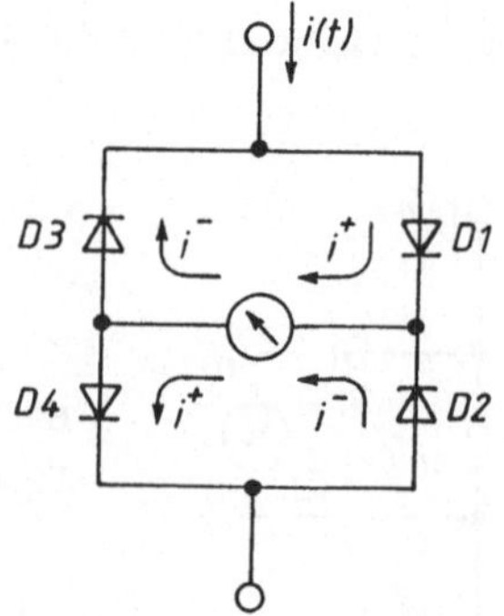

Bild 8.16 Graetz-Gleichrichter

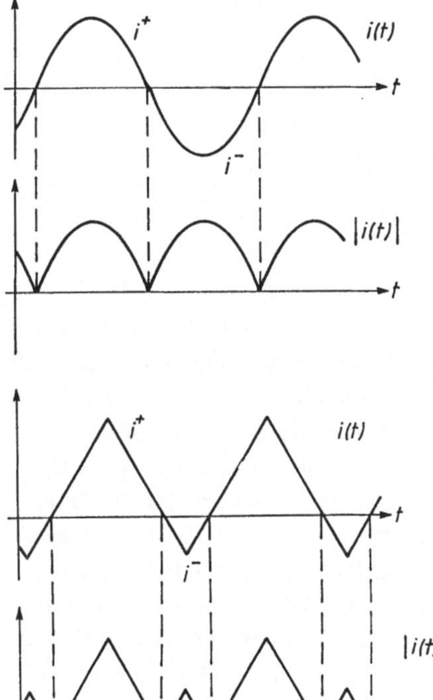

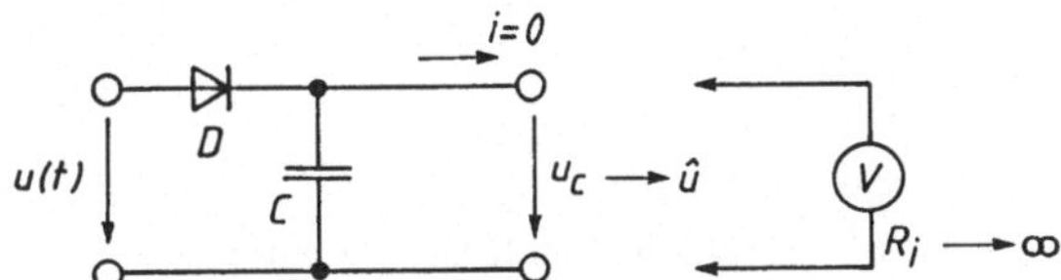

Bild 8.17
Originalfunktion und Betragsfunktion von
Strömen für Sinus- und Dreieckverlauf

Bild 8.18 Messen der absoluten Spitzenspannung

Mit Dioden und Kondensatoren lassen sich Spitzenspannungen messen. In der Schaltung
nach **Bild 8.18** ist die Diode D leitend, solange $u(t) > u_c$ gilt; für $u(t) < u_c$ sperrt die
Diode und verhindert eine Entladung des Kondensators C. Wird dieser nicht belastet, ist
also $i = 0$, dann lädt sich der Kondensator auf die absolute positive Höchstspannung $\hat{u}$ des
Verlaufs $u(t)$ auf, es wird $u_c = \hat{u}$. Die Spannung muß mit einem sehr hochohmigen Voltmeter $(R_i \rightarrow \infty)$ gemessen werden.

Vertauschen Kondensstor C und Diode D die Plätze, dann entsteht die Schaltung von
Bild 8.19. Unter den vorgenannten Bedingungen lädt sich C wieder auf $\hat{u}$ auf, an der
Diode und einem parallelliegenden Voltmeter liegt der reine Wechselanteil von $u(t)$, und
zwar negativ so, daß die positiven Spitzen auf dem Potential Null liegen. Durch Messen
des Mittelwerts erhält man den Scheitelwert des Wechselanteils der Spannung $u(t)$; der
Gleichanteil wird von C abgeblockt. Diese Schaltung wird vor allem in der Nachrichtentechnik oft verwendet.

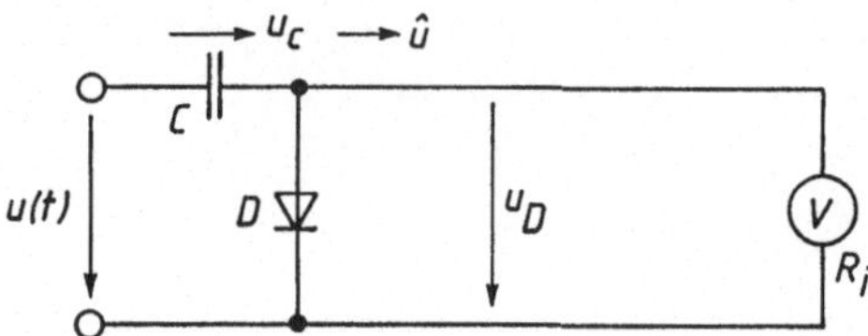

Bild 8.19

Messen der Spitzenspannung ohne
Gleich-Anteil

8.5.2 Gleichrichter mit Operationsverstärker

Von den vielen Schaltungen für Präzisionsgleichrichter soll hier nur eine besprochen
werden, mit welcher die Wirkungsweise des Operationsverstärkers deutlich wird. **Bild 8.20**
zeigt die Schaltung: im Rückführzweig eines Operationsverstärkers liegt ein kompletter
Graetzgleichrichter und das mittelwertbildende Meßwerk (z. B. ein Drehspulsystem).

Für diesen nicht invertierenden Verstärker (vgl. 5.2.2) muß wie bekannt $u_e = u_e^* = R_e \cdot i_f$
sein. Damit ist aber der Strom i_f nur durch den Eingangskreis definiert, für die Dioden
des Graetzgleichrichters wirkt er als *eingeprägter* Strom, die Eigenschaften der Dioden
(endlicher Durchlaßwiderstand, evtl. Durchlaßspannung) können ihn nicht beeinflussen.
Durch das Meßwerk fließt der Betrags-Wert des Stromes, $|i_f|$, die Anzeige entspricht dem
zeitlichen Mittelwert, $\overline{\alpha} \sim \overline{|i_f|}$. Wir haben einen idealen, präzisen Graetzgleichrichter vor
uns, wobei der Operationsverstärker so wirkt, daß er die Schaltung im Eingang sehr hoch-
ohmig macht und die nicht-idealen Eigenschaften der Dioden eliminiert.

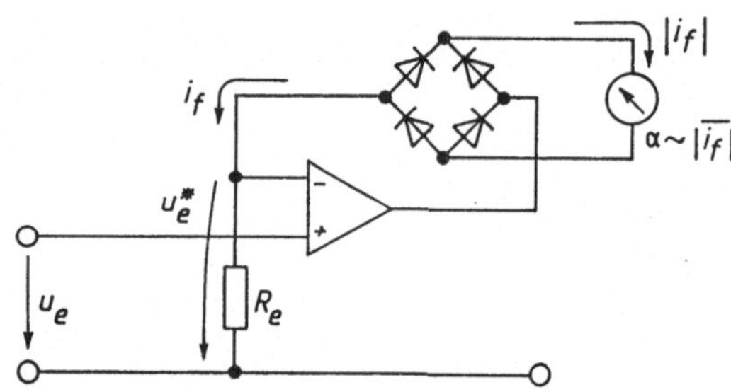

Bild 8.20

Präzisions-Graetz-Gleichrichter mit
Operationsverstärker

8.5.3 Kalibrieren von Meßwerken bei Wechselspannung

Die Gleichrichterschaltungen erfassen entweder den Scheitelwert $\hat{u}$ oder den Betragsmittelwert (Gleichrichtwert), der mit

$$\overline{|u(t)|} = \frac{1}{T} \cdot \int_0^T |u(t)| \cdot dt$$

bestimmt wird. Eigentlich zu messen ist aber der Effektivwert U_{eff}. Deswegen werden
geeignete Umrechnungsfaktoren definiert:

$$\text{Scheitelfaktor } S = \frac{\text{Spitzenwert } \hat{u}}{\text{Effektivwert } U_{eff}} \qquad\qquad \text{Formfaktor } F = \frac{\text{Effektivwert } U_{eff}}{\text{Betragsmittel } \overline{|u|}}$$

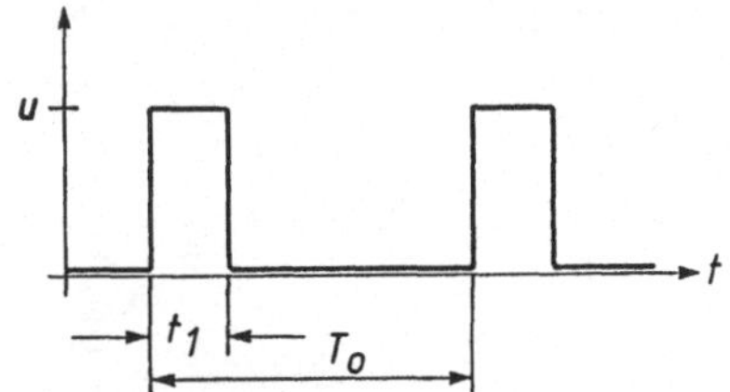

Bild 8.21

Spannungsverlauf zur Geräteprüfung auf den Crestfaktor

Diese Faktoren sind selbstverständlich auch für Ströme gültig. Für Sinusform gilt $S = \sqrt{2}$, $F = (\pi/2)/\sqrt{2} = 1{,}111$. Für a.c.-Meßgeräte wird (wegen der meist verwendeten Doppelweg- bzw. Graetz-Gleichrichter) der Formfaktor F einfach in die Kalibrierung eingezogen, und zwar für den am häufigsten vorkommenden Fall der Messung bei Sinusform. Bei anderen Kurvenformen und idealem Gleichrichter kann man auf den Effektivwert Eff(x) umrechnen, wenn der entsprechende Formfaktor $F(x)$ bekannt ist:

$$\text{Eff}(x) = \text{Anzeige} \cdot F(x)/F(\text{sinus}).$$

Meßwerke mit idealem Gleichrichter kann man daran erkennen, daß für Gleich- und Wechsel-Meßbereiche dieselbe linear geteilte Skala verwendet wird.

Der Scheitelfaktor S wird auch noch zum Prüfen von Spannungs- und Strom-Messern herangezogen und dann als *crest factor* bezeichnet, CR = Spitzenwert/Effektivwert. Die Geräte werden mit einer Impulsspannung (oder einem Impulsstrom) nach **Bild 8.21** geprüft. Für diesen Verlauf gilt $U_{\text{eff}} = \hat{u} \cdot \sqrt{t_1/T_0}$ und somit $CR = \sqrt{T_0/t_1}$. Ein für einen bestimmten Crestfaktor CR ausgelegtes Gerät muß somit bei einem Impulsverlauf mit dem Tastverhältnis $t_1/T_0 = 1/(CR)^2$ noch (innerhalb seiner Fehlergrenzen) richtig anzeigen.

Tabelle 8.1 enthält für eine Reihe praktisch vorkommender Kurvenformen die wesentlichen Werte: den auf Rechteckform (gleicher Effektiv-Wert wie ein Gleichstrom) bezogenen Effektivwert, den Gleichrichtwert (Betragsmittelwert), den Formfaktor F sowie den Fehler, der auftritt, wenn mit einem auf Sinusform kalibrierten Gleichrichtermeßgerät bei anderer Kurvenform (ohne entsprechende Umrechnung) gemessen würde. Zum Schluß sei noch vermerkt, daß heutige elektronische Meßgeräte häufig einen Baustein zur echten Effektivwertbildung enthalten. Das ist aber dann meist mit dem Zusatz *echte Effektivwert-Messung* (*true RMS, root mean square*) angegeben.

8.6 Sonderverfahren der Strommessung

8.6.1 Stromwandler und Stromzangen

Bei einem Transformator im Leerlauf (bei unbelasteter Sekundärwicklung) verhalten sich die Spannungen wie die Windungszahlen: $U_1/U_2 = N_1/N_2$. Im sekundären Kurzschluß verhalten sich die Ströme umgekehrt wie die Windungszahlen, hier gilt $I_1/I_2 = N_2/N_1$. Der Index 1 kennzeichnet die Primär-, der Index 2 die Sekundärseite. Da Amperemeter immer niederohmig sind, kann man vor sie einen Transformator schalten, der den Strombereich vergrößert und Stromwandler heißt.

Einen exakten Kurzschluß bildet bekanntlich der Eingang von Operationsverstärkern, die sich nach **Bild 8.22** mit einem Stromwandler kombinieren lassen, falls der sekundär fließende Strom nicht zu groß ist.

Tabelle 8.1 Gleichrichtwert, Effektwert und Formfaktor für verschiedene Kurvenformen

Periodische Kurvenform $x(t)$ Amplitude jeweils $A = 100\,\%$	Effektivwert $x_{eff} = \sqrt{\dfrac{1}{T}\displaystyle\int_0^T x^2\,dt}$	Betragsmittelwert $\overline{|x|} = \dfrac{1}{T}\displaystyle\int_0^T |x|\,dt$	Formfaktor $F = x_{eff}/\overline{|x|}$	Meßfehler beim Messen mit einem auf Sinusform kalibrierten Gleichrichterinstrument
Symmetrische Kurven				
Rechteck	100,0	100,0	1,000	+ 11,1 %
Trapez	87,7	75,0	1,089	+ 2,0 %
Sinus	70,7	63,7	1,111	kein Fehler, da Formfaktor 1,111 eingeeicht.
Sägezahn Dreieck	57,7	50,0	1,155	− 3,8 %
Gleichrichterkurven				
120°-Anschnitt	31,3	15,9	1,96	− 43 %
60°-Anschnitt	63,5	47,8	1,33	− 16,5 %
90°-Anschnitt Einweg-Glr.	50,0	31,8	1,571	− 29,3 %
Doppelweg-Glr.	70,7	63,7	1,111	− 0 −
Drehstrom-Brücken-Glr.	95,6	95,5	1,001	+ 11,0 %
Gleichstrom	100,0	100,0	1,000	+ 11,1 %
Pulskurven (mit Angabe der rel. Pulsdauer in %)				
$t/T = 81\,\%$	90,0	81,0	1,111	− 0 −
$t/T = 50\,\%$	70,7	50,0	1,414	− 21,4 %
$t/T = 10\,\%$	31,6	10,0	3,16	− 65 %
$t/T = 1\,\%$	10,0	1,0	10,0	− 89 %

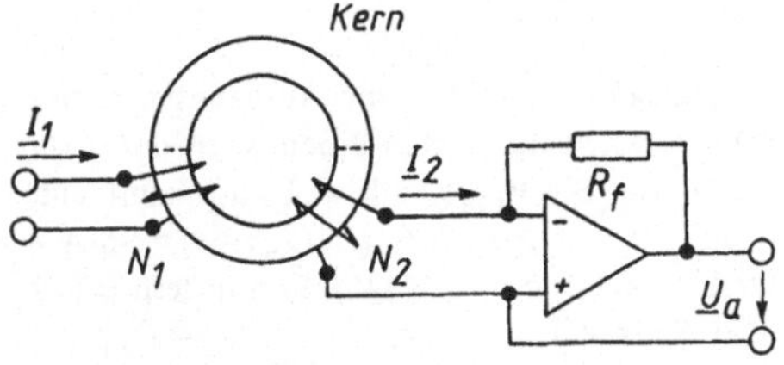

Bild 8.22
Strommessung mit Stromwandler und
Operationsverstärker

Für die Schaltung gilt

$$I_2 = I_1 \cdot (N_1/N_2) \quad \text{und}$$

$$U_a = (-)\, R_f \cdot I_2 = (-)\, R_f \cdot (N_1/N_2) \cdot I_1 \,.$$

Im Extrem kann $N_1 = 1$ werden, nämlich dann, wenn man durch den Transformatorkern die den Strom I_1 führende Leitung einfach durchsteckt (Durchsteck-Wandler). Es gibt auch Formen, bei denen der Kern aufgeklappt und um den stromführenden Leiter (mit I_1) herumgelegt werden kann. Diese Form von Stromwandler ist als Stromzange bekannt. Die Auswertung der Spannung U_a erfolgt mit einem geeigneten Voltmeter.

8.6.2 Messen mit Hall-Wandlern

Bei Hall-Wandlern oder Hall-Sensoren (vgl. 14.1.1) wird eine zur Induktion B proportionale Hall-Spannung u_H erzeugt. Wegen der Proportionalität $B = \mu_0 \cdot \mu_r \cdot H$ zur Feldstärke H über die Permeabilität μ (Index 0 für die absolute, Index r für die relative) kann man Ströme über die von ihnen erzeugte Feldstärke mit den Hall-Sensoren messen.

Nach **Bild 8.23** wirft der durch einen Leiter fließende Strom I im Abstand x ein Feld der Größe $H = I/2\pi x$ auf. Für die Induktion B folgt $B = \mu_0 \cdot I/2\pi x$. Wegen $\mu_0 = 0{,}1256$ mT/(A/cm) $= 0{,}04 \cdot \pi$ mT/(A/cm) folgt die zugeschnittene Größengleichung $B = 0{,}2 \cdot I/x$ mit I in [A], B in [mT] und x in [mm]. Die Ausgangsspannung u_H des Hallwandlers ist, wie schon erwähnt, proportional zu B, womit der Strom als Hall-Spannung direkt meßbar wird.

Beim Einfügen eines Hall-Sensors in den Luftspalt l_{Lu} eines Kerns, dessen Kernlänge $l_{Fe} \gg l_{Lu}$ hinreichend groß ist, ergibt sich der einfache Zusammenhang $B \approx \mu_0 \cdot N \cdot I/l_{Lu}$, der nach **Bild 8.24** wiederum zur Strommessung führt. Im Extremfall ist auch hier wieder ein Durchsteck-Kern mit N = 1 oder die Form des Zangenwandlers möglich.

Zum Schluß muß bemerkt werden, daß die Hallwandler auch auf Gleichfelder reagieren. Mithin sind Hall-Stromwandler mit (und ohne) Eisenkern für Gleich- und Wechselströme geeignet.

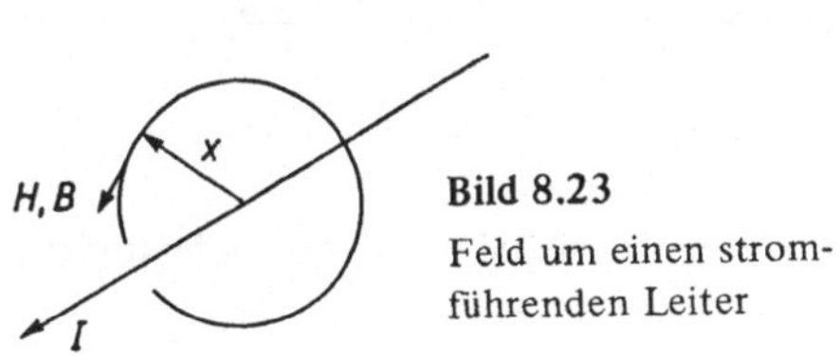

Bild 8.23
Feld um einen strom-
führenden Leiter

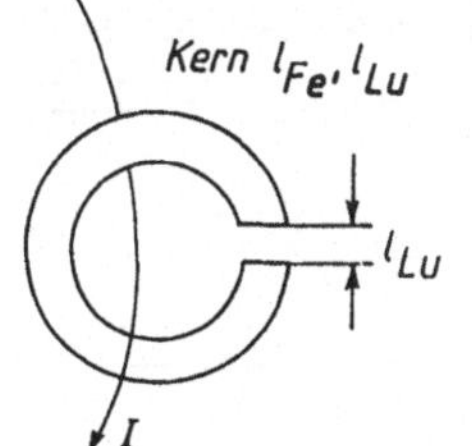

Bild 8.24
Kern mit Luftspalt,
Primärwicklung nur mit
einer Windung

Beispiel 8-2

Der Hall-Wandler LOHET(*linear output Hall effect transducer*) liefert eine Ausgangsspannung von 75 mV/mT bei einem Bereich von B_{max} = 40 mT. Verwendet man einen Kern der Type M55 mit 3 mm Luftspalt (l_{Lu} = 0,3 cm), dann wird für B = B_{max} = 40 mT insgesamt eine „Ampere-Windungszahl" $N \cdot I = B \cdot l_{Lu}/\mu_0$ = 40 mT · 0,3 cm/[0,1256 mT/(A/cm)] = 95 A $\approx$ 100 A nötig. Für I = 1 A sind das $\approx$ 100 Wdg, für I = 10 A noch ca. 10 Wdg, und mit dem Durchsteckwandler (1 Wdg) wird ein Meßbereich von $\approx$ 100 A erreicht.

8.7 Digital-Multimeter

Digitale Multimeter enthalten eine ganze Menge der uns jetzt bekannten Bausteine, wie dies **Bild 8.25** zeigt. Gemessen wird im Prinzip analog, die Meßwerte werden jedoch in einem ADU ins Digitale umgesetzt und digital angezeigt. Die Meßbereiche für Spannungen werden mit Vorwiderständen, ggf. in Verbindung mit einem Operationsverstärker, aufbereitet. Ebenso verhält es sich für die Strommeßbereiche, bei denen ein angezapfter Nebenschluß (mit Operationsverstärker) benützt wird. Die Widerstandsmessung erfolgt meist dadurch, daß ein eingeprägter Strom I_0 durch den zu messenden Widerstand R_x geschickt und der Spannungsfall $I_0 \cdot R_x$ (ggf. verstärkt) auf den ADU gegeben wird.

Damit wäre unser Digitalgerät für das Messen von Gleichstrom und Gleichspannung gerüstet. Zur Messung bei Wechselgrößen kann ein entsprechendes Gleichrichter- oder Effektivwert-Element vor den ADU geschaltet werden. Meist werden (wie schon in 8.5.3 erwähnt) Effektivwert-Module (echte Effektivwertmessung, *true RMS*) eingesetzt. Der Effektivwert ist definiert zu

$$U_{eff} = \sqrt{\frac{1}{T} \int_0^T [u(t)]^2 \cdot dt}\,.$$

Also muß ein solcher Effektivwertmodul folgende Bausteine enthalten: einen Quadrierer (vgl. 5.5.2), einen Mittelwertbildner (z. B. RC-Glied) und einen Radizierer (vgl. 5.5.3). Module, welche genau diese Bausteine enthalten, sind als Integrierte Schaltkreise marktgängig.

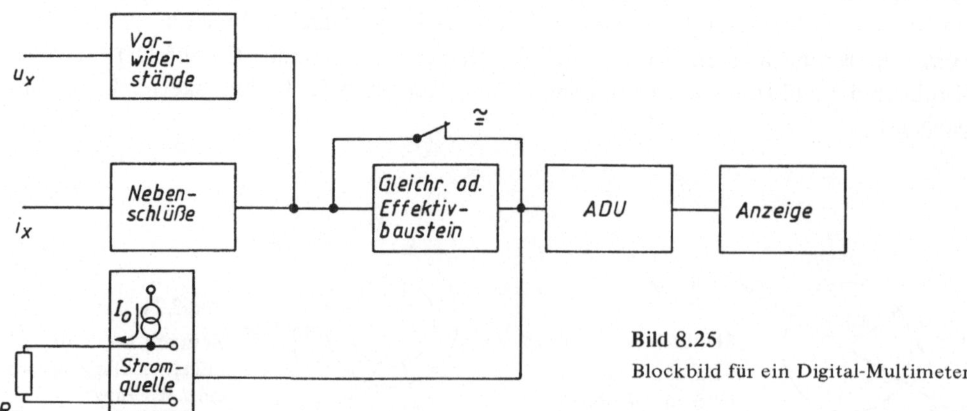

Bild 8.25
Blockbild für ein Digital-Multimeter

Die Digitalanzeige entspricht dem Dezimalsystem. Werden n dezimale Stellen angezeigt, dann spricht man von einem Digitalmultimeter DMM mit einem Anzeige-Umfang von *n Digit,* 3 Digit hat also den Umfang 000 bis 999. 3 1/2 Digit hingegen meint einen Anzeige-Umfang von 0 000 bis 1 999; die führende Eins wird als „halbes Digit" angegeben.

Mit den Fehlerangaben muß man bei Digitalmultimetern äußerst vorsichtig sein. Zwar beträgt der grundsätzliche Fehler von Digitalmeßgeräten ± 1 Digit, wobei 1 Digit hier eine Einheit der letzten (kleinsten) angezeigten Dezimale ist. Dies betrifft aber meist nur die *Empfindlichkeit* bzw. *Auflösung,* nicht aber die Genauigkeit! Ein Beispiel soll dies näher erläutern:

Beispiel 8-3

Für ein ordentliches 3 1/2-Digit-Voltmeter wird ein Fehler von ± 0,25 % (des Meßbereichs) angegeben. Bezogen auf diesen Endwert von 1 999 ≈ 2 000 sind aber 0,25 % schon 5 Einheiten der letzten Stelle, also 5 Digit. Die Auflösung eines solchen Digitalvoltmeters beträgt zwar 1 Digit, also 1/2000, die Genauigkeit jedoch nur 5 Digit oder anders angegeben 5/2000 = 0,25 %.

Die Verhältnisse sehen bei einem hoch auflösenden, guten Gerät mit 4 1/2 Digit bei 0,05 % Genauigkeit nicht besser, sondern eher schlechter aus: 0,05 % von 19 999 ≈ 20 000 Anzeige-Einheiten sind 0,00 5 · 20 000 = 10 Einheiten, also 10 Digit! Die Auflösung eines solchen Geräts ist mit dem Wert 1/20 000 hervorragend; wenn es um Genauigkeit geht, dürfte man die letzte angezeigte Stelle getrost zukleben.

9 Messen von Leistung und Arbeit

9.1 Elektronische Wattmeter und Elektrizitätszähler

Das Wattmeter zur analogen Anzeige der Leistung haben wir in Abschnitt 3.6 kennengelernt. Wird das Zeit-Integral über die Leistung gebildet, so entspricht dies der elektrischen Arbeit, was mit einem integrierenden Wattmeter nach Abschnitt 3.7 realisiert werden kann. Mit diesen beiden Hinweisen ist es nun nicht schwer, mit unseren elektronischen Bauelementen ein elektronisches Wattmeter und einen elektronischen Elektrizitätszähler zu konzipieren.

Bild 9.1 zeigt das Wattmeter. Die Wechselspannung $\underline{U}$ an der Last wird mit einem Transformator (Spannungswandler) als Spannung $\underline{U}_x$ an einen Multiplizierer gegeben. Mit dem Übersetzungsverhältnis $ü_x = N_{1x}/N_{2x}$ entsteht der Zusammenhang $\underline{U}_x = \underline{U}/ü_x$.

Der Strom $\underline{I}$ durch die Last wird mit einem Stromwandler und dem Operationsverstärker umgesetzt in die zweite Spannung am ·Multiplizierer, $\underline{U}_y = R_f \cdot ü_y \cdot \underline{I}$, wenn das Übersetzungsverhältnis des Stromwandlers mit $ü_y = N_{1y}/N_{2y}$ definiert wird. Das zeitliche Mittel der Multiplizierer-Ausgangsspannung u_a ist proportional zur Wirkleistung, wie wir schon bei der Multipliziererwirkung des Elektrodynamischen Meßwerks (Abschnitt 3.6) festgestellt hatten:

$$\overline{u_a} = \frac{U_x \cdot U_y}{10\ V} \cdot \cos\varphi = k \cdot Pw.$$

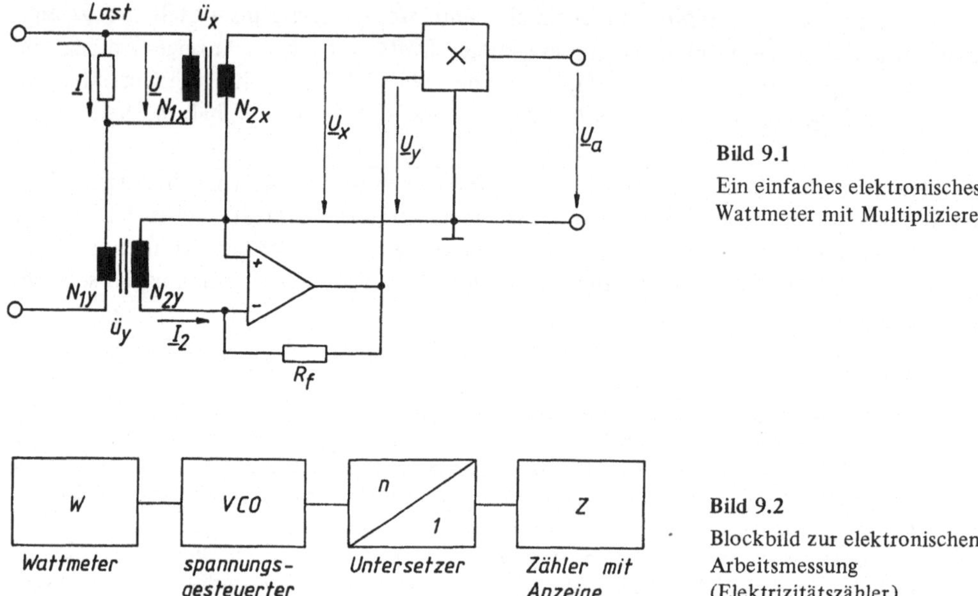

Bild 9.1

Ein einfaches elektronisches
Wattmeter mit Multiplizierer

Bild 9.2

Blockbild zur elektronischen
Arbeitsmessung
(Elektrizitätszähler)

Mit einer solchen (oder einer entsprechenden) Schaltung ist ein elektronisches Wattmeter entstanden. Die Wirkleistung kann mit einem Voltmeter angezeigt werden, entweder einem mittelwertbildenden Drehspulmeßwerk oder einem Digitalvoltmeter mit vorgeschaltetem Tiefpaß (zur Mittelwertbildung).

Um vom Wattmeter zu einem Elektrizitätszähler zu kommen, wird die Ausgangsspannung des elektronischen Wattmeters mit einem VCO (*voltage controlled oscillator*, vgl. 5.3.3) in eine Frequenz umgesetzt. Diese läuft in einen Zähler, dessen Zählerstand die aufgelaufene elektrische Arbeit W_{el} darstellt. Wenn der VCO relativ hohe Frequenzen liefert, ist evtl. noch ein Untersetzerzähler nötig; er reduziert die Eingangsfrequenz im Verhältnis n : 1 und wird normalerweise als Vorwahlzähler realisiert, welcher auf die Zahl n eingestellt ist und dann rückwärts zählt. Beim Erreichen der Null liefert er einen Ausgangsimpuls und wird danach sofort wieder auf die Zahl n gesetzt. Auf diese Art entsteht alle n Eingangsimpulse *ein* Ausgangsimpuls, mithin die Untersetzung n : 1. Das Blockschaltbild zum (elektronischen) Elektrizitätszähler zeigt **Bild 9.2**. Damit verfügen wir zum Messen von Leistung und Arbeit über „klassische" und über elektronische Anordnungen.

9.2 Leistungsmessung im Drehstromsystem

Bild 9.3 soll uns helfen, möglichst rasch und unkompliziert auf die Leistung und somit auf die Leistungsmessung im Drehstromsystem zu kommen. Hier sind die drei Leiter L1, L2 und L3 (frühere Bezeichnung R, S, T) und der Mittelpunkts- oder Nulleiter N (früher MP) eingetragen. Die Augenblicksleistung p(t) an jedem Zweipol ist definiert als das Produkt aus der Spannung an den beiden Zweipolklemmen, multipliziert mit dem Strom, der über diese Klemmen fließt. Ist in Bild 9.3 der Schalter S geschlossen (wie gezeichnet),

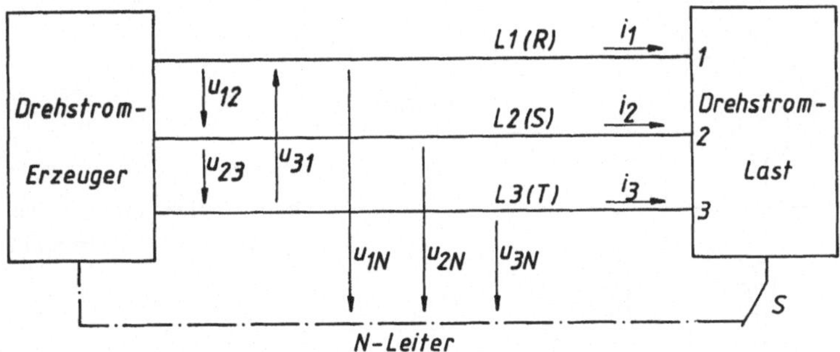

Bild 9.3 Zur Leistungsbildung im Drehstromsystem

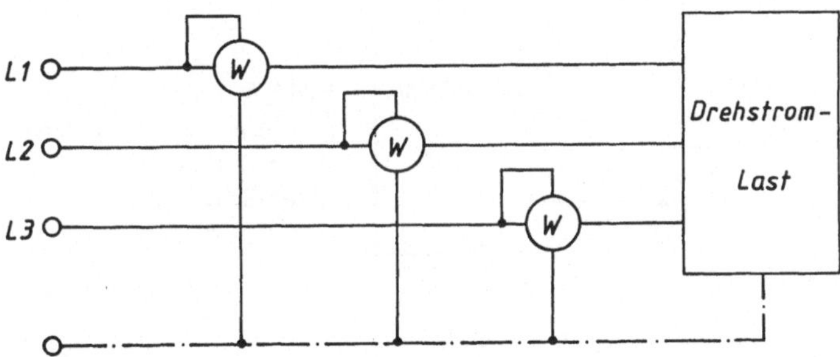

Bild 9.4 Drehstrom-Leistungsmessung mit 3 Wattmetern

dann gilt unabhängig von der inneren Schaltung der Drehstromlast (Dreieck- oder Stern-schaltung)

$$p(t) = i_1 \cdot u_{12} + i_2 \cdot u_{23} + i_3 \cdot u_{31}. \tag{1}$$

Bei der Multiplikation sinusförmiger Größen und anschließender Mittelwertbildung ergibt sich aus Gl. (1) der Zusammenhang (vgl. auch Abschnitt 3.6):

$$\begin{aligned} Pw = \ & I_1 \cdot U_{12} \cdot \cos\sphericalangle(\underline{I}_1, \underline{U}_{12}) \\ &+ I_2 \cdot U_{23} \cdot \cos\sphericalangle(\underline{I}_2, \underline{U}_{23}) \\ &+ I_3 \cdot U_{31} \cdot \cos\sphericalangle(\underline{I}_3, \underline{U}_{31}). \end{aligned} \tag{2}$$

Drei entsprechend Gl. (2), also nach **Bild 9.4**, geschaltete Wattmeter bilden in ihrer Summenanzeige die gesamte Drehstromleistung, unabhängig davon, ob die Last symme-trisch aufgebaut ist oder nicht. Ist der N-Leiter nicht zugänglich, so kann über drei gleiche Widerstände (sie sind zugleich die Vorwiderstände im Spannungspfad der Wattmeter) nach **Bild 9.5** ein künstlicher N-Leiter (bzw. Sternpunkt) geschaffen werden. Bei symme-trischer Last genügt eines der Wattmeter von Bild 9.4, dessen Anzeige ist mit dem Faktor drei zu multiplizieren, um die Gesamtleistung zu erhalten.

War in Bild 9.3 der Schalter S geschlossen, so konnten drei symmetrische Außenleiter-spannungen auch drei symmetrische Mittelpunktsspannungen erzwingen, selbst bei un-symmetrischer Last. Anders wird dies, wenn bei geöffnetem Schalter S ein Dreileiter-system entsteht; dann braucht der Sternpunkt nicht mehr symmetrisch zu liegen. Die

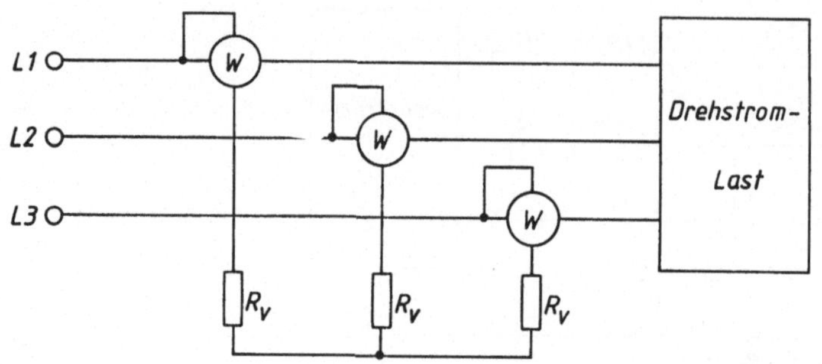

Bild 9.5

Drehstromleistungsmessung
mit künstlichem Sternpunkt

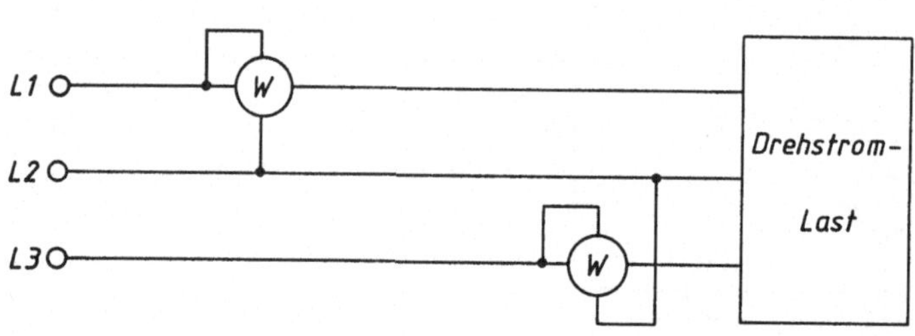

Bild 9.6

Schaltung der „Zwei-Watt-
meter-Methode"
(Aron-Schaltung)

Schaltung mit drei Wattmetern nach Bild 9.5 ist immer noch möglich. Weil jedoch ohne
N-Leiter in diesem auch kein Strom fließen kann, muß nun $i_1 + i_2 + i_3 = 0$ gelten.

Dann jedoch läßt sich in Gleichung (1) z. B. der Strom i_2 ersetzen mit $i_2 = -(i_1 + i_3)$. Die
Durchrechnung liefert für die Augenblicksleistung

$$p(t) = i_1 \cdot u_{12} + i_3 \cdot u_{32}$$

oder umgeschrieben für sinusförmige Größen

$$P_W = \quad I_1 \cdot U_{12} \cdot \cos \sphericalangle (\underline{I}_1, \underline{U}_{12})$$
$$+ I_3 \cdot U_{32} \cdot \cos \sphericalangle (\underline{I}_3, \underline{U}_{32}) . \tag{3}$$

Mit nur zwei Wattmetern kann man die Gesamtleistung nach **Bild 9.6** messen. Dabei ist
zu beachten, daß durchaus eines der Wattmeter Null oder gar negativ anzeigen kann.

Abschließend sei vermerkt, daß die Wattmeter selbstverständlich auch über Strom- und/
oder Spannungswandler angeschlossen sein können.

9.3 Blindleistungsmessung

Bei sinusförmigen Wechselgrößen war die Wirkleistung P_W mit $P_W = I \cdot U \cdot \cos\varphi$ definiert,
für die Blindleistung gilt der Zusammenhang $Q = I \cdot U \cdot \sin\varphi = I \cdot U \cdot \cos(90° - \varphi)$. Zum
Erfassen der Blindleistung werden also Spannungen benötigt, die um jeweils 90° gegen-
über den zur Wirkleistungsmessung eingesetzten verschoben sind. Solche um 90° versetzten Spannungen finden sich aber im symmetrischen Drehstromsystem sehr einfach, die
Zuordnungen sind in **Tabelle 9.1** zusammengestellt. Für die Wirkleistungsmessung (etwa
nach Bild 9.4) wurden die Mittelpunktsspannungen U_{xN} herangezogen, zur Blindleistungs-

Tabelle 9.1 Verknüpfung von Spannungen und Strömen zur Blindleistungsmessung

Art der Last	Leiterströme		
	I_1	I_2	I_3
induktiv	U_{23}	U_{31}	U_{12}
kapazitiv	U_{32}	U_{13}	U_{21}

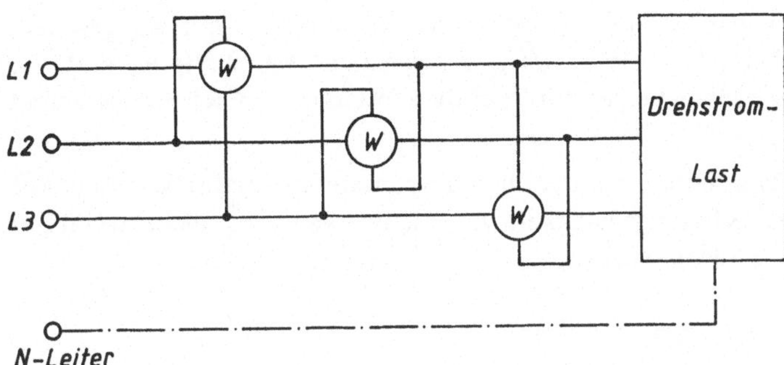

Bild 9.7
Beispiel für eine Blindleistungsmessung bei induktiver Last

messung jetzt aber die um $\sqrt{3}$ größeren Außenleiterspannungen. Mithin muß das jeweilige Meßergebnis mit dem Faktor $\sqrt{3}$ dividiert werden.

Eine der aus Tabelle 9.1 ableitbaren Schaltungen zur Blindleistungsmessung, und zwar mit 3 Wattmetern und für induktive Last, ist als Beispiel in **Bild 9.7** dargestellt.

10 Messen von Ohmwiderständen und Impedanzen

10.1 Verfahren mit Volt- und Amperemeter

Von den vielen heute bedeutungslos gewordenen Verfahren zur Widerstandsmessung soll dasjenige mit Volt- und Amperemeter doch noch genannt werden, weil man darauf zurückgreifen wird, wenn ein echtes Widerstandsmeßgerät (z. B. vor Ort) nicht verfügbar ist. Die beiden möglichen Schaltungen sind in **Bild 10.1** gezeigt. Gemessen wird beidemale

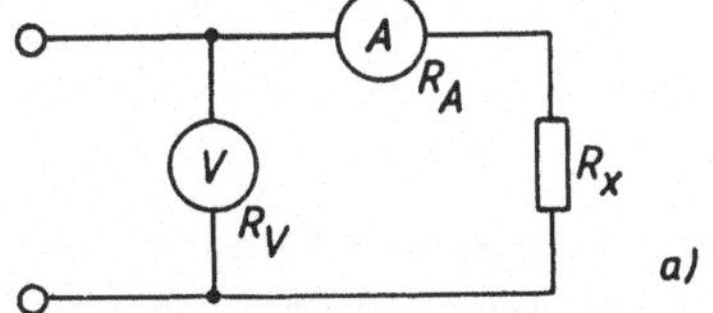

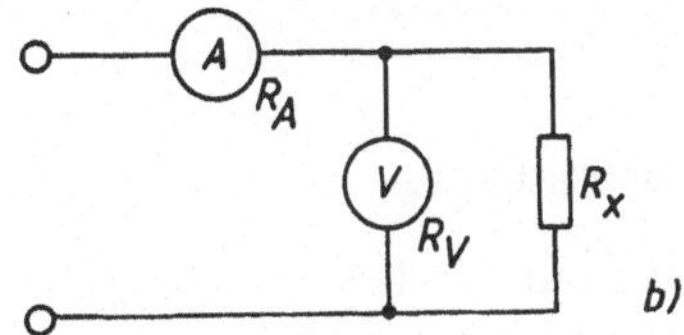

Bild 10.1 Widerstandsmesser mit Volt- und Amperemeter
Schaltung a) für große R_x Schaltung b) für kleine R_x

durch Quotientenbildung der Anzeige U des Voltmeters und I des Amperemeters, also über U/I. In der Schaltung a) wird der Amperemeter-Innenwiderstand R_A mitgemessen, insgesamt ist also U/I = R_x + R_A. Wird dies nicht berücksichtigt, so entsteht ein Fehler F (a) = R_A/R_x.

In Schaltung b) liegt das Voltmeter parallel zum Widerstand R_x, gemessen wird U/I = $R_x/\!/R_v$. Wenn man dies nicht berücksichtigt, entsteht ein Fehler F (b) = $- 1/(1 - R_v/R_x)$. Schaltung a) ist also für große R_x ($R_x \gg R_A$), Schaltung b) für kleine R_x ($R_x \ll R_v$) geeignet.

Sind ein Voltmeter mit Innenwiderstand R_v sowie ein Amperemeter mit R_A gegeben, dann ist Schaltung a) für Werte $R_x > R_x^* \approx \sqrt{R_A \cdot R_v}$ günstiger. Für Werte $R_x < R_x^*$ ist Schaltung b) geeigneter. Der größte Fehler wird bei diesem Grenzwert R_x^* begangen und beträgt $F_{max} \approx \sqrt{R_A/R_v}$.

Wie schon in Beispiel 2-2 angemerkt, ist der hier abgeleitete methodische Fehler oft kleiner als derjenige, den die Klassengenauigkeit von Meßwerken (vor allem, wenn der Meßbereich nicht ausgenützt wird) hervorruft.

10.2 Ohmmeter mit Operationsverstärker

Die invertierende Grundschaltung des Operationsverstärkers kann als direktzeigendes, lineares Ohmmeter verwendet werden. Nach den im Abschnitt 5.2.1 erfolgten Überlegungen gilt für die Anordnung von **Bild 10.2**

$$U_A = U_{ref} \cdot \frac{R_x}{R_{ref}} \, .$$

Danach ist die Ausgangsspannung entweder proportional zum unbekannten Widerstand R_x, es kann aber auch das Verhältnis des Istwerts von R_x zu seinem Sollwert angezeigt werden, also eine sog. ratiometrische Messung von R_x Ist/R_x Soll erfolgen. Selbstverständlich sind durch umschaltbare Referenzwiderstände (und ggf. auch Referenzspannungen) verschiedene Meßbereiche möglich. Die Schaltung nach Bild 10.2 wird oftmals auch zur Widerstandsmessung bei Digital-Multimetern verwendet.

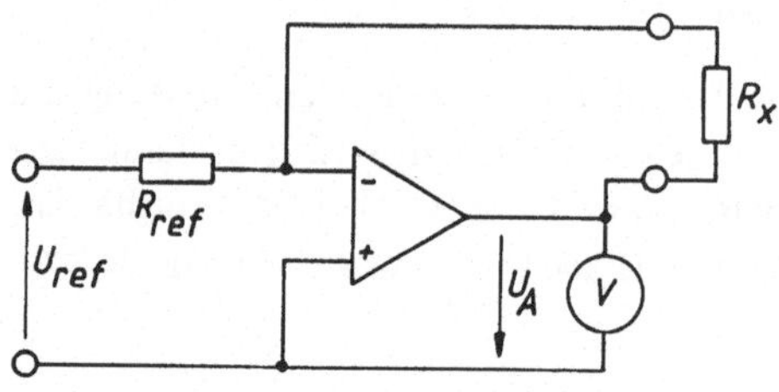

Bild 10.2

Lineares Ohmmeter mit Operationsverstärker

10.3 Die Brückenschaltung

Die in **Bild 10.3** gezeigte Brückenschaltung ist eine der wichtigsten Schaltungen der elektrischen Meßtechnik und besteht aus den parallel an derselben Speisespannung U_0 liegenden Spannungsteilern R_1, R_2 und R_3, R_4. Zwischen den beiden Teilern, in der *Brückendiagonale*, steht (im Leerlauf, also ohne Belastung) die Diagonalspannung U_{0D}.

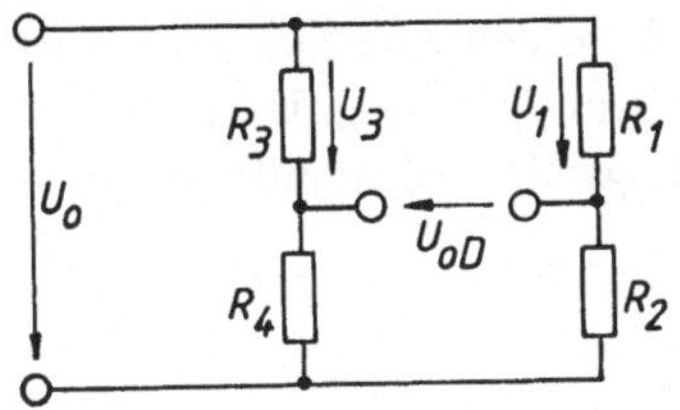

Bild 10.3

Brückenschaltung für Ohmwiderstände
(Wheatstone-Brücke)

Sie läßt sich leicht nach der Maschenregel aus $U_{0D} = U_3 - U_1$ berechnen. Die beiden Teilspannungen U_1, U_3 folgen aus der Regel, daß sich am (unbelasteten) Spannungsteiler die Spannungen genauso verhalten wie die Widerstände. Mithin gilt $U_1/U_0 = R_1/(R_1 + R_2)$ oder $U_1 = U_0 \cdot R_1/(R_1 + R_2)$. Entsprechendes gilt für U_3. Somit folgt als wichtigster Zusammenhang für die Brückenschaltung

$$\frac{U_{0D}}{U_0} = \frac{R_3}{R_3 + R_4} - \frac{R_1}{R_1 + R_2} = \frac{R_2 \cdot R_3 - R_1 \cdot R_4}{(R_1 + R_2) \cdot (R_3 + R_4)} .$$

Daraus ergeben sich zwei Betriebsweisen für die Brücke:

- **Die Null-Brücke**

  Nach **Bild 10.4** wird der Teiler R_3, R_4 als Potentiometer P mit der Schleiferstellung x ausgeführt. R_1 ist ein unbekannter Widerstand R_x, R_2 ein Vergleichswiderstand. Mit einem empfindlichen und hochohmigen Spannungsmesser wird festgestellt, wann die Diagonalspannung verschwindet. Für diesen Abgleich $U_{0D} = 0$ muß der Zählerausdruck unserer Gleichung für U_{0D}/U_0 verschwinden, woraus folgt

$$R_1 = R_x = R_2 \cdot (R_3/R_4) = R_2 \cdot [P \cdot x/P(1-x)] = R_2 \cdot \frac{x}{1-x} .$$

  Wir haben ein Meßgerät für Widerstände vor uns, bei Abgleich ($U_{0D} = 0$) kann *ein* Widerstand bestimmt werden. Der Meßbereich ist in jedem Fall $0 \leqslant R_x \leqslant \infty$. In gleicher Weise kann auch die Abweichung eines Istwerts R_x vom zugehörigen Sollwert bestimmt, also ratiometrisch gemessen werden:

$$\frac{R_{x\,Ist}}{R_{x\,Soll}} = \frac{R_3}{R_4} = \frac{x}{1-x} .$$

- **Ausschlag-Brücke**

  Bei der Ausschlagsbrücke wird zunächst davon ausgegangen, daß ein Brückenabgleich erfolgt und somit $R_1 \cdot R_4 = R_2 \cdot R_3$ ist.

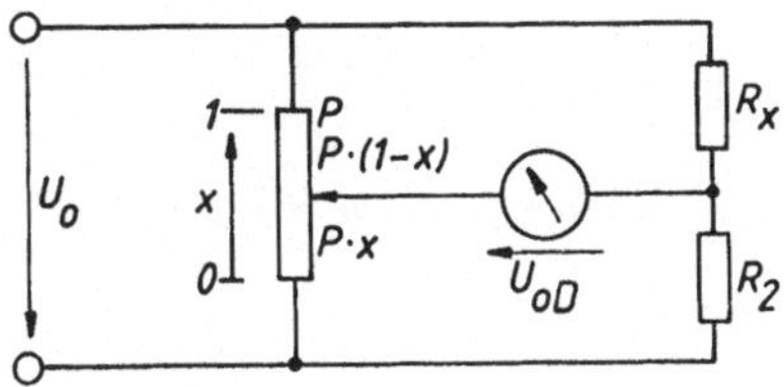

Bild 10.4

Ausführung einer Null-Brücke

Wenn wir jetzt Widerstände in der Brücke verändern, wird diese den Abgleich (U_{0D} = 0) verlassen und am Meßinstrument einen Ausschlag, eine endliche Spannung U_{0D}, liefern. Das Verhalten einer Ausschlagsbrücke können wir am nachfolgenden erklärenden Beispiel gut sehen.

Beispiel 10-1

Bild 10.5 zeigt eine Brücke, in welcher die Widerstände R_1 und R_2 von einem Potentiometer gebildet werden, dessen Skala mit $-1,0 \leqslant x \leqslant +1,0$ symmetrisch angelegt ist und den Nullpunkt $x = 0$ in der Mitte der Widerstandsbahn hat. Da auch der andere Zweig wegen $R_3 = R_4 = R$ symmetrisch ist, zeigt diese Brücke Abgleich (U_{0D} = 0) für $x = 0$.

Für die in Bild 10.5 gezeichnete Stellung x setzt sich R_2 zusammen aus dem Wert $P/2$, dem noch der Anteil $x \cdot P/2$ zugefügt ist: $R_2 = (1 + x) \cdot P/2$. Entsprechend gilt die dazu symmetrische Beziehung $R_1 = (1 - x) \cdot P/2$. Setzt man nun die Werte der Widerstände in unsere schon gut bekannte Gleichung für U_{0D}/U_0 ein, so folgt

$$\frac{U_{0D}}{U_0} = \frac{R \cdot (1 + x) \cdot P/2 - R \cdot (1 - x) \cdot P/2}{[(1 - x) \cdot P/2 + (1 + x) \cdot P/2] \cdot (R + R)} = \frac{x}{2} \, .$$

Wir haben eine Brücke vor uns, welche sich für $x = 0$ im Abgleich U_{0D} = 0 befindet und für $x \neq 0$ eine Spannung liefert, die mit der Schleiferstellung am Potentiometer linear zusammenhängt. Ist x der Verschiebeweg eines linearen Potentiometers, dann haben wir einen analogen Wegmesser vor uns; ein Rundpotentiometer würde in dieser Schaltung Winkel in eine Spannung umsetzen.

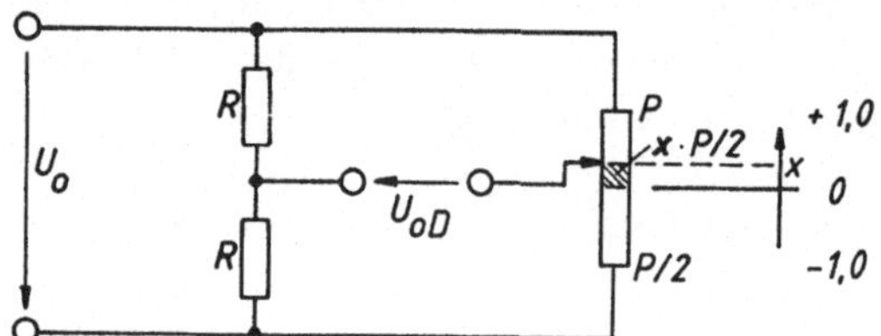

Bild 10.5
Beispiel für eine Ausschlagsbrücke
(Halbbrücke für Widerstände)

10.4 Einengungswiderstände und Universalbrücke

Wie schon erwähnt, liegen die Meßbereiche von Brücken immer bei $0 \leqslant R_x \leqslant \infty$. Besser wäre jedoch $R_{x\,min} \leqslant R_x \leqslant R_{x\,max}$. Das ist erreichbar, wenn man dafür sorgt, daß das jeweilige Abgleichpotentiometer nicht mehr einen ganzen Brückenzweig, sondern nur noch Teile davon überstreicht. **Bild 10.6** zeigt dies. Hier kann wegen der Festwiderstände

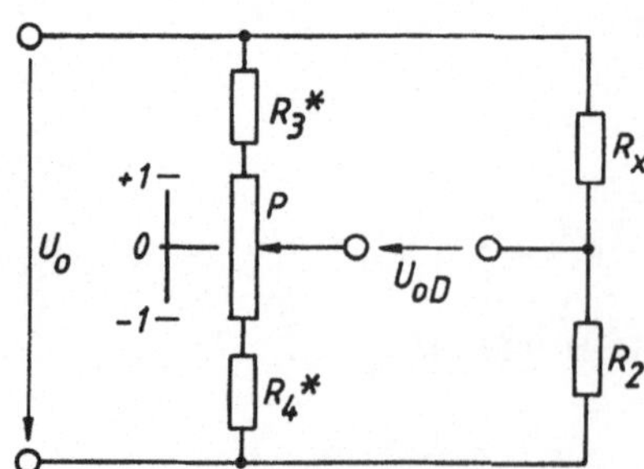

Bild 10.6
Universalbrücke mit Einengungswiderständen

R_3^*, R_4^* mit dem Potentiometer $-1{,}0 \leqslant x \leqslant +1{,}0$ nicht mehr der gesamte Zweig 3 und 4 der Brücke überstrichen werden, denn es gilt

$$R_3 = R_3^* + (1-x) \cdot P/2$$

$$R_4 = R_4^* + (1+x) \cdot P/2.$$

Damit läßt sich für den Abgleich $U_{0D} = 0$ anschreiben:

$$R_x = R_2 \cdot \frac{R_3^* + (1-x) \cdot P/2}{R_4^* + (1+x) \cdot P/2} = R_2 \cdot f(x).$$

Diese Beziehung sagt folgendes aus: $f(x)$ ist die Skala am Potentiometer, die man direkt in Widerstand R_x kalibrieren kann. Sie bleibt dieselbe, wie immer R_2 gewählt wird, denn R_2 ist ein multiplikativer Faktor. Also kann man R_2 dekadisch stufen, und am Umschalter für R_2 erscheinen Multiplikatoren zur Wahl des gewünschten Meßbereichs: Skala $f(x)$ x0,1, x1, x10 usw. Wir haben die universelle Widerstandsbrücke gefunden.

Die Einengungswiderstände werden von einem Grundmeßbereich bestimmt. Denn für $x = -1{,}0$ ergibt sich

$$R_{x\,max} = R_2 \cdot \frac{R_3^* + P}{R_4^*},$$

entsprechend folgt für $x = +1{,}0$

$$R_{x\,min} = R_2 \cdot \frac{R_3^*}{R_4^* + P}.$$

Dies sind zwei Gleichungen zum Berechnen der beiden Einengungswiderstände $R_{x\,min}$ und $R_{x\,max}$, und zwar für *den* Widerstand R_2, welcher den Originalmeßbereich (Skalenfaktor „x 1") bestimmt.

Um bei hoher Auflösung der Brücke kleine Widerstände messen zu können, macht man die Einengung mit $R_3^* = R_4^* = R_E$ symmetrisch, zudem ist dann $(P/2)/R_E = a \ll 1$. Die Beziehung $R_x = R_2 \cdot f(x)$ schreibt sich nun als

$$R_x = R_2 \cdot \frac{1 + a(1-x)}{1 + a(1+x)},$$

oder aufgelöst nach x

$$x = \frac{1+a}{a} \cdot \frac{1 - R_x/R_2}{1 + R_x/R_2} \approx \frac{1}{a} \cdot \frac{1 - R_x/R_2}{1 + R_x/R_2}.$$

Gerade an der letzten Form sieht man deutlich, wie die zum Erfassen einer kleinen Änderung R_x/R_2 nötige Schleiferveränderung x mit dem Faktor $1/a \gg 1$ „vergrößert" wird.

Beispiel 10-2

Für eine Brücke mit Einengung nach Bild 10.6 soll auf der Potentiometer-Skala lediglich eine Änderung von $\pm 10\,\%$ des Werts von R_x erfaßt werden. Es gilt somit $R_{x\,min}/R_2 = 0{,}9$ und $R_{x\,max}/R_2 = 1{,}1$. Berechnet man in der gezeigten Weise die Einengungswiderstände, so führt dies auf die Angaben $R_3^* = 9,45 \cdot P$ und $R_4^* = 9,50 \cdot P$. Eingesetzt in die Beziehung $R_x = R_2 \cdot f(x)$ ergibt sich der Zusammenhang für $f(x)$, in dem der Wert P herausfällt: $f(x) = (9,95 - 0,5 \cdot x)/ 10 + 0,5 \cdot x) = (19,9 - x)/(20,0 + x)$. Die kleine Unsymmetrie einer solchen Anordnung ist gut zu sehen.

Für einen noch kleineren Meßbereich, z. B. von $R_x \pm 1\,\%$ wird man die Einengung symmetrisch machen. Mit $R_E = 100 \cdot P$ folgt $a = (P/2)/R_E = 1/200 = 0,005$. Für $x = -1,0$ wird somit der Wert $f(x) = 1,01$ exakt erreicht; für $x = +1,0$ ist $f(x) = 1/1,01 = 0,990099$ zwar nicht ganz exakt der nötige Wert 0,99, aber nur um $0,0099/0,99 = 0,01 = 1\,\%$ abweichend.

10.5 Brückenverstärker

Es liegt nahe, Brückenschaltungen (als Ausschlagsbrücken) wegen ihrer kleinen Ausgangsspannungen mit Operationsverstärkern zu kombinieren. Aus den vielen Möglichkeiten sei beispielhaft die Schaltung nach **Bild 10.7** herausgegriffen. Für sie gilt:

$$U_a = - \frac{R_n}{R + R_n} \cdot \frac{\Delta R_n}{R_n} \cdot U_0 \,.$$

Der zu messende Widerstand $R_x = R_n \pm \Delta R_n$ weicht um Δ von seinem Nenn- oder Sollwert R_n ab. Die Ausgangsspannung ist direkt proportional dazu. Die Vorteile dieser Schaltungen liegen nicht nur im linearen Zusammenhang, sondern auch darin, daß die Ausgangsspannung (wegen des Verstärkers) einen niedrigen Innenwiderstand hat und auf Masse bezogen ist.

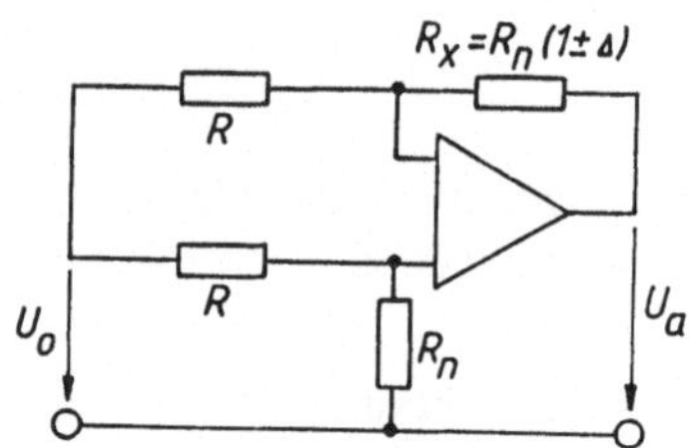

Bild 10.7
Beispiel für einen Brückenverstärker

10.6 Messen von Impedanzen

10.6.1 Brückenabgleich bei Wechselspannung

Zwar wird ein Maschinenbauer kaum einmal mit Impedanzmessungen zu tun haben, dennoch sollen hier ein paar Grundlagen zusammengestellt werden. Dabei wird die komplexe Rechnung vorausgesetzt. Außerdem sollen die Abschnitte auf die (wechselspannungsbetriebenen) Dehnungsmeßstreifen-Brücken vorbereiten.

Bei Wechselspannungsbrücken können nach **Bild 10.8** alle vier Zweige komplex, also mit Impedanzen $\underline{Z}$ besetzt sein. Für den Abgleich $U_{0D} = 0$ gilt dann eben die komplexe Gleichung

$$\underline{Z}_x = \underline{Z}_2 \cdot \underline{Z}_3 / \underline{Z}_4 \,.$$

Aus der ungeheuren Vielfalt möglicher Schaltungen wollen wir nur zwei Typen herausgreifen, die häufig vorkommen.

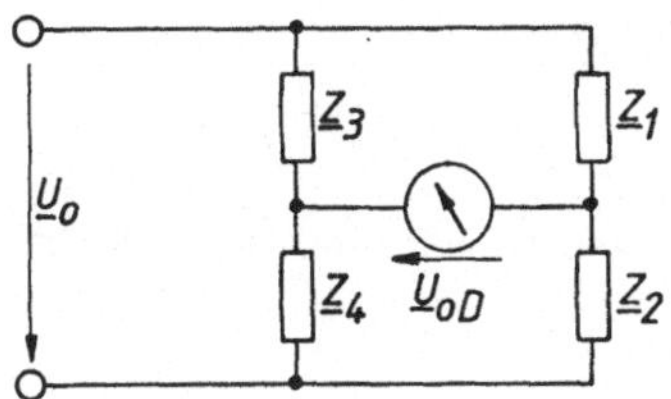

Bild 10.8
Eine allgemeine Wechselspannungs-Brücke

Typ 1: Die Zweige 3, 4 sind mit Widerständen belegt, $R_3 = R_4 = R$. Dann muß im Vergleichszweig 2 derselbe Zweipol wie im x-Zweig vorhanden sein: für Abgleich ist $\underline{Z}_x = \underline{Z}_2$.

Typ 2: Die Zweige 2, 3 sind ohmisch. Dann muß in Zweig 4 ein zu $\underline{Z}_x$ dualer Leitwert $\underline{Y}_4$ vorhanden sein. Im Abgleich gilt $\underline{Z}_x = R_2 \cdot R_3 \cdot \underline{Y}_4$.

Da die Diagonalspannung eine Wechselspannung ist, muß der Abgleich mit einem entsprechenden Instrument (z. B. mit dem Oszilloskop) erfolgen. Wechselspannungsbrücken können nur auf *eine* Frequenz abgeglichen sein. Enthält die Speisespannung $\underline{U}_0$ Oberwellen und wird auf die Grundschwingung abgeglichen, dann stehen die Oberwellen voll in der Brückendiagonale an.

10.6.2 Einfache kapazitive Brücke

Die in **Bild 10.9** gezeigte kapazitive Brücke ist vom Typ 1. Somit können wir sofort die Abgleichbedingung

$$\underline{Z}_x = R_x + 1/j\omega C_x = \underline{Z}_2 = R_2 + 1/j\omega C_2 .$$

anschreiben. Daraus folgt einfach, daß $R_x = R_2$ und $C_x = C_2$ sein muß. Die Diagonalspannung ist nur dann Null, wenn beide Bedingungen erfüllt sind.

Diese Brücke ist geeignet, Kapazitäten zu messen, wobei der Verlustwiderstand als (sehr großer) Parallelwiderstand dargestellt ist. Diese Brücke entsteht aber auch aus der ganz normalen Widerstandsbrücke (vgl. 10.3), wenn diese mit Wechselspannung betrieben wird und sich wegen längerer Zuleitungen zu den Widerständen R_x und R_2 Aufbaukapazitäten ergeben. Dann entsteht selbst beim Abgleich der Widerstandswerte noch eine von Null verschiedene Diagonalspannung $\underline{U}_{0D}$, die aber fast um $90°$ gegenüber der Speisespannung $\underline{U}_0$ verschoben ist. Wir werden darauf noch bei der Trägerfrequenten Meßkette (Abschnitt 12.3.3) zurückkommen.

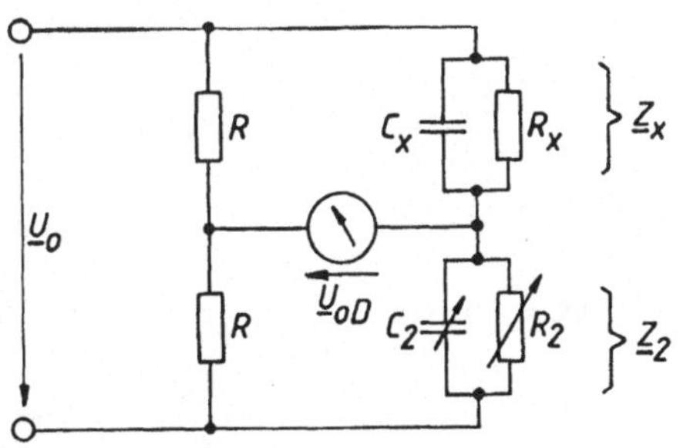

Bild 10.9
Einfache Kondensator-Meßbrücke

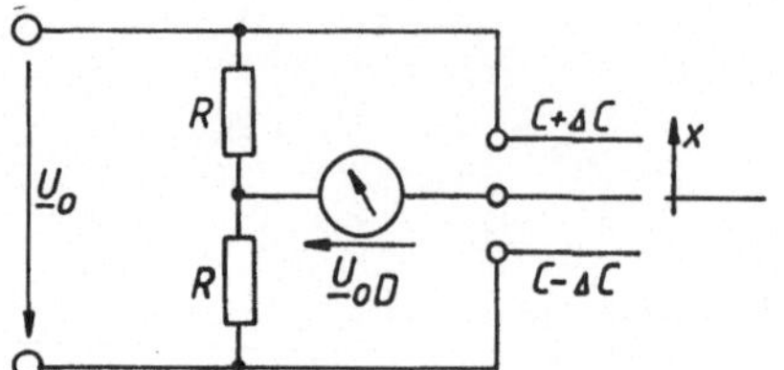

Bild 10.10

Brücke mit Differentialkondensator (Halbbrücke)

In **Bild 10.10** ist ein Differentialkondensator dargestellt. Bei ihm kann eine in der Mitte zwischen zwei Kondensatorflächen gelegene dritte Platte in x-Richtung verschoben werden. Dann wird der Plattenabstand d des oberen Kondensators kleiner, wegen $C = \epsilon_0 \cdot \epsilon_r \cdot A/d$ die Kapazität C jedoch größer, sie wächst auf $C + \Delta C$; die untere Talkapazität nimmt ab auf den Wert $C - \Delta C$. Setzt man dies in die Gleichung von Abschnitt 10.3 (allgemeine Brückengleichung) ein, so folgt

$$\underline{U}_{0D}/\underline{U}_0 = \frac{1}{2} \cdot \frac{\Delta C}{C} \cdot$$

Eine solche Brücke ist geeignet zum Auswerten kapazitiver Sensoren (vgl. Abschnitt 12.3.4).

10.6.3 Induktive Brücken

Die für Differentialkondensatoren geeignete Brücke läßt sich sehr gut auch dann einsetzen, wenn von zwei Induktivitäten die eine größer, die andere kleiner wird. Dies ist bei vielen induktiven Sensoren (vgl. Abschnitt 12.3.1) der Fall, so etwa bei der Anordnung, wie sie **Bild 10.11** zeigt. Ein Kern aus magnetischem Material kann in x-Richtung verschoben werden. Für x = 0 ist die ganze Anordnung symmetrisch, die Brücke also abgeglichen. Bei Verschieben des Kerns wird die Induktivität der oberen Spule auf $L + \Delta L$ vergrößert, die untere Spuleninduktivität wird entsprechend kleiner. Also läßt sich sofort anschreiben

$$\underline{U}_{0D}/\underline{U}_0 = \frac{1}{2} \cdot \frac{\Delta L}{L} \cdot$$

Bei allen Brücken, in denen sich in den Zweigen 1 und 2 gleiche Elemente gegensinnig ändern, kommt eine solche Beziehung mit dem Faktor 1/2 zustande. Das war auch bei der Schaltung in Abschnitt 10.3 (Bild 10.5) der Fall. Man spricht deswegen oft auch von Halbbrücken, wenn derartige Anordnungen vorliegen.

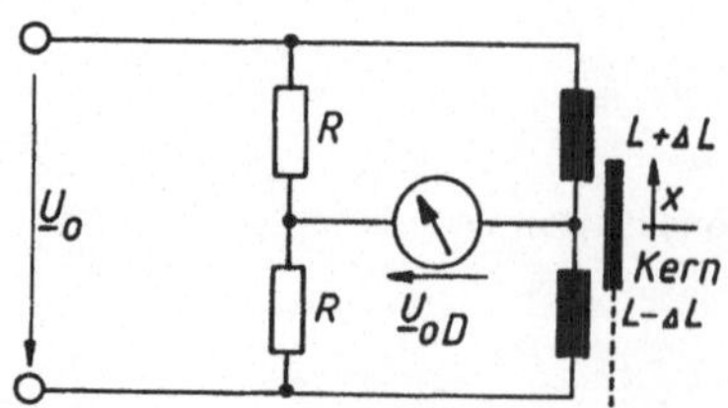

Bild 10.11

Halbbrücke mit Differential-Spule

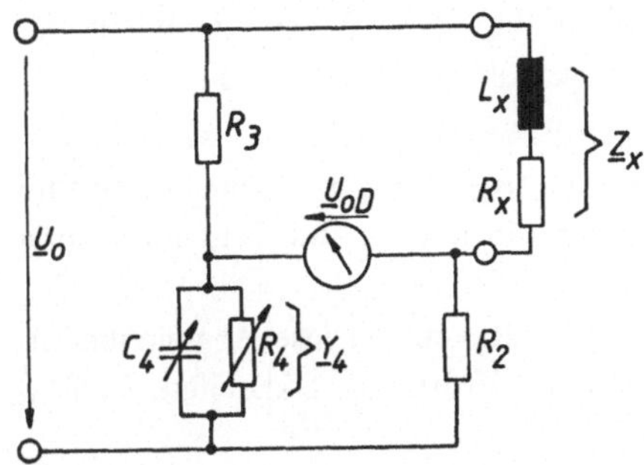

Bild 10.12

Brücke zur Messung von Induktivitäten

Induktivitäten selbst mißt man häufig mit einer Brücke vom Typ 2 (vgl. 10.6.1), wie sie in **Bild 10.12** gezeigt ist. Hierfür gilt als Abgleichbedingung wegen $\underline{Y}_4 = 1/R_4 + j\omega C_4$

$$R_x + j\omega L_x = R_2 \cdot R_3 \cdot [1/R_4 + j\omega C_4].$$

Durch Gleichsetzen der Real- und Imaginärteile der beiden Seiten der Gleichung folgt

$$R_x = R_2 \cdot R_3/R_4 \quad \text{und} \quad L_x = R_2 \cdot R_3/C_4.$$

Für den Widerstandsabgleich kommt die aus der rein ohmschen Brücke bekannte Beziehung zustande. Dies ist bei allen Wechselstrombrücken der Fall, die in jedem Zweig je einen Ohmwiderstand aufweisen.

10.6.4 Eine Vergleichsbrücke

Mit unseren Kenntnissen können wir sofort sagen, daß die Brücke von **Bild 10.13** weder zum Typ 1 noch zum Typ 2 gehört. Wir werden uns also auf andere Abgleichbedingungen einstellen müssen. Dies zeigt sich sofort, wenn wir das Zeigerdiagramm der Spannungen für den Fall $|\underline{U}_z| = |\underline{U}_R|$ in **Bild 10.14** betrachten, denn für diese Bedingung entsteht ein

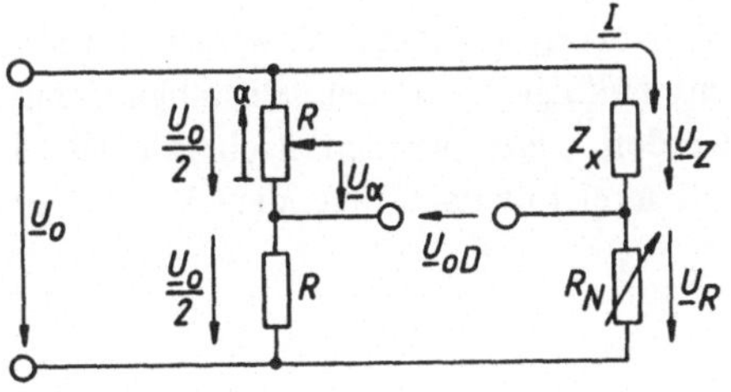

Bild 10.13

Vergleichsbrücke (Spannungsteilerbrücke)

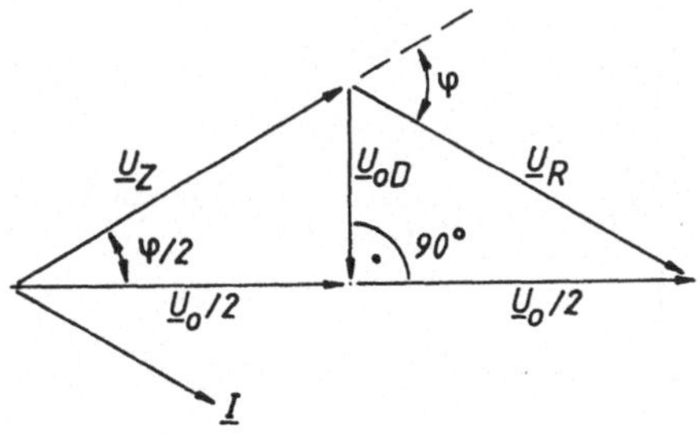

Bild 10.14

Zeigerdiagramm für den Abgleich zu Bild 10.13

gleichschenkliges Dreieck. Nehmen wir eine induktive Impedanz $\underline{Z}_x$ an, dann eilt der Strom $\underline{I}$ nach, die Spannung $\underline{U}_R$ muß dieselbe Phasenlage haben wie der Strom.

Die Gleichheit der Spannungsbeträge $\underline{U}_Z$ und $\underline{U}_R$ enthält aber noch eine weitere Aussage: wenn durch den (unbelasteten) Spannungsteiler $\underline{Z}_x$, R_N derselbe Strom $\underline{I}$ fließt und die Teilspannungen sind gleich groß, dann müssen auch die Beträge der Teilwiderstände gleich groß sein!

Für die Abgleichbedingung $|\underline{U}_R| = |\underline{U}_R|$ muß also $|\underline{Z}_x| = R_N$ sein. Diese Abgleichbedingung läßt sich sehr einfach z. B. mit einem umschaltbaren Voltmeter feststellen. Gemessen wird der Betrag von $\underline{Z}_x$, also der *Scheinwiderstand*.

Der Phasenwinkel φ der Impedanz $\underline{Z}_x$ ist im Zeigerdiagramm von Bild 10.14 mit eingetragen. In den beiden Teildreiecken erscheint jeweils $\varphi/2$. Also kann man folgenden Zusammenhang entnehmen:

$$\tan(\varphi/2) = \frac{|\underline{U}_{0D}|}{|\underline{U}_0|/2}.$$

Damit sind Betrag und Phasenwinkel der unbekannten Impedanz $\underline{Z}_x$ bestimmt. Das Vorzeichen des Phasenwinkels, $\text{sign}(\varphi)$, muß gesondert festgestellt werden, denn eine kapazitive Impedanz würde lediglich unser Zeigerdiagramm um $\underline{U}_0$ als Symmetrieachse nach unten klappen, was aber keinerlei Merkmal für $\text{sign}(\varphi)$ abgibt.

In Bild 10.13 ist der Widerstand in Zweig 3 der Brücke als Potentiometer mit einer Skalenbezeichnung $0 \leqslant \alpha \leqslant 1,0$ ausgebildet. Dies führt zu einem gewissen Bedien-Komfort. Nach dem Betragsabgleich $|\underline{U}_Z| = |\underline{U}_R|$ wird – wieder mit einem geeignet umschaltbaren Voltmeter – die Schleiferstellung α solange verändert, bis $|\underline{U}_\alpha| = \alpha \cdot |\underline{U}_0|/2 = |\underline{U}_{0D}|$ geworden ist. Setzt man diesen Zusammenhang ein in die Beziehung für den Phasenwinkel φ, dann folgt einfach

$$\tan(\varphi/2) = \frac{\alpha \cdot |\underline{U}_0|/2}{|\underline{U}_0|/2} = \alpha \ \text{bzw.} \ \varphi = 2 \cdot \arctan(\alpha).$$

Diese Vergleichsbrücke mißt also Betrag und Phasenwinkel, der Abgleich wird mit Voltmetern festgestellt. Der Betragsabgleich kann recht einfach in Art der selbstabgleichenden Kompensatoren (vgl. 8.4.1) automatisiert werden. Dazu werden nach **Bild 10.15** die Spannungen $\underline{U}_0/2$ und $\underline{U}_{0D}$ auf einen Multiplizierer mit nachfolgendem Verstärker

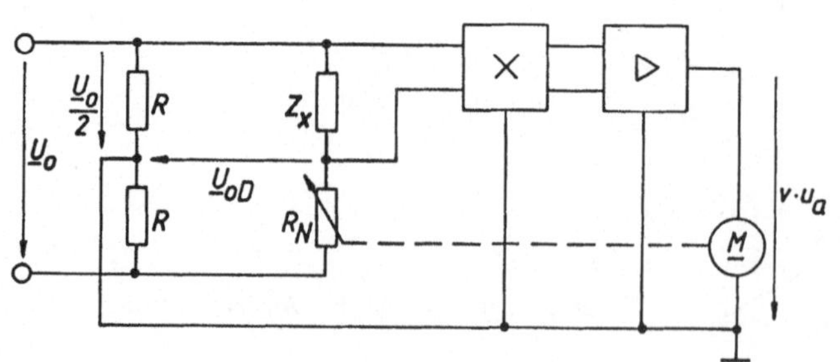

Bild 10.15

Selbstabgleichende Brücke für Scheinwiderstände

und Gleichstrommotor gegeben. Letzterer reagiert infolge seiner trägen Ankermasse auf den Mittelwert der Ausgangsspannung

$$v \cdot \overline{u_a} = v \cdot \frac{U_{OD} \cdot U_0/2}{10\ V} \cdot \cos(\beta).$$

Der Winkel β zwischen den Spannungen $U_0/2$ und $\underline{U}_{OD}$ wird aber genau im Abgleich $\beta = 90°$, so daß der Motor wegen $\cos(90°) = 0$ hier stehenbleibt!

Die heutigen Schaltungen zur Impedanzmessung sind sehr vielfältig und nutzen die verfügbare Elektronik wie Verstärker, Multiplizierer usw. aus. Die hier gezeigten Grundlagen helfen jedoch mit, auch solche Verfahren (z. B. einen Stromvergleich anstelle eines Spannungsvergleichs) zu verstehen.

11 Messen von Frequenz, Zeit und Phasenlage

11.1 Umsetzen zwischen Sinus und Rechteck

Die meisten Verfahren zum Messen von Frequenz, Zeit oder Phasenlage arbeiten mit Rechtecksignalen. Die Originalsignale sind aber sinusförmig, ein Phasenwinkel zwischen zwei Spannungen ist eigentlich nur bei Sinusform definierbar. Wir müssen uns somit zunächst mit der Umformung zwischen Sinus und Rechteck und mit den verschiedenen Zeitachsen befassen.

Zum Umsetzen zwischen Sinus und Rechteck wird meist ein Komparator benützt. Man kann ihn als raschen Operationsverstärker mit sehr hoher Leerlaufverstärkung betrachten. Mit einer winzigen Spannung U_{in} zwischen seinen Eingängen ist er schon voll durchgesteuert und ändert seine Ausgangsspannung zwischen ihren positiven und negativen Grenzwerten. **Bild 11.1** zeigt einen solchen Komparator und sein Zeitverhalten. Übersteigt der Augenblickswert u_e der sinusförmigen Eingangsspannung $\underline{U}_1$ den Wert einer einstellbaren Schwelle U_s, dann „kippt" der Ausgang des Komparators um, zeigt also rechteckförmiges Verhalten.

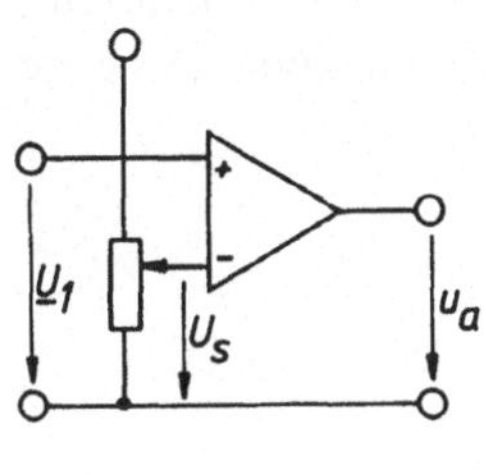

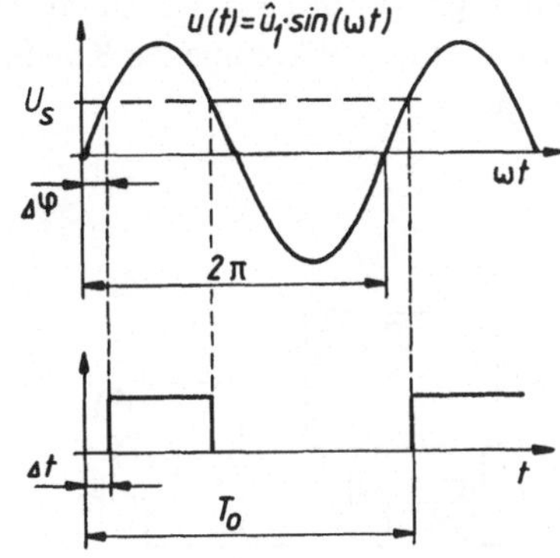

Bild 11.1

Komparator als Sinus-Rechteck-Umsetzer

Auch wenn wir für das Sinussignal eine normierte Zeitachse ωt verwenden, so wird die Rechteckform günstiger mit einer normalen Zeitachse beschrieben. Zwischen beiden Achsen gilt volle Proportionalität. Der Zeit Δt, welche die Sinusspannung $\underline{U}_1$ braucht, um die Schwelle U_s zu erreichen, entspricht eine Phasenverschiebung $\Delta\varphi$. Die Entsprechung zwischen Zeit und Winkel (im Bogenmaß 2π oder im Gradmaß $360°$ je Periodendauer T_0) lautet grundsätzlich

$$\frac{\Delta t}{T_0} = \frac{\Delta\widehat{\varphi}}{2\pi} = \frac{\Delta\varphi°}{360°}.$$

Der Komparator nach Bild 11.1 bringt leider grundsätzlich eine Verschiebung zwischen dem (positiven) Nulldurchgang des Sinus und der Rechteckflanke im Ausgang. Die Verschiebung folgt aus $U_s = \hat{u}_1 \cdot \sin(\Delta\varphi)$ zu $\Delta\varphi = \arcsin(U_s/\hat{u}_1)$. Setzt man noch einen Verstärker mit der Verstärkung v vor, dann ergibt sich mit dem Anfang der Reihenentwicklung $\arcsin(x) = x + x^3/6 + \dots$ der Zusammenhang

$$\Delta\varphi = \arcsin\frac{U_s}{v\cdot\hat{u}_1} \approx \frac{U_s}{v\cdot\hat{u}_1}.$$

Ein Zusammenfallen zwischen Sinus-Nulldurchgang und Rechteckflanke wird entweder durch hohe Vorverstärkung v oder durch eine Schwellenspannung $U_s = 0$ erreicht. Letzteres ist manchmal kritisch, weil empfindliche Komparatoren auf jede kleine Störung des Nullpegels reagieren.

Bei allen Verstärkern und Komparatoren wird eine sog. "slew rate" angegeben. Das ist der rascheste mögliche Spannungswechsel im Ausgang, wenn an den Eingang eine ideal steile Impulsflanke angelegt wird. Die slew rate wird meist in $V/\mu s$ angegeben und ist mit $S = u_{a\,max}/t$ definiert. Damit ist sofort abschätzbar, bis zu welcher Frequenz $\omega = 2\pi\cdot f$ ein Komparator noch „mitkommt", kann man doch die Beziehung von oben mit $\Delta\varphi = \omega t \approx u_{a\,max}/v\cdot\hat{u}_1$ übernehmen und daraus ableiten

$$u_{a\,max}/t = 2\pi\cdot f\cdot v\cdot\hat{u}_1 \leqslant S.$$

Wenn wir nachfolgend *Sinus-Rechteck-Umsetzer* verwenden, dann sind Komparatoren der beschriebenen Art gemeint.

11.2 Direktzeigende Frequenzmessung

Diese oft verwendeten Verfahren gibt es in zwei Varianten. Die erste davon arbeitet mit Rechteckimpulsen, die zweite mit einer vollkommenen Kondensator-Umladung. Das erste Verfahren ist in **Bild 11.2** gezeigt.

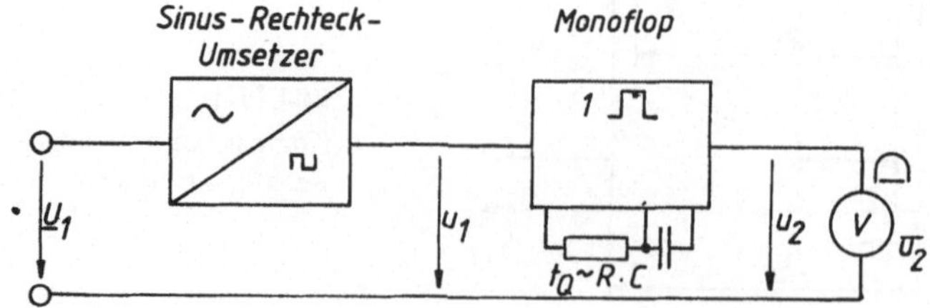

Bild 11.2

Direktanzeigende Frequenzmessung mit Monoflop

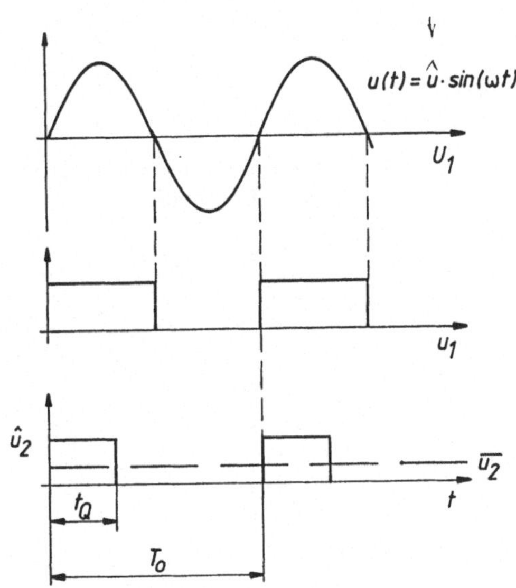

Bild 11.3
Liniendiagramme zur Schaltung von
Bild 11.2

Die zu messende Frequenz liegt als sinusförmige Spannung $\underline{U}_1$ am Eingang und wird zunächst über einen Sinus-Rechteck-Umsetzer in ein (ausschließlich positives) Rechtecksignal umgeformt, dessen ansteigende Flanken ein Monoflop ansteuern. Ein Monoflop ist eine Kippschaltung, die nach Anstoß durch eine Impulsflanke eine Ausgangsspannung u_2 führt, die während einer definierten Zeit t_Q den HIGH-Pegel einer logischen „1" aufweist und sonst auf dem LOW-Pegel (logische „0") liegt. Die Zeit t_Q wird mit einem RC-Glied extern am Monoflop eingestellt. **Bild 11.3** zeigt die zeitliche Zuordnung der Signalverläufe, man kann deutlich sehen, wie aus dem Sinus der Eingangsspannung Rechteck-Impulse definierter Dauer t_Q und definierter Höhe $\hat{u}_2$ entstehen, welche den Abstand einer Periodendauer T_0 voneinander haben.

Ein nachgeschaltetes mittelwertbildendes System (Drehspulmeßwerk oder Digitalmeßwerk mit vorgeschaltetem Tiefpaß) zeigt den Mittelwert von u_2, und dieser ist wegen $f = 1/T_0$

$$\overline{u_2} = \hat{u}_2 \cdot \frac{t_Q}{T_0} = \hat{u}_2 \cdot t_Q \cdot f$$

und somit direkt proportional zur Frequenz f.

Das Verfahren der Kondensator-Umladung ist in **Bild 11.4** gezeigt. Der Sinus-Rechteck-Umsetzer erzeugt die Spannung u_1, die von einem Impedanzwandler (v = 1) niederohmig gemacht wird. Dessen Ausgangsspannung u_2 treibt einen Strom i durch den Kondensator C.

Die Liniendiagramme von **Bild 11.5** erläutern das Verfahren. Die Sinusspannung $\underline{U}_1$ ist weggelassen und nur $u_2 = u_1$ eingetragen. Bei jeder positiven bzw. negativen Flanke ergibt sich ein Stromstoß durch C. Der Strom i ist zunächst hoch, klingt aber nach einer e-Funktion in dem Maße ab, in welchem sich der Kondensator auf $\hat{u}_2$ auflädt bzw. nach Null entlädt. Maßgebend dabei ist die Zeitkonstante $\Sigma R \cdot C$, wobei ΣR alle Widerstände

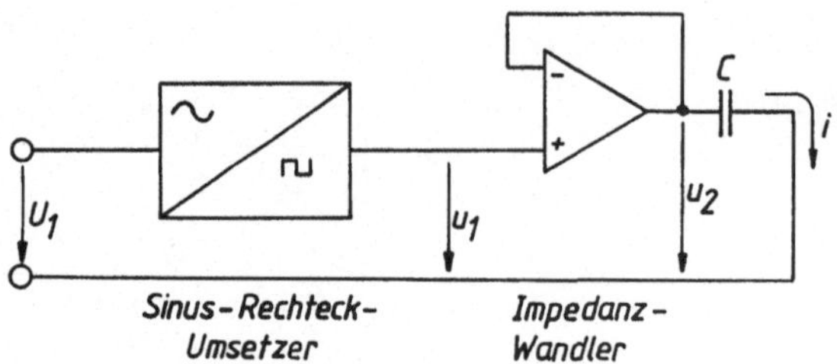

Bild 11.4

Direktzeigende Frequenzmessung mit Kondensator-Umladung

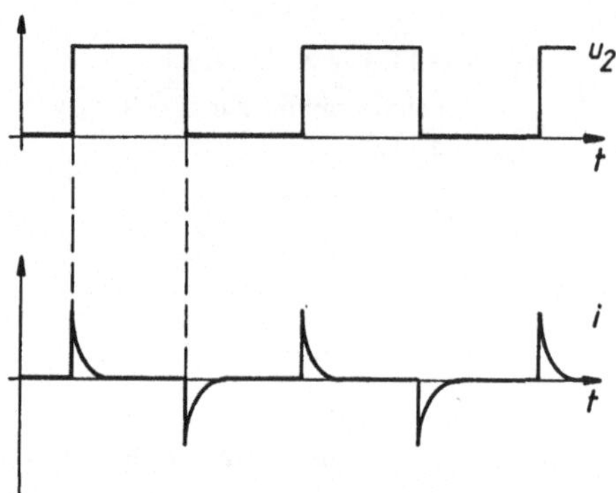

Bild 11.5

Liniendiagramme zur Schaltung nach Bild 11.4

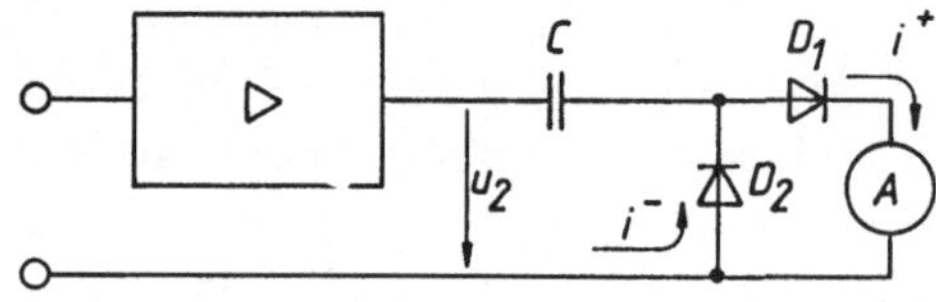

Bild 11.6

Auswertung über Einweg-Gleichrichter

sind, die der Strom auf seinem Weg vorfindet. Zur vollständigen Umladung des Kondensators muß sein $\Sigma R \cdot C \ll T_0/2$. Die Ladung eines jeden Stromimpulses beträgt $Q = C \cdot \hat{u}_2$. Der zeitliche Mittelwert über die Stromimpulse ist Null, weil der Kondensator ja periodisch umgeladen wird. Zur Auswertung brauchen wir geeignete Gleichrichterschaltungen (vgl. 8.5.1). So wird in der Einwegschaltung nach **Bild 11.6** nur der positive Stromimpuls i^+ auf den Kondensator gegeben; der Entladeimpuls i^- geht über die *Umwegdiode* D_2. Ein mit Diode D_1 in Reihe liegendes Drehspulmeßwerk zeigt den mittleren Strom aus allen, jeweils im Abstand T_0 einlaufenden Impulsen der Ladung $Q = C \cdot \hat{u}_2$. Aus der Ladungsbilanz $Q = i \cdot T_0 = C \cdot \hat{u}_2$ folgt

$$\overline{\alpha} = \overline{i} = C \cdot \hat{u}_2/T_0 = C \cdot \hat{u}_2 \cdot f.$$

Wird nach **Bild 11.7** verfahren und ein Graetzgleichrichter eingesetzt, dann verdoppelt sich der Effekt, weil nun auch die negative Stromspitze ausgewertet wird, und es gilt

$$\overline{\alpha} = \overline{i} = 2 \cdot C \cdot \hat{u}_2 \cdot f.$$

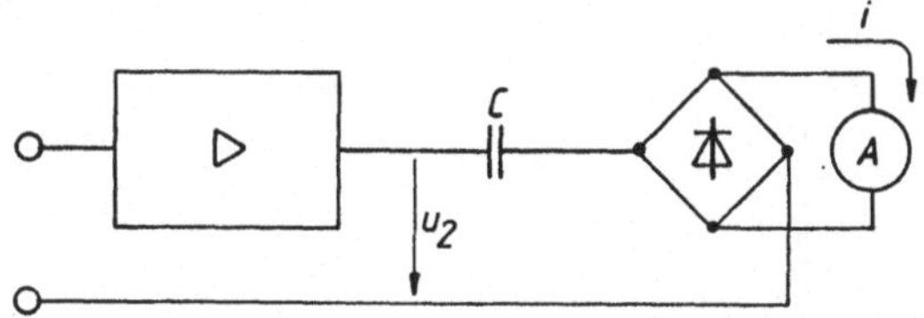

Bild 11.7
Auswertung über Graetz-Gleichrichter

Dieser mittlere Strom $\bar{i}$ ist nicht von den Widerständen auf seinem Weg abhängig, sondern nur von der Ladung Q; er ist ein *eingeprägter* Strom. Der Widerstand R_A des Meßwerks beeinflußt über die Zeitkonstante $\Sigma R \cdot C$ nur die *Form* des Stromimpulses, nicht seine Ladung.

Beide hier geschilderten Schaltungen werden in einfacheren Frequenzzeigern verwendet, aber auch als Drehzahlmesser (z. B. als *Zünddrehzahlmesser* im Kraftfahrzeug). Wenn es gelingt, je Umdrehung eines rotierenden Gebildes einen (oder mehrere) Impulse abzuleiten, dann können die hier gezeigten Verfahren eingesetzt werden. Darüber Weiteres in Abschnitt 17.1 (Drehzahlmessung).

11.3 Zählende Frequenz- und Zeitmessung

Läßt man während einer gewissen Zeit T eine Impulsfrequenz f nach **Bild 11.8** über eine als Tor benützte UND-Schaltung in einen Zähler einlaufen, so ergibt sich dessen Zählerstand Z zu $Z = f \cdot T$. Die Impulsfrequenz als Rechteckform kann man jederzeit aus einer Sinusfrequenz über Sinus-Rechteck-Umsetzer ableiten. Die Zeit T wird als *Zeitbasis* T_N aus einem Steuerflipflop nach **Bild 11.9** gewonnen. Das Flipflop wird am Setzeingang S gesetzt und liefert die *Freigabe* für die Torschaltung; mit dem Rücksetzen am Flipflop-Eingang R wird die Torschaltung gesperrt, der Zählvorgang beendet.

Die Beziehung $Z = f \cdot T$ kann zum Messen von Frequenz oder Zeit eingesetzt werden. Ist $T = T_N$ bekannt, dann kann man Frequenzen f_x messen. Verwendet man eine bekannte Normalfrequenz f_N zum Auszählen, dann kann man Zeiten T_x erfassen. Üblicherweise werden f_N wie auch T_N aus einem hochgenauen Quarzgenerator mit nachgeschalteten, dekadischen Untersetzerzählern gewonnen. Mit einem Quarz $f_N = 1$ MHz und 6 Zehnerzählern ergibt sich eine untersetzte Frequenz von 1 Hz, die als Zeitbasis $T_B = 1$ s verwendbar ist.

Die Einsatzmöglichkeiten des Verfahrens sind in **Tabelle 11.1** aufgelistet. Für jede Art der Messung ist die Belegung der beiden Eingänge (für Frequenz und Zeit) und die Formel für

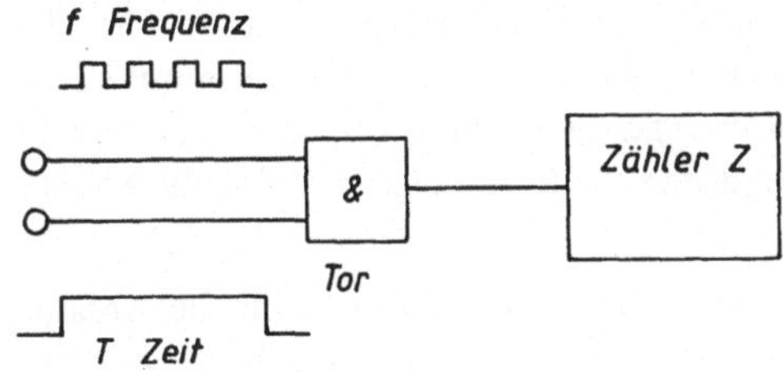

Bild 11.8
Prinzip der zählenden Frequenz- und Zeit-Messung

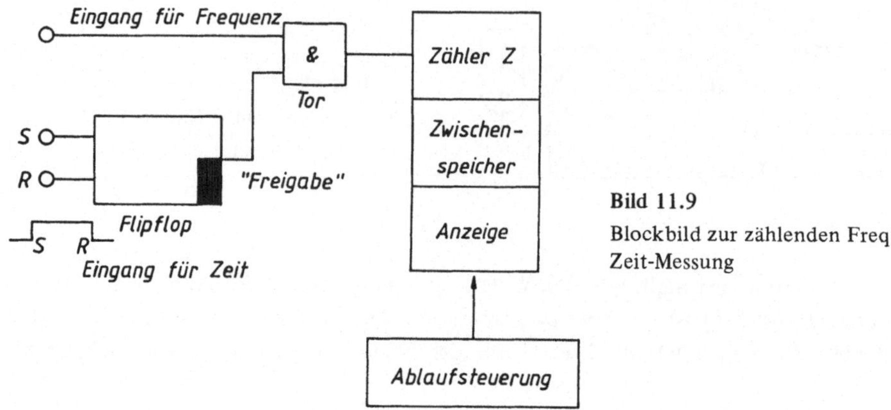

Bild 11.9
Blockbild zur zählenden Frequenz- und
Zeit-Messung

Tabelle 11.1 Meßmöglichkeiten zählender Verfahren

Messen von:	Eingänge belegt mit:		Zusammenhänge:	
	Frequenz-Eingang	Zeit-Eingang		
Frequenz	f_x	T_N	$Z = f_x \cdot T_N$	$f_x = \dfrac{Z}{T_N}$
Periodendauer	f_N	T_x	$Z = f_N \cdot T_x$	$T_x = \dfrac{Z}{f_N}$ $f_x = \dfrac{f_N}{Z}$
Zeit	f_N	Start t_1 Stop t_2	$Z = f_N \cdot (t_2 - t_1)$ $= f_N \cdot \Delta t$	$\Delta t = \dfrac{Z}{f_N}$
Frequenzverhältnis	f_x	T_N	$Z = f_x \cdot T_N = \dfrac{f_x}{f_N}$ für	$f_x \gg f_N$

die zu messende Größe angegeben. Für kleine Frequenzen f_x ergibt sich bei normaler
Meßzeit T_N ein geringer Zählerstand Z mit nur wenigen Stellen. Da die Genauigkeit der
Messung vom verwendeten Steuerquarz abhängt und sehr hoch ist (ein Quarzschwinger
im Thermostat hat Fehler von 10^{-7} und weniger), möchte man dies ausnützen und mißt
deswegen kleine Frequenzen im Verfahren der Periodendauermessung. Es gibt Frequenzzähler, welche die nötige Division $f_x = 1/T_x = f_N/Z$ durchführen und direkt Frequenz f_x
anzeigen; sie heißen oft *rechnende Frequenzzähler*. Soll bei höheren Frequenzen die
Periodendauer erfaßt werden, dann würde bei nicht extrem hoher Auszählfrequenz f_N
ebenfalls die Genauigkeit nicht ausgeschöpft. Deswegen wird dann oft über eine Anzahl
n (n = 10, 100, ...) von Perioden ausgezählt und damit die Anzeige Z auf mehr Stellen
gebracht.

Das Verfahren selbst ist einfach und leicht zu verstehen. Der Aufwand für die Ablaufsteuerung eines Frequenz-/Zeit-Zählers ist oftmals höher, was wir uns beim Zurück-

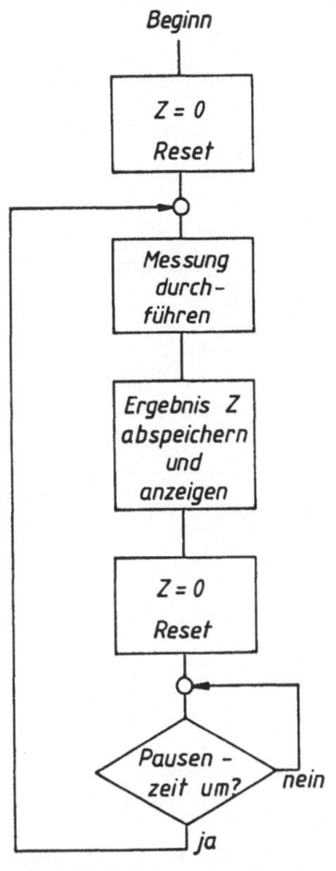

Bild 11.10
Flußdiagramm des Ablaufs der zählenden
Frequenz- und Zeit-Messung

blättern auf Bild 11.9 klarmachen können. Soll etwa eine Frequenz periodisch gemessen und angezeigt werden, dann ist der in **Bild 11.10** gezeigte Ablauf nötig:

Zunächst muß auf jeden Fall der Zähler auf $Z = 0$ gestellt werden (Reset). Dann erfolgt die Messung. Ist sie beendet, wird das Zählerergebnis Z in einen Zwischenspeicher genommen und angezeigt; danach wird der Zähler wieder auf $Z = 0$ gestellt, vorbereitend für die nächste Messung. Diese erfolgt nach einer gewissen (evtl. am Gerät einstellbaren oder wählbaren) Pausenzeit/Wiederholrate. Hat sich bei ihr der erreichte Zählerstand Z gegenüber der Vormessung nicht verändert, dann ändert sich für den Betrachter auch die Anzeige nicht. Auf diese Weise wird eine „stehende" Anzeige trotz wiederholter Einzelmessungen erreicht.

11.4 Bausteine zur elektronischen Phasenmessung

11.4.1 Direktzeigende Phasenmessung

Üblicherweise wird die Phasenverschiebung (als Winkel $\Delta\varphi$ oder als Phasenverschiebungs-Zeit Δt angegeben) in eine Impulsbreite umgesetzt und diese nach einem der uns schon bekannten Verfahren gemessen. In **Bild 11.11** ist eines der Verfahren vorgestellt. Wir gehen nochmals von zwei gegeneinander phasenverschobenen Wechselspannungen $\underline{U}_1$, $\underline{U}_2$ aus, welche über zwei (identische) Sinus-Rechteck-Umsetzer in die *digitalen* Signale u_1, u_2 umgeformt werden.

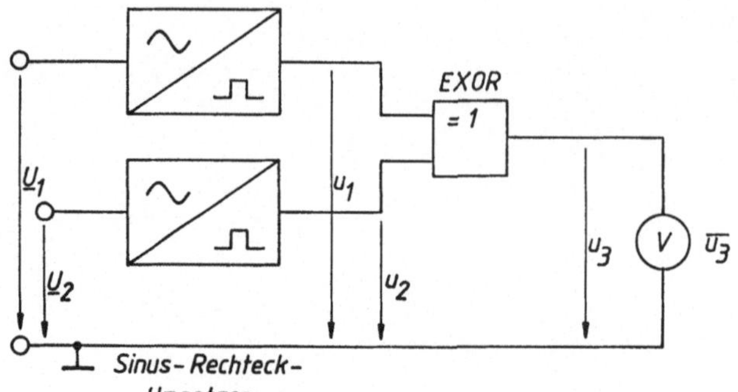

Bild 11.11
Direktzeigende Phasenmessung mit
EXOR-Gatter

Tabelle 11.2 Wahrheitstabelle des EXOR-Gatters (Antivalenz)

Eingang u_1	Eingang u_2	Ausgang u_3
LOW	LOW	LOW
HIGH	LOW	HIGH
LOW	HIGH	HIGH
HIGH	HIGH	LOW

Digital heißt hier, daß die beiden Rechteckspannungen u_1, u_2 nur die Werte HIGH (logische 1) oder LOW (logische 0) annehmen können. Wir dürfen sie somit auf ein logisches Verknüpfungsgatter, in unserem Falle auf ein Exklusiv-ODER (EXOR) geben. An seinem Ausgang erscheint dann und nur dann das Signal HIGH, wenn der eine *oder* der andere der beiden Eingänge den HIGH-Pegel führt. Mithin ist u_3 dann und nur dann auf HIGH, wenn die Signale an den beiden Eingängen *ungleich* sind; sind sie gleich, dann gilt u_3 = LOW Daraus wird die Bezeichnung *Antivalenz* für das EXOR-Gatter und somit auch dessen in **Tabelle 11.2** dargestellte Wahrheitstabelle verständlich.

Nun fällt es nicht mehr schwer, die Liniendiagramme von **Bild 11.12** zu zeichnen, wobei die Zuordnung zwischen den Sinus- und den Rechteckspannungen klar ist. Letztere steuern zu jedem Zeitpunkt das Verhalten des EXOR-Gatters, und so läßt sich folgerichtig der Zeitverlauf für u_3 konstruieren. Zweimal je Periode T_0 entsteht ein Impuls der Amplitude $\hat{u}_3$ und der Dauer $\Delta t \sim \Delta\varphi$. Der Mittelwert $\overline{u}_3$, z. B. gebildet mit einem Drehspulmeßwerk, ist ein direktes Maß für die Phasenverschiebung:

$$\overline{\alpha} \sim \overline{u}_3 = 2 \cdot \hat{u}_3 \cdot \frac{\Delta t}{T_0} = 2 \cdot \hat{u}_3 \cdot \frac{\Delta\widehat{\varphi}}{2\pi} = 2 \cdot \hat{u}_3 \cdot \frac{\Delta\varphi^\circ}{360^\circ}.$$

Damit ist die direktzeigende Phasenmessung erreicht, unabhängig davon, ob Verschiebe-Winkel oder -Zeit erfaßt werden soll. Das Vorzeichen $\mathrm{sign}(\varphi)$ geht allerdings bei diesem Verfahren verloren und muß mit einer eigenen Elektronik gewonnen werden. Sie ist identisch mit den Verfahren zum Erfassen der Drehrichtung (vgl. Abschnitt 17.2).

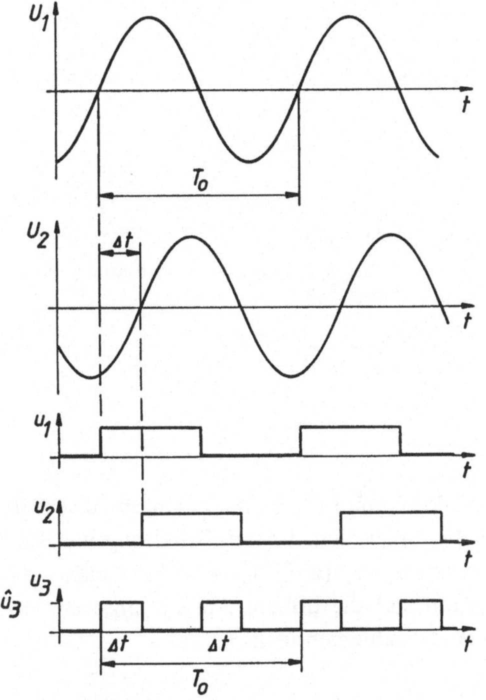

Bild 11.12

Liniendiagramme zur Schaltung von
Bild 11.11

11.4.2 Digitale Phasenmessung

Die Schaltung nach **Bild 11.13** arbeitet ein wenig anders als diejenige von Bild 11.11. Die Umsetzung Sinus/Rechteck ist inzwischen so geläufig, daß wir gleich von den Rechtecksapnnungen u_1, u_2 ausgehen können. Jede Vorderflanke (Übergang LOW $\rightarrow$ HIGH) kippt eines der Monoflops, und so setzt die in **Bild 11.14** voreilend gezeichnete Spannung u_1 das Flipflop (am Setzeingang S), die nachfolgende Vorderflanke von u_2 setzt das Flipflop (am Rücksetzeingang R) zurück. Mithin ist dieses Flipflop in jeder Periode T_0 genau während der Phasen-Verschiebungszeit Δt gesetzt. Man könnte wiederum $\bar{u}_3 = \hat{u}_3 \cdot \Delta t / T_0$ ausmessen.

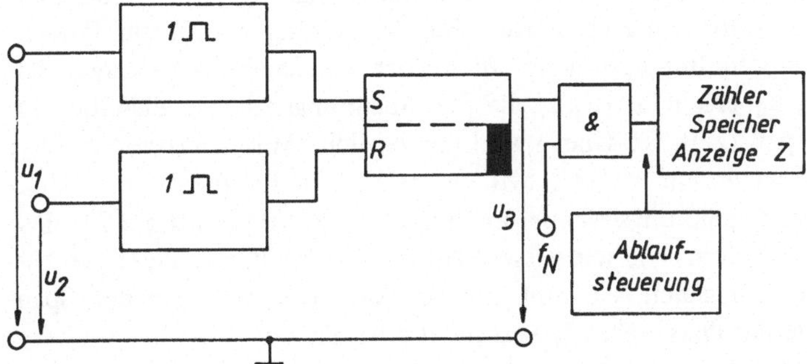

Bild 11.13 Digitale Phasenmessung durch Auszählen von der Phasenverschiebung entsprechenden Impulsen

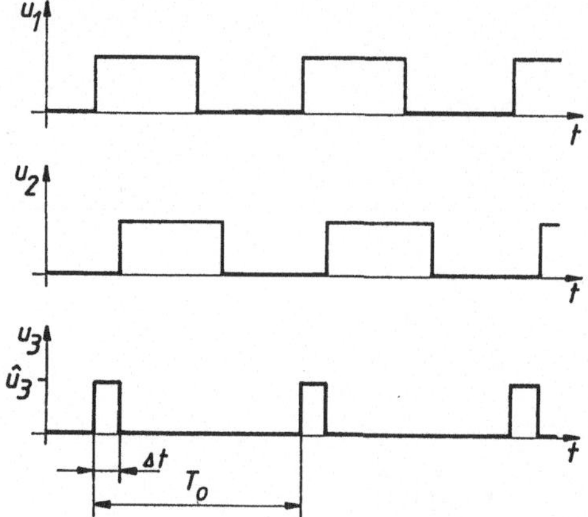

Bild 11.14
Liniendiagramme zur Anordnung von
Bild 11.13

Genauso läßt sich der Impuls der Dauer Δt und der Amplitude $\hat{u}_3$ nach dem in Abschnitt 11.3 geschilderten Verfahren auszählen, also digital messen. Unsere Schaltung von Bild 11.13 zeigt dies. Wird die Frequenz der Spannungen u_1, u_2 (die Frequenz, bei welcher die Phasenmessung erfolgt), mit f_M bezeichnet, dann soll die höhere Auszählungsfrequenz $f_N = n \cdot f_M$ sein. Damit ergibt sich für das angezeigte Zählergebnis Z

$$Z = \Delta t \cdot f_N = \frac{\Delta t}{T_0} \cdot n \cdot f_M \cdot T_0 = n \cdot \frac{\Delta t}{T_0},$$

weil ja definitionsgemäß $f_M = 1/T_0$ ist.

Die Bedeutung des Faktor n wird klar, wenn wir die Phasenverschiebung $\Delta\varphi$ in Winkelgraden messen wollen, was meist üblich ist. Dann gilt $Z = n \cdot \varphi°/360°$. Soll die Anzeige mit der Auflösung von $1°$ erfolgen, dann muß n = 360, bei einer Auflösung von $0,1°$ sogar n = 3 600 sein. Damit entsteht das Problem, zum Auszählen einer Phasenverschiebung eine Frequenz $f_N = n \cdot f_M$ zu erzeugen. Dies geschieht mit einer *phase-locked-loop*-Schaltung.

11.4.3 Die *phase locked loop*, PLL

Die *phase locked loop*, PLL, ist ein phasenstarr gekoppelter Kreis, dessen Grundstruktur **Bild 11.15** zeigt und welcher uns bereits bekannte Bausteine enthält. Der Phasen-Baustein (φ) enthält eine komplette Anordnung (z.B. nach Bild 11.11 oder 11.13) zur Phasenmessung, an deren Ausgang ein Impuls mit der Breite der Verschiebung zwischen den Rechteck-Spannungen u_1, u_2 erscheint (u_3). Alle drei Spannungen haben dieselbe Frequenz f_M. Mit einem Tiefpaß (z.B. RC-Glied) wird der zeitliche Mittelwert von u_3, $\bar{u}_3$, erzeugt. Diese Spannung wiederum steuert, evtl. verstärkt, die Frequenz eines VCO (*voltage controlled oscillator*, spannungsgesteuerter Oszillator, vgl. Abschnitt 5.3.3), diese ist in etwa (meist mit RC-Gliedern, wie wir wissen) auf f_M eingestellt. Sie bildet die Ausgangsspannung u_2, die frequenzgleich sein muß mit der von außen vorgegebenen Spannung u_1, denn sonst könnte das Phasenglied (φ) gar nicht arbeiten.

In dieser Regelschleife muß sich der VCO so einstellen, daß seine Ausgangsspannung u_2 dieselbe Frequenz f_M hat wie die von außen in die PLL eingegebene Spannung u_1. Wäre

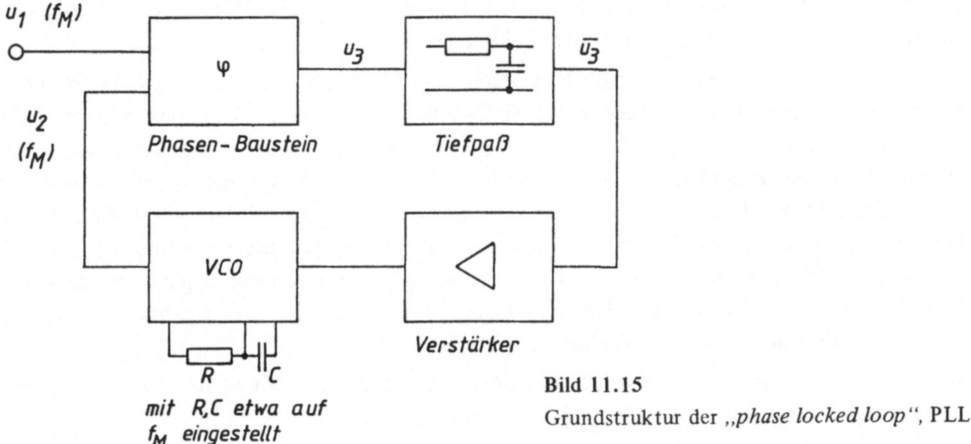

Bild 11.15
Grundstruktur der „*phase locked loop*", PLL

dies nicht der Fall, so würde eine Phasenverschiebung entstehen und der VCO entsprechend nachgeführt werden.

Für uns erhebt sich damit vordergründig die Frage: was soll wohl eine Schaltung, mit welcher es gelingt, eine ohnehin schon vorhandene Spannung u_1 der Frequenz f_M als u_2 sozusagen „künstlich" noch einmal zu erzeugen? Die Frage ist berechtigt, denn wir können zunächst nicht ahnen, daß die Anordnung den Nachrichtentechnikern als Frequenz-Demodulator dient: ändert sich die Frequenz f_M der Spannung u_1 etwa im Takt einer Modulationsfrequenz f_x, dann muß der VCO laufend diese Frequenzänderungen mitmachen. Seine Steuerspannung entspricht somit exakt der jeweiligen Änderung der Frequenz f_M, im vorliegenden Falle also der Modulationsfrequenz f_x. Somit kann man zwischen dem Tiefpaß und dem VCO-Eingang die Modulations-Frequenz f_x einer fre-

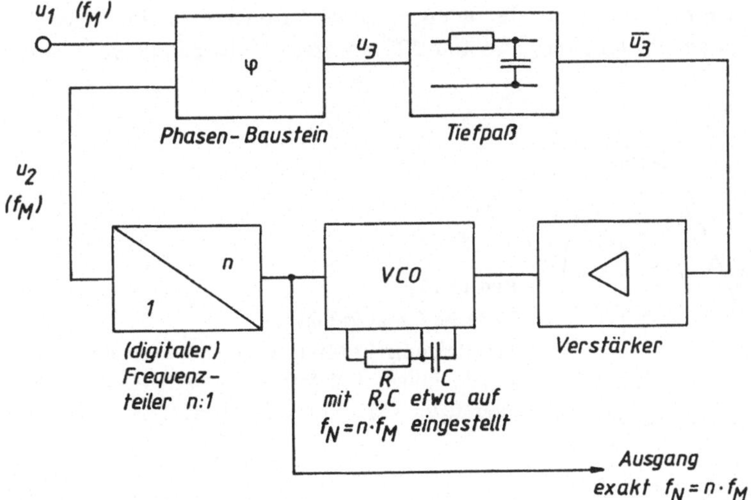

Bild 11.16 „*phase locked loop*", PLL, zur starren Multiplikation von Frequenzen mit einem Faktor n

quenzmodulierten Spannung u_1 mit $f_M = f(f_x)$ abnehmen. Die PLL ist eine FM-Demodulationsschaltung ohne (abgestimmte) Schwingkreise.

Für uns entsteht mit der variierten PLL nach **Bild 11.16** eine Anordnung zum frequenzstarren Hochsetzen von Frequenzen. Soll $f_N = n \cdot f_M$ entstehen, so stellen wir den VCO in etwa auf eine Schwingfrequenz von f_N ein und teilen seine Ausgangsfrequenz mit einem Teiler oder Zähler um den Faktor n herunter, um die Spannung u_2 zu gewinnen. In dieser Schleife wird sich der VCO *exakt* auf $f_N = n \cdot f_M$ einstellen: wir haben die gewünschte, frequenzstarre Erzeugung der Auszählfrequenz für unser digitales Phasenmeßverfahren nach Abschnitt 11.4.2 erreicht. Es kann jeder gewünschte ganzzahlige Teilerfaktor n verwirtlicht werden. Die Schaltung funktioniert in einem ganzen Bereich für die Eingangsfrequenz f_M, dem Ziehbereich der PLL.

War die PLL zunächst eine hochkomplizierte Schaltung, so gibt es heute in integrierter Technologie komplette PLL's als preiswerte Bausteine am Markt.

11.5 Verfahren mit Oszilloskop

Werden an die Eingänge y und x eines Oszilloskops Sinusspannungen mit rationalem Frequenzverhältnis $f_x/f_y = m/n$ angelegt, so erscheinen auf dem Bildschirm die bekannten, ineinander verschlungenen Lissajous-Figuren; **Bild 11.17** zeigt ein Beispiel. Aus der Anzahl n der Maxima der Sinusspannung am y-Eingang, horizontal in x-Richtung gezählt, und der in vertikaler y-Richtung gezählten Maxima der Sinusspannung am x-Eingang ergeben sich die Daten der oben angegebenen Proportion, so daß z.B. die Frequenz $f_x = f_y \cdot m/n$ bestimmbar ist, wenn man f_y kennt.

Sind die beiden Sinusspannungen am x- und y-Eingang gleich in Frequenz und Amplitude und ist die Verstärkung im x- und y-Kanal des Oszilloskop dieselbe, dann ergeben sich Ellipsen nach **Bild 11.18**. Aus ihnen läßt sich die Phasenverschiebung zwischen den beiden Spannungen aus dem Achsenabschnitt b und der Amplitude a mit $\sin(\varphi) = b/a$ bestimmen. Für $0 \leqslant \varphi \leqslant 90°$ liegt die Ellipse wie im Bild gezeigt.

Für $\varphi = 0°$ entsteht die $+45°$-Gerade, für $\varphi = 90°$ ein Kreis und für $\varphi = 180°$ die $-45°$-Gerade auf dem Bildschirm. Vor allem der Kreis wird als Kriterium für im Zeigerdiagramm senkrecht aufeinander stehende, also um 90° versetzte Sinusspannungen, häufig benützt.

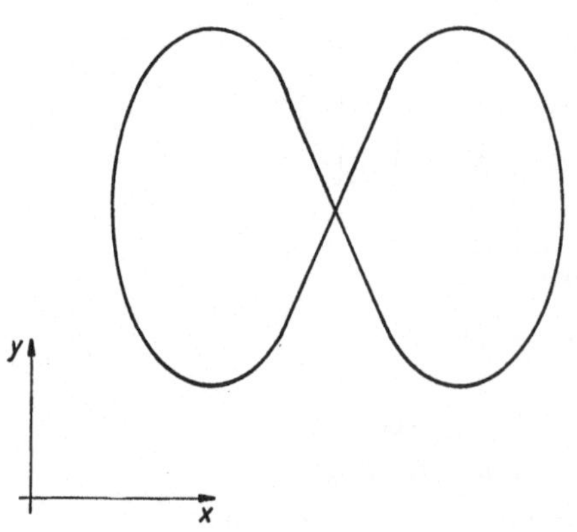

Bild 11.17

Einfache Lissajous-Figur:

In x-Richtung: 2 Maxima   (der Sinusspannung an y)
In y-Richtung: 1 Maximum (der Sinusspannung an x)
Also $f_y/f_x = 2/1$ bzw. $f_x = f_y/2$

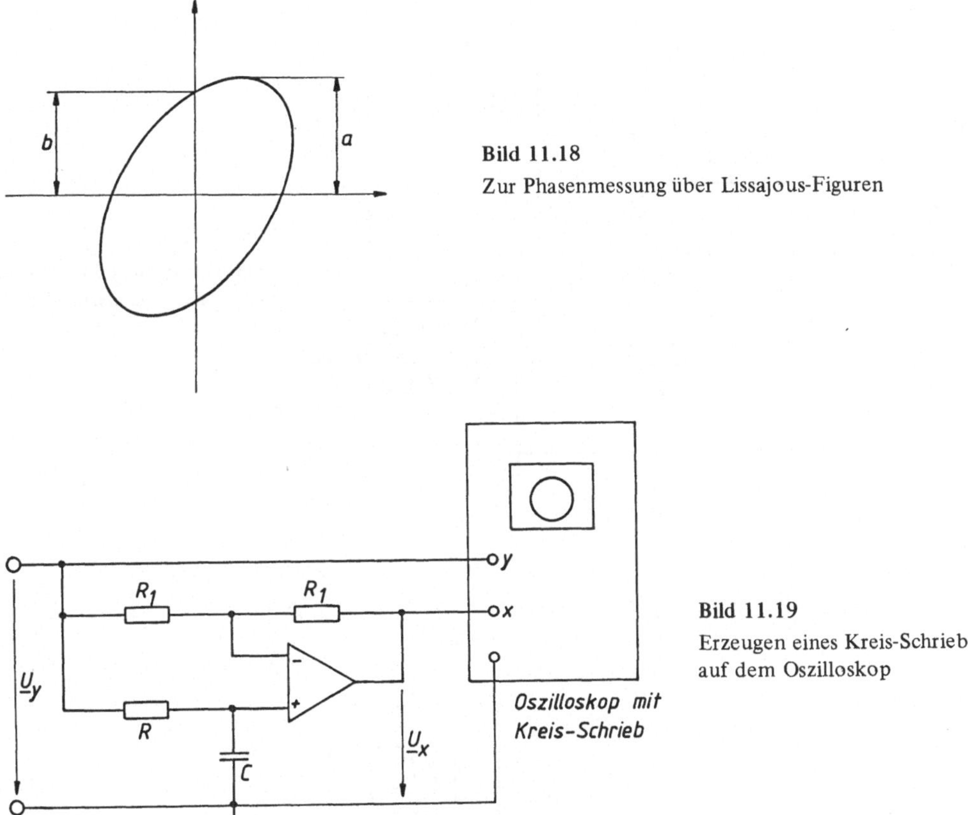

Bild 11.18

Zur Phasenmessung über Lissajous-Figuren

Bild 11.19

Erzeugen eines Kreis-Schriebs
auf dem Oszilloskop

Umgekehrt kann man natürlich auch mit zwei um $90°$ verschobenen Sinusspannungen einen Kreisschrieb auf dem Oszilloskop erzeugen, z. B. mit der in **Bild 11.19** gezeigten Schaltung. Ein Operationsverstärker als Subtrahierer ist am invertierenden Eingang mit zwei gleichen Widerständen R_1, am nicht invertierenden Eingang mit R und C beschaltet. Zwischen der Sinus-Eingangsspannung $\underline{U}_y$ und der Ausgangsspannung $\underline{U}_x$ entsteht eine Phasenverschiebung

$$\varphi = 2 \cdot \arctan(R \cdot \omega C),$$

die Amplituden der Spannungen sind identisch gleich, die Schaltung hat eine Betriebsverstärkung von 1,0. Für $R = 1/\omega C$ wird $\varphi = 90°$, und es entsteht bei $u_y = \hat{u} \cdot \sin(\omega t)$ eine Spannung $u_x = \hat{u} \cdot \sin(\omega t + 90°) = \hat{u} \cdot \cos(\omega t)$. Auf dem Bildschirm wird in x-Richtung der Cosinus, in y-Richtung der Sinus aufgezeichnet. Nach der Eulerschen Formel gibt dies mit dem Zusammenhang $u = \hat{u} \cdot [\cos(\omega t) + j \cdot \sin(\omega t)] = \hat{u} \cdot e^{j\omega t}$ einen Kreisschrieb, der zur Frequenz- und Phasenmessung einsetzbar ist.

In **Bild 11.20** ist die Anordnung zur $90°$-Verschiebung und damit zum Kreisschrieb nur angedeutet. Der Kreis wird von der Sinusspannung $\underline{U}_y$ erzeugt und mit deren Frequenz f_N durchlaufen. Aus der Sinusspannung $\underline{U}_x$ mit der zu messenden Frequenz f_x wird zunächst in bekannter Weise ein Rechteck erzeugt. Das nachfolgende Monoflop antwortet

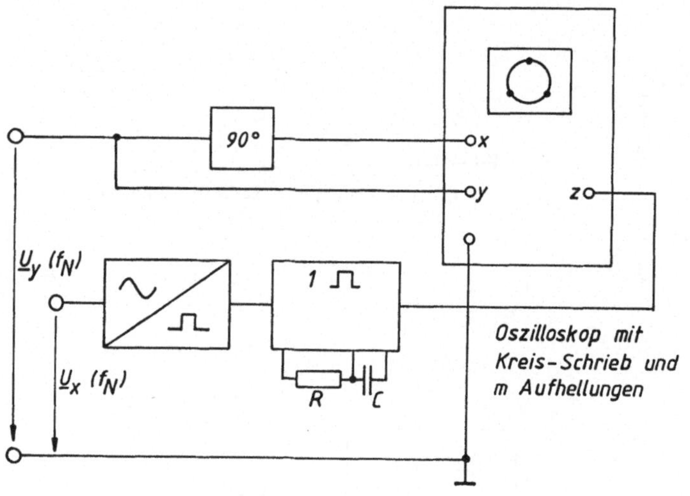

Bild 11.20
Frequenzmessung über Kreisschrieb auf dem Oszilloskop

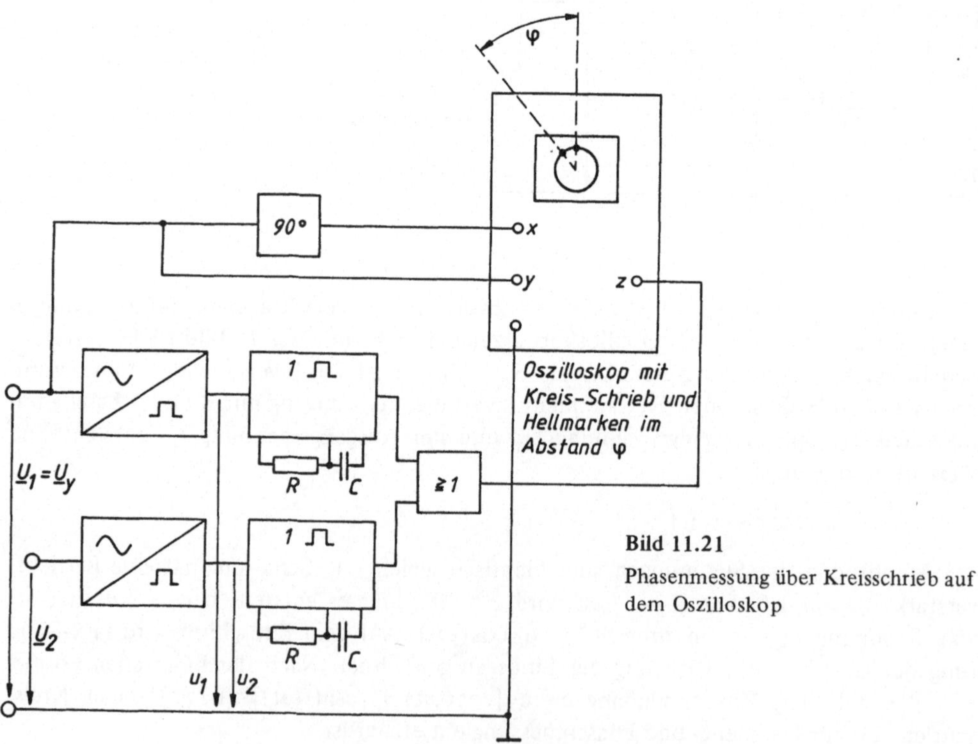

Bild 11.21
Phasenmessung über Kreisschrieb auf
dem Oszilloskop

auf jede Vorderflanke (LOW → HIGH-Übergang) mit einem Impuls. Dessen Dauer ist (wie üblich über R, C) einstellbar, und da er als positiver Impuls auf den Z-Eingang gegeben wird, bewirkt er eine kurzzeitige Aufhellung des Kreises, eine Hellmarke.

Der Kreis wird in der Zeit $T_N = 1/f_N$ einmal durchlaufen. Bei einem stehenden Bild mit m Marken wirkt offenbar eine Frequenz $f_x = m \cdot f_N$. Denn für den Abstand der Marken ist anzusetzen $T_x = T_N/m = 1/f_x$, woraus wie erwartet $f_x = m \cdot f_N$ folgt.

Leider bleibt dabei offen, ob statt dem Teil $1/m$ des Kreisumfangs etwa der Anteil n/m zwischen zwei Hellmarken, sozusagen „im Dunkeln", durchlaufen wurde. Ist dies der Fall, dann ist $T_x = n \cdot T_N/m$ und somit $f_x = m \cdot f_N/n$. Das Verfahren ist nicht eindeutig, es kann der Hauptwert $f_x = m \cdot f_N$ oder einer der Nebenwerte $f_x = (m/n) \cdot f_N$ erfaßt worden sein, wobei $m/n \leqslant$ teilerfremd sein muß. Diese Mehrdeutigkeit ist ein Kennzeichen aller derartiger *stroboskopischen* Verfahren.

Schließlich zeigt **Bild 11.21** noch ein Verfahren zur direktzeigenden Phasenmessung mittels Kreisschrieb auf dem Oszilloskop. Der Kreis wird aus einer der beiden Spannungen (im Bild aus $\underline{U}_1 = \underline{U}_y$) abgeleitet und mit deren Frequenz f_M geschrieben. Ein Kreis-Umlauf mit 360 geometrischen Graden entspricht also einer Sinusperiode mit 360 elektrischen Winkelgraden.

Aus den phasenverschobenen Spannungen $\underline{U}_1$ und $\underline{U}_2$ werden wie üblich Rechteckspannungen erzeugt. Bei jedem LOW → HIGH-Übergang wird ein Monoflop angesteuert und somit ein Impuls erzeugt. Da die positiven Nulldurchgänge *beider* Spannungen als Hellmarken erscheinen sollen, ist ein ODER-Gatter nötig. Es läßt den Aufhellungsimpuls der Spannung u_1 *oder* denjenigen der Spannung u_2 (oder beide zugleich, falls sie bei Phasenverschiebung $\varphi = 0$ gleichzeitig auftreten) auf den Z-Eingang kommen. Auf dem Bildschirm erscheinen zwei Hellmarken, deren geometrischer Winkelabstand φ direkt mit dem elektrischen Phasenwinkel identisch ist — eine sehr anschauliche Messung und Darstellung, die auch das Vorzeichen der Phasenverschiebung $\mathrm{sign}(\varphi)$ anzeigt.

Messen nicht-elektrischer Größen: BASIS-Sensoren

12 Die elektrischen Zweipole als Sensoren

12.1 Widerstände als Sensoren

12.1.1 Potentiometer

Potentiometer sind Widerstände, auf deren Widerstandsbahn ein Abgriff (Schleifer) beweglich ist. Ihren Einsatz als Weg- und Winkelsensoren haben wir bereits in Abschnitt 10.2 kennengelernt. Das elektrische Verhalten zeigt **Bild 12.1**. Der Schleifer S kann jede Lage der Koordinate $0 \leqslant x \leqslant 1,0$ annehmen. Das „Poti" hat den Gesamt-Widerstandswert P, seine Belastung durch die nachfolgende Schaltung ist oftmals nicht vernachlässigbar und kann durch einen Lastwiderstand R_L dargestellt werden. Für die Ausgangsspannung U_a des Potentiometers gilt

$$U_a = U_0 \cdot x - I \cdot P \cdot (x - x^2) = \frac{U_0 \cdot x}{1 + (x - x^2) \cdot P/R_L}.$$

Der Zusammenhang ist stark nichtlinear, nur bei unbelastetem Potentiometer ($R_L \to \infty$, $I \to 0$) hängt die Ausgangsspannung $U_a = U_0 \cdot x$ linear mit der Schleiferstellung x zusammen.

Es gibt zwei grundsätzlich verschiedene Ausführungsformen, die Draht- und die Film-Potentiometer. Bei den Drahtpotentiometern nach **Bild 12.2** ist ein Widerstandsdraht um einen Träger gewickelt und von diesem isoliert. Der Schleifer S wird auf den blanken Drahtwicklungen mechanisch bewegt. Das kann nach Bild 12.2a linear geschehen (Linear-Potentiometer) oder nach Bild 12.2b rotatorisch (Drehpotentiometer). Der Schleifer kann nur ganzzahlige Teile der N Windungen abtasten, die Auflösung eines Drehpotentiometers liegt somit bei P/N. Je nach Konstruktion (vgl. dazu Bild 12.2c) ist es möglich, daß der Schleifer auch zwischen zwei benachbarten Windungen zu liegen kommt und somit eine von ihnen kurzschließt. Das kann zu nichtlinearen Sprüngen in der Ausgangs-

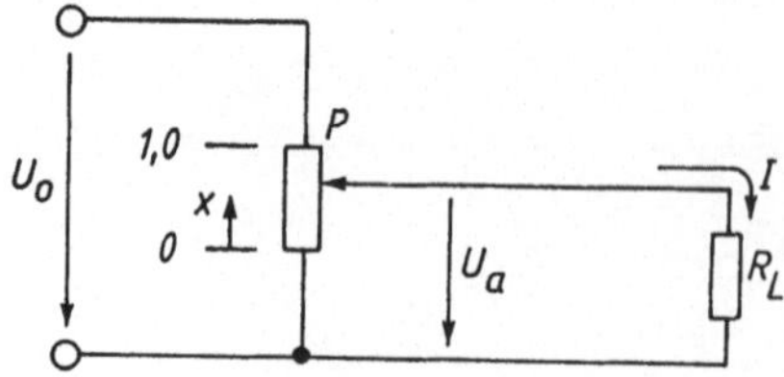

Bild 12.1

Ein Potentiometer mit seinen Parametern

spannung führen, weil momentan nur $(N-1)$ Windungen die volle Skala x abbilden. Drahtpotentiometer dürfen prinzipiell belastet werden, wobei allerdings der oben angegebene nichtlineare Zusammenhang $U_a = f(x)$ entsteht.

Film-Potentiometer arbeiten anders. Bei ihnen ist ein dünner Widerstandsfilm auf einen Träger aufgebracht (Carbon-Film: Kohle-Schicht auf Plastik-Träger, Cermet-Typen: Metallschicht auf Keramik). Die Widerstandsbahn hat an beiden Enden hochleitende Anschlüsse. Nach **Bild 12.3** verteilt sich der Strom (in Form von *Stromfäden*) homogen

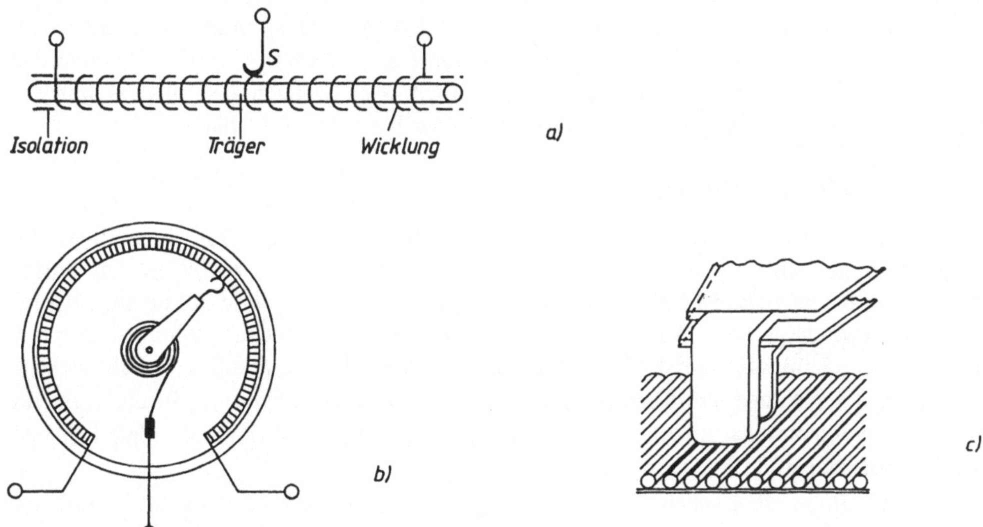

Bild 12.2 Draht-Potentiometer
a) Linear-Potentiometer b) Dreh-Potentiometer c) Der Schleifer auf den Drahtwindungen

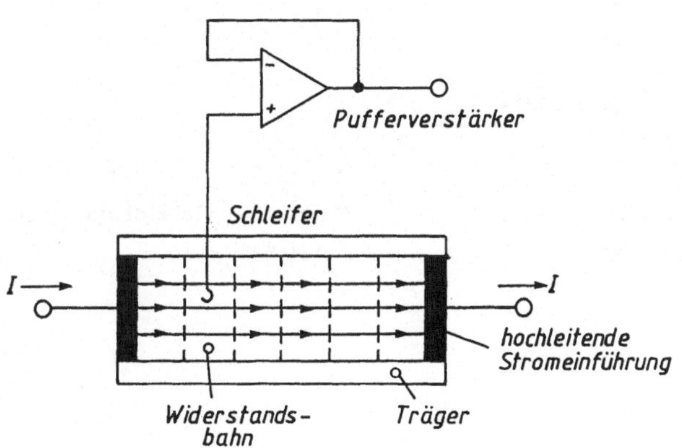

Bild 12.3

Film-Potentiometer, Schleifer mit
Pufferverstärker entkoppelt

über die ganze Widerstandsbahn. Senkrecht zu diesen Strombahnen bauen sich Linien konstanter Spannung auf (*Äquipotentiallinien*), und diese tastet der Schleifer S ab.

Das hat einige Konsequenzen. Zunächst einmal darf ein solches Film-Potentiometer grundsätzlich nicht belastet werden, weil sich sonst durch Änderung der Stromfäden die Äquipotentiallinien „verbiegen" und die Ausgangsspannung nichtlinear mit der Schleiferstellung x zusammenhängen würde. Deswegen schließt man Film-Potentiometer immer mit einem Pufferverstärker (vgl. 5.2.2) ab, wie dies auch in Bild 12.3 angedeutet ist.

Sollte durch irgendwelche Einflüsse ein kleiner Fehler (z. B. ein Loch) in der Widerstandsbahn sein, dann wird der Schleifer einfach senkrecht zur Richtung x versetzt und tastet die Äquipotentiallinien dort ab, wo sie ungestört sind. Anzapfungen an der Widerstandsbahn sind − im Gegensatz zu den Drahtpotentiometern − möglich, durch Abfräsen der Ränder können Inhomogenitäten des Widerstandsfilms in Grenzen ausgeglichen werden. Film-Potentiometer sind in linearer und rotatorischer Bauform verfügbar.

12.1.2 Sondereinrichtungen

Für Potentiometer sind eine Menge Sondereinrichtungen üblich, von denen hier die wichtigsten genannt werden sollen. Bei *Mehrfachwendel-Potentiometer* ist der aufgewickelte Draht nach **Bild 12.4** nochmals gewendet, der Schleifer wird auf einem entsprechenden Gewinde geführt. Auf diese Weise sind sehr hoch auflösende Potentiometer mit 10 und mehr Umläufen herstellbar, in Draht- wie auch in Film-Bauform. Sehr beliebt sind, gerade für solche Mehrfachwendel-Formen, die *Digitaldrehknöpfe*. In ihnen ist ein Rollenzählwerk untergebracht, so daß die Umläufe am Potentiometer digital (meist 3stellig) ablesbar sind.

Ist zu befürchten, daß mechanische Schwingungen des Schleifers die Widerstandsbahn „durchschleifen" könnte, dann wird der Schleifer magnetisch abhebbar gemacht (*Schleiferabhebung*). Zum Schluß seien noch die *Funktions-Potentiometer* erwähnt, bei denen durch entsprechende Bauform ein Zusammenhang $U_a = f(x)$ mit definierter Funktion erreicht wird.

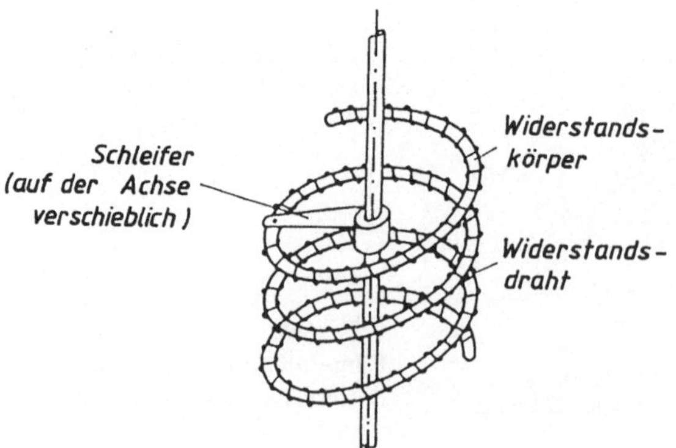

Bild 12.4
Mehrfachwendel-Potentiometer,
prinzipieller Aufbau

12.1.3 Mechanisch beanspruchte elektrische Leiter

Stellen wir uns vor, ein Draht, also ein elektrischer Leiter, werde gedehnt. Dann wird er nach **Bild 12.5** länger und dünner, und durch beide Einflüsse nimmt sein Widerstand zu. Das läßt sich einfach berechnen, wenn wir auf den bekannten Zusammenhang $R = \rho \cdot l / (\pi \cdot D^2 / 4)$ die Regel für die Fehlerfortpflanzung bei Potenzprodukten (nach 2.4.2) anwenden. Es ergibt sich

$$\frac{\Delta R}{R} = \frac{\Delta \rho}{\rho} + \frac{\Delta l}{l} - 2 \cdot \frac{\Delta D}{D}.$$

Kennzeichnend für den Zusammenhang zwischen der Dehnung $\Delta l/l$ und der Widerstandsänderung $\Delta R/R$ ist der *k-Faktor*

$$k = \frac{\Delta R/R}{\Delta l/l} = \frac{\Delta \rho/\rho}{\Delta l/l} + 1 - 2 \cdot \frac{\Delta D/D}{\Delta l/l}.$$

Aus der Physik ist die *Querkontraktionszahl* μ (Poissonzahl) bekannt, die den Zusammenhang zwischen Längendehnung $\Delta l/l$ und Querkontraktion $\Delta D/D$ beschreibt und negativ ist. Führt man diese physikalische Größe hier ein, so ergibt sich schließlich der einfache Zusammenhang

$$k = [1 + 2\,\mu] + \frac{\Delta \rho/\rho}{\Delta l/l}.$$

Er besagt, daß sich der k-Faktor aus einem rein geometrischen Teil $[1 + 2\,\mu]$ und einem werkstoffabhängigen Anteil $(\Delta \rho/\rho)/(\Delta l/l)$ zusammensetzt. Der zweite Anteil wird auch als *piezoresistiver Effekt* bezeichnet und beschreibt die Widerstandsänderung eines Leitermaterials bei mechanischer Dehnung.

Es sind drei hauptsächliche Arten von mechanisch beanspruchten Leitern üblich. Weit verbreitet ist Metall, meist die Widerstandslegierung Konstantan. Bei Metallen ist nur der

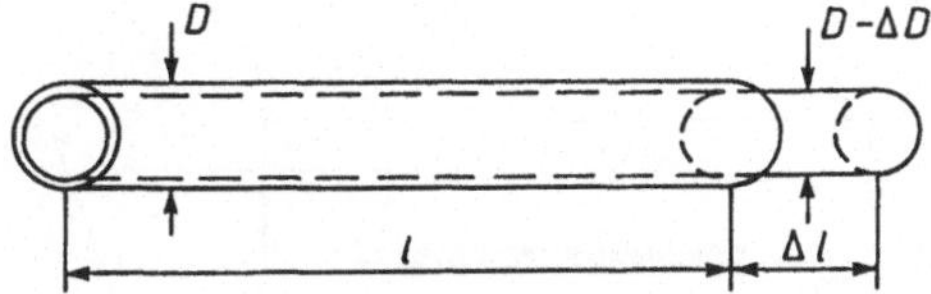

Bild 12.5
Gedehnter Runddraht

Tabelle 12.1 Materialien für DMS und ihre Eigenschaften

Material	k-Faktor	Temperatur-Koeffizient α_{20} ppm/°C	α_{20}/k
Metall (Konstantan) Draht, Folie	2	20	10
Dickschicht	10 ... 20	50	2,5 ... 5
Halbleiter P-Silizium N-Silicium	bis + 120 bis − 100	1000 1000	bis 12 bis − 10

geometrische Anteil des k-Faktors wirksam, und wegen $\mu \approx 0{,}3 \ldots 0{,}5$ ist $k \approx 2$. Bei Dick-schichtwiderständen liegt der k-Faktor mit $k \approx 10 \ldots 20$ deutlich höher. Bei N- bzw. P-dotiertem Silizium (Halbleitermaterial) ist mit $k \approx 100$ der geometrische Anteil verschwindend klein, der piezoresistive Effekt überwiegt. **Tabelle 12.1** stellt die drei Arten von Widerständen samt ihren Temperaturkoeffizienten zusammen.

12.1.4 Dehnungsmeßstreifen DMS

Freigespannte, auf Dehnung beanspruchte Drähte (sog. Reck-Drähte) sind selten. Normalerweise werden die auf Dehnung (bzw. Stauchung) beanspruchten Leitermaterialien auf geeignete Folien aufgebracht bzw. in solche eingebettet. Eine solche Anordnung wird als Dehnungsmeßstreifen oder kurz DMS bezeichnet. Bei einem Draht-DMS nach **Bild 12.6a** sind dünne Drähtchen zwischen Trägerfolien eingebracht. Beim Folien-DMS nach **Bild 12.6b** bedient man sich der auch für Leiterplatten üblichen Ätz-Technik und ätzt die gewünschten Muster aus einer dünnen Konstantanfolie. Die Gestaltungsmöglichkeiten dieser Technik sind fast unbegrenzt, es lassen sich Mehrfachanordnungen, DMS-Streifen und -Rosetten und alle möglichen Formen herstellen; einige Beispiele zeigt **Bild 12.6c**. Bei nicht-metallischen DMS wie etwa den Halbleiter-DMS werden wenige Zehntel-Millimeter breite und Hundertstel-Millimeter dünne Streifchen Material auf die isolierende Trägerfolie aufgebracht, wie dies **Bild 12.6d** verdeutlichen soll.

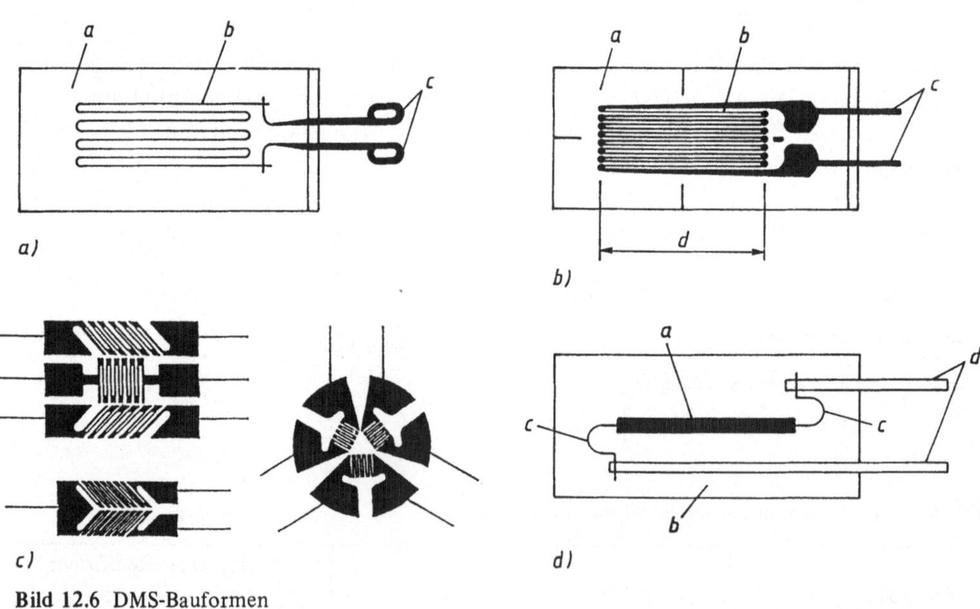

Bild 12.6 DMS-Bauformen

a) Draht-DMS   a   Trägerfolie
                  b   Meßgitter
                  c   Anschlüsse

b) Folien-DMS   a   Trägerfolie
                  b   Meßgitter
                  c   Anschlüsse
                  d   aktive Meßgitterlänge

c) Verschiedene Formen für Folien-DMS

d) Halbleiter-DMS   a   „Meßgitter"
                       b   Trägerfolie
                       c   Zwischenleiter (Gold)
                       d   Anschlußbänder

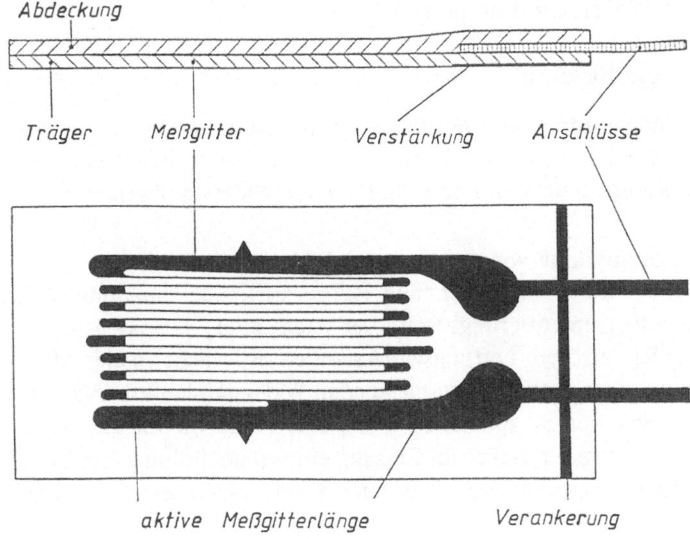

Bild 12.7 Aufbau eines Folien-DMS

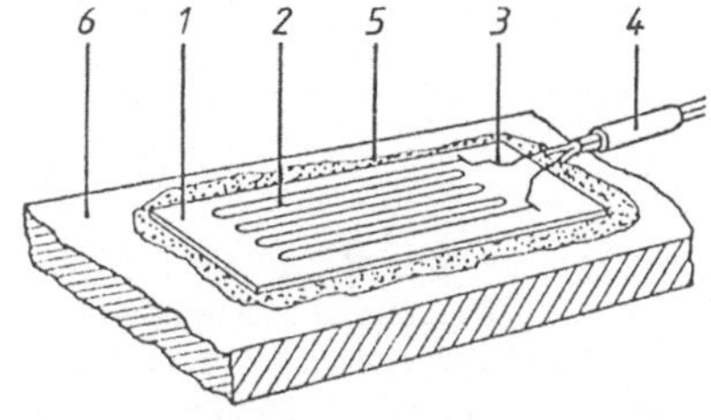

1 Trägerfolie
2 Meßgitter
3 Anschlüsse
4 Anschlußkabel
5 Kleberschicht
6 Werkstück, Prüfling

Bild 12.8 Ein applizierter DMS

Bild 12.7 geht noch etwas näher auf den DMS-Aufbau ein und zeigt vor allem, daß nur das Meßgitter aus sehr dünnen Materialstreifen besteht, während die Anschlüsse nach außen recht stabil sind und ggf. eine Zugentlastung (Verankerung) brauchen. DMS werden auf das zu messende Werkstück mit Spezialklebern aufgeklebt, für Sonderfälle gibt es auch noch andere Applikationstechniken. Auf alle Fälle sollten die Angaben der Hersteller sorgfältig beachtet werden, denn die Applikation von DMS ist ein Problem für sich.

Die Festigkeitslehre liefert den Zusammenhang zwischen äußerer meßbarer Dehnung und innerem Spannungszustand und bestimmt somit die Stellen, an welchen DMS anzubringen sind. **Bild 12.8** soll einen Eindruck von einer Meßstelle mit DMS vermitteln.

12.2 Zur Auswertung von Widerstandssensoren

12.2.1 Grundsätzliche Möglichkeiten

Zur Auswertung von Widerstandssensoren sind sämtliche Schaltungen einsetzbar, die wir in den Abschnitten 10.1 bis 10.5 kennengelernt haben. Somit ist grundsätzlich noch zu ergänzen, wie man Leitungswiderstände eliminiert und kleine Widerstandsänderungen erfaßt.

Bild 12.9 zeigt den sog. Vierleiteranschluß von unbekannten Widerständen. Ein eingeprägter Strom I_0 wird durch den zu messenden Widerstand R_x geschickt, der Spannungsfall $I_0 \cdot R_x$ direkt, z. B. mit einem Instrumentierungsverstärker nach 5.3.1, gemessen. Dann gehen die Spannungsfälle $I_0 \cdot R_L$ an den Leitungswiderständen R_L nicht in das Meßergebnis ein. Man kann sogar zwischen mehreren zu messenden Widerständen umschalten: die Übergangswiderstände am Schalter S_1 spielen so wenig eine Rolle wie die Leitungswiderstände. Da der Instrumentierungsverstärker im Eingang extrem hochohmig ist, fließt über die Schalter S_2 und S_3 kein Strom, so daß auch deren Übergangswiderstände ohne Einfluß bleiben.

Vierleitertechnik und (über Verstärker) höchstohmige Spannungsmessung erledigen das Problem der Zuleitungswiderstände und der Übergangswiderstände von Umschaltern bei Vielstellenmessungen.

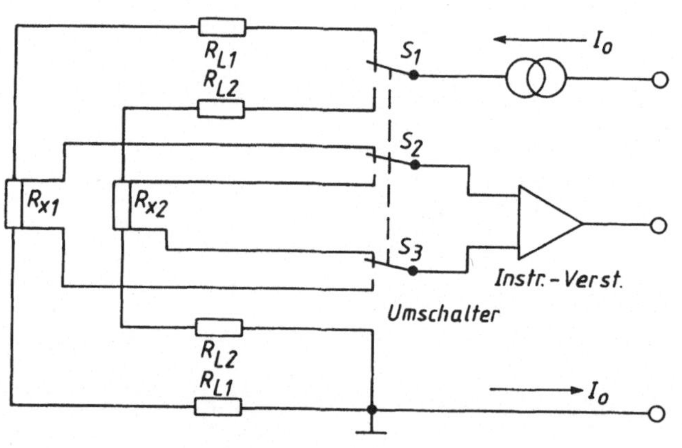

Bild 12.9

Widerstandsmessung mit Vierleiteranschluß und Instrumentierungsverstärker

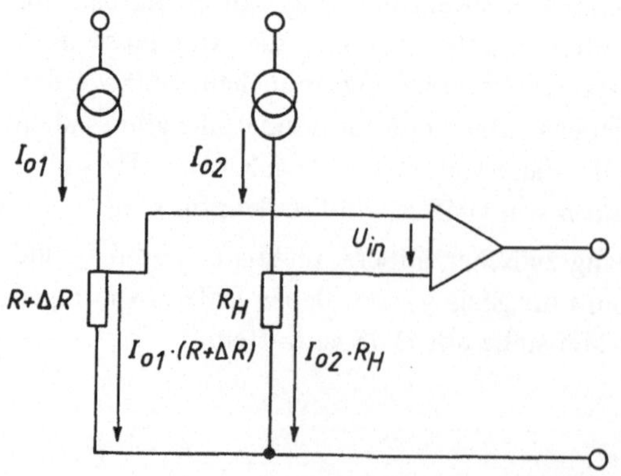

Bild 12.10

Doppelstromspeisung zum Messen von Widerständen

Ist eine Widerstandsänderung ΔR der Form $R_x = R + \Delta R$ zu messen, so stört der Offset-Anteil $I_0 \cdot R_0$, den die Schaltung nach Bild 12.9 aufweist. Eine Doppelstromspeisung nach **Bild 12.10** beseitigt ihn. Denn in der Eingangsspannung für den nachfolgenden Instrumentierungsverstärker

$$U_{in} = I_{01} (R + \Delta R) - I_{02} \cdot R_H = I_{01} \cdot \Delta R + (I_{01} \cdot R - I_{02} \cdot R_H)$$

kann man den Klammerausdruck zu Null machen und somit den Offset-Anteil kompensieren. Wir werden in den nächsten Abschnitten Kombinationen aus all diesen Überlegungen kennenlernen.

12.2.2 DMS in Brücken

In **Tabelle 12.2** sind die Möglichkeiten zum Einfügen von DMS in Brückenschaltungen zusammengestellt. Wir finden die Viertelbrücke, wenn nur einer der Brückenzweige als DMS ausgeführt, also veränderlich ist: bei Dehnung auf $R + \Delta R$, bei Stauchung auf

Tabelle 12.2 Einfügen von DMS in Brücken

Schaltung	Anordnung der Widerstände	$U_{0D}/U_0 =$
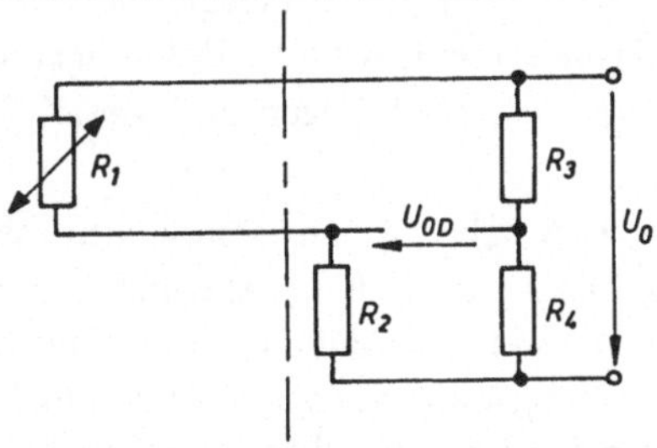 R_1, R_3, R_2, R_4, U_{0D}, U_0	$R_1 = R (1 + \Delta)$ $R_2 = R_3 = R_4 = R$ Ein Widerstand geändert	$\dfrac{1}{2 (2 + \Delta)} \cdot \dfrac{\Delta R}{R}$ $\approx \dfrac{1}{4} \cdot \dfrac{\Delta R}{R}$ **Viertel-Brücke** temperaturkompensiert, wenn R_2 passiver Meßstreifen
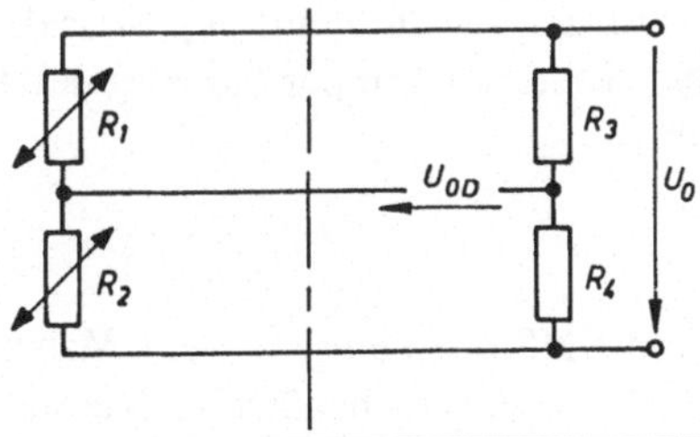 R_1, R_3, R_2, R_4, U_{0D}, U_0	$R_1 = R (1 + \Delta)$ $R_2 = R(1 - \Delta)$ $R_3 = R_4 = R$ zwei nebeneinanderliegende Widerstände gegensinnig geändert	$= \dfrac{1}{2} \cdot \dfrac{\Delta R}{R}$ **Halb-Brücke** voll temperaturkompensiert
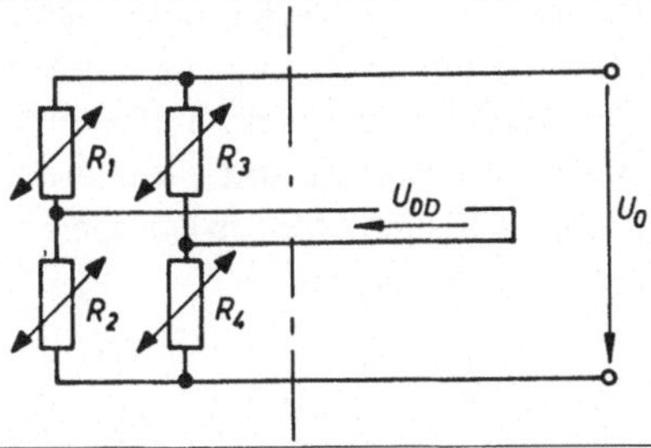 R_1, R_3, R_2, R_4, U_{0D}, U_0	$R_1 = R_4 = R (1 + \Delta)$ $R_2 = R_3 = R (1 - \Delta)$ diagonal gegenüberliegende Widerstände paarweise gleichsinnig geändert	$= \dfrac{\Delta R}{R}$ **Voll-Brücke** voll temperaturkompensiert

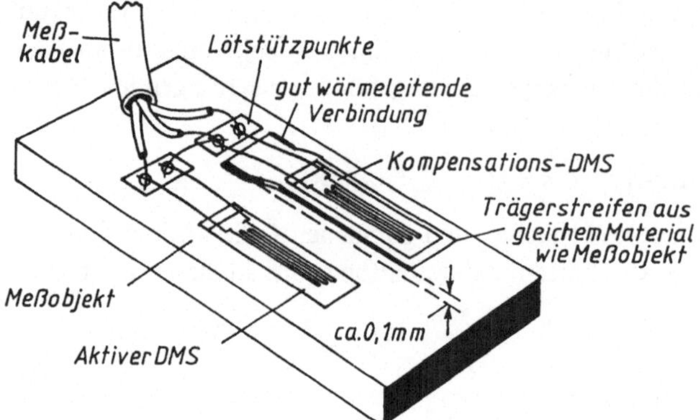

Bild 12.11

Meßstelle mit unbelastetem DMS
zur Temperaturkompensation
(Kompensations-DMS)

$R - \Delta R$. Dabei ist R jeweils der Grundwiderstand des unbelasteten DMS (üblicherweise 120, 350 oder 600 Ω). Die Viertelbrücke ist nicht-linear, bei sehr kleinen Änderungen ΔR ist die Nichtlinearität vernachlässigbar.

Werden zwei benachbarte Zweige einer Brücke gegenläufig, also mit $R + \Delta R$ und $R - \Delta R$, geändert, so entsteht die Halbbrücke, welche eine linear mit ΔR zusammenhängende Ausgangsspannung aufweist. In Erweiterung der Halbbrücke kommt man zur Vollbrücke, bei der alle 4 Zweige mit paarweise gegenläufig beanspruchtem DMS belegt sind und die das größte Ausgangssignal liefert. Groß sind diese Signale nicht, weil die Dehnungen und somit auch die Widerstandsänderungen im Bereich 10^{-4} ... 10^{-6} liegen und Metall-DMS einen k-Faktor von $(\Delta R/R)/(\Delta l/l) \approx 2$ haben.

Noch ein kurzes Wort zum Temperaturverhalten. DMS haben einen Temperaturkoeffizienten α (vgl. Tab. 12.1). Der Widerstand eines DMS läßt sich in Abhängigkeit von Dehnung und Temperatur zu $R_{DMS} = R(1 \pm \Delta)(1 + \alpha \cdot \delta)$ anschreiben. Setzt man diese Beziehung bei der Halb- und Vollbrücke in die Beziehung für die Diagonalspannung U_{0D} ein, dann hebt sich die Temperaturabhängigkeit $(1 + \alpha \cdot \delta)$ heraus: diese Brücken sind in sich temperaturkompensiert. Bei Viertelbrücken wird der Zweig 2 mit R_2 oftmals als DMS ausgeführt, der mechanisch nicht belastet, aber derselben Temperatur ausgesetzt ist wie der Meß-DMS. **Bild 12.11** zeigt ein Beispiel dafür.

12.2.3 Gegenbrückenschaltung

Wie schon erwähnt, sind die Diagonalspannungen von DMS-Brücken sehr klein. Man wird deswegen versuchen, Spezialschaltungen mit großer Auflösung zu benützen. Eine davon, die Gegenbrückenschaltung, ist in **Bild 12.12** gezeigt. Die Meßbrücke links kann als Viertel-, Halb- oder Vollbrücke aufgebaut sein und hat die uns nach Tab. 12.2 bekannte Ausgangs-Diagonalspannung U_{D1}. Die Gegenbrücke rechts ist eine Brücke mit symmetrischer Einengung R_E und motorisch angetriebenem Potentiometer P mit symmetrischer Skala $-1 \leqslant x \leqslant +1$. Über das Verfahren der selbstabgleichenden Motor-Kompensation (vgl. 8.4.1) wird das Potentiometer so nachgeführt, daß $U_{D1} = U_{D2}$ ist.

Für die Gegenbrücke läßt sich die Diagonalspannung anschreiben zu

$$U_{D2} = U_\alpha - U_\beta = U_2 \cdot \frac{R_E + (P/2)\,(1+x)}{2 \cdot (R_E + P/2)} - U_2 \cdot R_a/2\,R_a$$

und mit $a = (P/2)/R_E \ll 1$ folgt daraus

$$U_{D2} = \frac{U_2}{2} \cdot \frac{1 + a\,(1+x) - (1+a)}{(1+a)} = \frac{1}{2} \cdot U_2 \cdot \frac{a}{1+a} \cdot x.$$

Durch Gleichsetzen der Diagonalspannung U_{D2} der Gegenbrücke mit derjenigen U_{D1} der Meßbrücke (als Viertel-, Halb- oder Vollbrücke) entstehen die in **Tabelle 12.3** zusammengestellten Beziehungen zwischen Schleiferstellung und Widerstandsänderung, $x = f\,(\Delta R/R)$. Es fällt auf, daß die Speisespannungen multiplikativ mit U_1/U_2 in das Ergebnis eingehen. Verwendet man hier Wechselspannungen, die aus verschiedenen Wicklungen desselben Transformators stammen, dann ist ihr Verhältnis konstant (und gleich dem Verhältnis der betreffenden Windungszahlen) und man kann mit $U_1/U_2 > 1$ die Empfindlichkeit einer solchen Schaltung nochmals steigern.

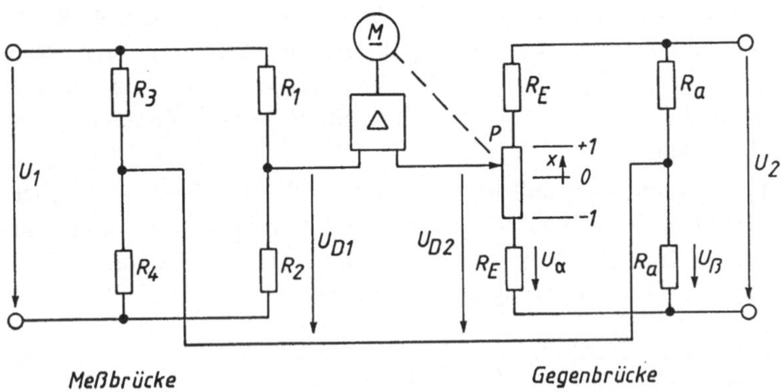

Bild 12.12 Die Gegenbrückenschaltung für DMS

Tabelle 12.3 Zusammenhänge bei der Gegenbrückenschaltung

Art der Brücke	Widerstandsanordnung	Schleiferstellung $x =$
Viertelbrücke	$R_1 = R\,(1 + \Delta)$ $R_2 = R_3 = R_4 = R$	$\dfrac{1+a}{a} \cdot \dfrac{1}{2+\Delta} \cdot \dfrac{U_1}{U_2} \cdot \dfrac{\Delta R}{R} \approx \dfrac{1+a}{a} \cdot \dfrac{1}{2} \dfrac{U_1}{U_2} \cdot \dfrac{\Delta R}{R}$
Halbbrücke	$R_1 = R\,(1 + \Delta)$ $R_2 = R\,(1 - \Delta)$ $R_3 = R_4 = R$	$\dfrac{1+a}{a} \cdot \dfrac{U_1}{U_2} \cdot \dfrac{\Delta R}{R}$
Vollbrücke	$R_1 = R_4 = R\,(1 + \Delta)$ $R_2 = R_3 = R\,(1 - \Delta)$	$\dfrac{1+a}{a} \cdot 2 \cdot \dfrac{U_1}{U_2} \cdot \dfrac{\Delta R}{R}$

Ein Beispiel soll die Zahlenverhältnisse näher bringen:

Beispiel 12.1

Die Meßbrücke einer Gegenbrücken-Anordnung ist als Vollbrücke ausgeführt. Bei einer Speisespannung $U_0 = 10$ V und einem Meßbereich von $\Delta R/R = 10^{-4}$ liefert diese Brücke nach Tabelle 12.2 eine max. Diagonalspannung $U_{0D} = 1$ mV. Bei Metall-DMS ($k = 2$) entspricht die max. Widerstandsänderung von 10^{-4} einer Dehnung von $\Delta l/l = (\Delta R/R)/k = 0{,}5 \cdot 10^{-4} = 50$ μD.

Die Einengung a = $(P/2)/R_E$ errechnet sich bei Schleiferstellung x = 1,0 und für $U_1 = U_2$ nach den Angaben von Tabelle 12-3 mit a = $(1 + a) \cdot 2 \cdot \Delta R/R$. In Zahlen wird a = $2{,}0004 \cdot 10^{-4}$, so daß man sehr wohl a = $2 \cdot 10^{-4}$ setzen darf. Für $U_1 = 5 \cdot U_2$ ergibt sich a = $1{,}0001 \cdot 10^{-3}$, also eine fünfmal geringere Einengung für denselben Meßbereich. Würde die Einengung belassen und $U_1 = 5 \cdot U_2$ gesetzt, dann wäre der Meßbereich um den Faktor 5 kleiner oder, anders ausgedrückt, die Auflösung entsprechend größer.

12.2.4 Elektronisch abgleichbare Brücke

In **Bild 12.13** sind an eine ganz normale Brücke mit den Widerständen R_1 bis R_4 (als Viertel-, Halb- oder Vollbrücke ausführbar) noch zwei Widerstände $R_k = a \cdot R$ angefügt, wobei R der Grundwert der verwendeten DMS, $R_{DMS} = R(1 \pm \Delta)$ ist. Das Ganze ist ein ideales Beispiel zur Demonstration des Überlagerungssatzes. Denkt man sich nur die Spannung U_0 wirksam, so wirft diese eine Teil-Diagonalspannung U_{D1} auf, die wir nach den bekannten Methoden berechnen könnten und für die $U_{D1} = f(\Delta R/R)$ gilt. Wirkt nur die Kompensationsspannung U_k, so erzeugt diese einen weiteren Anteil U_{D2} der Diagonalspannung, und zwar $U_{D2} = k \cdot U_k$, aber mit dem entgegengesetzten Vorzeichen zu U_{D1}. Für den Abgleich auf $U_{0D} = U_{D1} + U_{D2} = 0$ muß sich ein linearer Zusammenhang zwischen U_k und $\Delta R/R$ ergeben.

Dieser ist in **Tabelle 12.4** ausgerechnet und für die üblichen DMS-Brücken zusammengestellt. In den genauen Formeln taucht eine nichtlineare Funktion f(a) des Faktors a aus $R_k = a \cdot R$ auf. Für große a geht dieser Faktor gegen den Wert 1/2, und daraus ist die in Tabelle 12.4 mit vermerkte einfache Näherungsformel begründbar:

$$f(a) = \frac{2a + 1}{1 + 3a + a^2/(1 + a)} = \frac{2a^2 + 3a + 1}{4a^2 + 4a + 1} \to 1/2 \quad \text{für} \quad a \to \infty .$$

Schaltungstechnisch wird man das Verschwinden der Gesamt-Diagonalspannung U_{0D} mit einem Nullkomparator feststellen und die Kompensationsspannung U_k fein gestuft über einen Zähler und einen DAU erzeugen, wie dies **Bild 12.14** zeigt. Diese Schaltung ist aber nichts anderes als die Kombination unserer Brücke von Bild 12.13 mit dem ADU von 7.5 (bzw. der elektronischen Kompensation nach 8.4.2): alte Bekannte begegnen uns wieder.

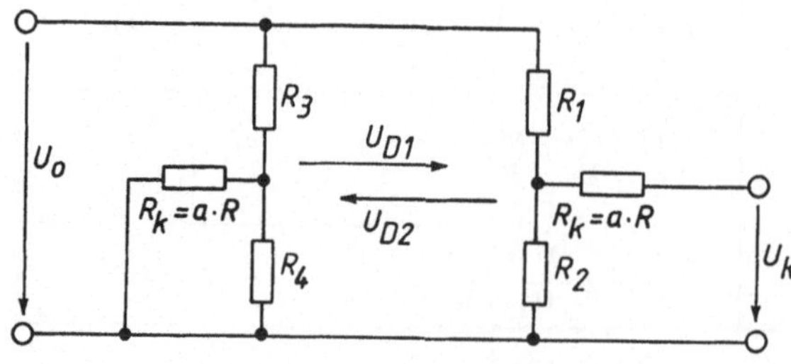

Bild 12.13

Prinzip einer elektronisch abgleichbaren Brücke

Tabelle 12.4 Zusammenhänge bei der elektronisch abgleichbaren Brücke

Art der Brücke	Widerstandsanordnung	Kompensationsspannung $U_k =$
Viertelbrücke	$R_1 = R(1 + \Delta)$ $R_2 = R_3 = R_4 = R$	$U_0 \cdot a \cdot f^*(a) \cdot \dfrac{\Delta R}{R} \approx U_0 \cdot \dfrac{a}{2} \cdot \dfrac{\Delta R}{R}$
Halbbrücke	$R_1 = R(1 + \Delta)$ $R_2 = R(1 - \Delta)$ $R_3 = R_4 = R$	$U_0 \cdot 2a \cdot f(a) \cdot \dfrac{\Delta R}{R} \approx U_0 \cdot a \cdot \dfrac{\Delta R}{R}$
Vollbrücke	$R_1 = R_4 = R(1 + \Delta)$ $R_2 = R_3 = R(1 - \Delta)$	$U_0 \cdot 4a \cdot f(a) \cdot \dfrac{\Delta R}{R} \approx U_0 \cdot 2a \cdot \dfrac{\Delta R}{R}$

Es gelten die Funktionen

$$f^*(a) = \frac{2a + 1}{(1 + \Delta) + (3 + 2\Delta)a + a^2/(1 + a)}$$

$$f(a) = \frac{2a + 1}{1 + 3a + a^2/(1 + a)}$$

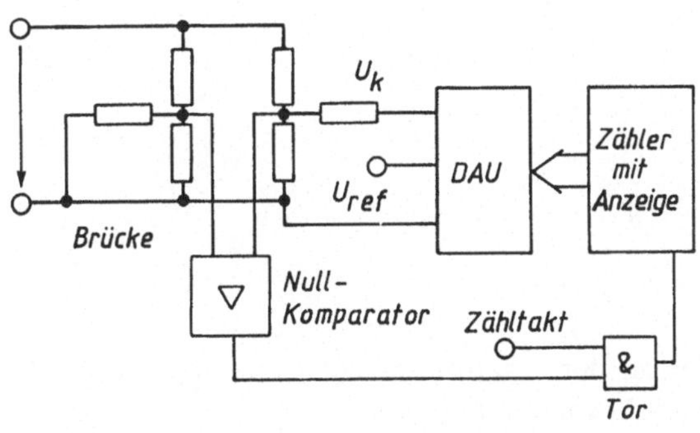

Bild 12.14
Digital abgleichbare Brücke

Der Zähler, zunächst auf Null gestellt, zählt mit dem Takt hoch und erzeugt eine treppenförmig ansteigende Spannung U_k, die ihrerseits in der DMS-Brücke eine Teil-Diagonalspannung U_{D2} zur Folge hat. Kompensiert diese die aus der Veränderung der DMS herrührende Teil-Diagonalspannung U_{D1}, dann spricht der Nullkomparator an und beendet den Zählvorgang.

12.2.5 Eine verstärkerentkoppelte Brücke

Eine gute Kombination aus den verschiedenen, in den vorausgegangenen Abschnitten beschriebenen Schaltungsprinzipien zeigt **Bild 12.15**. Um diese verstärkerentkoppelte Brücke verstehen zu können, müssen wir uns an folgende Tatsache erinnern: jeder Operationsverstärker stellt seine Ausgangsspannung genau so ein, daß seine Eingangsspannung $U_{in} = 0$ ist. Der Verstärker V1 von Bild 12.15 führt am einen Eingang die positive Speisespannung U^+, am andern Eingang das Potential vom oberen Abschluß des DMS R_1. Mithin wird dieser Verstärker exakt die Spannung U_{L1} erzeugen, die zum Überwinden der Zuleitung R_{L1} (und ggf. eingefügter Schalterübergangswiderstände, vgl. dazu Bild 12.9)

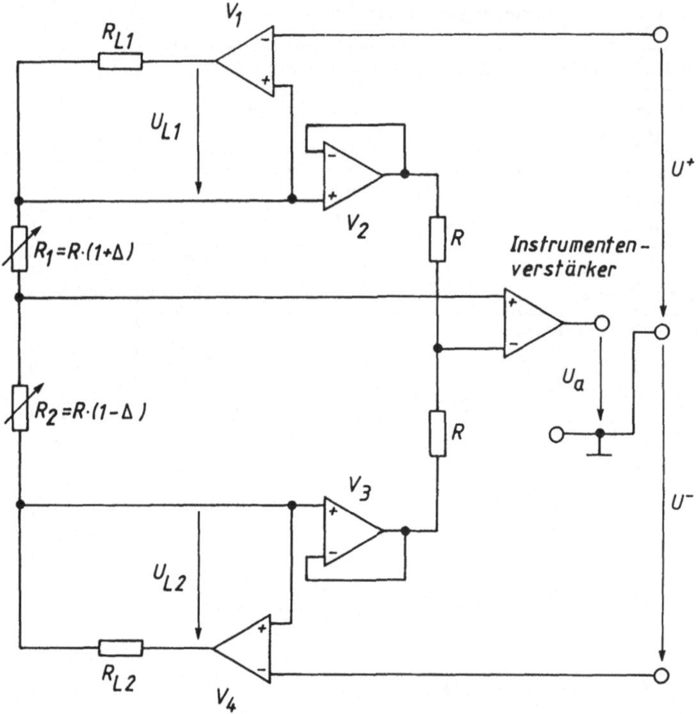

Bild 12.15 Verstärker-entkoppelte Brückenschaltung

nötig ist. In gleicher Weise eliminiert der an der negativen Speisespannung U^- liegende Verstärker V4 die Zuleitung R_{L2} bzw. deren Spannungsfall U_{L2}.

Die beiden Pufferverstärker V2, V3 schließen die externe Halbbrücke R_1, R_2 an die interne Ergänzung $R_3 = R_4 = R$ an. Der Instrumentierungsverstärker erfaßt die Diagonalspannung U_{0D} der Brücke und verstärkt sie zur Spannung U_a (bezogen auf Masse, also den Mittelpunkt der beiden symmetrischen Speisespannungen U^+ und U^-). Man kann sich gewiß vorstellen, daß dieses Schaltungsprinzip auch für Viertelsbrücken einsetzbar ist: R_2 wird dann ein Festwiderstand sein (ggf. zur Temperaturkompensation nach Bild 12.11). Der Ausbau zur Vollbrücke sowie für mehrere umschaltbare Meßstellen ist vorstellbar, geht aber doch schon deutlich über die hier zu vermittelnden Grundlagen hinaus.

12.3 Spulen und Kondensatoren als Sensoren

12.3.1 Induktive Aufnehmer

Berührungslos induktive Aufnehmer arbeiten meist nach der Methode der Differential-Spulen. Nach **Bild 12.16a** werden zwei gleiche Spulen in ihrer Induktivität gegenläufig von einem Kern beeinflußt; bewegt er sich in + x-Richtung, dann nimmt die Induktivität der oberen Spule zu auf $L + \Delta L$, diejenige der unteren Spule nimmt ab auf $L - \Delta L$. Es liegen also Verhältnisse vor wie bei gegensinnig beanspruchten DMS.

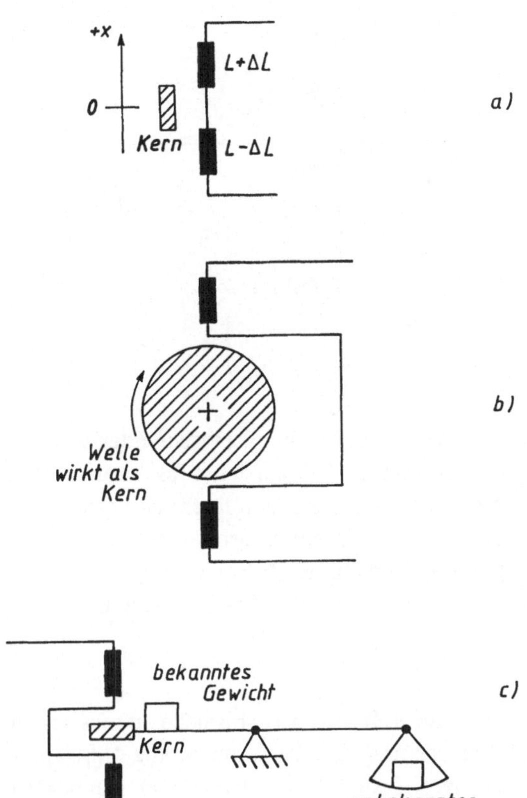

Bild 12.16

Induktiver Differential-Aufnehmer

a) Prinzip der gegenläufig veränderten
   Induktivitäten

b) Beispiel: Messen der Exzentrizität
   (Unwucht) einer Welle

c) Beispiel: Anwendung zum Abgleich
   einer Waage

Die konstruktiven Varianten für den Einsatz solcher Differentialspulen sind äußerst vielfältig, als Kern kann jedes ferromagnetische Material dienen. **Bild 12.16b** zeigt als Beispiel die Abtastung einer Exzentrizität an einer Welle, **Bild 12.16c** den Einsatz von Differentialspulen zum Feststellen der Null-Lage eines Waagebalkens.

Die Veränderung der Induktivität nur *einer* Spule gibt stark nichtlineare Zusammenhänge zwischen einer Koordinate x und der Änderung ΔL und wird deswegen selten angewandt.

Der wichtigste induktive Aufnehmer arbeitet nicht berührungslos, sondern ist meist als Taster nach **Bild 12.17a** ausgeführt. Im Prinzip handelt es sich um einen Differentialtransformator, dessen Kopplung auf zwei gleiche Spulen verändert werden kann. Daher auch der Name LVDT (linearer variabler Differential-Transformator, *linear variable differential transformer*).

Die Wirkungsweise ist einfach zu verstehen. Befindet sich der Kern in Mittenstellung (x = 0), dann ist die Kopplung auf beide Teilspulen gleich und die Ausgangsspannung ist mit $\underline{U}_a = \underline{U}_1 - \underline{U}_2 = 0$. Wird der Kern in Richtung +x bewegt, so bekommt die Spannung U_1 die Oberhand, bewegt sich der Kern nach $-x$, so überwiegt die Spannung U_2. Leider ist der Zusammenhang nicht linear. Würde der Kern (für $x \to \pm \infty$) ganz entfernt,

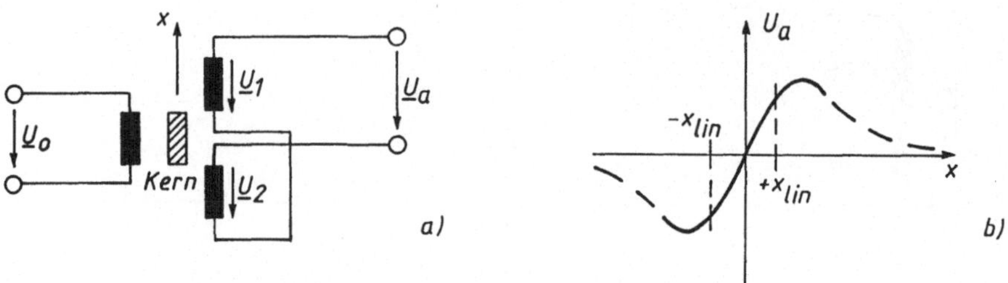

Bild 12.17 Induktiver Taster LVDT (linearer variabler Differential-Transformator)
a) schematischer Aufbau   b) Verlauf der Ausgangsspannung

so wäre wieder Symmetrie mit $U_a = 0$ gegeben. Der Zusammenhang zwischen der Koordinate x und der Ausgangsspannung U_a verläuft nach Bild 12.17b zunächst fast sinusförmig, für größere x dann flacher. Es ergibt sich immer ein als hinreichend linear zu betrachtender Bereich der Größe $\pm x_{lin}$. Induktive Taster werden in einem großen Wegebereich x von wenigen Zehntelmillimeter bis zur Größenordnung mehrere Dezimeter angeboten und haben eine unendliche Auflösung. Die Linearität kann auf 0,1 % gebracht werden.

12.3.2 Auswerte-Schaltungen

Für Differentialspulen bietet sich das Verfahren der induktiven Halbbrücke an, das schon in Abschnitt 10.6.3 (Bild 10.11) behandelt wurde und den Zusammenhang $U_{0D}/U_0 = 1/2 \cdot (\Delta L/L)$ aufweist. Zur Auswertung induktiver Taster LVDT kann man die beiden Spannungen nach **Bild 12.18** zunächst gleichrichten und dann subtrahieren. Für $U_1 = U(1 + \Delta)$ und $U_2 = U(1 - \Delta)$ folgt dann einfach $U_a = U_1 - U_2 = 2 \cdot U \cdot \Delta$. Die universellste Auswerteschaltung ist die anschließend besprochene trägerfrequente Meßkette.

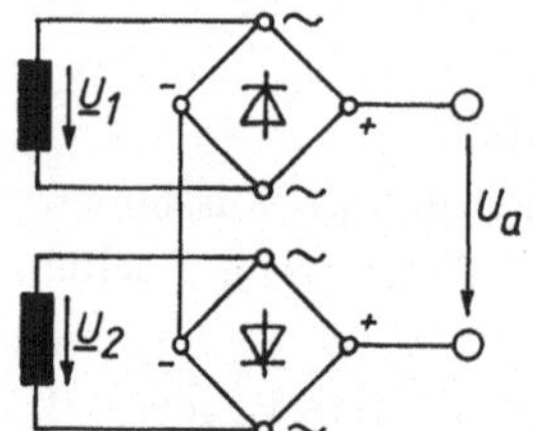

Bild 12.18

Auswerteschaltung zu Bild 12.17 mit zwei in Differenz geschalteten Graetzgleichrichtern

12.3.3 Die trägerfrequente Meßkette

Bei induktiven Sensoren muß das Vorzeichen der Ausgangsspannung festgestellt werden. Dies kann recht elegant mit der Schaltung nach **Bild 12.19**, der TF-Meßkette (TF für trägerfrequent) geschehen. Ein Generator speist mit $\underline{U}_0$ den induktiven Sensor. Seine zur Meßgröße x proportionale Ausgangsspannung $\underline{U}_x$ wird verstärkt und gelangt als $v \cdot \underline{U}_x$ an

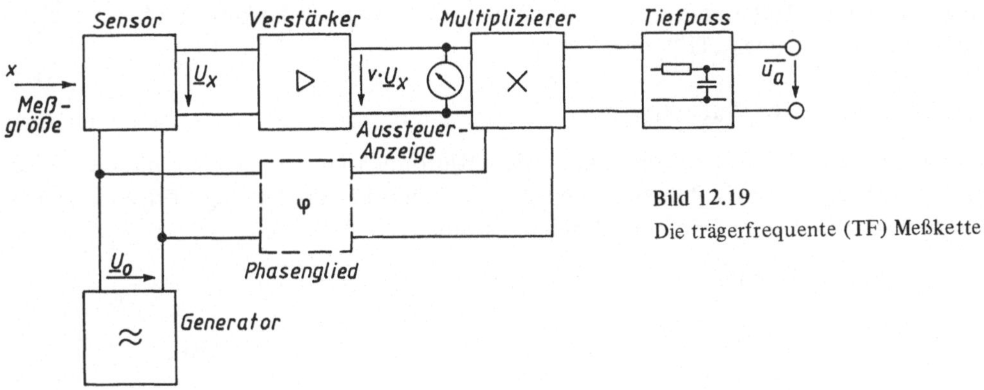

Bild 12.19
Die trägerfrequente (TF) Meßkette

den einen Eingang eines Multiplizierers, an dessen anderem Eingang $\underline{U}_0$ liegt. Aus Abschnitt 5.5.1 ist uns schon bekannt, daß die mittlere Ausgangsspannung des Multiplizierers mit

$$\overline{u}_a = \frac{v\cdot U_x\cdot U_0}{10\,\text{V}}\cdot\cos\sphericalangle\,(v\cdot\underline{U}_x,\underline{U}_0)$$

anzugeben ist. Sind die Spannungen $v\cdot\underline{U}_x$ und $\underline{U}_0$ in Phase, dann ist $\cos(0^0) = +1,0$, sind sie in Gegenphase, dann gilt $\cos(180^\circ) = -1,0$. Der Multiplizierer ermittelt durch seine Bewertung mit dem Faktor $\cos\varphi$ das Vorzeichen der Wechselspannung $\underline{U}_x$ und somit auch der Meßgröße x. Einige Anmerkungen müssen jedoch noch gemacht werden.

Wie beim Multiplizierer schon erwähnt, bilden von Aufbaukapazitäten herrührende Störspannungen mit den Nutzspannungen $\underline{U}_0$, $\underline{U}_x$ meist einen Winkel von 90°. Deswegen werden solche Störspannungen mit $\cos(90^\circ) = 0$ multipliziert und somit eliminiert — aber erst im Multiplizierer! Am Verstärker liegen sie als nicht direkt feststellbare Komponente von $\underline{U}_x$ an und können schon bei kleinem Nutzsignal den Verstärker übersteuern. Deswegen findet sich normalerweise an seinem Ausgang eine Aussteuerkontrolle. Für x = 0 soll nicht nur die Ausgangsspannung $u_a = 0$ sein, sondern auch die Aussteuerkontrolle $v\cdot U_x \approx 0$ zeigen. Um dies abgleichen zu können, besitzen TF-Meßverstärker üblicherweise eine Einstellmöglichkeit für den *Phasenabgleich*.

Der eben erwähnte Vorgang darf nicht verwechselt werden mit einer Phasendrehung durch ein ggf. vorgesehenes Phasenglied φ (in Bild 12.19 gestrichelt eingetragen). Ein solches wird nötig, wenn aus irgendwelchen Gründen das Nutzsignal $\underline{U}_x$ für x > 0 nicht in Phase ist mit der Speisespannung $\underline{U}_0$. Dann muß die gesamte Phasenlage der Anordnung korrigiert werden.

Statt eines induktiven Sensors kann in die TF-Meßkette auch eine wechselstromgespeiste DMS-Brücke eingesetzt werden. Deren Diagonalspannung $\underline{U}_{0D}$ braucht dieselbe Aufbereitung zu einer vorzeichenabhängigen Anzeige, in diesem Falle für $\pm\,\Delta R/R$.

Wenn die mit einem induktiven Sensor oder einer wechselstromgespeisten DMS-Brücke erfaßte Meßgröße sich als x(t) zeitlich (z. B. periodisch mit der Frequenz f_M) ändert, dann wird die Amplitude der Frequenz f_T der Speisespannung $\underline{U}_0$ verändert, wir haben eine Amplitudenmodulation vor uns. Trägerfrequenz ist f_T, Modulationsfrequenz f_M. Der Sensor ist der Modulator, der Multiplizierer wirkt als Demodulator, wenn man die trägerfrequente Meßkette mit den Augen des Nachrichtentechnikers sieht. So erklärt sich auch der Name des „TF"-Verfahrens.

12.3.4 Kapazitive Aufnehmer

Kondensatoren sind in zwei grundsätzlichen Bauformen üblich, als Plattenkondensator nach **Bild 12.20a** und als Röhrenkondensator nach **Bild 12.20b**. Die zugehörigen Formeln für die Kapazität lauten für den Plattenkondensator

$$C = \epsilon_0 \cdot \epsilon_r \cdot (a \cdot b)/d,$$

für den (konzentrischen) Röhrenkondensator

$$C = \epsilon_0 \cdot \epsilon_r \cdot l/\ln(D/d).$$

Dabei ist $\epsilon = 0{,}089$ pF/cm $= 0{,}089 \cdot 10^{-12}$ (s/Ω)/cm die absolute, ϵ_r die relative Dielektrizitätskonstante (DK). Aus den Formeln für die Kapazität C sieht man gut, welcher Einfluß nichtelektrischer Größen auf Kondensatoren möglich ist.

Wird beim Plattenkondensator die Plattenfläche $A = a \cdot b$ geändert, dann ergibt sich $\Delta C/C = \Delta A/A = \Delta a/a + \Delta b/b$. Ebenso gilt bei Ändern der Länge l des Röhrenkondensators der Zusammenhang $\Delta C/C = \Delta l/l$. Beide Möglichkeiten sind als die Bauformen „Drehkondensator" bzw. „Hütchen-Kondensator" bekannt. Beide Formen werden in der Meßtechnik hin und wieder eingesetzt.

Die Änderung des Plattenabstandes d führt (eine Entsprechung beim Röhrenkondensator gibt es nicht) auf den nichtlinearen Zusammenhang $C - \Delta C = C/(1 + \Delta d/d)$ bzw. auf die Näherung $\Delta C/C \approx - \Delta d/d$.

Linearer arbeitet der schon im Abschnitt 10.6.2 behandelte und in **Bild 12.21** nochmals dargestellte Differentialkondensator. Es handelt sich um zwei Kondensatoren zunächst gleicher Kapazität $C_1 = C_2 = \epsilon_0 \cdot \epsilon_r \cdot A/d$, die in Reihe geschaltet sind. Wird nun der mittlere Belag um Δd in Richtung x verschoben, dann bleibt die Gesamtkapazität der Anordnung $C_{ges} = C_1 \cdot C_2/(C_1 + C_2)$ erhalten. Für das Verhältnis folgt jedoch $C_1/C_2 = (d + \Delta d)/(d - \Delta d) \approx 1 - 2 \cdot \Delta d/d$.

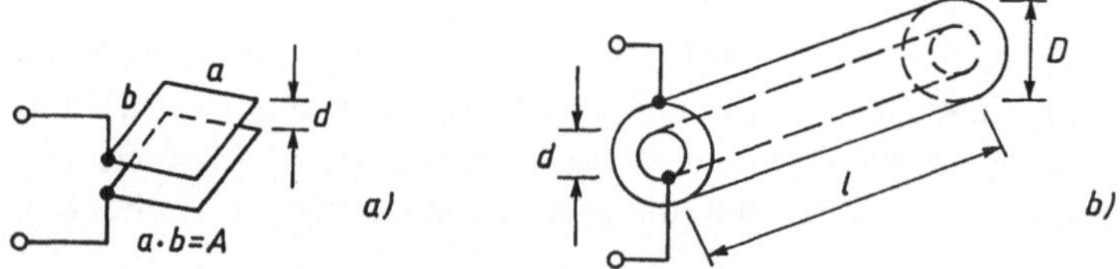

Bild 12.20 Bauformen von Kondensatoren
a) Plattenkondensator, Fläche $a \cdot b = A$, Abstand d
b) Röhrenkondensator, Durchmesser D, d, Länge l

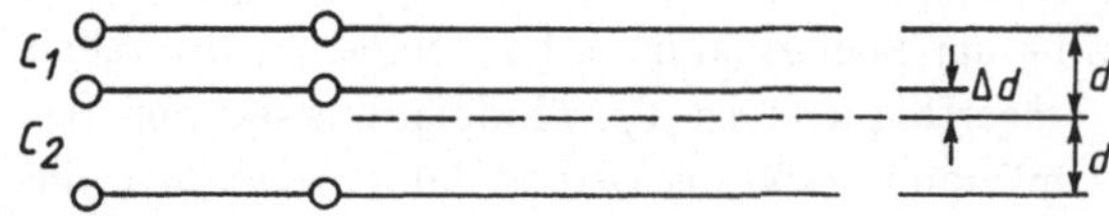

Bild 12.21
Zum Differential-Kondensator

Mit die größte Bedeutung hat der Einfluß der relativen DK, wie dies **Bild 12.22** am Beispiel der kapazitiven Füllstandsmessung zeigt. Der Plattenkondensator nach Bild 12.22a besteht aus der Parallelschaltung zweier Teilkondensatoren. C_1 ist mit dem Medium (z. B. Öl) der DK ϵ_r bis zu der zu messenden Höhe x gefüllt, es gilt $C_1 = \epsilon_0 \cdot \epsilon_r \cdot b \cdot x/d$. Die Restfläche bildet einen Luftkondensator $C_2 = \epsilon_0 \cdot b \cdot (h - x)/d$. Die Gesamtkapazität folgt zu

$$C = \epsilon_0 \cdot A/d + \epsilon_0 \cdot (\epsilon_r - 1) \cdot (b/d) \cdot x$$
$$= C_{\text{Luft}} + C(x).$$

Der Zusammenhang ist streng linear und für Medien mit $\epsilon_r > 1$ direkt zur Füllstandsmessung geeignet. Für den Röhrenkondensator nach Bild 12.22b ergibt sich analog

$$C = \frac{2\pi}{\ln(D/d)} \cdot [\epsilon_0 \cdot h + \epsilon_0(\epsilon_r - 1) \cdot x].$$

Eine weitere Form des Veränderns der relativen DK ist der Durchlaufkondensator. Er wird häufig zum Messen der Dicke x von Kunststoff-Folien eingesetzt, wobei die Folie während des Fertigungsvorgangs einfach durch den Kondensator läuft, wie dies in **Bild 12.23** skizziert ist. Damit ergibt sich eine Schichtung, also Reihenschaltung, von zwei

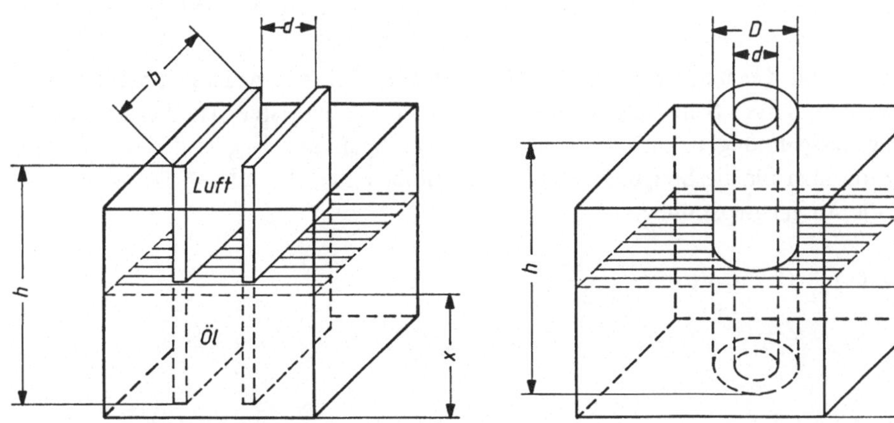

Bild 12.22 Füllstandsmessung kapazitiv

a) mit Plattenkondensator   b) mit Röhrenkondensator

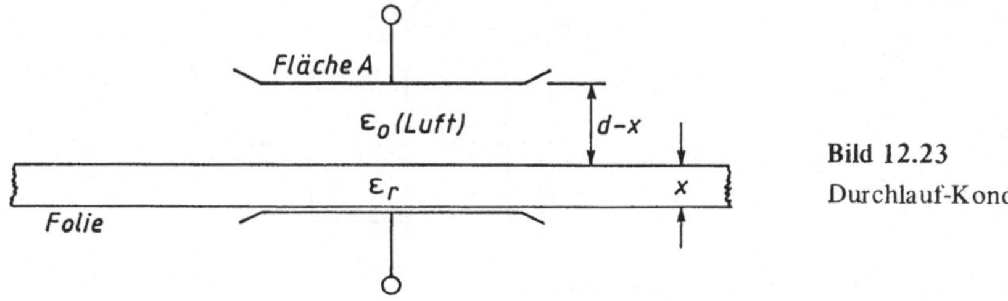

Bild 12.23
Durchlauf-Kondensator

Kondensatoren. C_1 ist vom Medium der DK ϵ_r erfüllt, der Rest in ein lufterfüllter Kondensator C_2. Die Gesamtkapazität errechnet sich zu

$$C_{ges} = \epsilon_0 \cdot A \cdot \frac{\epsilon_r}{\epsilon_r \cdot d - (\epsilon_r - 1) \cdot x} \, .$$

Übrigens ergibt sich derselbe Zusammenhang für C_{ges} auch dann, wenn die Folie vom unteren Kondensatorbelag abhebt und somit unter wie über dem medienerfüllten (ϵ_r) Teilkondensator kleine Luftkondensatoren wirksam sind. Ein Flattern der gemessenen Folie bleibt ohne Einfluß.

12.3.5 Auswerteschaltungen für Kapazitäten

Der Differentialkondensator entspricht der Differentialspule bzw. den gegensinnig veränderten DMS und kann mit einer Halbbrücke ausgewertet werden. Dies ist bereits in Bild 10.10 (vgl. 10.6.2) dargestellt worden. Für diese kapazitive Halbbrücke gilt erwartungsgemäß $U_{0D}/U_0 = 1/2 \cdot \Delta C/C$.

Eine weitere Möglichkeit zum Auswerten von kapazitiven Sensoren sind Schaltungen, bei denen eine Zeit oder eine Frequenz vom Wert C abhängen. So gilt etwa für die Dauer t_Q des Ausgangsimpulses eines Monoflop der Zusammenhang $t_Q = k \cdot R \cdot C$ und für die von einem sog. RC-Generator erzeugte Frequenz $f = 1/(2\pi \cdot R \cdot C)$. Je nach Art des Einflusses auf die Kapazität $C \sim x$ oder $C \sim 1/x$ können solche Schaltungen eingesetzt werden.

Zum Erfassen von Kapazitäten kann auch der Differenzierer (vgl. Abschnitt 5.2.4) herangezogen werden, dessen Schaltung in **Bild 12.24** nochmals dargestellt ist. Bei dreieckförmiger Eingangsspannung u_e mit der Spitzen-Spitzen-Spannung U_{SS} und der Periodendauer T kann man für die Steigung des Dreiecks einfach $du_e/dt = \pm U_{SS}/(T/2)$ schreiben. Damit ist die Ausgangsspannung

$$u_a = (-) R \cdot C \cdot du_e/dt = \pm \frac{R \cdot U_{SS}}{T/2} \cdot C$$

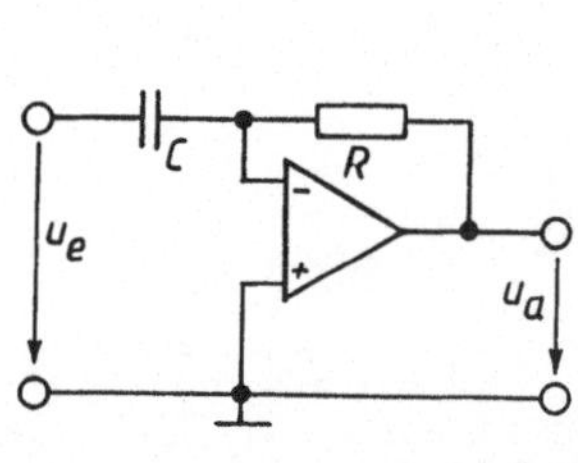

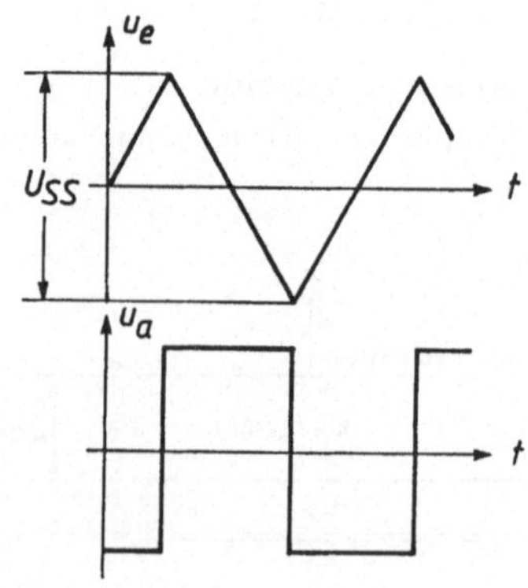

Bild 12.24 Differenzierer zur Auswertung kapazitiver Sensoren

eine Rechteckspannung gleicher Frequenz wie die Dreieckspannung am Eingang und in der Amplitude direkt proportional zu C. Da für den Nicht-Elektriker diese Zusammenhänge etwas ferner liegen, sollen die Zahlenverhältnisse mit einem kleinen Beispiel veranschaulicht werden.

Beispiel 12-2

Ein kapazitiver Aufnehmer nach Bild 12.24 sei als Drehkondensator aufgebaut mit $C(x) = 50\ pF + x \cdot 50\ pF$, wobei wie üblich $0 \leqslant x \leqslant 1{,}0$ anzusetzen ist. Der Differenzierer wird von einem Funktionsgenerator nach Abschnitt 5.3.3 angesteuert, und zwar mit einer symmetrischen Dreieckspannung der Frequenz $f = 1\ kHz$ und einer Spitzen-Spitzen-Spannung $U_{SS} = 10\ V$. Es ist $R = 100\ k\Omega$.

Für $f = 1\ kHz$ ist die Periodendauer $T = 1/f = 1\ ms$, mithin $T/2 = 0{,}5\ ms = 5 \cdot 10^{-4}\ s$. Die Höhe u_a der rechteckförmigen Ausgangsspannung errechnet sich nun für den Größtwert der Kapazität bei $x = 1$ zu $u_a = \pm\,10^{-10}\ (s/\Omega) \cdot 10^5\ \Omega \cdot 10\ V/5 \cdot 10^{-4}\ s = \pm\,2\ V$. Für $x = 0$ entsteht eine halb so große Spannung mit $\pm 1\ V$.

Die Auswertung der Spannung kann direkt mit entsprechenden Meßinstrumenten erfolgen, z. B. mit Drehspulinstrument und Graetzgleichrichter.

13 Einige weitere Basis-Sensoren

13.1 Piezoelektrischer Effekt

Der piezoelektrische Effekt ist schon sehr lange bekannt. Für den Anwender soll es genügen, wenn der überwiegend benützte *longitudinale* Effekt kurz beschrieben wird, was recht einfach geschehen kann. Wird ein Stückchen piezoelektrisches Material mit einer Kraft F belastet, dann entsteht an der meist metallisierten Oberfläche eine elektrische Ladung Q. **Bild 13.1** zeigt schematisch diese Situation. Der Zusammenhang ist mit $Q = d \cdot F$ linear, d ist die piezoelektrische Zahl (für den longitudinalen Effekt).

In **Tabelle 13.1** sind diese Zahlen für verschiedene Materialien zusammengestellt. Quarz- und Turmalin-Kristalle haben gleiche Eigenschaften. Seignette-Salz (ein Kalium-Natrium-Tartrat) hat zwar einen wesentlich höheren Effekt, ist aber stark hygroskopisch. Hohe Empfindlichkeit ergeben piezoelektrische Sinterwerkstoffe wie etwa Blei-Zirkonat-Titanat (PZT), leider sind sie ziemlich spröde.

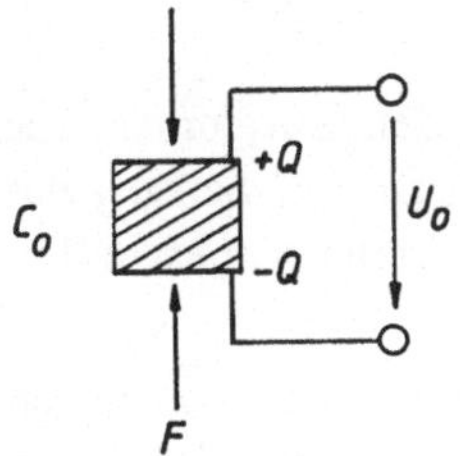

Bild 13.1
Zum piezoelektrischen (longitudinalen) Effekt

Tabelle 13.1 Eigenschaften piezoelektrischer Materialien

Material	piezoelektrische Zahl d As/N	Dielektrizitätskonstante	Bemerkungen
Quarz SiO_2 Turmalin	$22{,}17 \cdot 10^{-11}$	4,5	d bis ca. 200 °C konstant
Seignettesalz	10^{-6}		hygroskopisch, bis ca. 30 °C
Blei-Zirkonat-Titanate PZT	10^{+4}	500 ... 1700	bis ca. 100 °C

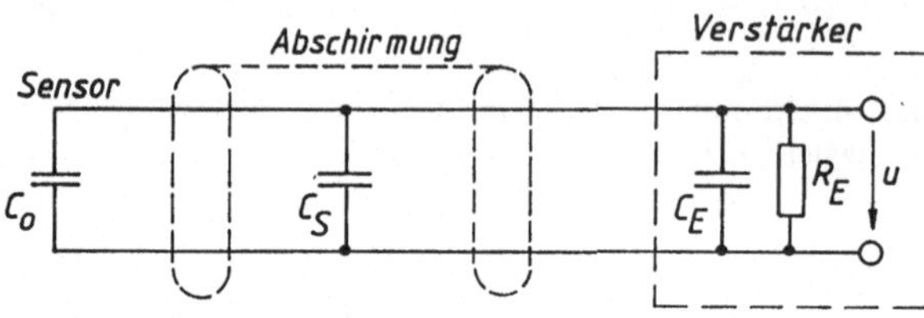

Bild 13.2
Auswerten der piezoelektrischen Ladung

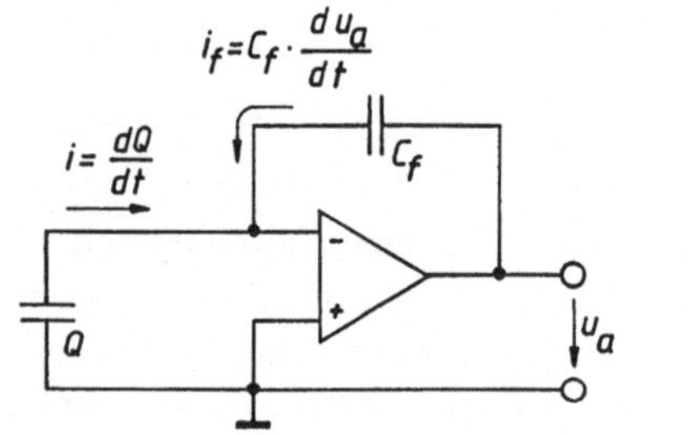

Bild 13.3
Prinzip des Ladungsverstärkers

Mit einer elektrischen Ladung läßt sich meßtechnisch direkt nichts anfangen, sie kann aber über das Gesetz $Q = C \cdot U$ in eine Spannung überführt, diese mit einem hochohmigen Verstärker gemessen werden. **Bild 13.2** zeigt, was dabei elektrisch vor sich geht. Der piezoelektrische Sensor stellt für sich schon eine kleine Kapazität C_0 dar, der gesamte Aufbau und das zu verwendende abgeschirmte Kabel haben eine Kapazität C_s, der Verstärker eine Eingangskapazität C_E. Die verfügbare Spannung errechnet sich somit zu

$$u = Q/C_{ges} = d \cdot F/(C_0 + C_s + C_E).$$

Diese Beziehung zeigt, daß die beteiligten Kapazitätswerte voll in den Zusammenhang $u = f(F)$ eingehen. Deswegen ist es unerläßlich, bei diesem Verfahren den Sensor, das Verbindungskabel und den Meßverstärker als Einheit vom selben Anbieter zu beschaffen — „freie" Kombinationen sind nicht kalibriert.

Dieser Einfluß kann mit einem Ladungs-Verstärker nach **Bild 13.3** im Prinzip umgangen werden. Die vom Sensor abgeführte Ladung, der Strom $i = dQ/dt$, wird vom Verstärker mit dem Strom $i_f = C_f \cdot du_a/dt$ kompensiert. Durch Integration ergibt sich der Zusammenhang

$$u_a = (-) \frac{Q}{C_f} = (-) \frac{d \cdot F}{C_f} \; .$$

Die Kapazitäten C_0, C_s und C_E werden durch die sehr hohe Verstärkung v_0 des Verstärkers praktisch eliminiert, der externe und vom Anwender bestimmbare Kondensator C_f legt die Kalibrierung fest.

Leider hat jeder Verstärker einen endlichen, wenn auch sehr großen Eingangswiderstand R_E, der in Parallelschaltung mit allen Isolationswiderständen die durch den piezoelektrischen Effekt entstandene Ladung ebenfalls abbaut. Ist die gewonnene Spannung im ersten Moment des Auftretens der Kraft F von der Größe U_0, dann sinkt sie mit der Zeit t nach einer e-Funktion

$$u = U_0 \cdot e^{-\frac{t}{T}} \quad \text{mit} \quad T = R_E (C_0 + C_S + C_E)$$

ab. Piezoelektrische Aufnehmer sind grundsätzlich nicht für statische, sondern nur für dynamische Vorgänge geeignet!

Als Beispiel sei noch eine kleine Zahlenabschätzung angefügt.

Beispiel 13-1

Die Sensorkapazität C_0 wie auch die Eingangskapazität C_E des Verstärkers sind klein. Am meisten wird die Aufbau- und Schirmkapazität ausmachen. Insgesamt kommen hier leicht $C_{ges} = 100$ pF $= 10^{-10}$ s/Ω zustande. Mit einem Quarz-Sensor d $= 22{,}17 \cdot 10^{-11}$ As/N ergibt sich dann eine Spannung von 2,217 V/N. Die Zeitkonstante beträgt bei einem Verstärker mit $R_E = 100$ M$\Omega = 10^8$ Ω nur 10^{-10} (s/Ω)$\cdot 10^8$ $\Omega = 10$ ms, eine sehr kurze Zeit, in welcher die Spannung u bereits auf 37 % des Anfangswertes U_0 abgefallen ist. Für quasistatische Messungen sind äußerst hochohmige „Elektrometer"-Verstärker mit einem Eingangswiderstand $R_E = 10^{14}$ Ω und mehr nötig.

13.2 Schwingende Saiten

Die Schwingfrequenz f einer eingespannten Saite ist abhängig von der mechanischen Spannung $\sigma = F/A = E \cdot \Delta l/l$, also der Kraft F auf den Querschnitt A (gleichzusetzen dem Produkt aus Elastizitätsmodul E und der Dehnung $\Delta l/l$). Außerdem geht noch die Dichte ρ des Saitenmaterials ein. Dies wird nicht nur für Musikinstrumente, sondern auch für Sensoren ausgenützt. Der physikalische Zusammenhang lautet

$$f = \frac{1}{2\,l} \sqrt{\frac{F/A}{\rho}} \; .$$

Wird die Kraft erhöht auf $F + \Delta F$, was im elastischen Bereich einer Längenänderung um Δl entspricht, dann wird sich die Frequenz nach

$$\Delta f/f = \sqrt{\Delta F/F} = \sqrt{\Delta l/l}$$

ändern. Der Zusammenhang ist leider nicht linear.

Den prinzipiellen Aufbau eines Saiten-Dehnungsmessers zeigt **Bild 13.4**. Der Dehnungsmesser besitzt zwei Schneiden, mit welchen er auf die zu messende Oberfläche gesetzt

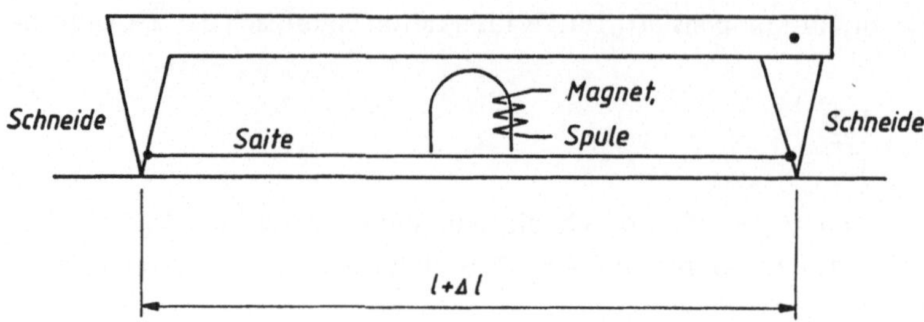

Bild 13.4 Ein Saiten-Dehnungsmesser

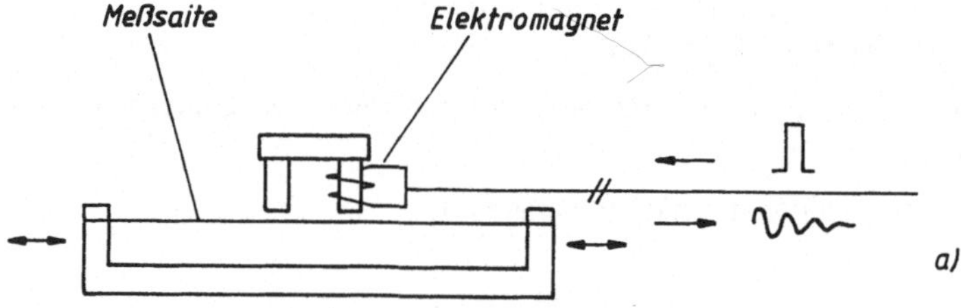

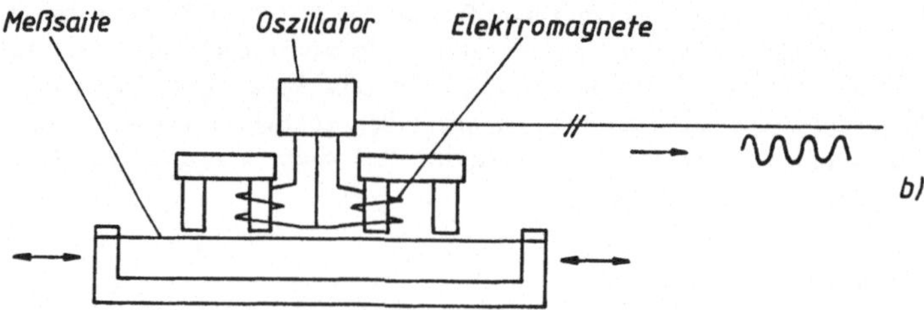

Bild 13.5 Betriebsweisen für Schwingsaiten:
a) intermittierend   b) Dauerschwingung mit Oszillator

wird. Eine der Schneiden ist in begrenztem Umfang beweglich, so daß sich eine Längenänderung Δl der Abmessung l zwischen den Schneiden auf die Saite übertragen kann. Die
Frequenz der Saite (meist Stahl) wird von einem kleinen Elektromagneten, einer Art
von einfachem Tonkopf, abgefragt.

Für Saitendehnungsmesser sind zwei Betriebsweisen üblich. Bei intermittierendem Betrieb
wird der Elektromagnet mit einem kurzen Impuls beaufschlagt, welcher die Saite „an-
zupft", siehe **Bild 13.5a**. Der danach folgende Ausklingvorgang der Saite geht auf denselben Leitungen zurück und kann ausgewertet werden. Bei Dauerbetrieb wird mit zwei
Magnetchen nach **Bild 13.5b** (oder einem Magnet mit zwei Wicklungen) ein Rückkopp-
lungsoszillator aufgebaut, dessen Frequenz von der Saite bestimmt wird.

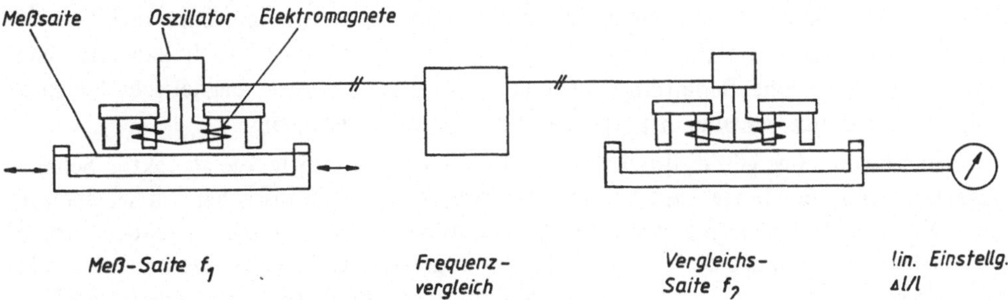

Bild 13.6 Lineare Auswertung mit Vergleichssaite

Auch für die Auswertung gibt es zwei Prinzipien. Man kann die Frequenz der unbelasteten Saite messen und abspeichern oder laufend einer unbelasteten Referenzsaite entnehmen. Zählende Frequenzmessungen ergeben ein digitales und somit direkt prozessorkompatibles Signal. Die von der belasteten Saite stammende Frequenz geht ebenfalls in den Rechner, der mit einem entsprechenden Programm den linearen Zusammenhang mit den zu messenden Größen bildet.

Beim zweiten Verfahren nach **Bild 13.6** steht neben der Meßsaite eine in ihrer mechanischen Spannung veränderliche Vergleichssaite zur Verfügung; deren Längenänderung kann eingestellt und abgelesen werden. Mit einem Frequenzvergleich kann $f_1 = f_2$ bzw. $f_1 - f_2 = 0$ festgestellt werden. Die Vergleichssaite wird in ihrer Spannung solange verändert, bis die Frequenzidentität erreicht ist; $\Delta l/l$ an der Vergleichssaite ist proportional zu der mit der Meßsaite erfaßten Größe. Auf diese Weise wird der Wurzelzusammenhang umgangen.

Die konstruktiven Möglichkeiten der Saiten-Dehnungsmesser sind sehr vielfältig. Wie bei DMS können alle Größen erfaßt werden, die an Federkörpern eine Dehnung zur Folge haben. Saiten-Dehnungsmesser werden bevorzugt in Großbauten wie Brücken, Stützmauern und vor allem bei Staumauern verwendet. Dort messen sie nicht nur die Änderungen der Staumauer selbst, sondern in eigenen Stollen auch Änderungen im Berg. Bleibt abschließend nur noch zu vermerken, daß die schwingenden Saiten selbstverständlich auch temperaturabhängig sind. Man kann sie sogar zur Temperaturmessung verwenden und kommt auf diese Weise zu Temperatur-Kompensationssaiten.

13.3 Taktile Sensoren

Taktile Sensoren haben die Aufgabe, den menschlichen Tastsinn, die sog. Mechanosensibilität (*mechanoreception*), nachzuahmen. Der Tastsinn ist vor allem bei Greif- und Fügeprozessen beteiligt und deswegen vor allem für die Roboter-Entwicklung interessant. Insgesamt meldet die Mechanosensibilität

— ob eine Berührung stattfindet,

— wo sie stattfindet und

— mit welcher Intensität sie stattfindet.

Diese drei Komponenten sollten taktile Sensoren ebenfalls erfassen, und nach diesen drei Komponenten wollen wir diesen Abschnitt ordnen.

Es ist relativ einfach festzustellen, ob eine Berührung stattfindet. Dies meldet jeder Schalter oder Mikrokontakt, jeder Taster (z. B. in Tastaturen). Auch kapazitiv oder induktiv läßt sich eine Berührung (sogar die Intensität) erfassen. Magnetische Sensoren (vgl. 14) und Initiatoren aller Art (vgl. 16.3) sind ebenfalls geeignet.

Noch nicht sehr lange gibt es druckabhängig leitfähige Kunststoffe, die als taktile Schalter einsetzbar sind. Bei ihnen sind leitende Partikel, z. B. Kupferkörnchen, in weichelastischen Kunststoff eingebettet. Wie **Bild 13.7a** deutlich macht, sind diese leitenden Partikel im Ruhezustand voneinander isoliert. Bei Belastung wird das Material zusammengedrückt, die Partikel bekommen Kontakt miteinander, es entsteht mit steigendem mechanischen Druck ein immer dichteres Netz von Strombahnen: der Kunststoff wird leitfähig.

Eine Variante ist in Bild 13.7b gezeigt. Auf sehr gut leitfähiges Material (also etwa Kunststoff mit genügend hoher Beimengung von leitfähigen Partikeln) sind Noppen mit druckabhängig leitfähigem Material aufgesetzt. Auf diese Weise entsteht in einer Fläche eine Matrix von Einzel-Schalterchen, allerdings sind sie alle parallel geschaltet.

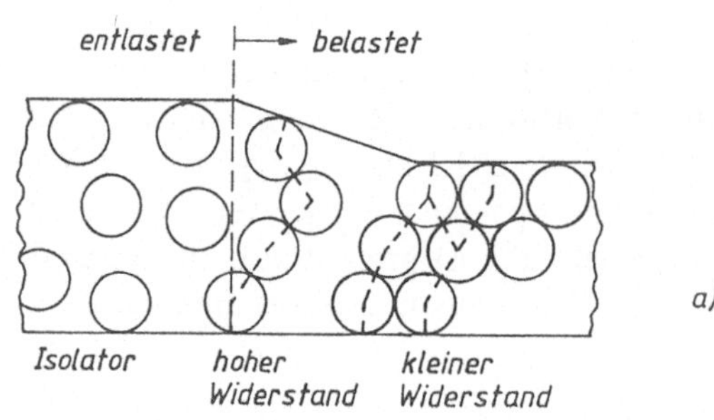

Bild 13.7
Druckabhängig leitfähiger Kunststoff als taktiler Sensor

a) Wirkungsweise der eingebetteten Leitpartikel

b) Variante mit druckabhängig leitfähigen Noppen

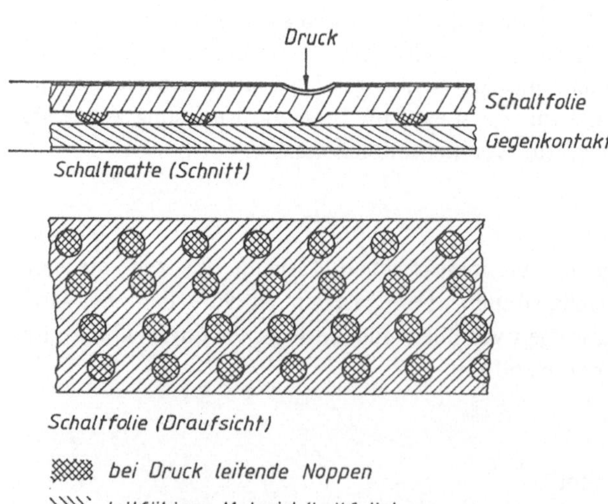

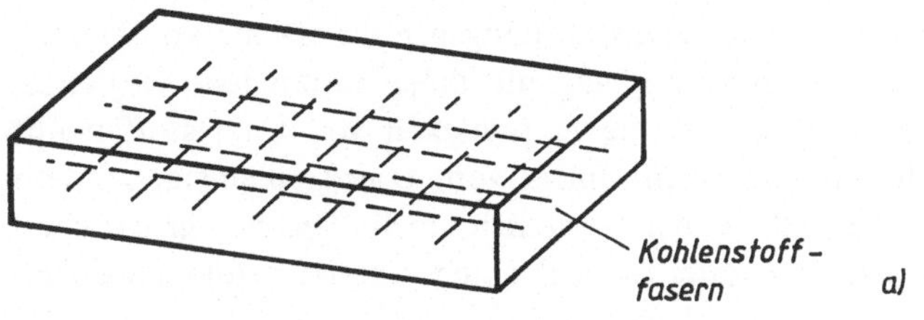

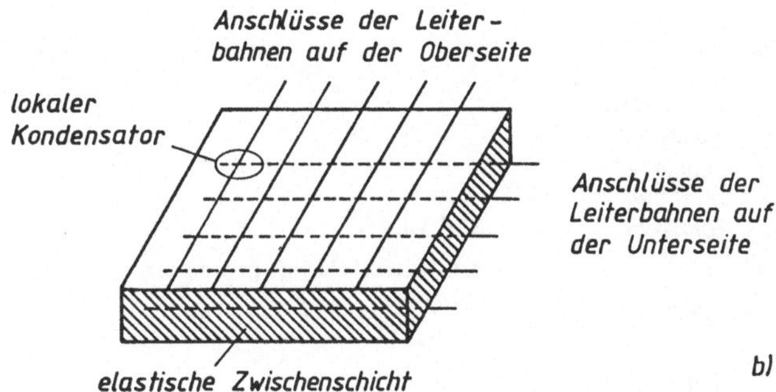

Bild 13.8
Matrixanordnungen von Schaltern können den Berührungsort melden:
a) matrixförmig gekreuzte flexible leitende Fasern
b) kapazitiv wirkende Kreuzungsstellen von Leiterbahnen

Alle genannten Schalter können Berührung oder Druck an der Stelle melden, an welcher sie appliziert sind: sie melden also punktuell (und fixiert), ob an einer bestimmten Stelle eine Berührung stattfindet. Druckabhängige Kunststoffe können größere Flächen (Matten) oder lange Streifen überwachen und dann melden, *ob irgendwo* auf einer Länge oder in einer Fläche eine Berührung stattfindet. Somit sind sie die idealen Sensoren in der Sicherheitstechnik, für Maschinen und Roboter, an Toren und an deren Schließkanten.

Soll zusätzlich festgestellt werden, *wo* eine Berührung stattfindet, dann muß man zu Matrixanordnungen übergehen, die in vielfältiger Art bekannt sind. **Bild 13.8a** zeigt schematisch in elastischen, isolierenden Kunststoff eingebettete leitfähige Fasern, z. B. aus Kohlenstoff. Die Fasern sind orthogonal in zwei Ebenen angeordnet und berühren sich nicht. Bei Druck an einer Stelle kommt es zur Berührung zwischen zwei Fasern, der Ort kann durch die Spalte und die Zeile der Faser-Matrix festgestellt werden. Die Auswertung erfolgt in der Art, wie ein Prozessor die Matrix der Eingabe-Tastatur abfragt. **Bild 13.8b** bringt dieselbe Matrixanordnung für Leiterbahnen, die orthogonal auf der Ober- und Unterseite einer elastischen, isolierenden Zwischenschicht angebracht sind. Jede Kreuzungsstelle bildet einen kleinen Kondensator, dessen Kapazität sich bei Druck und damit Annäherung der betreffenden Leiterbahnen (Verringerung des Abstandes d beim Plattenkondensator, vgl. 12.3.4) erhöht.

Soll außer dem Ort auch noch die Intensität der Berührung gemessen werden, so gibt es eigentlich nur die Möglichkeit, in einer Matrixanordnung eine entsprechende Menge von Drucksensoren anzuordnen. Meist sind dies gegen Federdruck arbeitende kleine induktive Taster LVDT (vgl. 12.3.1) oder kleine Linearpotentiometer. Auch druckabhängig leitfähige Kunststoff-Folien sind in Anordnungen wie derjenigen von **Bild 13.9** schon eingesetzt worden. Mit einer gut leitfähigen Schicht (z. B. Alu-Folie, Kupfergeflecht) wird auf der einen Seite der druckabhängig leitfähigen Folie flächig kontaktiert. Federnde Taststife nehmen den Ort der Beührung auf, mit ihnen verbundene Wegsensoren könnten die Intensität erfassen. Leider ist die Leitfähigkeit von Kunststoffen mit eingelagerten Leit-Partikeln nach Bild 13.7 nicht linear vom Druck abhängig, sondern verhält sich im Prinzip nach **Bild 13.10**, wobei zusätzlich noch Kriechvorgänge überlagert sind und die Reproduzierbarkeit weiter verschlechtern. Sonst wären Matrixanordnungen mit diesen Materialien der nahezu ideale taktile Sensor.

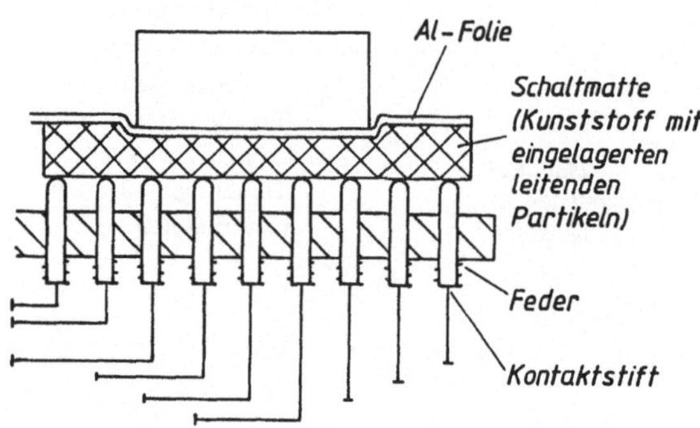

Bild 13.9

Ein Matrixfeld mit gefederten Kontaktstiften

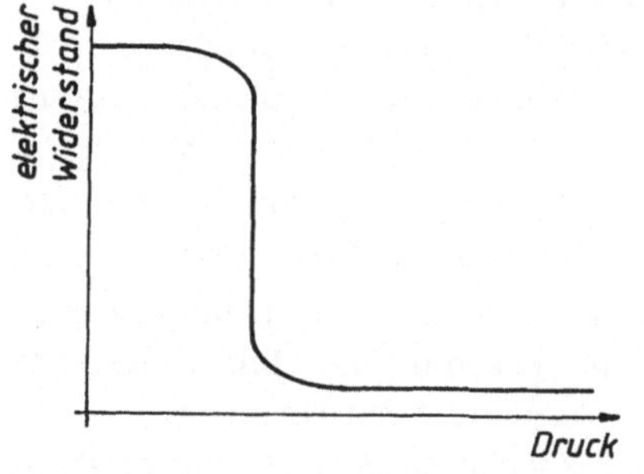

Bild 13.10

Prinzipielle Kennlinie für druckabhängig leitfähige Kunststoffe (nach Bild 13.7)

14 Magnetische Sensoren

14.1 Galvanomagnetische Effekte

Ein im Idealfall unendlich langer Leiter wird nach **Bild 14.1** von einem Strom i durchflossen. Dann wandern die Elektronen.mit einer mittleren Geschwindigkeit v entgegen der technisch positiven Stromrichtung durch diesen Leiter, die uns schon bekannten „Stromfäden" verlaufen alle parallel zur Längsachse des Leiters und sind über seinen Querschnitt homogen verteilt.

Wirkt senkrecht zur Stromrichtung ein magnetisches Feld mit der Induktion B, dann werden die Elektronen von ihrer Bahn abgelenkt durch eine Kraft F. Das hat zwei Folgen.

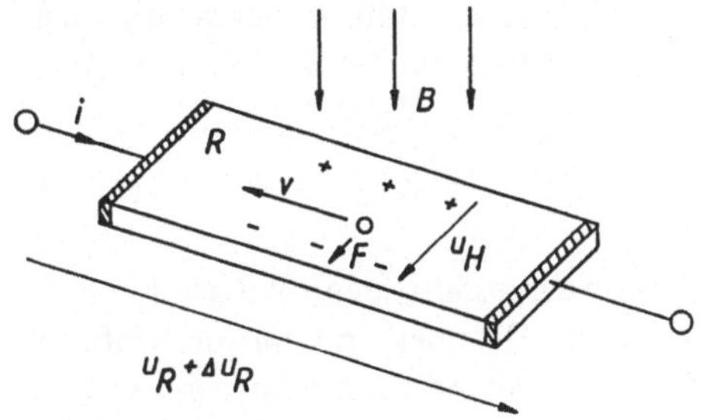

Bild 14.1

Entstehung der galvanomagnetischen Effekte

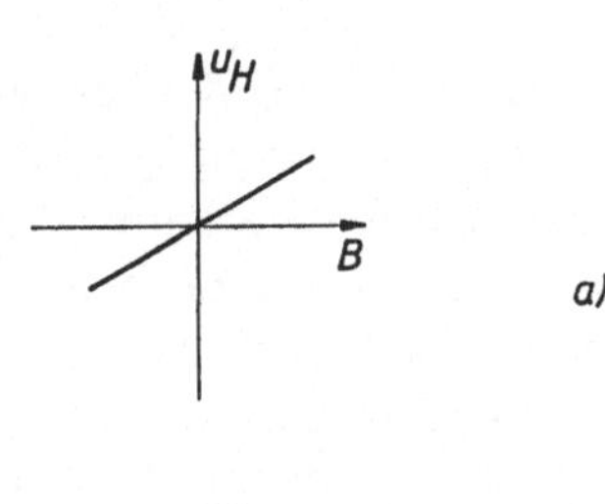

Bild 14.2

Die galvanomagnetischen Effekte

a) transversaler galvanomagnetischer Effekt,
    hängt linear mit der Induktion B zusammen
    (Hall-Effekt)

b) longitudinaler galvanomagnetischer Effekt, hängt
    quadratisch mit der Induktion B zusammen

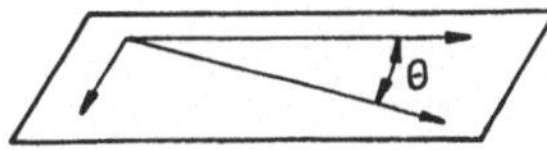

Bild 14.3

Zum Hall-Winkel

Es entsteht eine Ladungstrennung quer zum Leiter, die sich als Hall-Spannung u_H messen läßt: dies ist der transversale galvanomagnetische Effekt, bekannt als *Hall-Effekt* und entdeckt von E. H. Hall 1879. Die Hallspannung kehrt ihr Vorzeichen mit dem Feld (und dem Strom i) um und hängt linear mit diesen zusammen, wie dies in **Bild 14.2a** skizziert ist. Die durch die Ablenkung verlängerten Stromfäden im Leiter können als eine Erhöhung des Widerstands bzw. als Erhöhung des Spannungsfalls u_R am Leiter auf $u_R + \Delta u_R$ gemessen werden: dies ist der longitudinale galvanomagnetische Effekt (nachgewiesen von W. Thomson 1856). Da ein Grundwiderstand R_0 für B = 0 vorhanden ist und der Effekt nicht vom Vorzeichen von B (bzw. i) abhängt, ist ein quadratischer Zusammenhang nach **Bild 14.2b** zu erwarten.

Beide Effekte lassen sich einprägsam durch den Hall-Winkel Θ darstellen, der nach **Bild 14.3** die Stromfäden aus zwei Komponenten zusammensetzt, wobei die Längskomponente die normalen Stromfäden sind. Die Querkomponente hängt linear mit B (und i) zusammen und veranschaulicht den transversalen Hall-Effekt; die geometrische Summe steht für den longitudinalen Effekt, veranschaulicht (über die geometrische Addition der Komponenten) den quadratischen Zusammenhang mit B und ist Grundlage für die Feldplatten. Beide Effekte werden nun einzeln besprochen.

14.1.1 Hall-Sensoren

In **Bild 14.4** ist die Situation von Bild 14.1 nochmals dargestellt, denn wir wollen jetzt den Zusammenhang für die Hallspannung kurz herleiten. Allgemein gilt für die Kraft auf eine im magnetischen Feld der Flußdichte B mit der Geschwindigkeit v bewegte elektrische Ladung q das Vektorprodukt

$$\vec{F} = q \cdot [\vec{v} \times \vec{B}].$$

Für die in Bild 14.4 eingetragene Richtung der Kraft ist die negative Ladung der bewegten Elektronen ($q = e^-$) bereits dadurch berücksichtigt, daß v entgegengesetzt zu i gepfeilt wurde. Da $\vec{v}$ und $\vec{B}$ als Vektoren senkrecht aufeinander stehen, gilt für den Betrag der Kraft $F = q \cdot v \cdot B$. Diese durch das Magnetfeld aufgebrachte und somit als F_M zu bezeichnende Kraft lenkt die Elektronen ab und sorgt für die als Hallspannung u_H feststellbare Ladungstrennung. Aus ihr folgt aber ein elektrisches Feld $E = u_H/b$, das eine mit F_M im Gleichgewicht befindliche Gegenkraft $F_E = q \cdot E = q \cdot u_H/b$ erzeugt. Durch Gleichsetzen folgt zunächst $u_H = v \cdot B \cdot b$.

Was noch fehlt, ist der Übergang zum Strom i, den wir über die *Stromdichte* fassen können. Ein „Stange Ladungsträger" kommt (in Analogie zu dem jedem Maschinenbauer geläufigen *Volumenstrom*) mit dem Volumen pro Zeit $V/t = v \cdot b \cdot d$ (mit d als der Leiterdicke) an und enthalte n Ladungsträger, also die Ladung $Q = n \cdot q$. Der Strom ist bekanntlich $i = dQ/dt$, und somit gilt $i = b \cdot d \cdot (v \cdot n \cdot q)$. Der in Klammer gesetzte Ausdruck ist die Stromdichte. Nun kann man nach v auflösen und erhält den Ausdruck

$$u_H = \frac{1}{n \cdot q} \cdot \frac{1}{d} \cdot i \cdot B = \frac{R_H}{d} \cdot i \cdot B.$$

Der Ausdruck $1/n \cdot q$ ist der Kehrwert der in einem Material vorhandenen Ladungsträger pro Volumen, somit eine Materialkonstante, und wird als Hallkonstante $R_H\,[cm^3/As]$ bezeichnet. Für Hallsensoren werden meist Verbindungen von Elementen der Gruppen III und V des periodischen Systems verwendet, z. B. Indium-Antimonid InSb oder Indium-Arsenid InAs. Die Hallkonstante R_H und deren Temperaturabhängigkeit ist für diese beiden Materialien in **Bild 14.5** gezeigt.

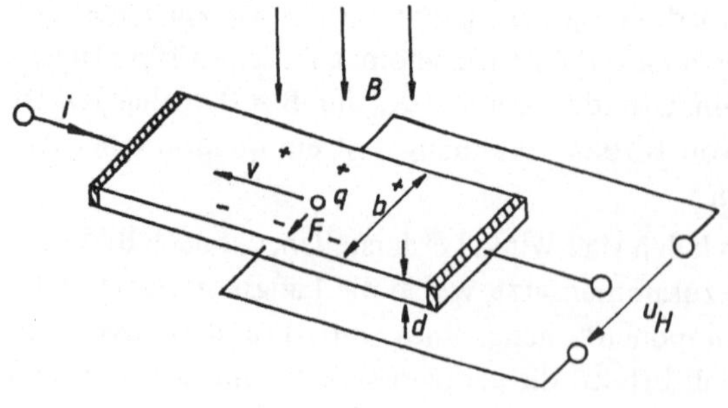

Bild 14.4
Zum Hall-Effekt

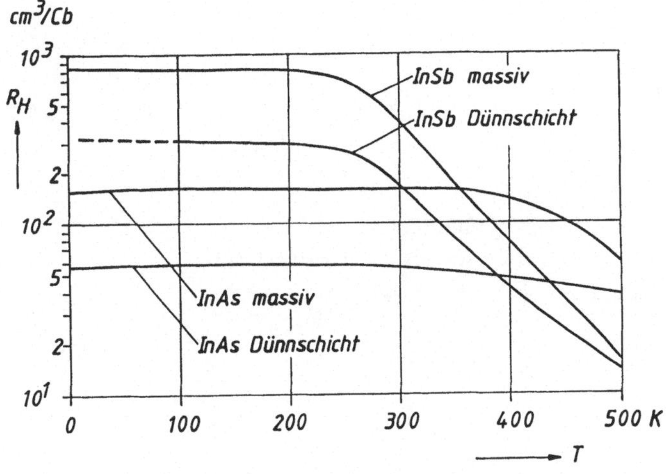

Bild 14.5

Materialien für Hall-Sensoren und ihre Hall-Konstante R_H

Die Anwendung als Hall-Multiplizierer $u_H \sim i \cdot B$ kommt kaum mehr vor, da andere Bausteine zur Verfügung stehen (vgl. 5.5). Kombinationen von Hall-Sensor mit nachfolgendem Verstärker sind als LOHET (linear output hall effect transducer) marktgängig und liefern 50 ... 100 mV/mT Ausgangsspannung. Sie werden zur Messung von Magnetfeldern und als Stromsensor (vgl. Abschnitt 8.6.2) eingesetzt. Integrierte Kombinationen aus Hall-Sensor, Verstärker und Schwellenschalter (Schmitt-Trigger) dienen als berührungslose und prellfreie, magnetbetätigte Schalter, z. B. zur Drehzahlabnahme, bei Tastaturen und als Initiatoren.

14.1.2 Feldplatten

Der Hallwinkel Θ, also die Ablenkung der Stromfäden von der Längsachse des Leiters, wird mit $\tan(\Theta) = k \cdot B$ angegeben. Bei Halbleitern mit Eigenleitung ist die Hallkonstante R_H praktisch Null, der spezifische Widerstand ρ_0 ohne Feld wird im Magnetfeld B verändert auf

$$\rho(B) = \rho_0 (1 + \tan^2 \Theta) = \rho_0 \cdot (1 + k^2 B^2).$$

Als einfache Skizze läßt sich dies in Art von **Bild 14.6** darstellen: einzelne Plättchen aus geeignetem Material sind, durch hochleitende Zwischenschichten (um den Strom wieder

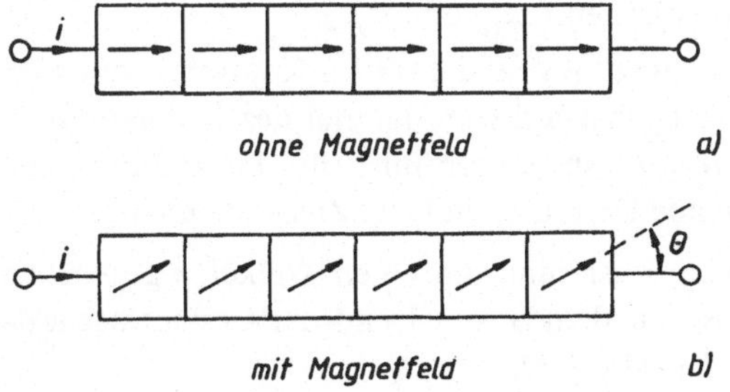

Bild 14.6

Stromfäden bei der Feldplatte, prinzipieller Verlauf

a) ohne Feld B
b) mit Feld B, Ablenkung um den Hall-Winkel

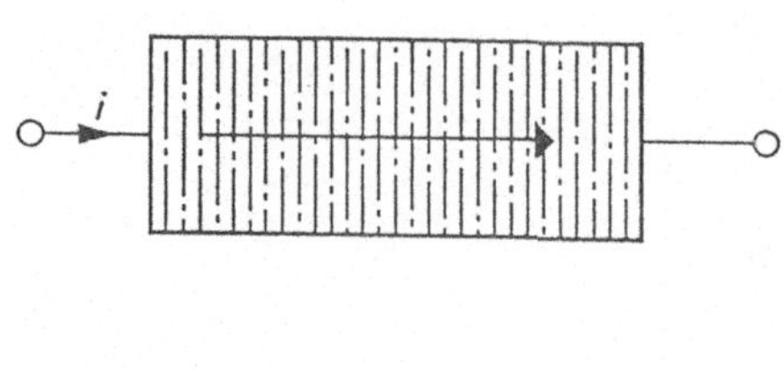

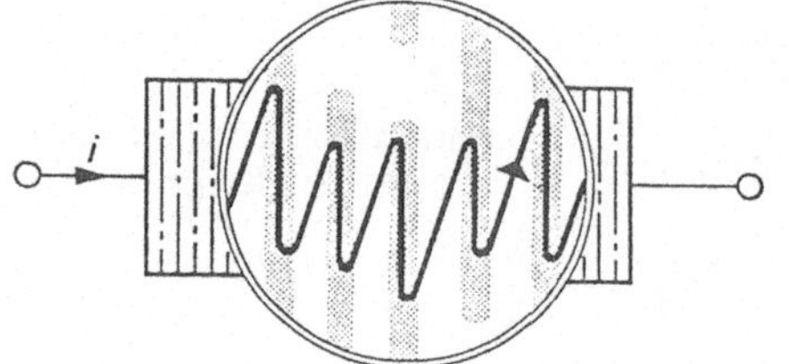

Bild 14.7
Stromfäden in der Feldplatte

homogen zu verteilen) aneinandergereiht. Ohne Feld der Flußdichte B laufen die Stromfäden parallel (Bild 14.6a) zur Leiterachse, im Feld sind sie um den Hallwinkel Θ verdreht (Bild 14.6b).

Feldplatten bestehen meist aus Indium-Antomonid InSb, senkrecht zur Stromflußrichtung sind hochleitende Nadeln aus Nickel-Antimonid NiSb eingebracht. Ohne Feld fließt der Strom i „glatt" durch, wie dies in **Bild 14.7a** skizziert ist. Mit einer Flußdichte B ergeben sich dann entsprechend längere Bahnstückchen zwischen den hochleitenden NiSb-Nadeln, was in Bild 14.7b symbolisch mit dem Blick durch die Lupe veranschaulicht ist.

Feldplatten sind niederohmig, ihr Widerstand liegt ohne Feld bei 0,1 ... 1 kΩ. Dieser Grundwiderstand steigt bei einem Magnetfeld von 1 T auf den 7 ... 15-fachen Wert an. Feldplatten werden sehr selten als Meßelemente, also als echte Sensoren, eingesetzt. Sie dienen eher einfachen Steuerungszwecken, z. B. als berührungslose Stellwiderstände (Feldplatten-Potentiometer).

14.2 Magnetoresistive Sensoren

Ferromagnetische Materialien ändern ihren elektrischen Widerstand, wenn sie einem äußeren Magnetfeld ausgesetzt werden. Dies wird als magnetoresistiver Effekt bezeichnet und ist in **Bild 14.8** skizziert. Dort fließt ein Strom I infolge der Spannung U durch einen langgestreckten Streifen von ferromagnetischem Material, z. B. das meist verwendete Permalloy. Quer zur Stromrichtung kann ein magnetisches Feld H wirken. Stehen H und I senkrecht, dann ergibt sich ein Kleinstwert R_{min} für den Widerstand des Streifens; liegt das Feld H parallel zu den Stromfäden I, dann führt dies zu einem Größtwert R_{max}; ohne Feld liegt der R-Wert etwa in der Mitte zwischen R_{min} und R_{max}.

Um die Sache quantifizieren zu können, führen wir mit **Bild 14.9** ein Koordinatensystem x, y ein, außerdem erhält das verwendete ferromagnetische Material des Leiterstreifens eine magnetische Vorzugsrichtung (*Anisotropie*) in x-Richtung (in der Literatur als *easy axis* bezeichnet). Nun ergeben sich folgende Definitionen bzw. Zusammenhänge:

– ein äußeres Feld H_y dreht die Gesamtmagnetisierung um einen Winkel φ gegenüber der x-Achse (*easy axis*); der Winkel zwischen dem Strom I und der Gesamtmagnetisierung wird mit Θ bezeichnet. Für Bild 14.9 ist $\varphi = \Theta$,

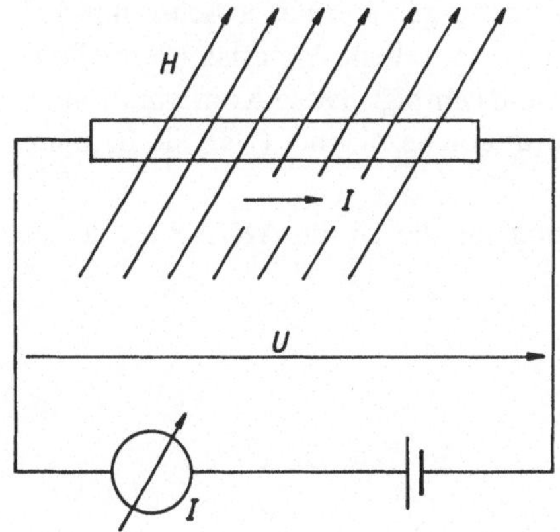

Bild 14.8
Zum magnetoresistiven Effekt

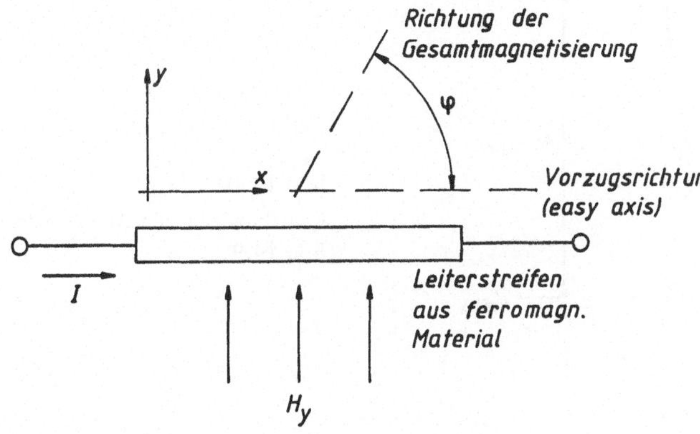

Bild 14.9

Achsen und Winkel beim
magnetoresistiven Effekt

— ab einer Mindestfeldstärke H_0 in y-Richtung wird $\varphi = 90°$ und für den Leiterstreifen R_{min} erreicht,

— im Bereich $0 \leqslant H_y \leqslant H_0$ gilt $\sin(\varphi) = H_y/H_0$.

Für den Zusammenhang mit dem Winkel Θ zwischen dem Strom und der Gesamtmagnetisierung gilt

$$R = R_{max} - (R_{max} - R_{min}) \cdot [\sin(\Theta)]^2,$$

woraus mit $R_{max} - R_{min} = \Delta R_{max}$ folgt

$$R = R_{max} - \Delta R_{max} \cdot (H_y/H_0)^2.$$

Mit der Widerstandsänderung $\Delta R = R_{max} - R$ als zentral interessierende Variable ergibt sich schließlich die Beziehung

$$\Delta R/\Delta R_{max} = (H_y/H_0)^2,$$

deren Verlauf in **Bild 14.10** dargestellt ist. Dieser rein quadratische Verlauf ist zunächst unbrauchbar. Er läßt sich jedoch mit einem Trick linearisieren. Wir hatten vorsichtshalber von der Gesamtmagnetisierung zur x-Achse (*easy axis*) den Winkel φ und zum Strom den

Winkel Θ getrennt definiert. Man kann nun den Strom I gegenüber der x-Achse um $45°$ drehen, wenn man in den Leiterstreifen aus ferromagnetischem Material (Permalloy) unter $45°$ geneigte hochleitende Streifen (z. B. aus Gold) einfügt. Diese Konfiguration ist in **Bild 14.11** dargestellt und wird als *Barberpole*-Anordnung bezeichnet (weil die Barbiere in den USA ihre Läden so kennzeichnen).

Ist nun $\Theta = \varphi + 45°$, dann läßt sich unsere Beziehung für die Größe $\Delta R / \Delta R_{max}$ leicht umrechnen, was auf den Zusammenhang

$$\frac{\Delta R}{\Delta R_{max}} = \frac{1}{2} + \frac{H_y}{H_0} \sqrt{1 + \left[\frac{H_y}{H_0}\right]^2}$$

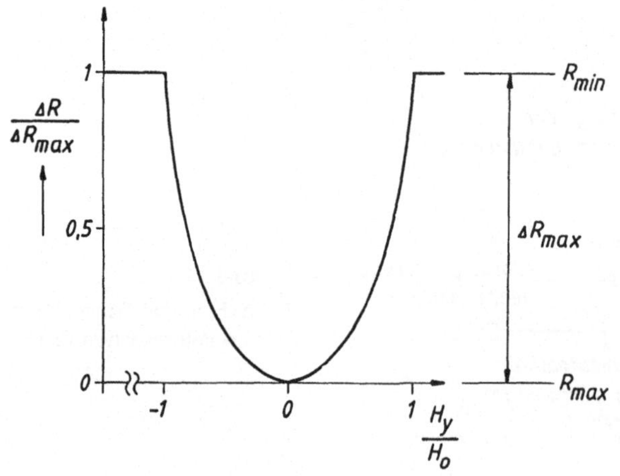

Bild 14.10

Kennlinie mit den Achsen von Bild 14.9

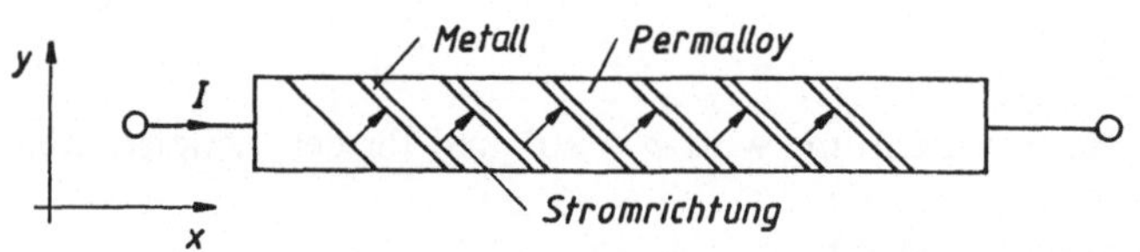

Bild 14.11

Die *Barberpole*-Konfiguration

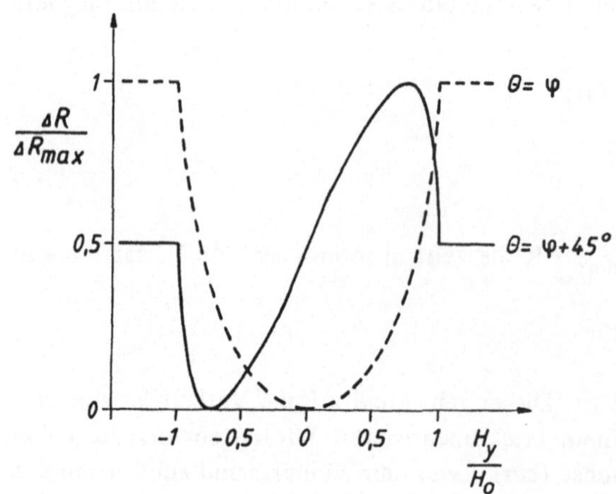

Bild 14.12

Kennlinie eines magnetoresistiven Sensors mit *Barberpole*-Konfiguration

führt. Dies ist in **Bild 14.12** dargestellt, der ursprüngliche Zusammenhang wurde gestrichelt wiedergegeben. Wir können sehr bildhaft feststellen, wie die Manipulation mit den Winkeln einen gewissen linearen Bereich erzeugt hat.

Die marktgängigen Sensoren werden die *Barberpole*-Streifen unter 45° und −45° angebracht und eine Art Vollbrückenanordnung aus vier ferromagnetischen Leiterstreifen im Sensor zusammengefügt. Damit ergeben sich recht empfindliche Anordnungen, die für die verschiedensten Zwecke (vom Initiator bis zur linearen Abstandsmessung) brauchbar sind. Es ist deshalb nötig, sich ausführlich mit den Eigenschaften dieser Sensoren zu befassen.

14.3 Wiegand-Effekt

Der Wiegand-Effekt wurde Anfang der 70er Jahre vom deutsch-amerikanischen Physiker John R. Wiegand entdeckt. Der Effekt wird zwar schon für Sensoren verwendet, seine Erforschung scheint aber noch nicht abgeschlossen zu sein.

Nach **Bild 14.13** ist eine kleine Spule um einen Kern gewickelt. Dieser hat einen weichmagnetischen Kern mit einer kleinen Koerzitivkraft H_{CK} und einen hartmagnetischen Mantel mit großer Koerzitivkraft H_{CM}. Kern und Mantel können nun positiv oder negativ, gegensinnig oder gleichsinnig gepolt sein, insgesamt ergeben sich die 4 in **Tabelle 14.1** zusammengestellten Möglichkeiten.

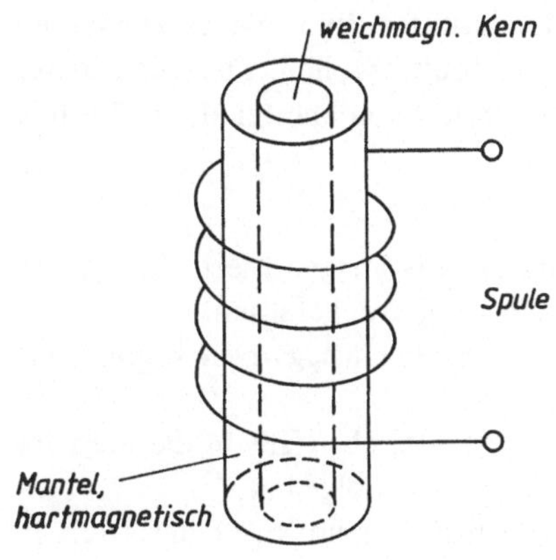

Bild 14.13
Ein Wiegand-Sensor

Tabelle 14.1 Die Polungsmöglichkeiten von Kern und Mantel beim Wiegand-Effekt

Magnetisierung von		
Mantel	Kern	
+	+	gleichsinnig,
−	−	parallel
+	−	gegensinnig,
−	+	anti-parallel

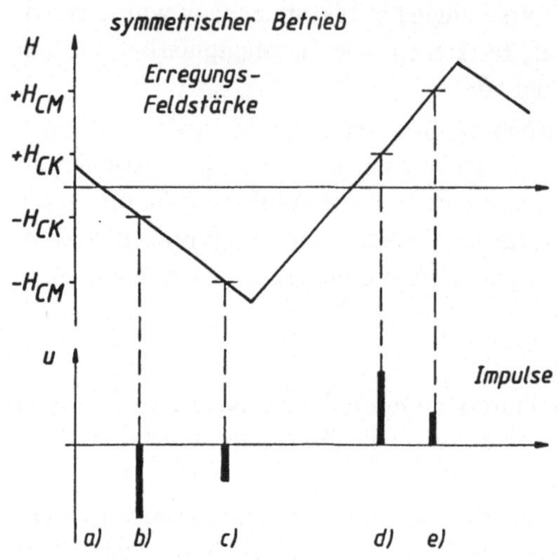

Bild 14.14
Wiegand-Sensor, symmetrischer Betrieb

Zwischen den 4 möglichen magnetischen Zuständen erfolgt rasches Umkippen, und diese raschen Feldänderungen erzeugen in der Spule nach dem Induktionsgesetz Spannungsimpulse. Wir wollen nun die beiden wesentlichen Betriebsweisen miteinander durchspielen.

In **Bild 14.14** wird der sog. „Symmetrische Betrieb" erklärt. Oben im Diagramm ist der Verlauf der (äußeren) Erregungsfeldstärke skizziert, darunter sind die interessanten Punkte mit Buchstaben gekennzeichnet, die wir jetzt verfolgen wollen. Für jeden dieser Punkte a) bis e) wird tabellenartig die Magnetisierungs-Polarität von Mantel M und Kern K angegeben.

M K
a) + + Ausgangslage, Mantel und Kern gleichsinnig positiv magnetisiert, Erregungsfeldstärke $H < + H_{CK}$. Nun wird die Erregung ins Negative gefahren.

b) + − Bei Unterschreiten von $- H_{CK}$ kippt der Kern, was einen negativen Impuls auslöst.

c) − − Bei Unterschreiten auch von $- H_{CM}$ kippt der Mantel ebenfalls in die negative Magnetisierung, was einen kleinen negativen Impuls zur Folge hat.

d) − + Wird bei ansteigender Erregung $+ H_{CK}$ überschritten, dann kippt der Kern in die positive Magnetisierung zurück, es entsteht ein positiver Impuls in der Spule.

e) + + Für $H > + H_{CM}$ kippt auch der Mantel in die positive Magnetisierung, was einen kleinen positiven Impuls zur Folge hat.
Der Ausgangszustand ist wieder erreicht.

Beim unsymmetrischen Betrieb nach **Bild 14.15** wird ebenfalls von gleichsinniger, positiver Magnetisierung in Kern und Mantel ausgegangen und die Erregung ins Negative gefahren, jedoch nach der Situation bei Punkt b) sofort wieder erhöht. Das ergibt die folgenden Stationen:

M K
a) + + Ausgangslage, Mantel und Kern gleichsinnig positiv magnetisiert, Erregungsfeldstärke $H > H_{CK}$. Nun wird die Erregung ins Negative gefahren.

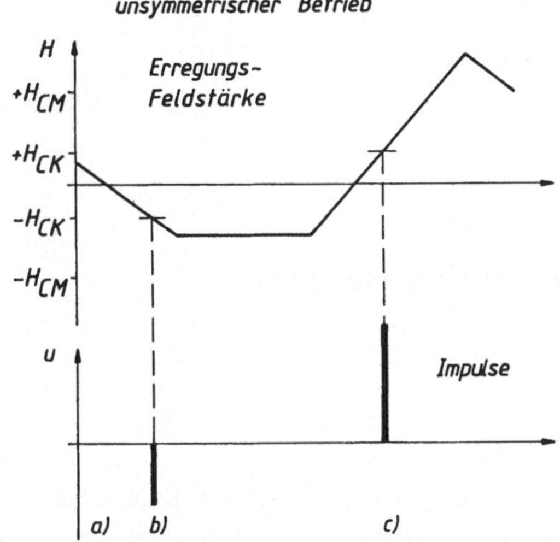

Bild 14.15
Wiegand-Sensor, unsymmetrischer Betrieb

b) + − Bei Unterschreiten von $-H_{CK}$ kippt der Kern, was einen negativen Impuls auslöst.

c) + + Im Gegensatz zum symmetrischen Betrieb wird nun die Erregung sofort wieder erhöht (ins Positive), bei $H = +H_{CK}$ kippt der Kern in dieselbe Lage, die der Mantel schon hat, was einen sehr großen positiven Impuls auslöst.

Der Ausgangszustand ist wieder erreicht.

Mit dem Wiegand-Effekt können nur Schaltvorgänge, Impulse, ausgelöst werden, für proportionale Sensoren ist er nicht geeignet. Ein Wiegand-Sensor ist jedoch äußerst robust und liefert aktive Signale, die leicht auswertbar sind. Eingesetzt wird er als Initiator (ähnlich dem Hallsensor mit nachgeschaltetem Schmitt-Trigger), zur Abnahme von Drehzahlen und zum Abzählen von Weg-Elementen.

Die abgegebenen Impulse liegen im Bereich von einigen Volt (Dauer mehrere Mikrosekunden). Es ist $H_{CK} \approx 15$ A/cm, $H_{CM} \approx 20 \dots 80$ A/cm. Es versteht sich von selbst, daß vor Anwendung des Wiegand-Effekts ein eingehendes Studium seines Verhaltens erfolgen muß.

Messen nicht-elektrischer Größen:
Messen mechanischer Größen

15 Messen mechanischer Größen mit Federkörpern

15.1 Spannung und Dehnung

15.1.1 Darstellen von Spannungszuständen

Obwohl dem Maschinenbauer die Grundlagen der Festigkeitslehre gewiß nicht unbekannt sind, wird eine kurze Zusammenstellung nicht unwillkommen sein, vor allem auch für den Leser, dem diese Dinge weniger präsent sind. Zur Einführung gut geeignet ist der bekannte Zugversuch, bei dem ein Stab der Länge l und des Querschnitts A von einer Kraft F beansprucht wird (vgl. auch Abschnitt 12.1.3 Mechanisch beanspruchte Leiter).

Der Zugstab ist in **Bild 15.1a** gezeigt, außer den schon genannten Größen sind noch Flächenelemente dA und die auf sie entfallenden Kraftanteile dF eingetragen. Die mechanische Spannung im Stab ist $\sigma = F/A = dF/dA$. In **Bild 15.1b** ist der Verlauf der Spannung σ über der Dehnung $\varepsilon = \Delta l/l$ des Stabs aufgetragen. Bis zur *Fließgrenze* σ_p ist der Zusammenhang linear, danach nimmt die Dehnung stark zu, der Stab beginnt zu „fließen". Nach Erreichen der *Bruchfestigkeit* σ_B schnürt sich der Stab ein und reißt dann ab.

Interessant und technisch nutzbar ist nur der lineare Bereich. Hier verhält sich das Material elastisch und kehrt nach Verschwinden der Kraft F in den Ausgangszustand zurück. Der Proportionalitätsfaktor zwischen Spannung σ und Dehnung ε heißt *Elastizitätsmodul* E und ist diejenige (theoretische) Spannung, bei welcher die Dehnung 100 %, also $\Delta l/l = 1$ wäre. Damit gilt der einfache Zusammenhang des *Hooke*schen Gesetzes $\sigma = E \cdot \varepsilon$ bzw.

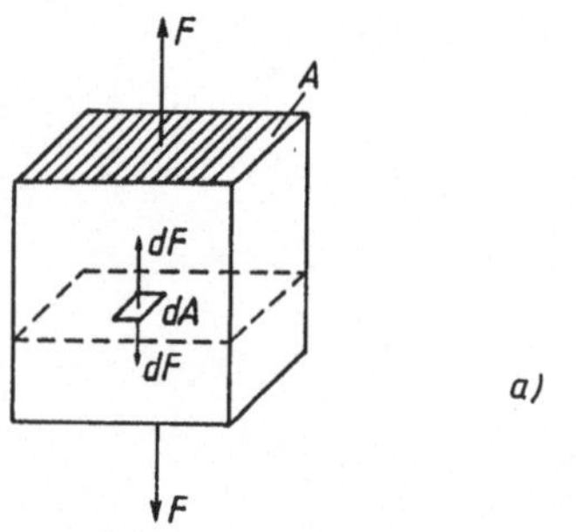

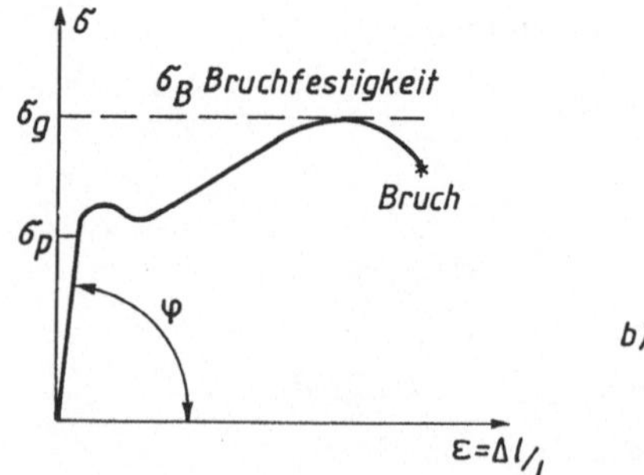

Bild 15.1 Der Zugstab
a) Stab mit Rechteck-Querschnitt, geschnitten   b) Verlauf Spannung über Dehnung beim Zugversuch

$E = \sigma/\epsilon = \tan(\varphi)$. Neben dieser Längsdehnung zeigt sich noch eine Querkontraktion der Abmessungen D $(D^2 = A)$ mit $\Delta D/D = -\mu \cdot \epsilon = -\mu \cdot \Delta l/l$, wobei μ die bekannte *Querkontraktionszahl* (*Poisson*-Zahl) ist.

Wird ein dreidimensionaler Körper nicht nur in einer einzigen Richtung, sondern beliebig beansprucht, dann verformt er sich. Eine in seinem Innern vor der Belastung herausgeschnitten gedachte Kugel wird sich zum Ellipsoid verformen. Dieses hat drei senkrecht aufeinander stehende (orthogonale) Achsen, und in deren Richtungen sind bei der Verformung lediglich reine Längenänderungen festzustellen; in allen anderen Raumrichtungen treten außer den Längenänderungen auch noch Winkelverschiebungen auf.

Damit im Körperinnern die Kontinuität gewahrt bleibt, müssen sich die verformten Kugeln lückenlos aneinander anschließen. Ihre Achsen ergeben, aneinandergefügt, ein dreidimensionales, orthogonales Netz von Linien. Die Tangenten an diese Linien in irgendeinem Raumpunkt nennt man die *Hauptrichtungen*. An der Oberfläche des Körpers geht das dreidimensionale Liniensystem in ein zweidimensionales über, die dritte Richtung steht senkrecht auf der Körperoberfläche.

Die Festigkeitslehre will den Verlauf dieser Liniennetze ermitteln. Meßtechnisch kann dies jedoch nur an der Körperoberfläche geschehen. Da erfahrungsgemäß dort größere Spannungen als im Körperinnern auftreten, genügt die Ermittlung der beiden senkrecht aufeinanderstehenden Hauptrichtungen. In ihnen treten die größten (bzw. kleinsten) Spannungen auf, man spricht von *Hauptspannungsrichtungen* und *Hauptspannungen*.

Wenn wir uns eine nur in der Scheibenebene belastete Scheibe nach **Bild 15.2a** vorstellen, dann enden bei ihr alle Hauptspannungsrichtungen senkrecht am Rand der Scheibe. In Richtung der Scheibendicke treten keine Spannungen auf, es waren hier auch keine Kräfte zugelassen. Noch übersichtlicher wird der Fall, wenn der Zugstab (von Bild 15.1a) nunmehr nach **Bild 15.2b** als Scheibe ausgebildet wird. Zugspannungen wirken nur in Richtung der Kraft F. Somit sind die Hauptspannungsrichtungen 1, 2 klar und als Achsen mit der Bezeichnung 1 und 2 in Bild 15.2b eingetragen.

Meist sind die Hauptspannungsrichtungen 1, 2 nicht bekannt, dafür ist aber oft ein Bezugssystem x, y schon vorgegeben, wie dies in **Bild 15.3a** skizziert ist. Es stellt sich somit die

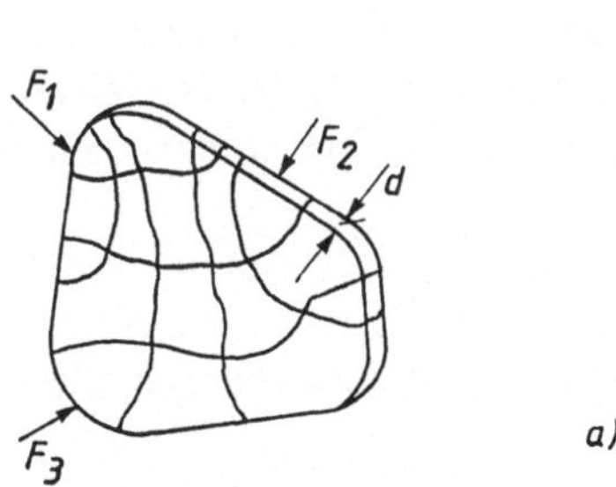

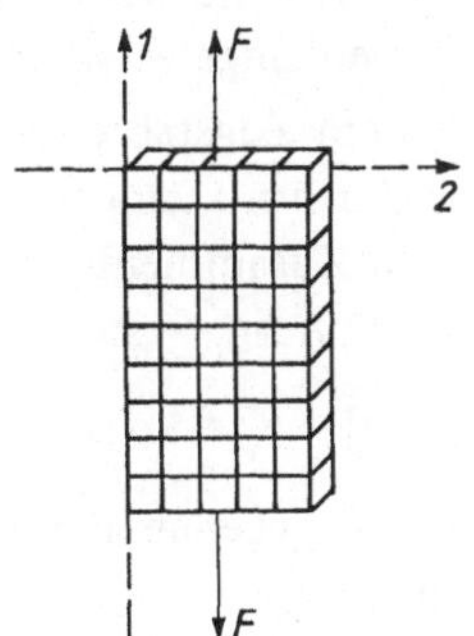

Bild 15.2 Scheibenförmige, belastete Körper
a) allgemeine Scheibe mit Hauptrichtungen
b) Die Hauptrichtungen 1, 2 bei einem scheibenförmigen Zugstab

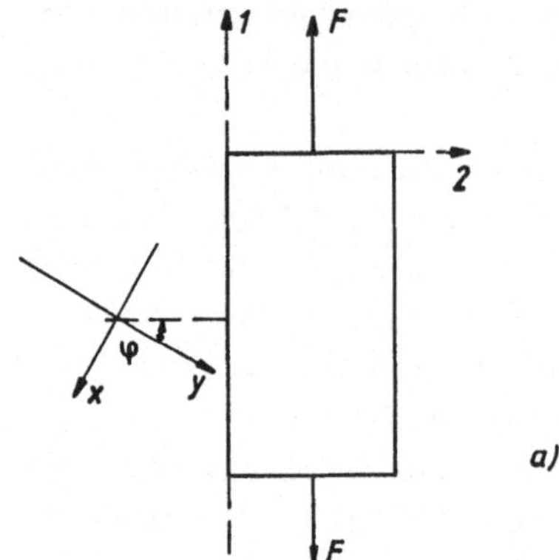

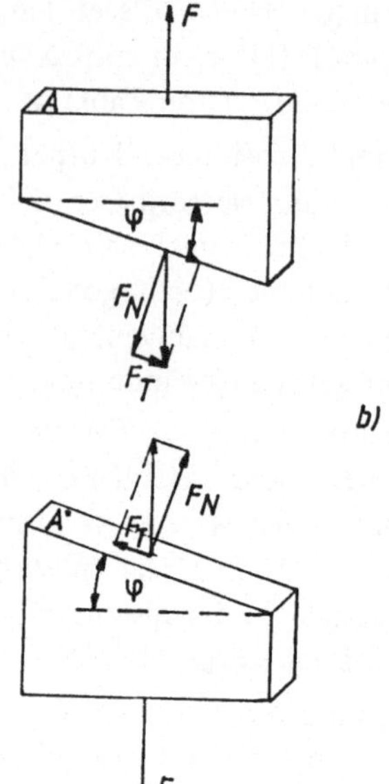

Bild 15.3 Hauptspannungsrichtungen und
Bezugssystem

a) Hauptspannungsrichtungen 1, 2
    Bezugssystem x, y
b) Unter dem Winkel φ geschnittener Zugstab

Frage, welche Spannungen im x,y-System herrschen. Um sie zu ermitteln, schneiden wir
in **Bild 15.3b** den (scheibenförmigen) Zugstab unter dem Winkel φ zwischen den beiden
Achsensystemen durch. In üblicher Weise läßt sich nun die Kraft F in eine Normalkom-
ponente F_N senkrecht zur Schnittfläche $A^* = A/\cos\varphi$ und in eine Tangentialkomponente
F_T zerlegen, wie dies Bild 15.3b zeigt. Werden die Kraftkomponenten auf die Schnittfläche bezogen, dann entsteht eine

Normalspannung $\sigma_\varphi = F_N/A^* = dF_N/dA^*$

senkrecht zur Schnittfläche sowie eine

Schubspannung $\tau_\varphi = F_T/A^* = dF_T/dA^*$

in Richtung der Schnittfläche. Für die weiteren Überlegungen werden wir nun die diffe-
rentiell geschriebenen Zusammenhänge verwenden.

Um ein nach **Bild 15.4a** aus dem Zugstab herausgeschnittenes Teilchen im Gleichgewicht
zu halten, muß die Summe der horizontalen wie auch der vertikalen Kräfte jeweils verschwinden. Dies führt auf den Zusammenhang zwischen den Spannungen in den Hauptrichtungen 1, 2 und denjenigen im x-y-System mit

$$\sigma_\varphi = (\sigma_1/2)\,[1 + \cos(2\,\varphi)], \quad \tau_\varphi = (\sigma_1/2)\cdot\sin(2\,\varphi).$$

Für ein nach **Bild 15.4b** um 90° gegenüber φ versetzt herausgeschnittenes Teilchen gelten
die Gleichgewichtsbedingungen

$$\sigma_{\varphi+90} = (\sigma_1/2)\,[1 - \cos(2\varphi)], \quad \tau_{\varphi+90} = (\sigma_1/2)\cdot\sin(2\varphi).$$

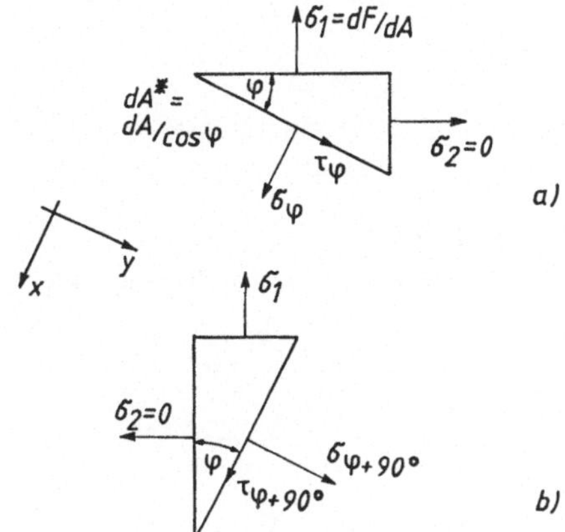

Bild 15.4

Herausgeschnittene Elemente

a) unter Winkel φ herausgeschnitten (x-Richtung)
b) unter Winkel $(\varphi + 90°)$ herausgeschnitten
   (y-Richtung)

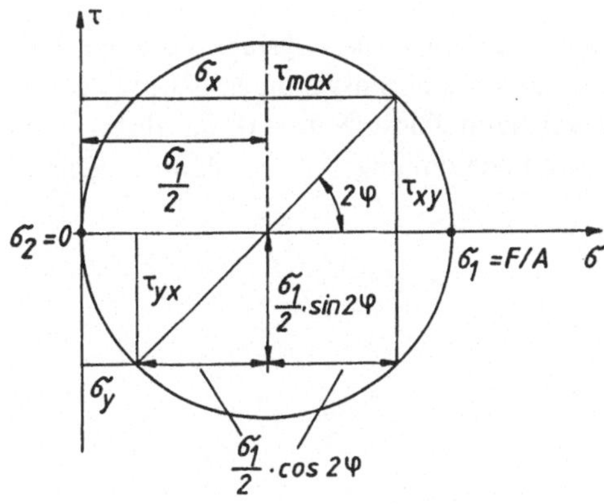

Bild 15.5

Der *Mohr*sche Spannungskreis (für $\sigma_2 = 0$)

Zur Erinnerung sei angemerkt, daß (vgl. Bild 15.3a) die Richtung φ der x-Richtung, $(\varphi + 90°)$ der y-Richtung entspricht. Somit kann man die Gleichungen wie folgt zusammenfassen:

$$\sigma_x = \sigma_\varphi = (\sigma_1/2)\cdot[1 + \cos(2\varphi)]$$

$$\sigma_y = \sigma_{\varphi+90} = (\sigma_1/2)\cdot[1 - \cos(2\varphi)]$$

$$\left.\begin{array}{l} \tau_{xy} = \tau_\varphi \\[4pt] \tau_{yx} = \tau_{\varphi+90} \end{array}\right\} = (\sigma_1/2)\cdot\sin(2\varphi).$$

Eine recht übersichtliche Deutung der Gleichungen gibt der *Mohr*sche Spannungskreis nach **Bild 15.5**, der in das Achsenkreuz aus Schubspannungen τ (Ordinate) und Zugspannungen σ (Abszisse) eingefügt ist. Bei einem Mittelpunktswinkel 2φ erscheinen die Größen $\sin(2\varphi)$ und $\cos(2\varphi)$ als Strecken, multipliziert mit dem Kreisradius $\sigma_1/2$. Für die Extremwerte $\varphi = 0$ bzw. $\varphi = 90°$ ergeben sich auch die Extremwerte der Spannungen $\sigma_1 = F/A$ bzw $\sigma_1 = 0$. Die Schubspannungen haben ihr Maximum bei $\varphi = 45°$ mit $\tau = \sigma_1/2$ und verschwinden in den beiden Hauptrichtungen.

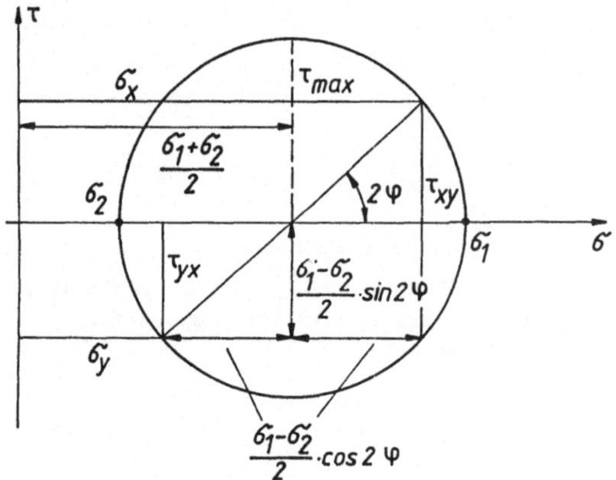

Bild 15.6
Allgemeiner *Mohr*scher Spannungskreis

Die Beziehungen waren, ausgehend vom bekannten Beispiel des Zugstabs, so aufgestellt worden, als ob die Hauptrichtungen bekannt und das x-y-Achsensystem gesucht wären. In der Praxis ist es gerade umgekehrt. Außerdem war beim Zugstab $\sigma_2 = 0$, im allgemeinen Fall ist $\sigma_2 \neq 0$. Das Durchrechnen der Gleichgewichtsbedingungen liefert dafür folgenden Satz von Beziehungen:

$$\sigma_x = \frac{\sigma_1 + \sigma_2}{2} + \frac{\sigma_1 - \sigma_2}{2} \cdot \cos(2\varphi)$$

$$\sigma_y = \frac{\sigma_1 + \sigma_2}{2} - \frac{\sigma_1 - \sigma_2}{2} \cdot \cos(2\varphi)$$

$$\tau_{xy} = \tau_{yx} = \frac{\sigma_1 - \sigma_2}{2} \cdot \sin(2\varphi).$$

Die geometrische Darstellung erfolgt über den allgemeinen, in **Bild 15.6** dargestellten *Mohr*schen Spannungskreis mit Durchmesser $(\sigma_1 - \sigma_2)/2$, er schneidet die σ-Achse in σ_1 und in σ_2, wobei negative Werte ebenfalls zugelassen sind.

15.1.2 Dehnungszustände

Mit Dehnungsmeßstreifen DMS kann man Oberflächendehnungen messen. Wir brauchen also noch den Zusammenhang zwischen Dehnung und Spannung, der vom Zugstab her bekannt ist. In der Hauptrichtung 1 galt aus $\sigma = E \cdot \epsilon$ der Zusammenhang $\epsilon_1 = \sigma_1/E$, die Querkontraktion erfolgt in der senkrecht stehenden Hauptrichtung 2 mit $\epsilon_2 = -\mu \cdot \sigma_2/E$. In gleicher Weise kann man für die Hauptrichtung 2 ansetzen, so daß insgesamt das Gleichungspaar

$$\epsilon_1 = \frac{\sigma_1}{E} - \mu \cdot \frac{\sigma_2}{E}\,, \qquad \epsilon_2 = \frac{\sigma_2}{E} - \mu \cdot \frac{\sigma_1}{E}$$

entsteht. Sind die Dehnungen in den Hauptrichtungen bekannt, dann kann man daraus die Spannungen berechnen:

$$\sigma_1 = \frac{E}{1-\mu^2} \cdot (\epsilon_1 + \mu \cdot \epsilon_2); \quad \sigma_2 = \frac{E}{1-\mu^2} \cdot (\epsilon_2 + \mu \cdot \epsilon_1).$$

Dieselben Gleichungen für Dehnungen ϵ bzw. Spannungen σ ergeben sich für ein Achsensystem x, y, wenn für die Richtung 1 nunmehr x und für die Richtung 2 entsprechend y eingesetzt wird. In der praktischen Anwendung werden Dehnungen in einem x-y-System, ϵ_x, ϵ_y gemessen, die Spannungen σ_x, σ_y sind gesucht. Da im elastischen Dehnungsbereich das *Hooke*sche Gesetz gilt, kann man analog zu den Spannungen σ direkt anschreiben

$$\epsilon_x = \frac{\epsilon_1 + \epsilon_2}{2} + \frac{\epsilon_1 - \epsilon_2}{2} \cdot \cos(2\varphi)$$

$$\epsilon_y = \frac{\epsilon_1 + \epsilon_2}{2} - \frac{\epsilon_1 - \epsilon_2}{2} \cdot \cos(2\varphi).$$

Werden die Dehnungen in zwei aufeinander senkrechten Richtungen x, y gemessen, so lassen sich die Dehnungen in den Hauptrichtungen 1, 2 errechnen, sofern man den Winkel φ zwischen den beiden rechtwinkligen Koordinatensystemen kennt. Da er in der Meßpraxis sehr oft unbekannt sein wird, brauchen wir noch eine weitere Bedingung.

15.1.3 Hauptspannungsmessung mit DMS-Rosetten

Bei DMS-Rosetten sind (mindestens) 3 DMS unter bestimmten Winkeln auf derselben Trägerfolie integriert. **Bild 15.7** zeigt eine solche Anordnung. Eingebürgert haben sich Anordnungen unter den Winkeln 45/90° und 60/120°. Diese Rosetten werden aufgeklebt und messen die Dehnungen in drei verschiedenen Richtungen (je nach Anordnung), die Winkel 0/45/90° bzw. 0/60/120° werden als Index der Dehnung mitgeführt.

In **Bild 15.8** sind die Winkeldiagramme für die beiden genannten Rosettentypen dargestellt. Bei der 45/90°-Rosette nach Bild 15.8a fallen die Richtungen 0° und 90° mit der x- bzw. y-Richtung zusammen, der Winkel φ ist zwischen der Hauptrichtung 1 und der

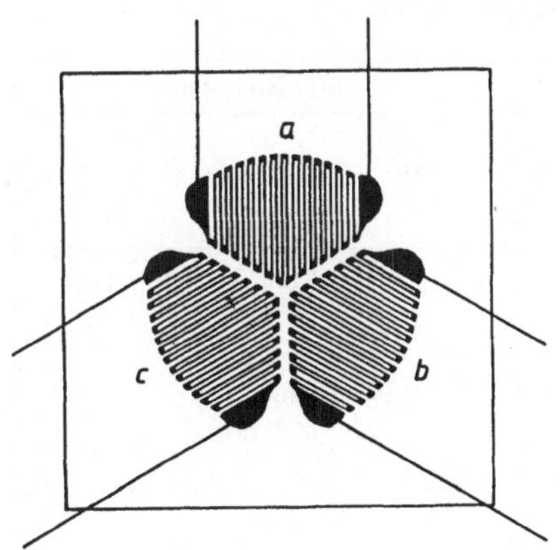

Bild 15.7
Eine 0/60/120°-DMS-Rosette

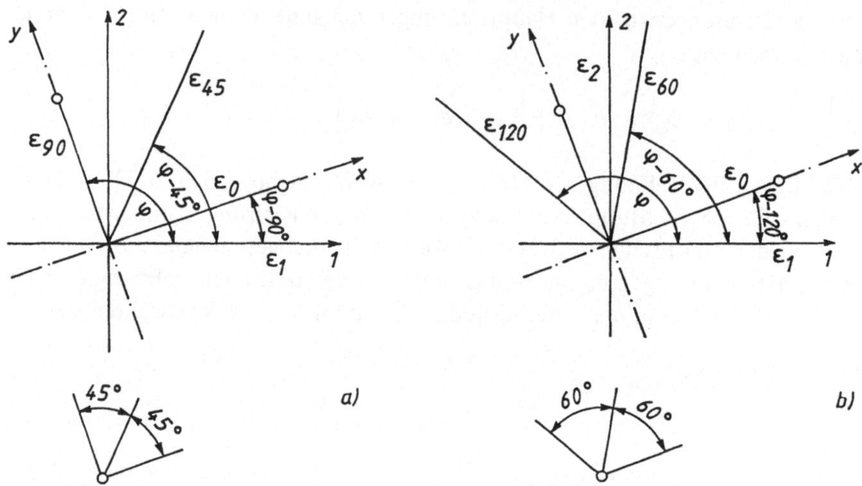

Bild 15.8 Winkel bei DMS-Rosetten
a) 0/45/90°-Rosette   b) 0/60/120°-Rosette

Meßrichtung y (90°) definiert. Gemessen wird ϵ_0 in x-Richtung bzw. unter $(\varphi - 90°)$ gegenüber der Hauptrichtung 1. ϵ_{45} ist um $(\varphi - 45°)$, ϵ_{90} um φ gegen die Hauptrichtung versetzt.

Bei der 60/120°-Rosette wird nach Bild 15.8b die Dehnung ϵ_0 in x-Richtung gemessen, die Dehnung ϵ_{120} unter dem Winkel zur Hauptrichtung 1.

Führt man die Abkürzungen A = $(\epsilon_1 + \epsilon_2)/2$ und B = $(\epsilon_1 - \epsilon_2)/2$ ein, so folgt daraus ϵ_1 = A + B und ϵ_2 = A − B. Die Werte für A und B sowie für tan (φ) können der **Tabelle 15.1** entnommen werden.

Mit dieser grundsätzlichen Einführung soll jedoch der Zusammenhang zwischen gemessener Dehnung und gesuchter Spannung (bzw. Hauptspannung) abgeschlossen sein. Für die Praxis stehen verschiedene Auswertehilfen, vom Nomogramm über Rechenscheiben bis zu

Tabelle 15.1 Auswerte-Formeln für DMS-Rosetten (Erläuterung im Text)

Anordnung	45°-Rosetten	60°-Rosetten
$A =$	$\dfrac{1}{2}(\epsilon_0 + \epsilon_{90})$	$\dfrac{1}{3}(\epsilon_0 + \epsilon_{60} + \epsilon_{120})$
$B =$	$\dfrac{\sqrt{2}}{2}\sqrt{(\epsilon_0 - \epsilon_{45})^2 + (\epsilon_{45} - \epsilon_{90})^2}$ bzw. auch $\sqrt{(\epsilon_{90} - A)^2 + (\epsilon_{45} - A)^2}$	$\dfrac{\sqrt{2}}{3}\sqrt{(\epsilon_0 - \epsilon_{60})^2 + (\epsilon_{60} - \epsilon_{120})^2 + (\epsilon_0 - \epsilon_{120})^2}$ bzw. auch $\sqrt{(\epsilon_{120} - A)^2 + \dfrac{1}{3}(\epsilon_0 - \epsilon_{60})^2}$
$\tan 2\varphi =$	$\dfrac{2 \cdot \epsilon_{45} - \epsilon_0 - \epsilon_{90}}{\epsilon_{90} - \epsilon_0}$	$\dfrac{\sqrt{3} \cdot (\epsilon_{60} - \epsilon_0)}{2 \cdot \epsilon_{120} - \epsilon_{60} - \epsilon_0}$

Programmen zur Verfügung, so daß auf die spezielle Literatur verwiesen sei. Häufig werden auch 4fache Rosetten verwendet. Die Überbestimmung um eine Bestimmungsgleichung wird zur Fehlerkontrolle ausgenützt.

15.2 Federkörper zum Messen von Kraft und Druck

Der Zusammenhang von Kraft und Dehnung im elastischen Bereich wird zur Messung von Kraft und Druck benützt. **Bild 15.9** zeigt schematisch, wie eine Kraft auf einen im einfachsten Falle zylindrisch oder prismatisch ausgeführten Federkörper einwirkt. Es kann dann eine Dehnung ϵ an der Oberfläche bzw. eine Längenänderung Δl (ggf. auch als Durchbiegung, als sog. Biegepfeil f) abgenommen werden. Man sieht in der Gestaltung der Federkörper zu, daß möglichst Bereiche gleicher Dehnung verschiedenen Vorzeichens $\pm \epsilon$ erreicht werden, um DMS-Halb- und Vollbrücken applizieren zu können. Längenänderungen Δl oder Biegepfeile f können sehr wohl auch mit induktiven oder kapazitiven Sensoren erfaßt werden (vgl. Abschnitt 12.3).

Federkörper für Kräfte heißen Kraftmeßdosen (Kraftmeßzellen) bzw. Wägezellen, wenn sie Kräfte von eichfähigen Waagen in elektrische Signale umsetzen. Anordnungen zur Druckmessung werden entsprechend als Druckmeßdosen bezeichnet. Je nach Art des Aufnehmers sind konstruktive Vorkehrungen zu treffen, um unerwünschte Auswirkungen zu umgehen. So etwa muß die Krafteinleitung momentenfrei erfolgen, soll die Dehnung über mehrere Meßstellen gemittelt werden und müssen DMS hinreichend weit von der Krafteinleitung entfernt sein.

Doch dies alles sind sehr spezielle Dinge, hier interessieren einige grundsätzliche Federkörper, wie sie in der Praxis vorkommen bzw. für selbst hergestellte einfache Sensoren benützt werden können. Sie sind in **Tabelle 15.2** zusammengestellt und werden nachfolgend kurz beschrieben.

a) Prismatischer Druckkörper

Der Querschnitt A des Druckkörpers braucht keine regelmäßige Berandung zu haben, doch sind volles Rund und Rohr die üblichsten Formen. Da die Druckkörper „ausbauchen", werden oft DMS zum Erfassen der Querdehnung angebracht. Anwendung eigentlich nur für sehr einfache und grobe Sensoren. Wegen der besseren Darstellbarkeit des Federwegs wurde in der Skizze ein auf Zug beanspruchtes Prisma gezeichnet.

b) Doppelter Kragträger

Der Träger mit rechteckigem Querschnitt $b \cdot h$ liegt auf den zwei Stützen A und A' und wird beidseitig außerhalb der Stützen mit der Kraft F beaufschlagt. Zwischen A und A' ist

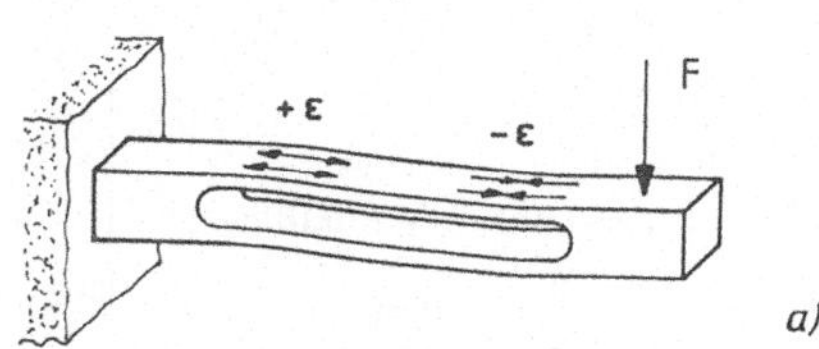

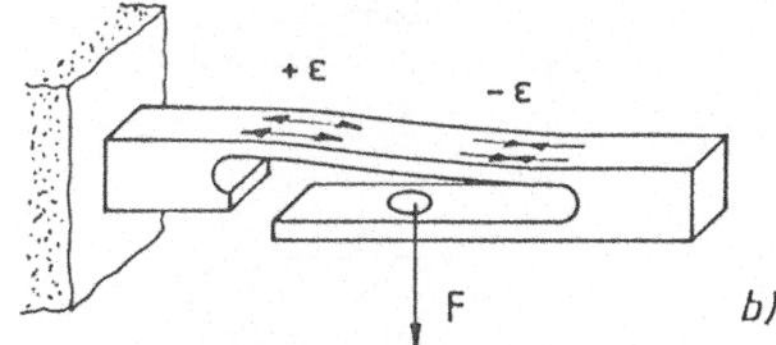

Bild 15.9 Doppelbiegebalken
a) geschlossen   b) offen

Tabelle 15.2 Einfache Federkörper für Kraft und Druck (Erläuterung im Text)

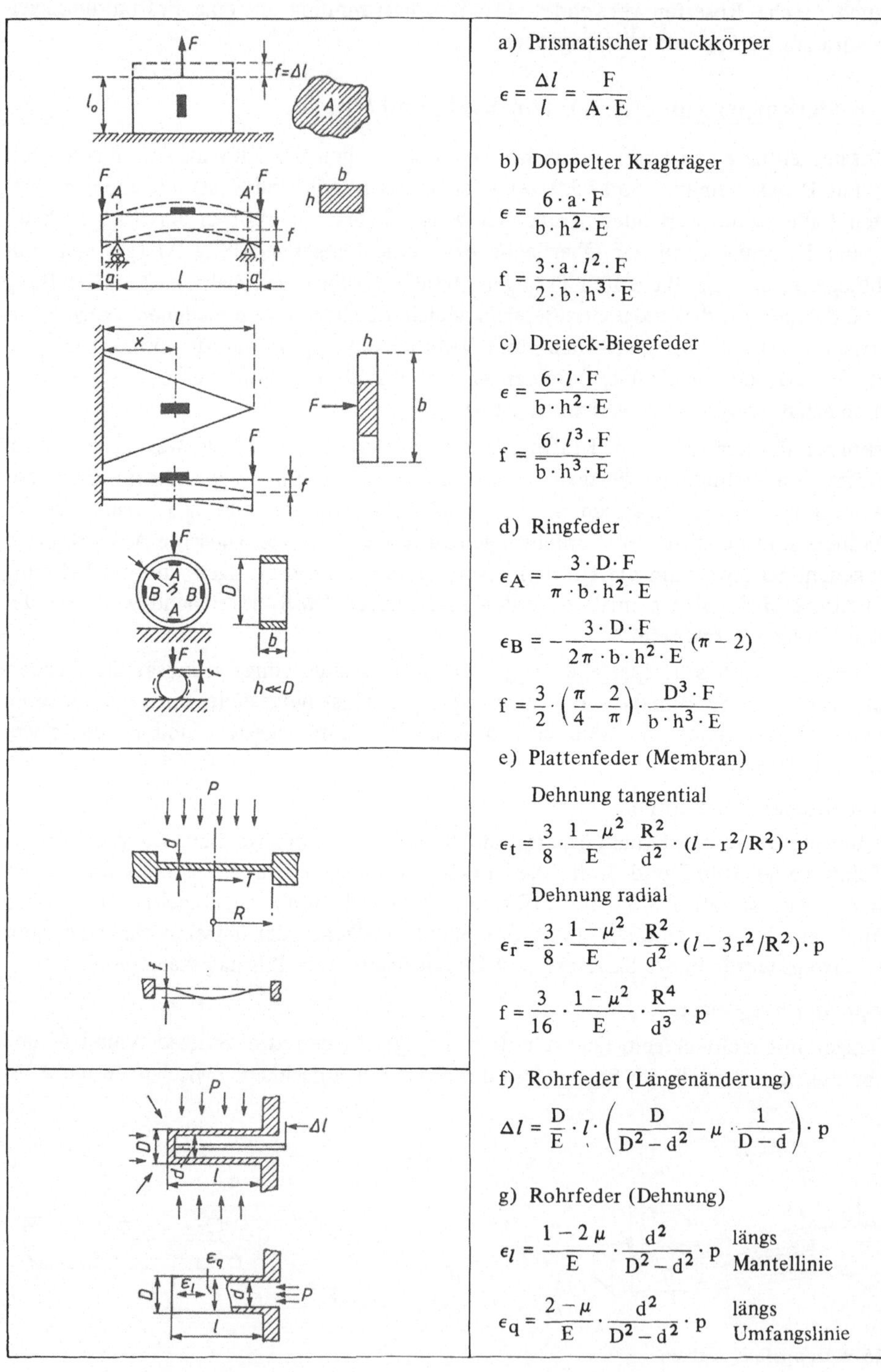

a) Prismatischer Druckkörper

$$\epsilon = \frac{\Delta l}{l} = \frac{F}{A \cdot E}$$

b) Doppelter Kragträger

$$\epsilon = \frac{6 \cdot a \cdot F}{b \cdot h^2 \cdot E}$$

$$f = \frac{3 \cdot a \cdot l^2 \cdot F}{2 \cdot b \cdot h^3 \cdot E}$$

c) Dreieck-Biegefeder

$$\epsilon = \frac{6 \cdot l \cdot F}{b \cdot h^2 \cdot E}$$

$$f = \frac{6 \cdot l^3 \cdot F}{b \cdot h^3 \cdot E}$$

d) Ringfeder

$$\epsilon_A = \frac{3 \cdot D \cdot F}{\pi \cdot b \cdot h^2 \cdot E}$$

$$\epsilon_B = -\frac{3 \cdot D \cdot F}{2\pi \cdot b \cdot h^2 \cdot E}\,(\pi - 2)$$

$$f = \frac{3}{2}\left(\frac{\pi}{4} - \frac{2}{\pi}\right) \cdot \frac{D^3 \cdot F}{b \cdot h^3 \cdot E}$$

e) Plattenfeder (Membran)

Dehnung tangential

$$\epsilon_t = \frac{3}{8} \cdot \frac{1 - \mu^2}{E} \cdot \frac{R^2}{d^2} \cdot (l - r^2/R^2) \cdot p$$

Dehnung radial

$$\epsilon_r = \frac{3}{8} \cdot \frac{1 - \mu^2}{E} \cdot \frac{R^2}{d^2} \cdot (l - 3\,r^2/R^2) \cdot p$$

$$f = \frac{3}{16} \cdot \frac{1 - \mu^2}{E} \cdot \frac{R^4}{d^3} \cdot p$$

f) Rohrfeder (Längenänderung)

$$\Delta l = \frac{D}{E} \cdot l \cdot \left(\frac{D}{D^2 - d^2} - \mu \cdot \frac{1}{D - d}\right) \cdot p$$

g) Rohrfeder (Dehnung)

$$\epsilon_l = \frac{1 - 2\mu}{E} \cdot \frac{d^2}{D^2 - d^2} \cdot p \quad \text{längs Mantellinie}$$

$$\epsilon_q = \frac{2 - \mu}{E} \cdot \frac{d^2}{D^2 - d^2} \cdot p \quad \text{längs Umfangslinie}$$

die Biegelinie ein Kreisbogen. Somit ist es ohne Belang, wo in diesem Bereich die DMS angebracht werden. Nach der Skizze werden auf der Oberseite des Trägers angebrachte DMS gedehnt (+ ϵ), DMS auf der Unterseite werden gestaucht (− ϵ); der Betrag der Dehnung ist auf der Ober- und Unterseite gleich. Der doppelte Kragträger ist somit gut für Halb- und Vollbrücken geeignet.

c) Dreieck-Biegefeder

Die Dreieckfeder hat an der Einspannstelle die Breite b und läuft nach der Länge l in eine Spitze aus. Die Feder ist meist dünn, h < b). Auch bei ihr ist die Biegelinie ein Kreisbogen, und zwar auf der gesamten Länge l; es gilt das bei b) Gesagte. Die Spitze wird so ausgeformt, daß eine Krafteinleitung möglich wird, z. B. über Druckkalotte oder Seilzug.

d) Ringfeder

Bei Druck verformt sich die Ringfeder zu einer Art Ellipse, die DMS A werden gedehnt, die DMS B gestaucht. Ringfedern haben den Vorteil, daß sie Kräfte um andere konstruktive Elemente (z. B. Wellen oder Achsen) herumführen können und werden eingesetzt, wo solche Notwendigkeiten bestehen. Werden DMS an der Außenseite des Rings gegenüber den DMS B angebracht, so würde hier die Dehnung $\approx - \epsilon_B$ sein.

e) Plattenfeder (Membran)

Die auf der gesamten Randlänge eingespannte Membran wölbt sich bei Druck. Es entstehen tangentiale und radiale Dehnungen, die mit entsprechend angeordneten bzw. geformten DMS abgenommen werden können. Die Plattenfeder (Membran) ist der übliche Federkörper für Druckmeßdosen. Die Federn können aus Metall (Stahl, Bronze) sein, mit aufgeklebten DMS. Werden Silizium-Membranen verwendet, so haben sie geringere mechanische Robustheit, es können jedoch Halbleiter-DMS direkt integriert werden mit den Techniken der Halbleiterfertigung. Ggf. kann am Rand in nicht gedehnten oder gestauchten Bereichen eine Auswerte-Elektronik oder wenigstens ein Temperaturfühler (als Sensor zum Korrigieren von Temperatureinflüssen) aufgebracht sein. Auf diesem Prinzip beruhen dann die vielen preiswerteren Drucksensoren für kleinere Druckwerte.

f) Rohrfeder (Längenänderung)

Ein Stück Rohr wird von außen allseitigem Druck ausgesetzt und somit gestaucht. Der Federweg kann direkt als Drucksignal ausgewertet werden.

g) Rohrfeder (Dehnung)

Der zu messende Druck wirkt innen in einem Stück Rohr. Dann entstehen Dehnungen längs der Mantellinien sowie solche entlang von Umfangslinien, die abgenommen werden können. Die Dehnungen sind jedoch überall positiv.

Für mechanische Standardsensoren haben sich zwei Grundtypen bewährt. Für Kraftsensoren (Kraftmeßzellen, Wägezellen) ist es der einseitig eingespannte Doppelbiegebalken, entweder geschlossen nach **Bild 15.9a** oder aber offen, wie dies **Bild 15.9b** zeigt. Die Angabe der Oberflächendehnung ist zwar kaum mehr geschlossen möglich, jedoch auch nicht nötig, da eine externe Kalibrierung jederzeit möglich ist. Dafür bietet der Sensorkörper Stellen positiver und negativer (gleicher) Dehnung, wie dies in den beiden Bildern eingetragen ist.

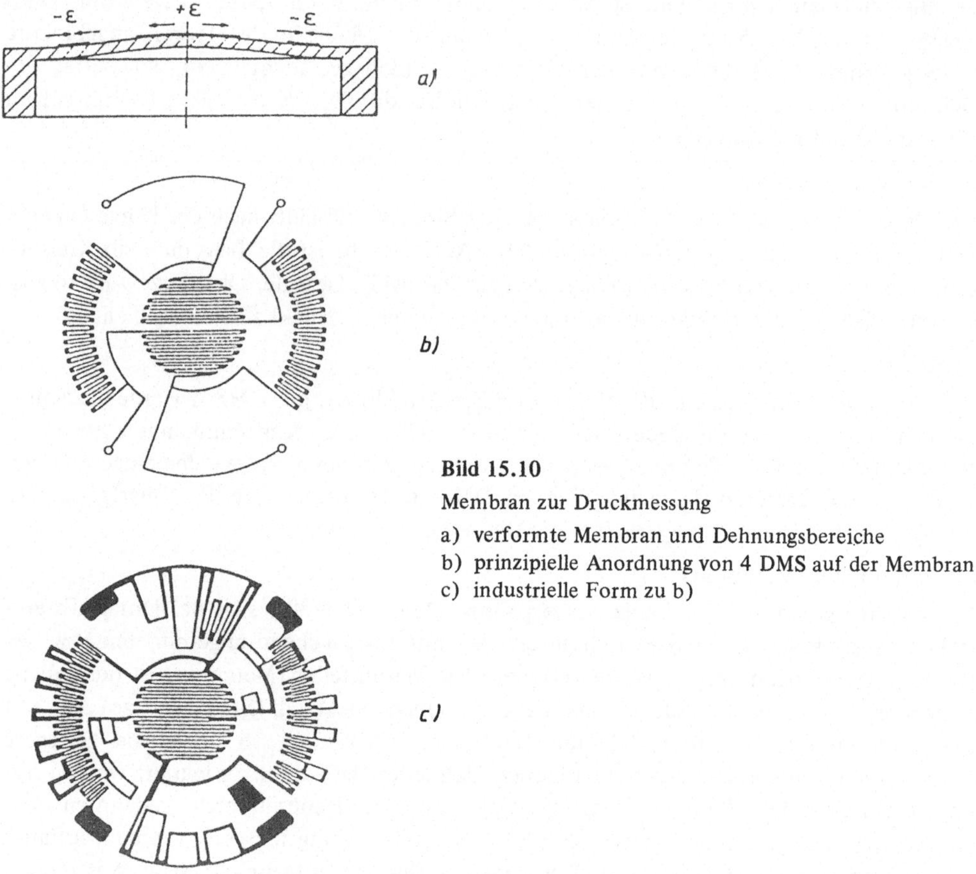

Bild 15.10

Membran zur Druckmessung

a) verformte Membran und Dehnungsbereiche
b) prinzipielle Anordnung von 4 DMS auf der Membran
c) industrielle Form zu b)

Für Membranen (Plattenfeder) wurden eigene DMS-Anordnungen entwickelt, um auch hier größtmögliche Empfindlichkeit zu gewinnen. **Bild 15.10a** zeigt nochmals die Membran und verschiedene Bereiche ihrer Verformung. In **Bild 15.10b** sind 4 geeignet ausgeformte DMS für eine Vollbrücke dargestellt, **Bild 15.10c** schließlich zeigt eine industrielle Form dazu. Ein Beispiel soll dieses Kapitel abschließen:

Beispiel 15-1

Eine Dreieck-Biegefeder nach Tabelle 15.2c hat folgende Abmessungen: b = 50 mm, h = 2 mm. Sie besteht aus Federstahl mit einem Elastizitätsmodul von $2 \cdot 10^5$ N/mm^2, darf bis σ = 300 N/mm^2 belastet werden, was bei F = 100 N erreicht sein soll.

Aus diesen Daten kann man die nötige Länge l der Feder bestimmen zu $l = \sigma \cdot b \cdot h^2/6 \cdot F = 100$ mm. Ihre Durchbiegung für F = 100 N beträgt $f = 6 \cdot l^3 \cdot F/b \cdot h^3 \cdot E = 7,5$ mm. Die Oberflächendehnung der Feder ist $\pm \epsilon = \pm \sigma/E = \pm 3 \cdot 10^{-3}$.

Wird diese Feder mit einer DMS-Vollbrücke und Metall-DMS bestückt, dann ist für k = 2 die Widerstandsnäherung $\Delta R/R = k \cdot \epsilon = 6 \cdot 10^{-3}$. Beim Speisen der Brücke mit U_0 = 10 V entsteht eine Diagonalspannung (vgl. Tabelle 12.2) von U_{0D} = 60 mV.

15.3 Drehmomentmessung

Wird ein Drehmoment M nach **Bild 15.11** mit einer Welle konstanten Querschnitts A und der Länge l übertragen, so ergeben sich folgende Verhältnisse: der Anfangsquerschnitt A_{anf} wird gegenüber dem Endquerschnitt A_{end} um den Winkel φ verdrillt (tordiert), an der Oberfläche der Welle entstehen Dehnungen ϵ, die unter einem Winkel β gegenüber den Mantellinien des Wellenschafts feststellbar sind. Die Welle wirkt als Federkörper. In **Tabelle 15.3** sind die Verdrillung φ und die Dehnung ϵ für Vollwellen und Hohlwellen zusammengefaßt. Als weiteres Element, bei welchem jedoch nur die Verdrillung gut faßbar ist, wurde die Schraubenfeder aufgenommen. Statt der Kräfte F (vgl. Tabelle 15.2) treten nun Momente M, anstelle des Elastizitätsmoduls E tritt der Schubmodul G auf.

Drehmomente kann man somit über Dehnungen ϵ oder Verdrillungen φ messen. Der Drehmomentmessung über die Dehnung (mit DMS) ist der nächste Abschnitt gewidmet. Die Messung über den Verdrillungswinkel kann mit jedem geeigneten Winkelsensor erfolgen. Dazu wird nach **Bild 15.12** auf die Welle (1) ein momentenfreies Rohr (2) gesetzt, um den Verdrillungswinkel φ zwischen A_{anf} (3) und A_{end} (4) meßbar zu machen.

Einrichtungen zur Drehmomentmessung werden meist als konstruktive Einheit ausgeführt, z. B. als Momenten-Meßnabe (vgl. **Bild 15.13**), die mittels Kupplungen das Drehoment überträgt.

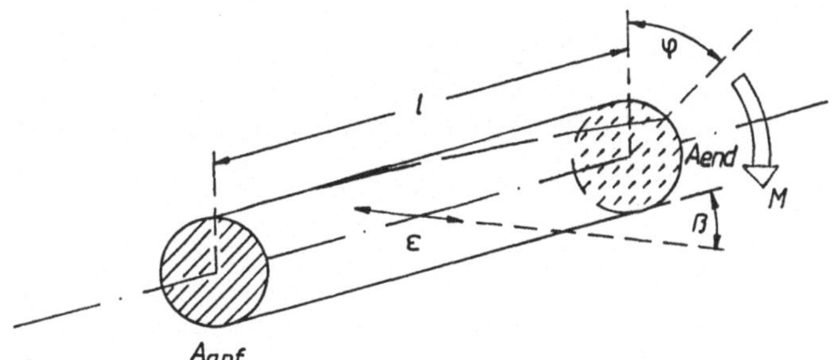

Bild 15.11
Auswirkungen eines Drehmoments an einer Welle als Federkörper

Tabelle 15.3 Federkörper zur Messung von Drehmomenten

Federkörper	Verdrillung γ	Dehnung ϵ
	$\dfrac{32 \cdot l \cdot M}{\pi \cdot D^4 \cdot G}$	$\dfrac{8 \cdot D \cdot \sin(2\beta) \cdot M}{\pi(D^4 - d^4) \cdot G}$ G Schubmodul
	$\dfrac{32 \cdot l \cdot M}{\pi(D^4 - d^4) \cdot G}$	$\dfrac{8 \cdot \sin(2\beta) \cdot M}{\pi \cdot D^2 \cdot G}$
	$\approx \dfrac{64 \cdot D \cdot i \cdot M}{d^4 \cdot E}$ i Zahl der Federwindungen E Elastizitätsmodul	

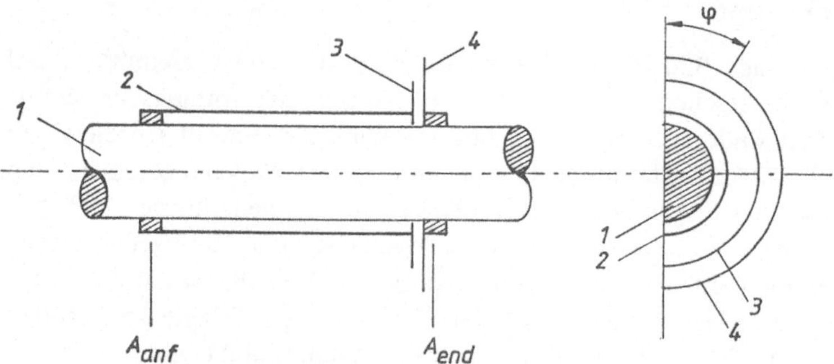

Bild 15.12 Zur Messung des Verdrillungswinkels φ

1 Welle
2 Momentenfreies Rohr
3 Scheibe in der Lage des Anfangsquerschnitts A_{anf}
4 Scheibe in der Lage des Endquerschnitts A_{end}

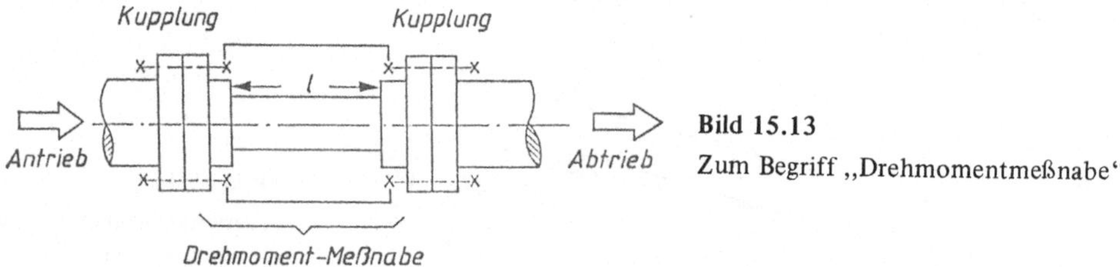

Bild 15.13
Zum Begriff „Drehmomentmeßnabe"

Ein Beispiel soll die Zahlengrößen deutlich machen.

Beispiel 15-2

Ein Drehmoment von 100 Nm = 10^4 Ncm, wie es bei mittleren Autos üblich ist, werde über eine Momentenmeßnabe aus Stahl mit dem Schubmodul G = $8 \cdot 10^4$ N/mm^2 = $8 \cdot 10^6$ N/cm^2 geführt. Ihre Abmessungen seien D = 2 cm, l = 10 cm.

Nach den Zusammenhängen von Tabelle 15.3 entsteht ein Verdrillungswinkel $\varphi \approx 0{,}34°$ und unter 45/135° zu den Mantellinien der Vollwelle eine Dehnung von $\epsilon \approx \pm 4 \cdot 10^{-4}$.

15.3.1 Drehmomentmessung mit DMS

Aus Tabelle 15.3 ist zu entnehmen, daß die Oberflächendehnung einer tordierten Voll- oder Hohlwelle mit $\epsilon \sim \sin(2\beta)$ den Größtwert erreicht, wenn unter $\beta = 45°$ gegenüber einer Mantellinie gemessen wird. Damit sind die Dehnungsmeßstreifen DMS unter $\pm 45°$ auf die Schäfte von Momentenmeßnaben zu kleben. Noch einfacher wird das Verfahren mit entsprechend geformten DMS, z. B. mit den 45/135°-Streifen nach **Bild 15.14**. Sie können geeignet auf Länge geschnitten, aufgeklebt und zur DMS-Brücke verschaltet werden.

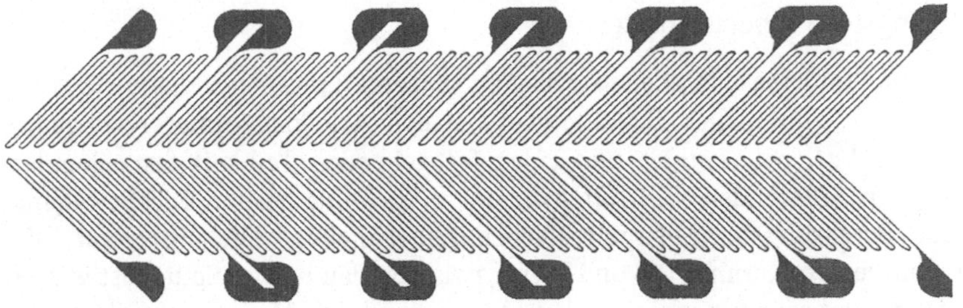

Bild 15.14 DMS-Streifen unter 45/135° zur Drehmomentmessung

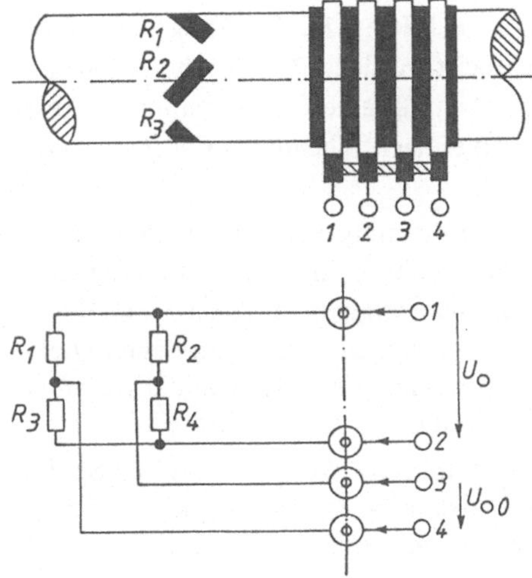

Bild 15.15

Schleifringübertrager

Schleifringe 1, 2: Zufuhr der Speisespannung U_0

Schleifringe 3, 4: Abnahme der Diagonalspannung U_{OD}

Eine Problematik ergibt sich wegen der Versorgung der mitrotierenden DMS-Brücken und deren Ausgangssignal. Beides muß zwischen einer feststehenden Auswertung und der rotierenden Meßstelle übertragen werden. Üblich sind Drehmomenten-Meßnaben, welche Schleifring-Übertrager nach **Bild 15.15** enthalten. Über zwei Schleifringe 1, 2 wird die Speisespannung U_0 aufgebracht, über zwei weitere Schleifringe 3, 4 das Ausgangssignal U_{OD} abgenommen. Diese kleine Spannung ist jedoch höchst störanfällig.

Aus diesem Grunde kann man Schleifringe allenfalls bis etwa 6 000 U/Min einsetzen. Für höhere Drehzahlen werden ab und zu Quecksilberübertrager verwendet. Bei ihnen verteilt sich ein Tropfen Quecksilber im Innern einer ringförmigen Kammer durch Fliehkraft zu einem ringförmigen Quecksilberfaden. Kleine Abnahmestifte ragen in diesen Faden und ermöglichen so die Kontaktgabe bei diesem „flüssigen Schleifring". Problematisch ist die mit dem Umgebungsluftraum in Kontakt stehende Quecksilberoberfläche.

15.3.2 Berührungslose Übertragung

Schleifringe bringen Probleme mit sich, so daß man sie gerne umgehen möchte. Dies ist auf verschiedene Weise auch möglich. So kann man z. B. eine Art Transformator so bauen, daß der Kern einen Luftspalt enthält und einen feststehenden Teil mit feststehender Wicklung sowie einen rotierenden Teil mit rotierender Wicklung besitzt. Die Bewegung erfolgt ohne jede Berührung im Luftspalt solcher schleifringloser Drehübertrager, die Kopplung zwischen beiden Kernhälften und damit zwischen den beiden Spulen ist wegen des Luftspalts zwar nicht sehr eng, aber durchaus hinreichend. Die Momentenmeßeinrichtung, z. B. eine DMS-Brücke, wird mit Wechselspannung betrieben: es liegt die uns aus Abschnitt 12.3.3 bekannte trägerfrequente Meßkette vor, das Meßsignal ist eine in ihrer Amplitude durch die Meßgröße beeinflußte Wechselspannung (*Amplituden-Modulation* AM).

Der Übergang zur *Frequenzmodulation* FM bringt Vorteile. Bei diesem Verfahren wird nicht die Amplitude einer Wechselspannung, sondern ihre Frequenz von der zu messenden Größe linear verändert. Die prinzipielle Anordnung zeigt **Bild 15.16**. Die Meßeinrichtung, z. B. eine DMS-Brücke, kann mit Gleichspannung gespeist werden. Dann ist das Ausgangssignal, ggf. schon entsprechend verstärkt, als $v \cdot U_{0D}$ ebenfalls eine Gleichspannung. Diese dient uns als Steuerspannung zur Frequenzänderung eines nachfolgenden VCO (*frequency controlled oscillator*, vgl. 5.3.3).

Die zum Betrieb der ganzen Elektronik nötige Speisespannung kann auch ohne große Störungen über Schleifringe erfolgen, es ist auch eine Wechselspannungsversorgung (mit nachfolgendem Gleichrichter) mit den genannten Drehübertragern möglich. Schließlich kann man ggf. eine kleine Batterie einfach mitrotieren lassen. Die zum gemessenen Drehmoment M proportionale Frequenz f kann auf sehr verschiedene Weise von der rotierenden Welle zur feststehenden Auswertung übertragen werden.

Im einfachsten Falle geschieht dies mit einer um die rotierende Welle gewickelten Spule, die als Sender wirkt. Eine um die Welle geschlungene zweite, feststehende Spule wirkt als Empfangsantenne. Die Frequenz f ~ M kann auch auf eine oder mehrere LED (*L*icht emittierende *D*iode) gegeben werden. Die Lichtfrequenz läßt sich in der Umgebung mit einem empfindlichen Lichtsensor auffangen. Günstiger ist es jedoch, Anordnungen zur Lichtführung über Reflexion oder Totalreflexion anzuwenden. Hier sind verschiedene Lösungen bekannt geworden. Bei einer wird der toroidförmige Raum zwischen Innen- und Außenring eines Kugellagers (nach Entfernen der Rollen) genützt, andere arbeiten mit Lichtführung in entsprechend geformten Plexiglas-Lichtleitern.

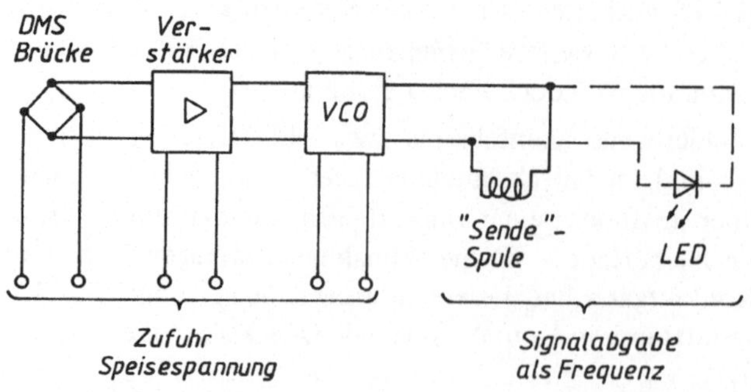

Bild 15.16
Prinzip der frequenzmodulierten, berührungslosen Drehmomentmessung

16 Messen von Länge und Winkel

Eigentlich sind schon eine ganze Reihe von Möglichkeiten angesprochen worden, die
zum Messen von Längen und Winkeln herangezogen werden können: Potentiometer,
induktive Sensoren, evtl. auch kapazitive Aufnehmer und magnetische Sensoren. Ergänzend dazu werden im vorliegenden Kapitel einige speziellere Verfahren zur Längen-
und Winkel-Erfassung vorgestellt.

16.1 Inkrementale Verfahren

Werden Lineale oder Scheiben nach **Bild 16.1a** mit einem Raster der Teilung T versehen,
so kann man diese Teilungen abtasten und zählen und damit Länge bzw. Winkel digital
erfassen. Da der gezählte Wert bei jedem Raster um eine Einheit zunimmt (oder abnimmt, wenn rückwärts gezählt wird), spricht man von einem inkrementalen Verfahren.
Die Abtastung selbst erfolgt in vielen Fällen mit Licht, entweder über Reflexion nach
Bild 16.1b (oben) oder mit Durchlicht (unten). Meist sind zwei Raster, um eine Viertels-
Teilung T/4 versetzt, vorhanden, wie in **Bild 16.2** skizziert; das hat Vorteile bei der Inter-
polation und zur Vorwärts- bzw. Rückwärtserkennung (vgl. Abschnitt 17.2 Messen der
Drehrichtung).

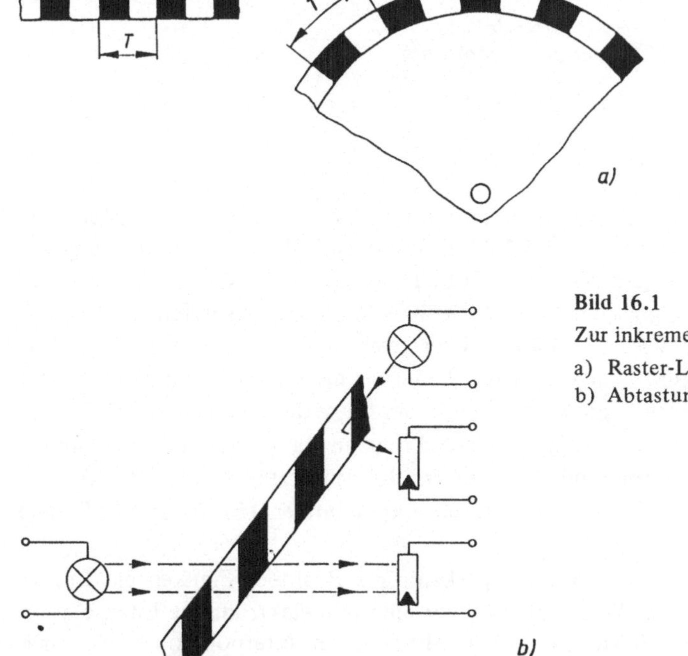

Bild 16.1

Zur inkrementalen Weg- und Winkelmessung

a) Raster-Lineal und Raster-Scheibe
b) Abtastung Reflexion (oben)
              Durchlicht (unten)

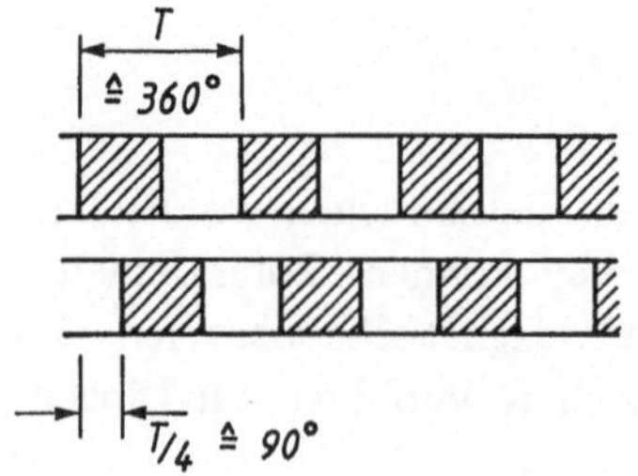

Bild 16.2
Zwei um T/4 = 90° versetzte Rasterfelder

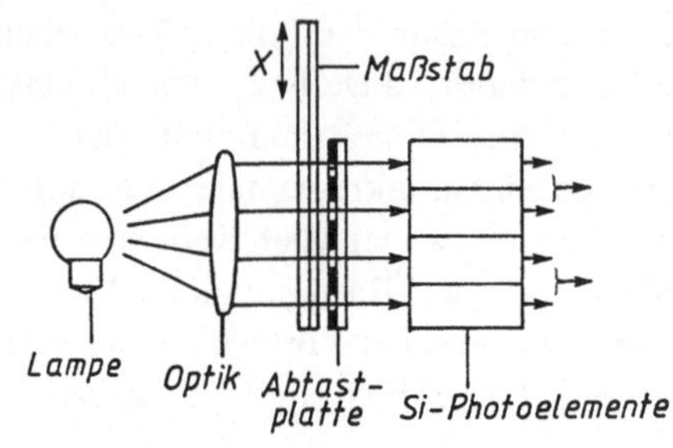

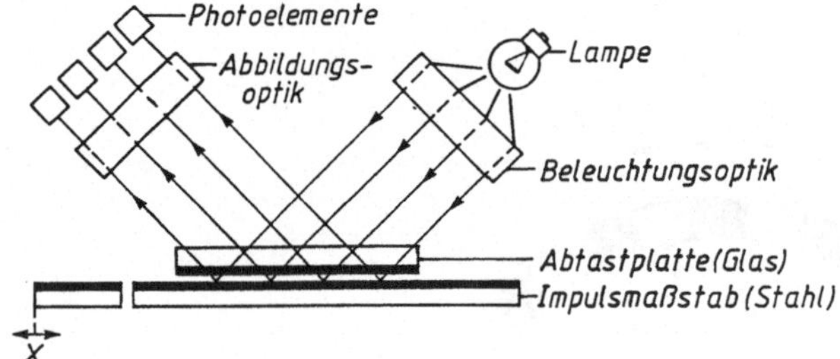

Bild 16.3 Abtastung über mehrere
Rasterfelder, Durchlicht (oben) bzw.
Reflexion (unten)

Um Fehler in der Rasterteilung T auszugleichen, wird meistens über mehrere Rasterfelder abgetastet und gemittelt, wie dies in **Bild 16.3** skizziert ist. Als Ausgangsspannung der lichtempfindlichen Empfänger (Foto-Dioden, Foto-Transistoren) entsteht keineswegs ein rechteckförmiges (digitales) Signal der Form Licht bzw. kein Licht, sondern ein Verlauf zwischen Sinus und Dreieck, wie er in **Bild 16.4** für zwei um T/4 ($\hat{=}$ 90°, wenn T $\hat{=}$ 360° gesetzt wird) versetzte „Spuren" dargestellt ist. Wenn wir diese Signale auf Trigger- oder Komparatorstufen geben, deren Triggerschwellen in der Mitte der Signalamplitude liegen, dann ergeben sich am Ausgang der Trigger Rechteckflanken für x = a, c (herrührend vom Abtastfeld 1) und x = b, d (herrührend von dem um 90° versetzten Raster bzw. Abtastfeld 2), wobei x der Längenmaßstab eines solchen inkrementalen Lineals ist (für Winkel gilt Entsprechendes).

Mit einer monostabilen Kippstufe (Monoflop) kann aus Rechteck-Flanken ein Impuls abgeleitet werden, und auf diese Weise erhalten wir eine rein elektronische Interpolation der Rasterteilung T auf ein Viertel, T* = T/4. Mit solchen Interpolationen läßt sich T* = T/10 und eine Auflösung in der Größenordnung von 1 μm erreichen.

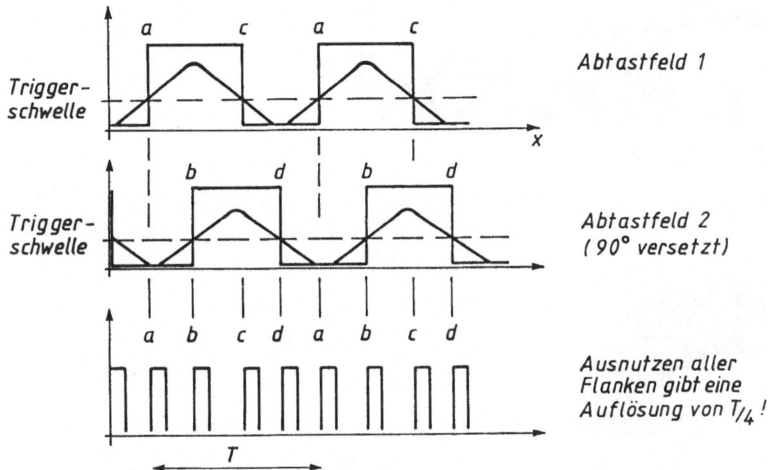

Bild 16.4 Ausgangsspannung und elektronische Interpolation (Erläuterung im Text)

Die inkrementale Weg- und Winkelmessung ist einfach: sie braucht nur eine Abtast-Spur (wenn Vorwärts- und Rückwärtserkennung gewünscht wird: zwei Spuren), eine elektronische Interpolation ist einfach möglich. Als großer Nachteil des Verfahrens zeigt sich, daß irgendwo gemachte Zählfehler sozusagen mitgeschleppt werden und die ganze Skala verschieben. Man kann dies dadurch umgehen, daß zusätzlich noch gröbere (z. B. mit einer Teilung $T_0 = 10 \cdot T$) Spuren mitgeführt werden oder daß sog. Nullmarken vorhanden sind, die den Nullpunkt des Maßstabes dadurch erzwingen, daß sie die Zähler auf Null setzen.

16.2 Codierte Verfahren

Mit mehreren Abtastspuren kann man jeder Rasterteilung ein eigenes Muster von Hell- und Dunkelmarken zuordnen und kommt zum codierten Verfahren: jedem Rasterfeld wird ein binärer Code, ein Codewort, zugeordnet, wie dies in **Bild 16.5** gezeigt ist. Setzen wir hell $\hat{=}$ 1, dunkel $\hat{=}$ 0, und lesen wir die einzelnen Spuren von der gröbsten beginnend, so ist bei der rein dualen Codierung (im Zweier-Potenzsystem) die Ablesung von Lineal und Scheibe einfach möglich, wie es die Abbildung für einige Fälle zeigt.

Beim codierten Verfahren werden Weg bzw. Winkel quantisiert, die Messung ist absolut, Störungen wirken sich nur an der gestörten Stelle aus. Eine große Schwierigkeit besteht aber darin, daß beim Übergang von einem Codewort zum andern alle 0/1- und 1/0-Übergänge gleichzeitig erfolgen müssen, denn sonst entstehen Fehler. **Bild 16.6** zeigt ein Beispiel dafür. Beginnend bei der gröbsten Spur wird an der Stelle B abgelesen: 10011 (dual) = 19 (dezimal); bei A ergibt sich: 10100 (dual) = 20 (dez); wegen einer Störung in der Spur 2^2 wird jedoch an der Stelle X die Ablesung 10000 (dual) = 16 (dez) verursacht. Die so entstehende Maßstabsablesung in der Folge 19–16–20 ist unbrauchbar!

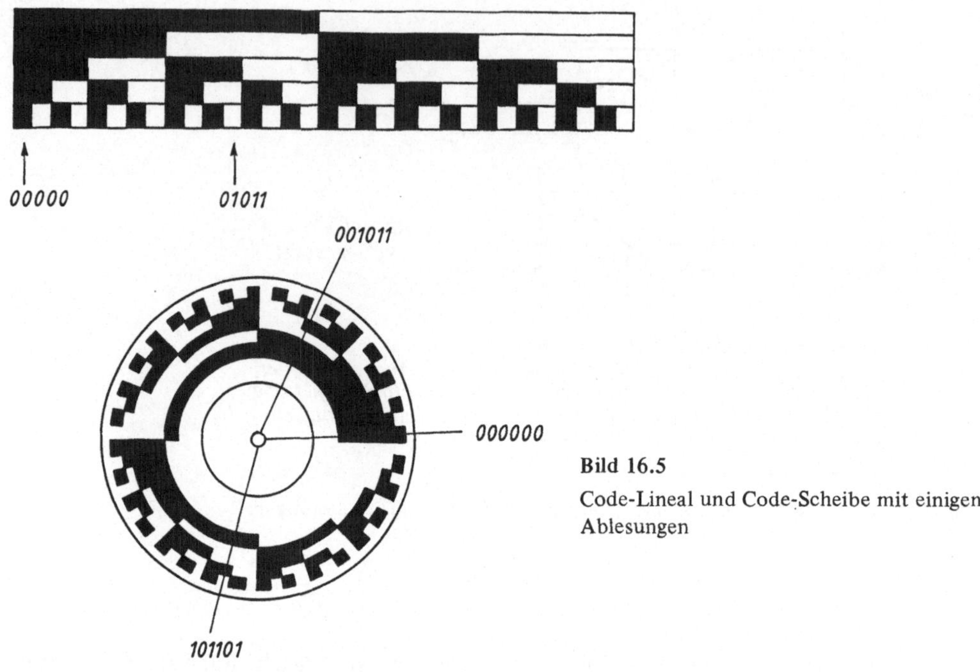

Bild 16.5
Code-Lineal und Code-Scheibe mit einigen
Ablesungen

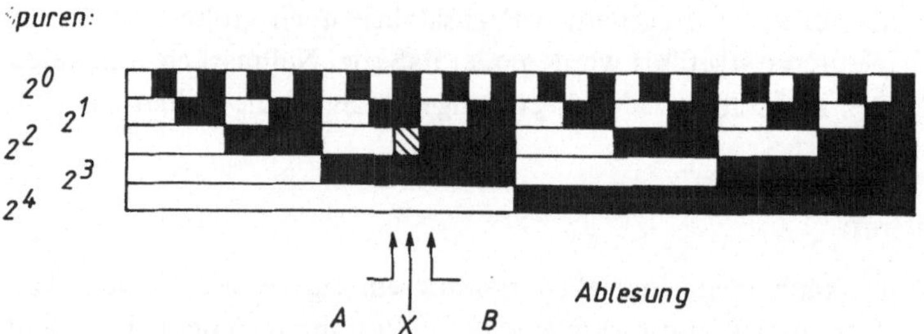

Bild 16.6 Fehlerhafte Ablesung infolge Störung in der Spur 2^2

Um solche Fehler zu umgehen, wählt man spezielle, sog. einschrittige Codierungen: bei
ihnen erfolgt nur in einer Spur ein 0/1- oder 1/0-Übergang beim Wechsel von einem Codewort zum nächsten. Der bekannteste einschrittige Code ist der *Gray*-Code nach **Bild 16.7**,
dort für 5 Spuren und wieder mit dunkel $\hat{=}$ 0, hell $\hat{=}$ 1 gezeichnet.

Binäre Codes mit n Spuren ergeben jeweils 2^n Codewörter, also 2^n unterscheidbare
Lagen nach Weg bzw. Winkel. Will man jedoch eine gerade Anzahl k = 2 · p Stellen codie-
ren, dann ist dies beim *Gray*-Code recht einfach möglich, wie das nachfolgende Beispiel
zeigt:

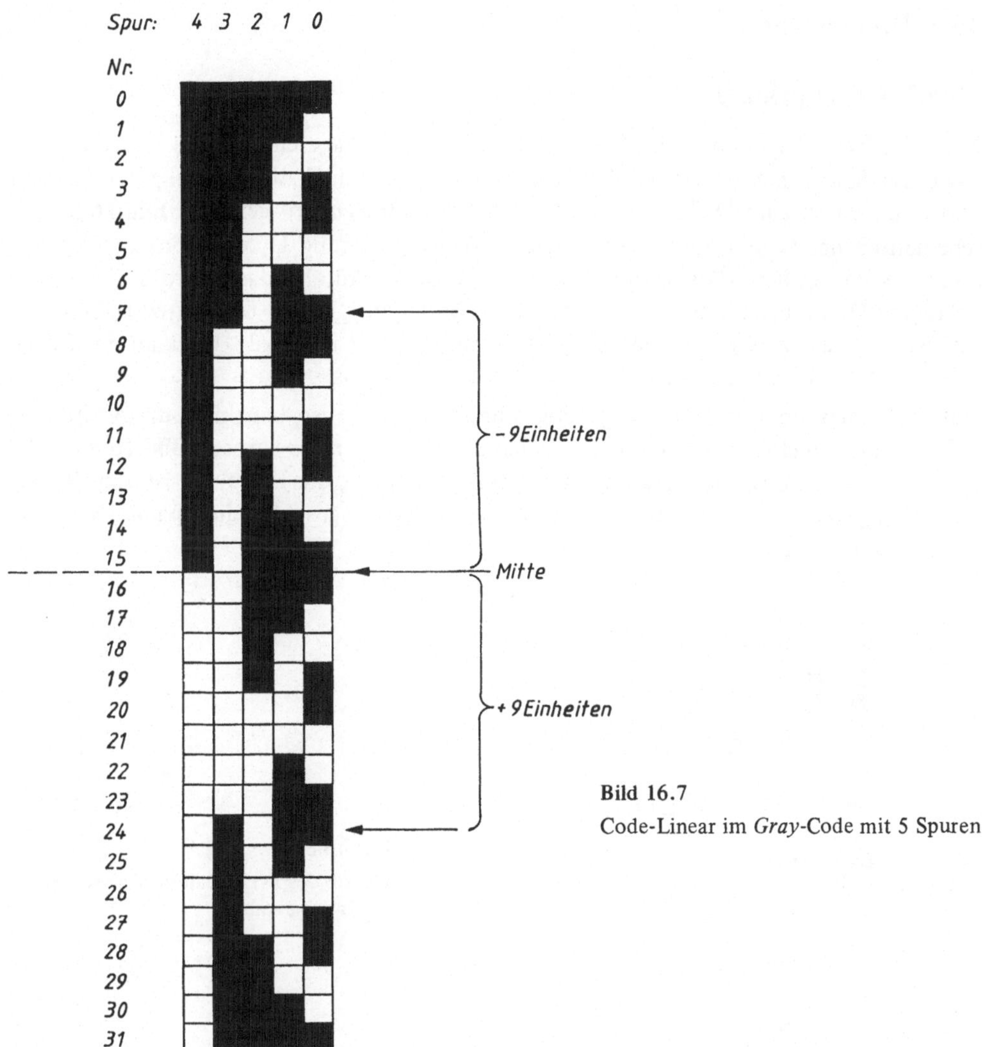

Bild 16.7
Code-Linear im *Gray*-Code mit 5 Spuren

Beispiel 16-1

Es soll ein einschrittiger Code für $k = 2 \cdot p = 2 \cdot 9 = 18$ unterscheidbare Stellen entworfen werden. Dazu ist eine Codierung in n Spuren nötig, wobei $2^n \geqslant 18$ sein muß. Bei dem in Bild 16.7 dargestellten Gray-Code ist $n = 5$, mithin $2^n = 32 \geqslant 18$. Weniger Spuren sind nicht möglich, denn es ist $2^{(n-1)} = 2^4 = 16 < 18$.

Nun wird von der Mitte des Codes ausgegangen und von dort um $\pm\, p = \pm\, 9$ Einheiten weitergezählt, wie dies in Bild 16.7 mit eingetragen ist. Dies führt auf die Nummern der Codeworte $7 \triangleq 00100$ und $24 \triangleq 10100$, die tatsächlich nur in der ersten Stelle unterschiedlich sind, also nur um einen 0/1-Übergang voneinander abweichen. Somit ist ein in sich geschlossener, vom Gray-Code abgeleiteter einschrittiger Code für 18 Weg- oder Winkel-Werte entstanden.

16.3 Drehmelder

16.3.1 Grundprinzip

Bei induktiven Sensoren nach Abschnitt 12.3.1 war die Lage eines Kerns bezüglich feststehender Spulen ausgenützt worden. Jetzt drehen wir einmal zwei Spulen gegeneinander und kommen so zum Drehmelder, auch *Resolver* oder *Synchro* genannt. **Bild 16.8** zeigt schematisch das Grundprinzip: eine an der Wechselspannung $\underline{U}_1 = \hat{u}_1 \cdot \sin(\omega t)$ liegende Spule 1 wird um den Winkel α gegenüber der Spule 2 verdreht, dann wird in dieser eine Spannung $\underline{U}_2$ induziert, deren Verlauf mit der Beziehung $\underline{U}_2 = \ddot{u} \cdot \underline{U}_1 \cdot \cos(\alpha)$ zu beschreiben ist. Mit den Zusammenhängen $\underline{U}_1 = \hat{u}_1 \cdot \sin(\omega t)$ und $\hat{u}_1 = \sqrt{2} \cdot |\underline{U}_1|$ kann man auch schreiben $\underline{U}_2 = K \cdot \cos(\alpha) \cdot \sin(\omega t)$, wobei $K = \ddot{u} \cdot \sqrt{2} \cdot |\underline{U}_1|$ ist.

Um dafür zu sorgen, daß die Kopplung ü überall dieselbe ist, baut man die Anordnung auf wie eine Synchronmaschine (daher auch der Name *Synchro*), was in **Bild 16.9** gezeigt ist. Stator und Rotor sind gegeneinander frei verdrehbar, die Kopplung ist vom Winkel unabhängig. Meist wird der Rotor mit der Spannung $\underline{U}_1$ gespeist, die Spannung $\underline{U}_2$ am Stator abgenommen.

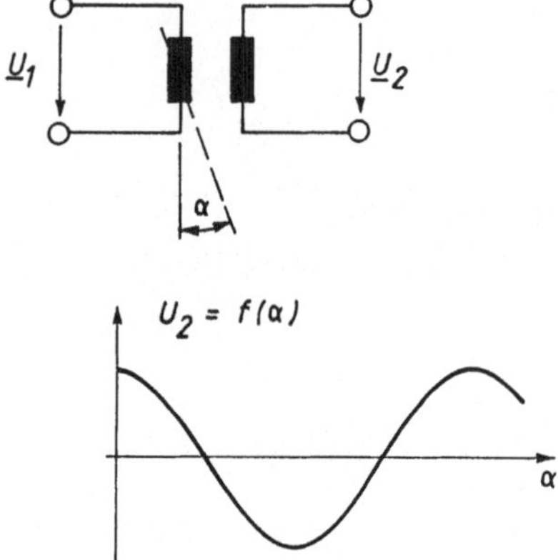

Bild 16.8

Prinzip des Drehmelders, Verlauf der Ausgangsspannung

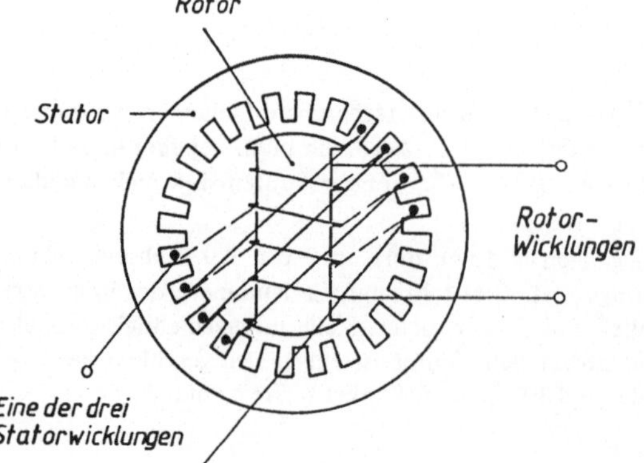

Bild 16.9

Drehmelder – aufgebaut wie eine Synchronmaschine

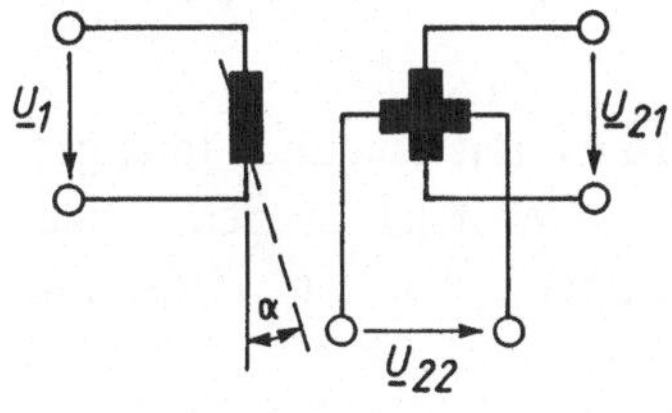

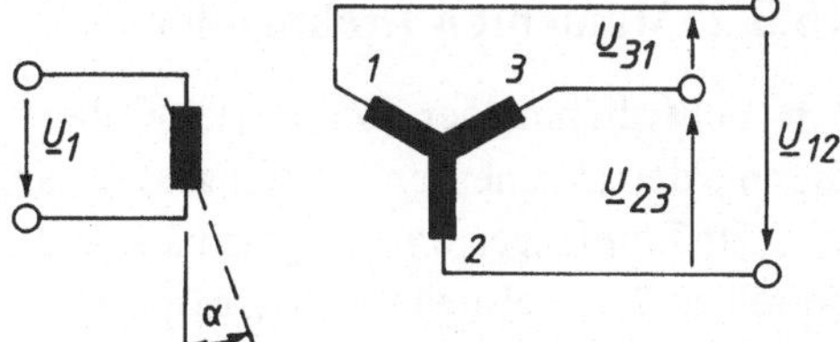

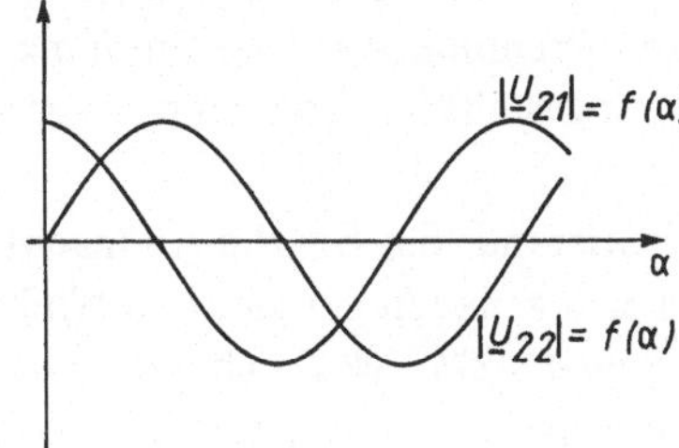

Bild 16.10 Drehmelder mit zwei um 90°
versetzten Statorwicklungen

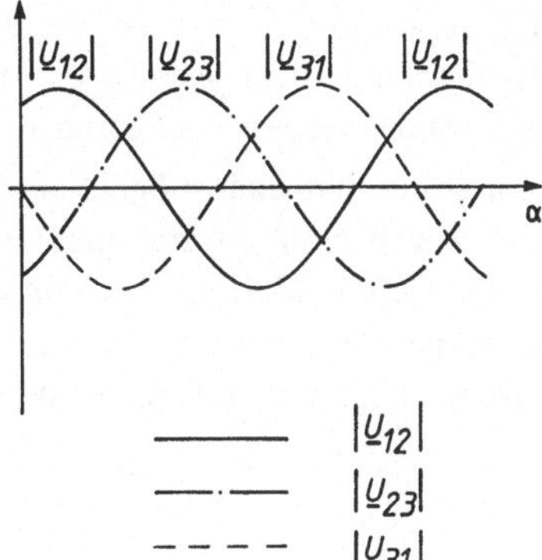

Bild 16.11 Drehmelder mit drei um je 120°
versetzten Statorwicklungen

Man kann nun noch einen Schritt weitergehen und mehrere, mechanisch starr gekoppelte, aber gegeneinander um einen Winkel β versetzte Sekundärwicklungen in den Drehmelder einbauen. In **Bild 16.10** sind zwei um $\beta = 90°$ versetzte Sekundärwicklungen zu sehen, und für sie gilt:

$$\underline{U}_{21} = ü \cdot \underline{U}_1 \cdot \cos(\alpha) = K \cdot \cos(\alpha) \cdot \sin(\omega t),$$

$$\underline{U}_{22} = ü \cdot \underline{U}_1 \cdot \cos(90° - \alpha) = ü \cdot \underline{U}_1 \cdot \sin(\alpha) = K \cdot \sin(\alpha) \cdot \sin(\omega t).$$

Bei drei um je $\beta = 120°$ versetzten Wicklungen ergibt sich nach **Bild 16.11** eine Art Drehstromsystem mit den Gleichungen (jeweils mit $ü \cdot \underline{U}_1 = K \cdot \sin(\omega t)$)

$$\underline{U}_{12} = ü \cdot \underline{U}_1 \cdot \cos(\alpha - 30°),$$

$$\underline{U}_{23} = ü \cdot \underline{U}_1 \cdot \cos(\alpha - 150°),$$

$$\underline{U}_{31} = ü \cdot \underline{U}_1 \cdot \cos(\alpha - 270°).$$

Werden die Amplituden der Ausgangsspannungen gemessen, so ergeben sich daraus eindeutige Angaben für den Verdrehwinkel α. Lineare Bewegungen, also Wege, können über geeignete Getriebe, z. B. Zahnstangen und Ritzel, erfaßt werden. Drehmelder sind also eine spezielle Möglichkeit zur Winkel- und Wegmessung.

16.3.2 Momenten-Drehmelder

Ein Geberdrehmelder (Momenten-Geber) wird nach **Bild 16.12** mit einem Empfänger-drehmelder (Momenten-Empfänger) zusammengeschaltet. Der Geber ist um den Winkel α_G, der Empfänger um α_E gegenüber der Null-Lage verdreht, beide Rotoren werden mit derselben Wechselspannung $\underline{U}_1$ gespeist.

Die Wirkungsweise dieser Schaltung können wir uns sehr einfach klarmachen: bei gleicher Winkellage $\alpha_E = \alpha_G$ sind auch die Ständerspannungen der beiden Drehmelder identisch gleich, auf den Leitungen zwischen ihnen fließen keine Ströme mehr. Wird jedoch der Winkel α_G vorgegeben (Geber!), dann sind die Spannungen ungleich. Es fließen Ausgleichsströme auf den Leitungen, und diese bewirken Drehmomente: der Empfängerdrehmelder wird solange nachgestellt, bis sich $\alpha_E = \alpha_G$ eingestellt hat. Der Empfänger wird in die Winkellage des Gebers nachgeführt.

Dies ist nicht nur stationär möglich, sondern sogar rotierend: der Empfänger macht genau die gleiche Anzahl von Umdrehungen und befindet sich genau in der gleichen Winkelposition wie der Geber. Man spricht von einer *elektrischen Welle*, weil sich Empfänger und Geber so verhalten, als wären sie mit einer Welle mechanisch verbunden. Die Auflösung des Verfahrens liegt etwa bei einem Winkelgrad $(1°)$.

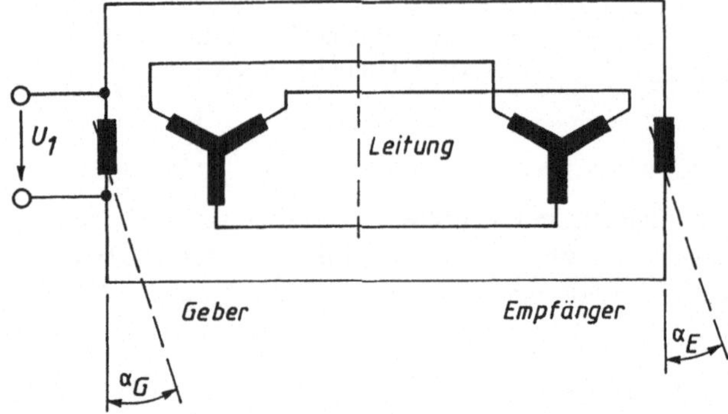

Bild 16.12
Momenten-Drehmelder

16.3.3 Steuer-Drehmelder

Beim Steuerdrehmelder wird das Drehmoment am Empfangsort durch einen Motor zugesetzt und nicht vom Geberdrehmelder geliefert. Deswegen bleibt die Zusammenschaltung von Geber- und Empfängerdrehmelder zwar gleich, doch wird der Rotor des Empfängers durch einen Motor angetrieben, wie es **Bild 16.13** zeigt. Für die Ausgangsspannung des Empfängerdrehmelders gilt $U_2 \approx \ddot{u} \cdot U_1 \cdot \sin(\alpha_G - \alpha_E)$. Es wird also für $\alpha_E = \alpha_G$ die Ausgangsspannung $U_2 = 0$.

Zur motorischen Nachführung des Empfängerdrehmelders verwenden wir unser Prinzip des Motorkompensators nach Abschnitt 8.4.1, kombiniert mit der Wirkung des Multiplizierers bei Wechselspannung, wie sie in Abschnitt 5.5.1 beschrieben wurde. Die den

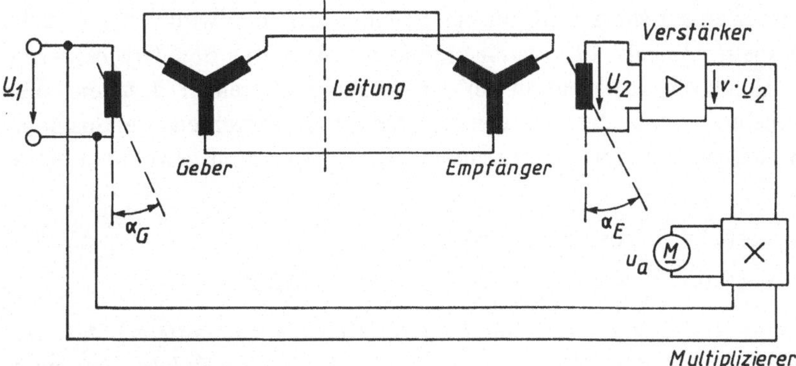

Bild 16.13 Steuer-Drehmelder

Gleichstrom-Stellmotor treibende mittlere Ausgangsspannung des Multiplizierers ist (vgl. dazu: trägerfrequente Meßkette, Abschnitt 12.3.3)

$$\overline{u_a} = \frac{v \cdot U_2 \cdot U_1}{10\ \text{V}} \cdot \cos \sphericalangle (v \cdot \underline{U}_2, \underline{U}_1).$$

Der Motor bleibt also exakt für $U_2 = 0$ stehen, er wechselt die Drehrichtung, wenn die Wechselspannung $\underline{U}_2$ gegenüber $\underline{U}_1$ ihr Vorzeichen ändert. Die Auflösung des Verfahrens läßt sich recht weit treiben. Üblich ist eine Empfindlichkeit von 10 Bogenminuten ($10'$), so daß eine Umdrehung ($360°$) in $360 \cdot 60/10 = 2180$ unterscheidbare Winkel aufgelöst wird. Das entspricht der Auflösung eines Winkel-Codierers mit 11 Spuren, denn es ist $2^{11} = 2048$. In Extremfällen werden auch 14 Bit erreicht, also Auflösungen mit $2^{14} = 16\,384$ unterscheidbaren Winkeln, was ca. $1'$ entspricht.

16.3.4 Linear-Induktosyn

Schneidet man in Gedanken einen *Synchro* nach Bild 16.9 längs einer Mantellinie auf und rollt seine Wicklungen in einer Ebene aus, dann entstehen — stilisiert — flache leitende Mäander. In **Bild 16.14** wird ein solcher Mäander mit der Teilung T als feststehender

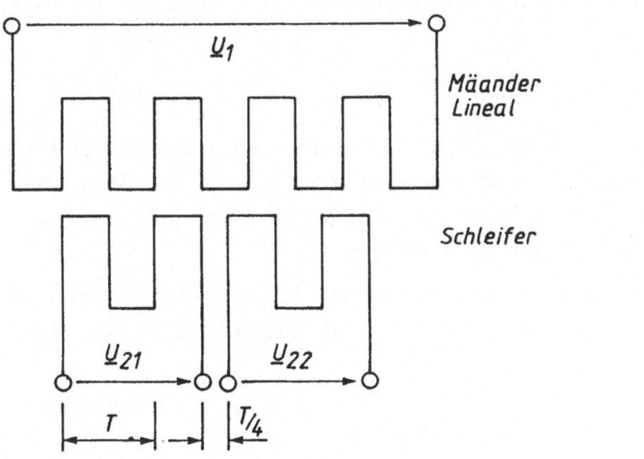

Bild 16.14
Linear-Induktosyn

Maßstab verwendet; er entspricht dem Rotor eines Drehmelders und wird von der Wechselspannung U_1 gespeist. Anstelle der um einen Winkel β versetzten Ständerwicklungen eines Drehmelders gleitet ein Schlitten mit einigen Windungen desselben Mäanders, aber um $T/4 = 90°$ gegeneinander versetzt, über den Maßstab. An ihnen werden zwei Spannungen abgenommen, welche mit der Speisespannung U_0 in der schon gewohnten Weise zusammenhängen:

$$U_{21} = \ddot{u} \cdot U_1 \cdot \cos(\alpha) = K \cdot \cos(\alpha) \cdot \sin(\omega t),$$

$$U_{22} = \ddot{u} \cdot U_1 \cdot \cos(90° - \alpha) = \ddot{u} \cdot U_1 \cdot \sin(\alpha) = K \cdot \sin(\alpha) \cdot \sin(\omega t).$$

Die ganze Anordnung, festehender (z.B. an einem Maschinenbett befestigter) Mäander-Maßstab und beweglicher Reiter oder Schleifer bilden einen *Linar-Induktosyn*, einen sozusagen in die Ebene „geplätteten" Drehmelder. Die Auswertung seiner Spannungen geschieht wie bei den rotatorischen Drehmeldersystemen.

16.3.5 Resolver-Digital-Umsetzer

Die Digitaltechnik ist auch in den Bereich der Drehmelder (auch Resolver, Synchros genannt) eingedrungen, und zwar als RDC (*resolver to digital converter*). Diese hochkomplexen Bausteine arbeiten nach verschiedenen Methoden. Bei einer davon werden die beiden Statorspannungen eines Drehmelders nach Bild 16.10, U_{21} und U_{22}, mit den Faktoren $\sin(\alpha^*)$ bzw. $\cos(\alpha^*)$ multipliziert. Mit α hatten wir den Verdrehwinkel zwischen Stator und Rotor eines Drehmelders bezeichnet, α^* ist ein äquivalenter Ausdruck, der als Zählerstand in einem Zählregister vorhanden ist.

Die Multiplikation lautet somit

$$U_{21}^* = \ddot{u} \cdot U_1 \cdot \cos(\alpha) \cdot \sin(\alpha^*),$$

$$U_{22}^* = \ddot{u} \cdot U_1 \cdot \sin(\alpha) \cdot \cos(\alpha^*).$$

In der Differenz der beiden Spannungen, $U_{21}^* - U_{22}^* = U_2$ steckt aber nur noch der Faktor $\sin(\alpha - \alpha^*)$, es ist $U_2 \sim \sin(\alpha - \alpha^*)$. Durch entsprechendes Vorwärts- bzw. Rückwärtszählen des Zählregisters für α^* kann nun $U_2 = 0$ und somit $\alpha^* = \alpha$ erreicht werden. Damit ist der Drehwinkel α als digitales Signal (Zählerstand) verfügbar.

Eine andere Methode für RDC geht davon aus, daß in Bild 16.10 nicht der Rotor, sondern der Stator eingespeist wird, und zwar mit zwei gegeneinander um $90°$ versetzten Wechselspannungen

$$U_{21} = \hat{u}_2 \cdot \sin(\omega t) \quad \text{und} \quad U_{22} = \hat{u}_2 \cdot \cos(\omega t).$$

Dann wird in der Rotorwicklung eine Wechselspannung induziert, deren Amplitude konstant ist, deren Phasenwinkel jedoch der Verdrehung α zwischen Rotor und Stator entspricht: $U_1 = \ddot{u} \cdot \hat{u}_2 \cdot \sin(\omega t - \alpha)$. Mit einer Phasenmessung nach Abschnitt 11.4 kann der Winkel α, durch Auszählen auch digital, gemessen werden.

Resolver-Digital-Umsetzer haben Auflösungen von wenigstens 10 Bit, oftmals sogar 12 oder gar 14 Bit ($2^{14} = 16\,384$, Auflösung also $6 \cdot 10^{-5}$) und sind sehr komplexe Bausteine.

16.4 Initiatoren

16.4.1 Induktive Näherungsschalter

Näherungsschalter sind berührungslos arbeitende Schalter, sozusagen digitale 1-Bit-Sensoren, für Wege und Winkel. Oftmals werden sie auch als *BERO* (berührungslose Endtaster mit rückgekoppeltem Oszillator) oder *BES* (berührungslose Endschalter) bezeichnet. Vor allem im Maschinenbau werden sie in Massen eingesetzt, und wohl deswegen sind ihre Bauformen und ihr Einbau weitgehend genormt.

Das Blockschaltbild ist in **Bild 16.15** skizziert. Ein Hochfrequenzgenerator (die Frequenzen liegen im MHz-Bereich) schwingt, seine Amplitude wird gleichgerichtet und mit einer Schaltschwelle (Triggerstufe) verglichen. Wenn sich das Feld der Schwingstufe nach **Bild 16.16a** frei ausbreiten kann, ist die Amplitude groß; kommt jedoch ein Betätigungselement aus Metall in die Nähe (Bild 16.16b), dann wird die Schwingung bedämpft, die Amplitude nimmt ab. Sinkt sie unter den Wert der Schaltschwelle, so wird ein Schaltvorgang ausgelöst — nicht kraftschlüssig, sondern berührungslos, lediglich durch Annäherung des Betätigungselements.

Der Ausgang von Initiatoren enthält vielfach einen Schalttransistor, evtl. auch ein Relais, außer den beiden Leitungen zur Stromversorgung (Gleich- oder Wechselspannung) ist noch eine Schaltleitung vorhanden. Bei Initiatoren nach NAMUR (Normen-Arbeitsgemein-

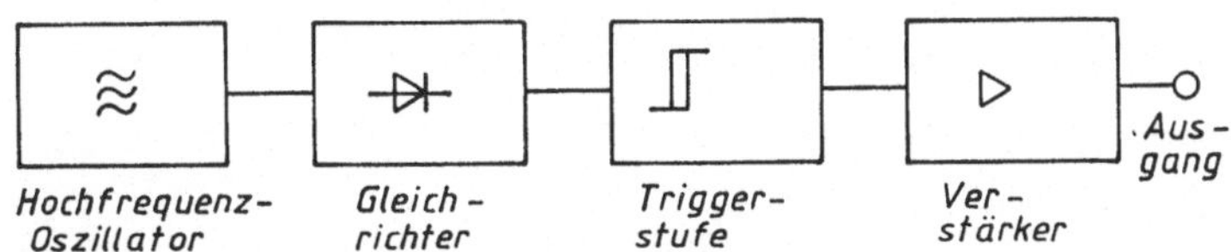

Bild 16.15 Blockschaltbild für einen induktiven Initiator

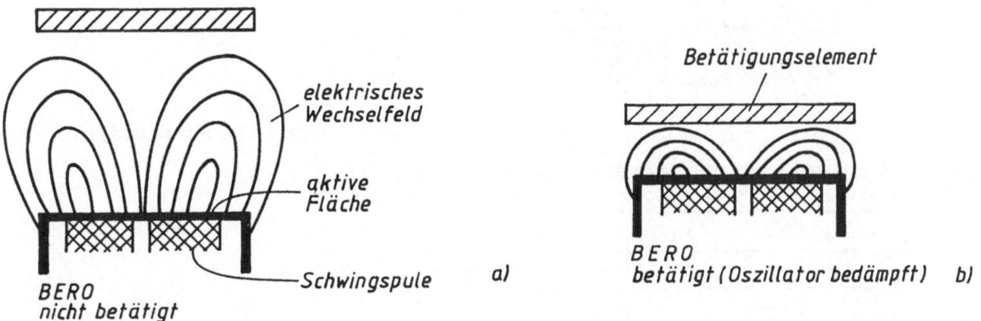

Bild 16.16 Zur Wirkungsweise von Initiatoren (BERO)
a) elektrisches Feld unbedämpft   b) elektrisches Feld durch Betätigungselement bedämpft

schaft Meß- und Regeltechnik der chemischen Industrie) gibt es jedoch nur zwei Leitungen, Schaltkriterium ist der durchfließende Strom.

Ein solcher Näherungsschalter kann vom Betätigungselement senkrecht zu seiner aktiven Fläche oder seitlich (parallel zur aktiven Fläche) angefahren werden, vgl. **Bild 16.17**. Die aktive Fläche ist üblicherweise die Fläche der HF-Spule. Häufigste Bauform ist der zylindrische Initiator mit Außengewinde (M8, M12, M18, M30), aktive Fläche am einen Ende, Anschlüsse am anderen Ende. Da Initiatoren auf Metallflächen reagieren, ist ihr Einbau in metallische Körper (z. B. in ein Maschinenbett) nicht unkritisch. Deswegen gibt es Initiatoren für bündigen Einbau in Metall nach **Bild 16.18** bzw. für „nicht bündigen" Einbau nach **Bild 16.19**. Wie zu ersehen, ist der Abstand mehrerer Initiatoren unterein-

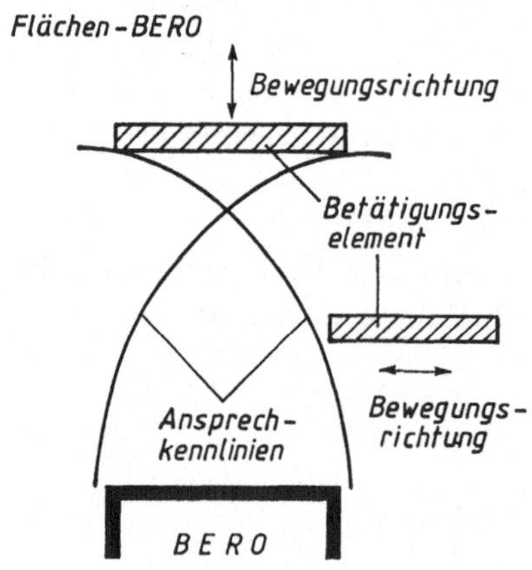

Bild 16.17 Betätigungsrichtungen

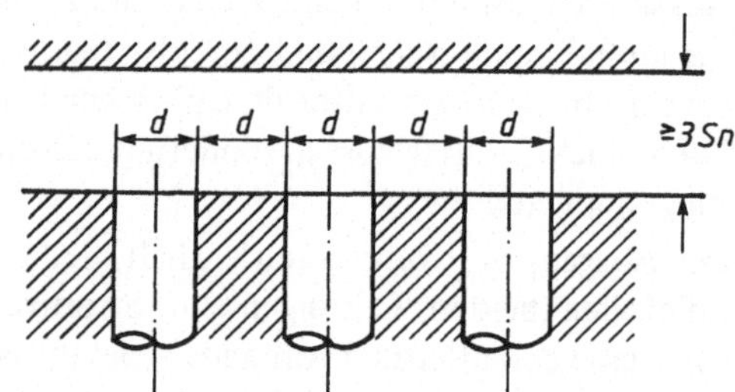

Bild 16.18 Angaben für bündigen Einbau

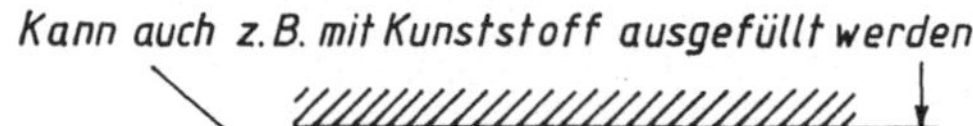

Bild 16.19

Angaben für nicht bündigen Einbau

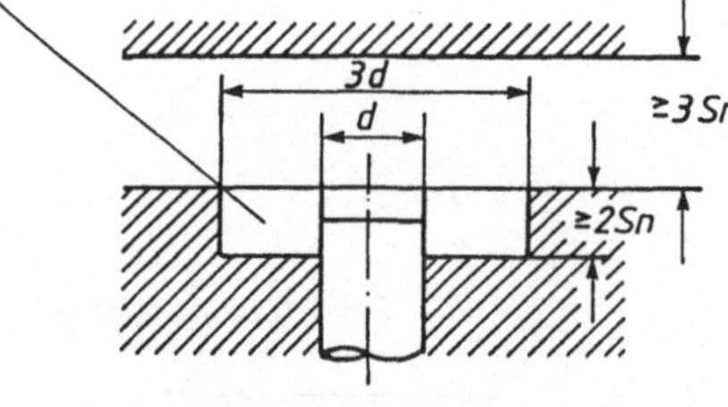

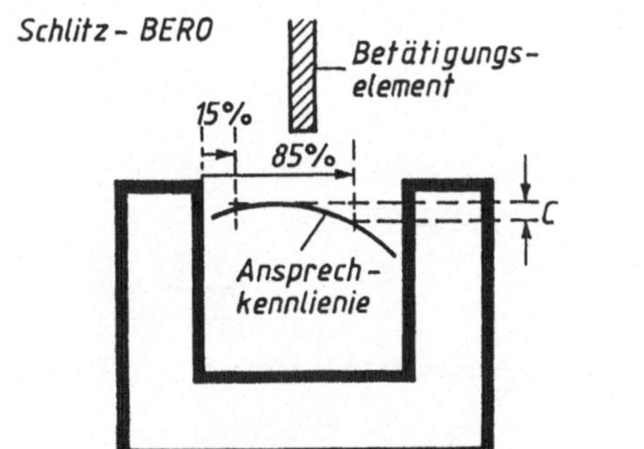

Bild 16.20
Ein Schlitz-Initiator

ander sowie der Mindestabstand benachbarter Metallmassen festgelegt mit dem Außendurchmesser d des Initiators und dem Nenn-Schaltabstand S_n (Definition folgt).

Außer den zylindrischen Initiatoren gibt es noch quaderförmige BERO's und *Schlitz-Initiatoren*. Bei letzteren taucht das Betätigungselement (eine Metallfahne) nach **Bild 16.20** in einen Schlitz des gabelförmig ausgebildeten Initiators ein. Im Kernbereich zwischen 15 % und $(100 - 15)\% = 85\%$ der Schlitzbreite darf die Ansprechkurve nur um $C \leqslant 1$ mm variieren.

Die Kennlinien von Initiatoren haben das mit **Bild 16.21** gezeigte typische Aussehen. Dort handelt es sich um die Kurven für seitliches Anfahren mit dem Betätigungselement bei zylinderförmigen BEROs (bündig bzw. nicht bündig einbaubar). **Bild 16.22** geht auf die Ansprechkurven ein und veranschaulicht einige der Begriffe, die noch zu definieren sind:

Hysterese	ist die Differenz des Schaltpunktes zwischen Annähern und Entfernen einer Meßplatte (Stahl St 37, quadrat. mit einer Fläche $d \cdot d$, wobei d der Durchmesser des zylindrischen BERO ist).
Nenn-Schaltabstand	S_n ist ist eine theoretische Kenngröße unter idealen Bedingungen.
Real-Schaltabstand	S_r ist gemessen bei 20 °C und definiert zu $0,9 \cdot S_n \leqslant S_r \leqslant 1,1 \cdot S_n$.
Nutz-Schaltabstand	S berücksichtigt auch noch Einflüsse von Temperatur und Speisespannung und ist definiert zu $0,9 \cdot S_r \leqslant S \leqslant 1,1 \cdot S_r$.
Arbeits-Abstand	S_a ist der Abstand, in dem sicheres Ansprechen unter jeder Bedingung gewährleistet ist: $0 \leqslant S_a \leqslant 0,9 \cdot 0,9 \cdot S_n = 0,81 \cdot S_n$.

Weitere Einflüsse auf den Schaltabstand sind in **Tabelle 16.1** festgehalten. Über die Schaltzeiten von Initiatoren wird in Abschnitt 17.1 (Drehzahlmessung) berichtet. Ein Beispiel soll diese kurze Vorstellung induktiver Initiatoren abschließen.

Beispiel 16-2

Ein zylindrischer Initiator mit Außengewinde M30, nicht bündig einbaubar, werde von der Seite angefahren. Der Abstand zwischen aktiver Fläche und Initiator sei 10 mm. Dann wird nach den Annäherungskurven von Bild 16.21 (unten) das Betätigungselement bis auf 5,5 mm an die Achse des BERO heranfahren müssen, um den Schaltvorgang auszulösen. Infolge der Hysterese wird der Schaltvorgang erst dann rückgängig gemacht, wenn sich das Betätigungselement 6,5 mm von der Achse entfernt hat.

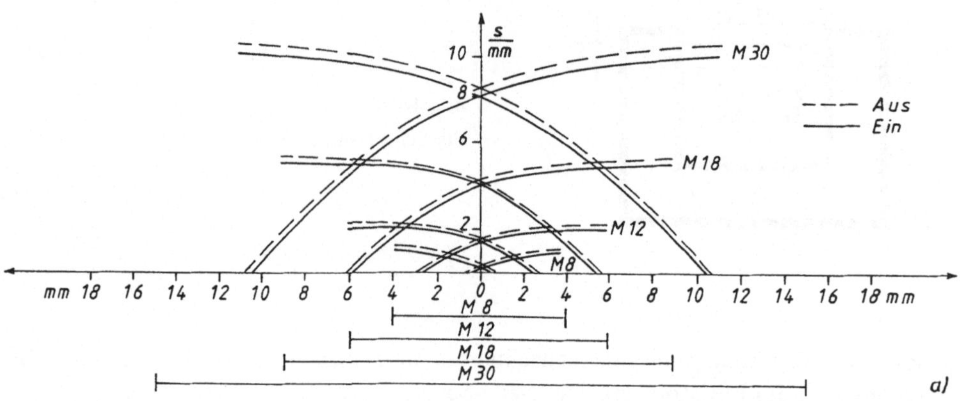

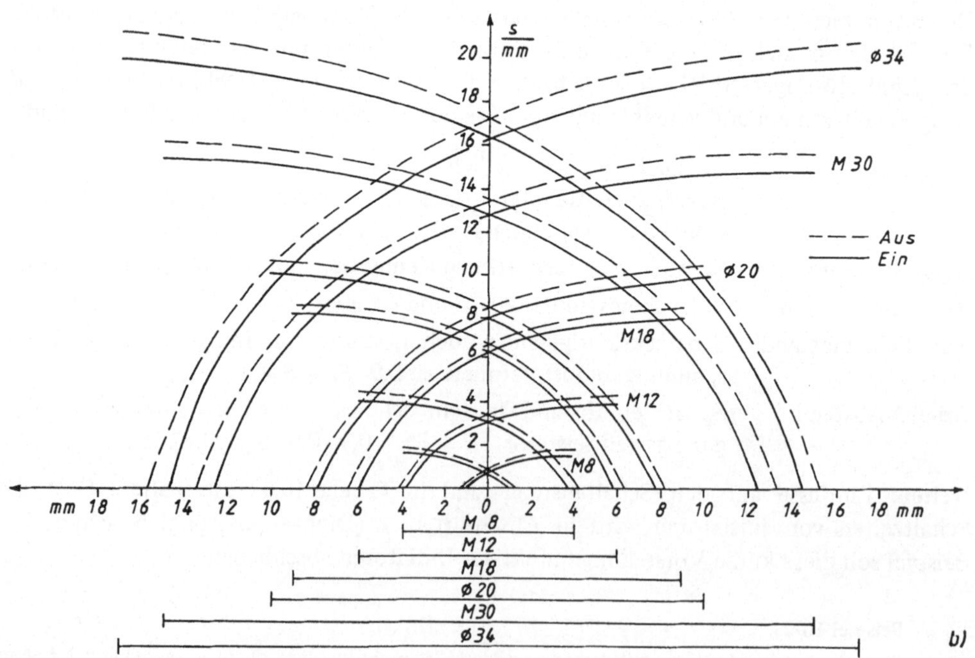

Bild 16.21 Typische Anfahrkurven für Initiatoren
oben: bei bündigem Einbau
unten: bei nicht-bündigem Einbau

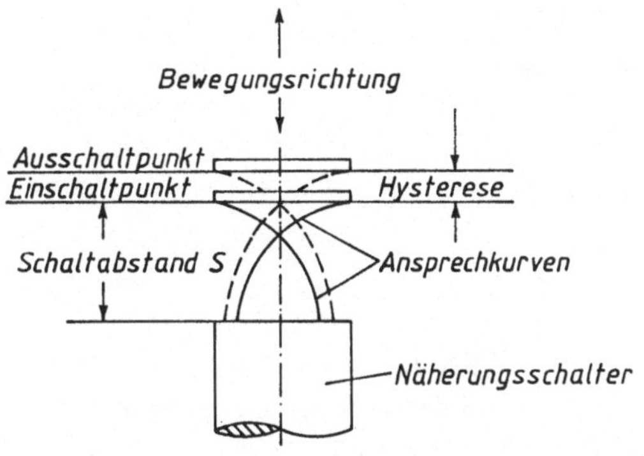

Bild 16.22
Zur Definition der Schaltabstände

Tabelle 16.1 Einflüsse auf den Schaltabstand bei induktiven Initiatoren

1) Hat die Bedämpfungsfläche („Meßplatte") nicht die Größe A = d · d (d Durchmesser Rund-BERO bzw. Kantenlänge quadratischer BERO), so gilt

$$A = d \cdot d = 100 \%$$

Bedämpfungsfläche in %	150	125	100	75	25	12,5
Abweichung im Nutz-Schaltabstand S in %	+ 10	+ 7	± 0	− 7	− 27	− 45

2) Wird als Material des Betätigungselementes nicht Stahl (St 37) verwendet, dann ist der Nutz-Schaltabstand mit folgenden Faktoren zu multiplizieren

Messing	S × 0,5	Chromnickel	S × 0,9
Aluminium	S × 0,45	V2A-Stahl	S × 0,85
Kupfer	S × 0,4		

16.4.2 Lichtschranken

Auch Lichtschranken sind Initiatoren und können berührungslos Schaltvorgänge bewirken. Sie lassen sich ganz grob in drei Gruppen einteilen, deren Prinzipien in **Bild 16.23** skizziert sind:

Einweg-Lichtschranken (Bild 16.23a) arbeiten nach dem Durchlicht-Verfahren, welches schon in Bild 16.1b (unten) skizziert worden war. Lichtsender und -empfänger sind in verschiedenen Gehäusen untergebracht. Das Unterbrechen des Lichtstrahls durch einen Gegenstand löst einen Schaltvorgang aus.

Bei *Reflexions-Lichtschranken* (Bild 16.23b) können Lichtsender und -empfänger im gleichen Gehäuse untergebracht sein. Der Lichtstrahl wird von eigens eingesetzten Flächen reflektiert und gelangt dann in den Empfänger. Hierzu werden Spiegel, Tripel-spiegel (auch als „Katzenauge" bekannt und als Rückstrahler bei Fahrzeugen verwendet) oder sonstige gut reflektierende Flächen (z. B. mit geeigneter Beschichtung, etwa mit kleinen Glaskügelchen als *Skotchlite*) verwendet. Unterbrechung des Lichtstrahls löst den Schaltvorgang aus. Auch diese Art von Lichtabtastung ist in Bild 16.1b (oben) schon erwähnt worden.

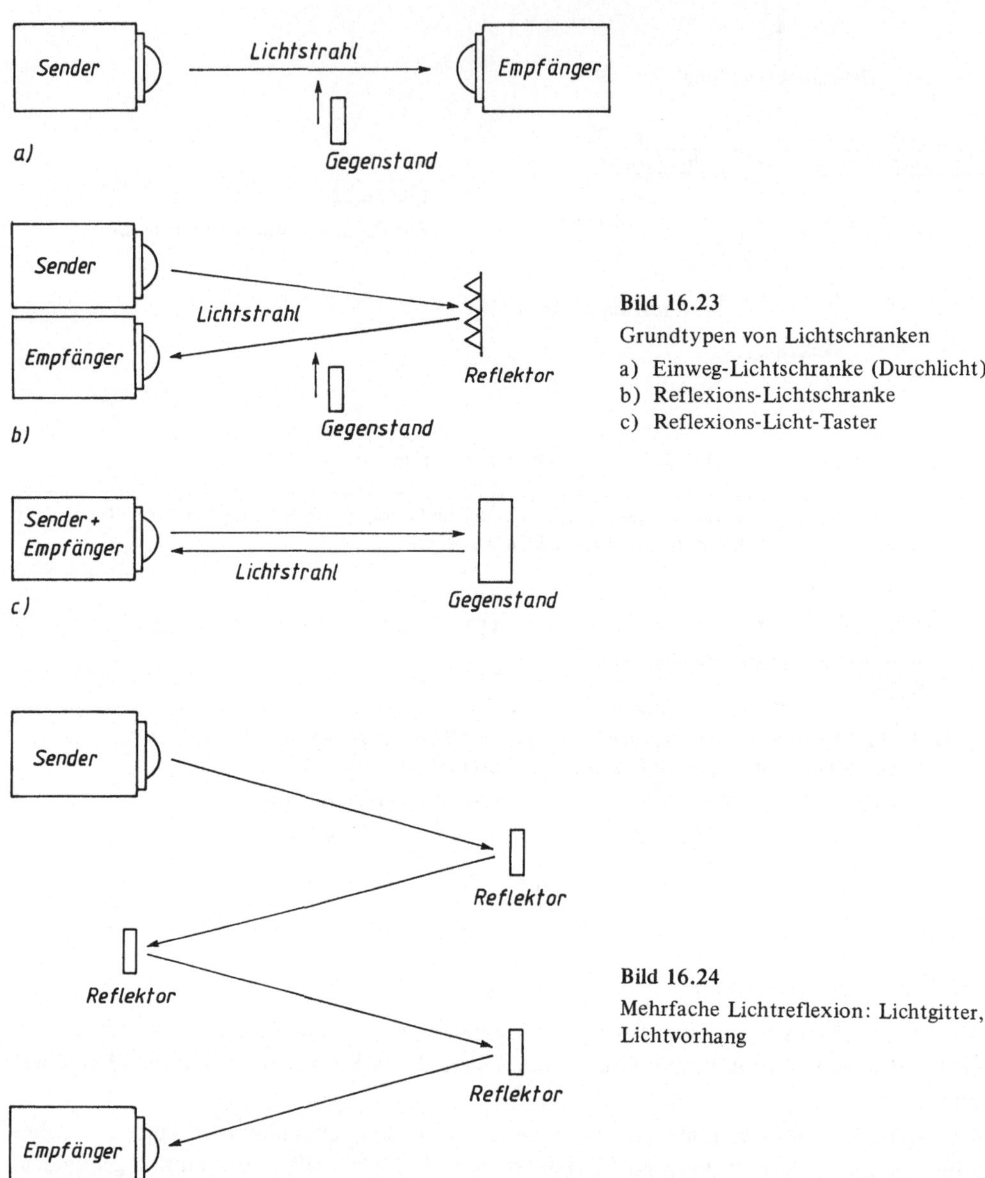

Bild 16.23

Grundtypen von Lichtschranken

a) Einweg-Lichtschranke (Durchlicht)
b) Reflexions-Lichtschranke
c) Reflexions-Licht-Taster

Bild 16.24

Mehrfache Lichtreflexion: Lichtgitter, Lichtvorhang

Wird der vom Sender ausgehende Lichtstrahl vielfach reflektiert, bis er auf den Empfänger trifft, so entsteht ein Lichtvorhang oder Lichtgitter, **Bild 16.24** zeigt ein Beispiel. Solche Anordnungen werden sehr häufig als nichtkörperliche Abschrankung zu Sicherheitszwecken eingesetzt.

Bei *Reflexions-Lichttastern* (Bild 16.23c) erfolgt die Reflexion nicht durch gezielt angebrachte, feste Reflexionsflächen, sondern durch den abzutastenden Gegenstand selbst. Es ist durchaus möglich, daß dieser entsprechende Markierungen besitzt. Lichtsender und

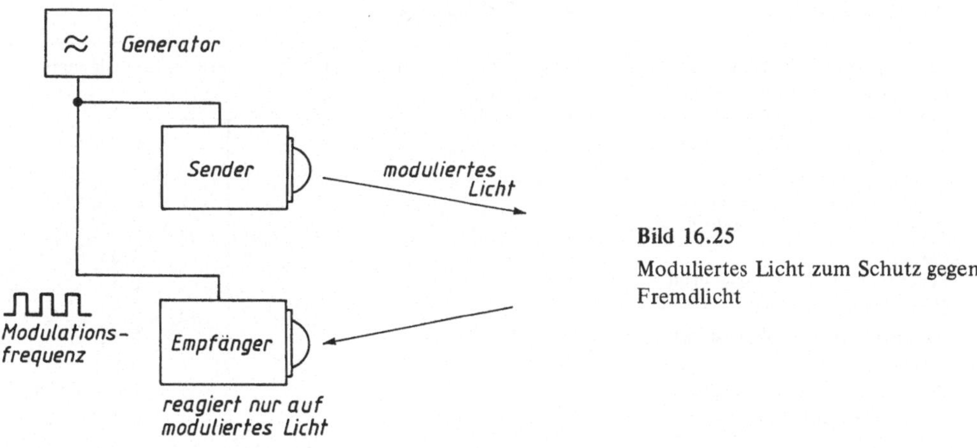

Bild 16.25
Moduliertes Licht zum Schutz gegen
Fremdlicht

-empfänger sind meist in einem gemeinsamen Gehäuse untergebracht, oft sogar mit gemeinsamer Lichtaustritts- bzw. -eintrittsöffnung und/oder Optik.

Alle Lichtschranken haben eine gemeinsame Schwierigkeit: die Umgebungshelligkeit, ob Tages- oder Kunstlicht, darf nicht stören. Zur Lösung des Problems kann man auf nicht-sichtbares Licht, häufig (nahes) Infrarot, ausweichen. Dann sitzen im Strahlengang entsprechende optische Filter. Auch elektronisch kann der Fremdlichteinfluß ausgeschaltet werden, z. B. durch Licht-Modulation: der Sender wird im Takt einer Modulationsfrequenz betrieben, er sendet also Lichtimpulse bekannter Dauer und in bekannter Folge. Dem Empfänger wird diese Modulationsfrequenz ebenfalls zugeführt, wie es in **Bild 16.25** skizziert ist. Über eine Koinzidenzstufe ist er nur dann empfangsbereit, wenn ein Licht-Impuls ankommen kann, und sonst gesperrt. Manchmal wird das gesamte empfangene Licht in ein elektrisches Signal umgesetzt und dieses dann über ein Filter geführt. Das Filter unterdrückt alle störenden Anteile (Fremdlicht) und läßt nur die Lichtfrequenz des Senders durch.

Bei den Reflexionsverfahren lassen sich Anfahrkurven ermitteln, wie wir sie im vorausgehenden Abschnitt (Bild 16.21) kennengelernt haben. Als Norm-Reflektor dient weißer Karton (DIN A4), matt, mit 200 gr/m^2. Bei abweichenden Reflexionsflächen gelten die in **Tabelle 16.2** aufgeführten Korrekturfaktoren.

Lichtschranken lassen sich noch weit vielgestaltiger aufbauen und anwenden als induktive Näherungsschalter: Durch entsprechende Farbfilter können sie Farben unterscheiden und damit Gegenstände erkennen oder selektieren. Mit polarisiertem Licht sind Störeinflüsse ausschaltbar, es kann aber zugleich die Selektivität erhöht werden. Schließlich gibt es die vielfältigen Möglichkeiten der Optik, um die Wirkungsweise von Lichtschranken zu unterstützen. Es ist nicht möglich, das ganze Feld der Konstruktion und Anwendung zu Lichtschranken kurz darzustellen.

Dies umso mehr, als außer der Optik die vielgestaltigen Möglichkeiten der Lichtleitung durch Totalreflexion mitbenützt werden können, eine Technik, die von den Lichtwellenleitern LWL (z. B. die Glasfaser-Übertragung der Nachrichtentechnik) bekannt ist. Licht läßt sich mit Glas- oder Kunststoffasern beliebig, auch um „Kurven" leiten. Geeignete

Tabelle 16.2 Korrektur-Faktoren für Reflexions-Lichtschranken

Falls als Reflexionsfläche nicht Papier DIN A4, weiß, matt, 200 gr/m^2, sondern andere Flächen benützt werden, gelten folgende Korrektur-Faktoren:	
Stahl, rostfrei, hochglänzend	1,4 ... 2,0
Stahl, rostfrei, glänzend	1,2 ... 1,5
Eisenblech, verzinkt, glänzend	1,1 ... 1,5
Papier, gelb, matt, 70 gr/m^2	0,75
Styropor, weiß	1,05
Schaumstoff, offenporig, grün	0,3
Glas (runde Flasche)	0,6
Baumwollstoff, weiß, gewirkt	0,55
PVC, grau	0,5
Buchenholz, hell, mit Klar-Lack	1,6
Tannenholz, roh, verschmutzt	0,4

Lichtleitkörper können Licht über Totalreflexion in sich zurückleiten oder nach außen abstrahlen, je nachdem, von welchem Medium sie umgeben sind. Der Gestaltung sind fast keine Grenzen gesetzt.

Abzählen von Gegenständen, Abfrage auf das Vorhandensein von Gegenständen, Positionierung von Gegenständen — das sind einfachere Aufgaben für Lichtschranken. Farbsortierung, Abstandsmessung, Steuerung von Papierbahnen und Folien, von automatischen Scheren — das gehört zu den komplexeren Anwendungsfällen. Vielleicht kann die Vielfalt abschließend noch durch einen Hinweis verdeutlicht werden: auch der Strich-Code zur Kennzeichnung von Waren wird mit einem Reflexions-Lichttaster abgelesen.

16.4.3 Weitere Initiatoren

Mit den induktiven Näherungsschaltern und den Lichtschranken ist die Gruppe der Initiatoren keineswegs erschöpft. Aus der großen Vielfalt der Möglichkeiten seien noch genannt:

Die kapazitiven Initiatoren, bei denen sich durch Annäherung von Gegenständen eine Kapazität verändert. Dies kann ähnlich wirken wie bei den induktiven Näherungsschaltern, kann aber auch über die Frequenzänderung eines Schwingkreises ausgewertet werden. Magnetische Initiatoren nützen den Hall-Effekt (vgl. 14.1.1) oder die Annäherung eines Dauermagneten an einen Magnetsensor und lösen so einen Schaltvorgang aus.

17 Messen von Geschwindigkeit und Beschleunigung

17.1 Drehzahlmessung

Eine immer noch gebräuchliche Messung der Drehzahl erfolgt mit Tacho-Generatoren. Das sind kleine, meist in Form von Synchronmaschinen aufgebaute Generatoren, in deren Wicklung nach dem Induktionsgesetz eine Spannung $u \sim N \cdot \Phi \cdot d\alpha/dt$ erzeugt wird. Dabei ist $d\alpha/dt$ die Winkelgeschwindigkeit, auch als Drehzahl in Umläufen U pro Minute, seltener pro Sekunde angegeben. Es ist 60 U/Min = 1 U/s. N ist die Windungszahl der Wicklung, Φ der magnetische Fluß, der bei diesen Maschinen meist durch Dauermagnete konstant gehalten wird. Die Amplitude der erzeugten Wechselspannung ist also proportional zur Drehzahl und kann mit jedem Wechselspannungs-Voltmeter angezeigt werden. Leider haben diese kleinen Dynamomaschinen eine nicht vernachlässigbare Streuinduktivität, welche die Ursache einer nichtlinearen Kennlinie (vor allem zu größeren Drehzahlen hin) ist. Übrigens lassen sich kleine Synchronmotoren durchaus auch als Tacho-Generatoren einsetzen.

Hängt auch die Amplitude der erzeugten Spannung nicht genau von der Drehzahl ab, so wird diese jedoch exakt in der Frequenz $f \sim P \cdot d\alpha/dt$ der induzierten Spannung faßbar. Dabei ist P die Polpaarzahl der Tachomaschine. Die Frequenz f kann analog über das Mittelwertverfahren nach Abschnitt 11.2 oder digital nach Abschnitt 11.3 gemessen werden. Im Kraftfahrzeug erfassen die Drehzahlmesser meist die Frequenz der Zündimpulse mit einem dieser Verfahren und heißen deswegen „Zünddrehzahlmesser".

Damit ist der prinzipielle Aufbau von Drehzahlmessern skizziert, in **Bild 17.1** wird er gezeigt. Das rotierende Maschinenteil trägt m Impulsmarken, welche von entsprechenden Impulsabnehmern erfaßt werden. Es entsteht eine Frequenz $f = m \cdot n \, [\mathrm{Hz}]$, wenn die Drehzahl n in [U/s], und $f = 60 \cdot m \cdot n \, [\mathrm{Hz}]$, wenn n in [U/Min] angegeben wird. Als Impulsabnehmer können alle geeigneten Initiatoren und Lichtschranken (16.4) sowie die Loch- bzw. Schlitzscheiben der inkrementalen Winkelmessung (16.1) eingesetzt werden.

Ein ganz einfacher Abnehmer besteht aus p rotierenden Magnetchen, welche in einer ruhenden Spule nach dem Induktionsgesetz Spannungsimpulse erzeugen. Weil jedoch hier $u \sim d\alpha/dt$ gilt, nimmt die Amplitude dieser Spannungsstöße mit kleinerer Drehzahl ab, was sehr störend sein kann. Deswegen setzen sich beim Verfahren mit rotierenden Magneten immer mehr die Abnehmer nach dem Hall-Effekt (vgl. 14.1.1) und Wiegandsensoren (vgl. 14.3) durch.

Werden induktive Initiatoren (vgl. 16.4.1) als Initiatoren zur Drehzahlabnahme verwendet, so ist zu beachten, daß sie endliche Ansprechzeiten haben. Diese sind in der Elektrotechnik allgemein wie folgt definiert:

Anstiegszeit (*rise time*) t_r

   ist die Zeit, welche das Signal (im vorliegenden Fall das Ausgangssignal des BERO) braucht, um von 10 % auf 90 % seiner Amplitude anzusteigen.

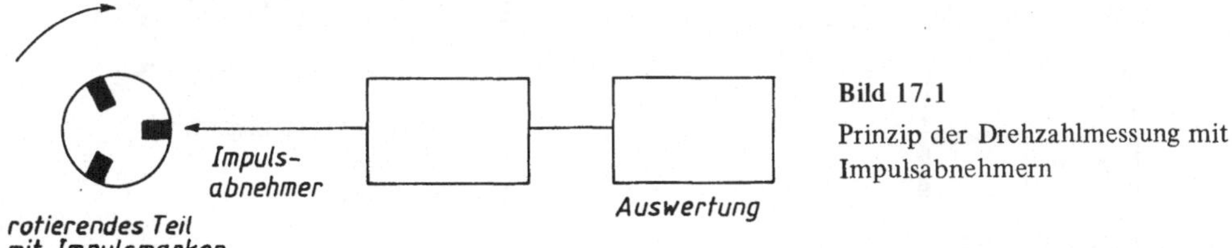

Bild 17.1
Prinzip der Drehzahlmessung mit
Impulsabnehmern

Abfallzeit (*fall time*) t_f

ist die Zeit, welche das Signal braucht, um von 90 % seiner Amplitude auf 10 % abzusinken.

Wichtig ist auch noch die Grenzfrequenz f_G als diejenige Frequenz, welche noch ohne Störung verarbeitet bzw. übertragen wird. In **Tabelle 17.1** sind einige Angaben über Anstiegs- und Abfallzeiten für die zylindrische Bauform von BEROs zusammengestellt. Die Angaben zur Grenzfrequenz gelten für symmetrische Rechtecksignale, also für das Verhältnis Pulsdauer : Pulspause = 1 : 1. Generell gilt als Grundregel: je kleiner der Schaltabstand eines BERO, umso höher ist seine Grenzfrequenz.

Da grundsätzlich $t_r > t_f$ ist, genügt bei unserem Problem der Drehzahlmessung das Betrachten der Anstiegszeit t_r nach **Bild 17.2**. Drehzahlen werden durch seitliches Anfahren eines BERO erfaßt. Ist die seitliche Verfahrgeschwindigkeit v_x und hat das Betätigungselement die Breite b, dann muß sich mindestens ein Teil davon während der Anstiegszeit t_r innerhalb der Ansprechkennlinien des BERO befinden, wenn dieser reagieren soll. Die BERO-Kennlinien sind symmetrisch, deswegen wird man die Ansprechbreite auch symmetrisch mit $2 \cdot \Delta x$ angeben. Diese Überlegungen führen auf den Zusammenhang

$$t_r \leqslant (2 \cdot \Delta x + b)/v_x .$$

Zur Drehzahlabnahme mit induktiven Näherungsschaltern werden sehr häufig Zahnscheiben nach **Bild 17.3** eingesetzt. Dann muß die Zahnfläche $A = b \cdot h$ die aktive Fläche

Tabelle 17.1 Schaltzeiten induktiver Initiatoren (zylindrische Bauform)

Bauform	Anstiegszeit t_r [μs]	Abfallzeit t_f [μs]	Grenzfrequenz f_G [kHz]
M 8	60	40	5
M 12	250	150	2
M 18	300	200	1
M 30	500	350	0,5

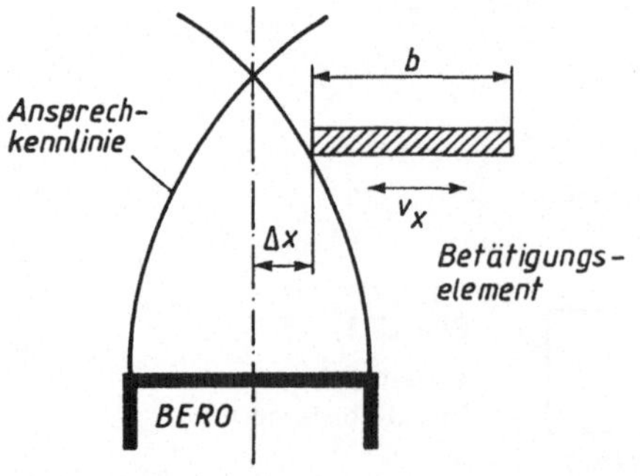

Bild 17.2 Einsatz induktiver Initiatoren zur Drehzahlmessung

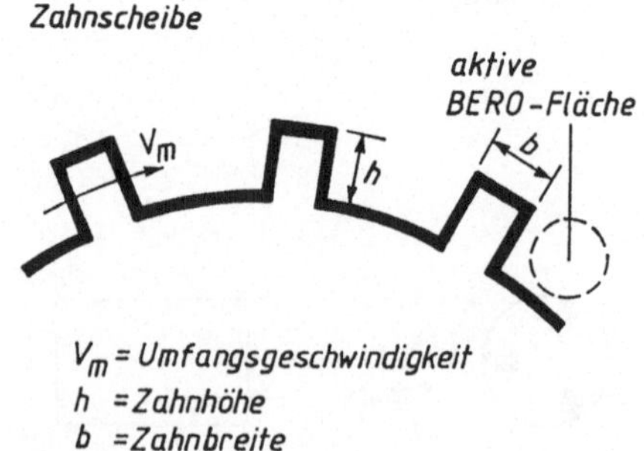

Bild 17.3 Drehzahlabnahme mit Zahnscheibe

des verwendeten BERO voll abdecken. Bei einem zylindrischen BERO mit dem Durchmesser D muß im Idealfall b = h = D sein. Um ein möglichst symmetrisches Ausgangssignal (Puls: Pause = 1 : 1) zu erhalten, sollte die Lücke zwischen den Zähnen der Zahnbreite b entsprechen. Der zu einer sicheren Abnahme nötige Wert von b ergibt sich aus der Umfangsgeschwindigkeit v_m und dem oben abgeleiteten Zusammenhang zu

$$b = v_m \cdot t_r - 2 \cdot \Delta x.$$

Ein Beispiel kann die Größenordnungen deutlich machen:

Beispiel 17-1

Es soll die Drehzahl des Messerbalkens (b = 20 mm) von elektrischen Rasenmähern bei der Endprüfung festgestellt werden. Der verwendete zylindrische Initiator ist nach **Bild 17.4** bei einem Radius r = 400 mm angebracht, die Nenndrehzahl liegt bei 1500 U/Minute. Die Daten der verwendbaren Initiatoren sind:

Initiator	Δx [mm] in 2 mm Abstand	Anstiegszeit t_r [ms]	Schaltabstand S [mm]
M 12	2	0,25	3,5
M 18	5	0,3	6
M 20	7	0,35	8

Um die Wahl unter diesen Initiatoren zu treffen, wird man zunächst die Höchstgeschwindigkeit $v_{max} = (2 \cdot \Delta x + b)/t_r$ feststellen und mit $f = v/2\pi \cdot r$ umrechnen.

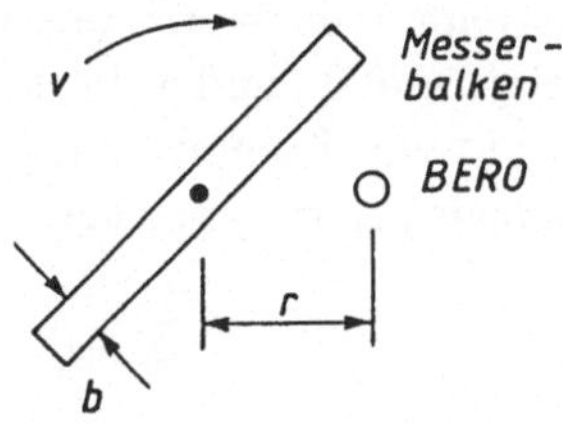

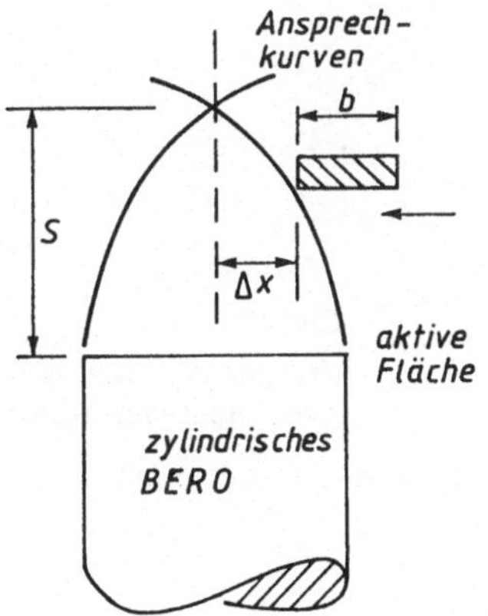

Bild 17.4
Angaben zu Beispiel 17-1

Initiator	v_{max} [m/s]	f [U/s]	[U/Min.]
M 12	96	38,2	2 291,8
M 18	100	39,8	2 387
M 20	97,1	38,6	2 318,5

Die Unterschiede sind nicht sehr groß, die Nenndrehzahl von 1 500 U/Min. wird auf alle Fälle erfaßt. Ein größtmöglicher Schaltabstand, um einen evtl. vorhandenen „Schlag" eines Messerbalkens unwirksam zu machen, wird die Entscheidung für den BERO M 20 bringen.

17.2 Erfassen der Drehrichtung

Es gibt eine ganze Reihe von Möglichkeiten, Drehrichtungen (Rechts-/Links-Lauf) zu erkennen, von denen zwei kurz vorgestellt werden. Nach dem in **Bild 17.5** skizzierten Verfahren genügt eine umlaufende Marke, es sind jedoch zwei möglichst benachbarte Impulsabnehmer nötig. Abnehmer A wirkt auf den Setzeingang S, Abnehmer B auf den Rücksetzeingang R eines Flipflop. Bei Rechtslauf wird das Flipflop vom Aufnehmer A gesetzt und von B schon kurz darauf zurückgesetzt. Der Mittelwert $\overline{u_Q}$ der Ausgangsspannung u_Q des Flipflop liegt nahe bei der LOW-Spannung. Bei Linkslauf setzt die Marke das Flipflop über den Abnehmer A und braucht dann fast einen vollen Umlauf bis zum Rücksetzen mit B. Somit gilt $\overline{u_Q} \approx$ HIGH-Spannung. Auf diese Weise lassen sich, ggf. mit einer Vergleichsspannung, Rechts- und Linkslauf unterscheiden.

Eine zweite Möglichkeit zeigt **Bild 17.6**. Hier wird ein J-K-Flipflop verwendet. Bei ihm werden die Signale (LOW oder HIGH) an den Eingängen J, K in die Ausgänge Q, $\overline{Q}$ übertragen, wenn am Takteingang C (clock) eine Impulsflanke LOW → HIGH erscheint. Wir gehen (vgl. dazu Abschnitt 16.1) von zwei um eine Viertelperiode = 90° versetzten Spuren eines inkrementalen Winkelgebers aus. Die beiden abgetasteten und in Rechtecke umgesetzten Signale sind direkt an J, K des Flipflop angeschlossen. Kommt nun, wie in Bild 17.6 zu entnehmen, die Flanke LOW → HIGH des J-Signals (Spur 1) vor derjenigen

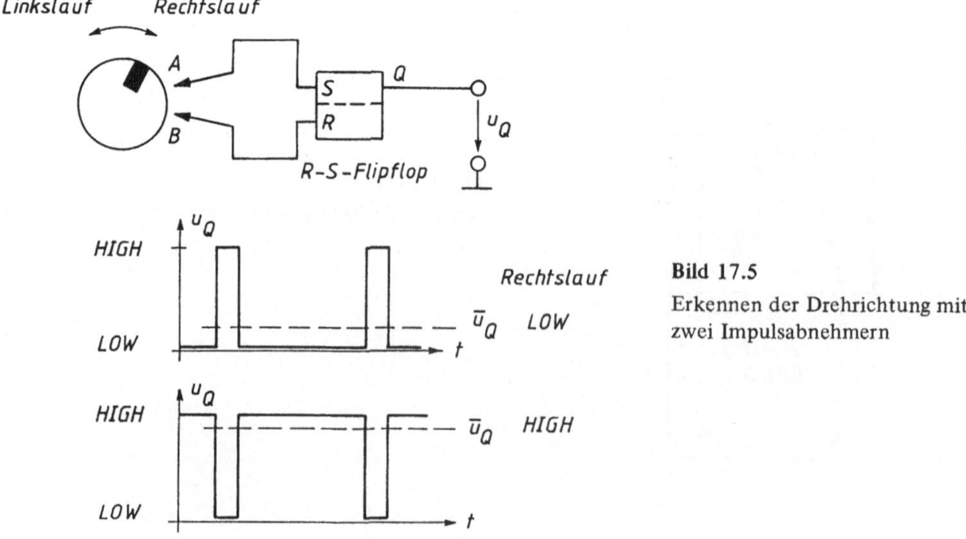

Bild 17.5

Erkennen der Drehrichtung mit zwei Impulsabnehmern

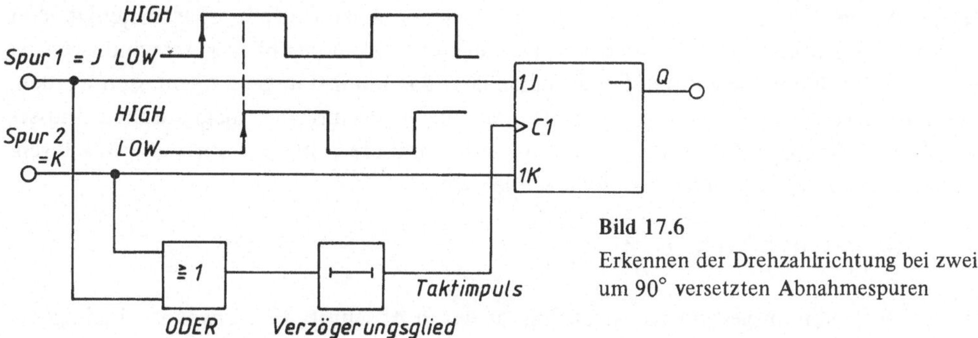

Bild 17.6

Erkennen der Drehzahlrichtung bei zwei um 90° versetzten Abnahmespuren

des K-Signals (Spur 2), dann gilt für eine kurze Zeit J = 1, K = 0. Am Ausgang der ODER-Schaltung erscheint die jeweils zuerst eintreffende LOW → HIGH-Flanke und wirkt, kurz verzögert, als Takt. Dieser überträgt die Konfiguration J = 1, K = 0 an den Ausgang mit $Q = 1, \overline{Q} = 0$.

Bei anderer Drehrichtung kommt das Signal der Spur 2 zuerst, somit ist J = 0, K = 1, die kurz verzögerte erste Flanke wirkt als Takt, das Flipflop wird auf $Q = 0, \overline{Q} = 1$ durchgeschaltet. Die Erkennung Rechts-/Linkslauf ist eindeutig, sie erfolgt innerhalb einer jeden Rasterteilung T, während beim zuerst geschilderten Verfahren ein voller Umlauf zur Erkennung benötigt wird.

17.3 Geschwindigkeitsmessung

Geschwindigkeit ist definiert als der in einer Zeit t zurückgelegte Weg s. Die Definitionen laufen von endlichen Wegen und Zeiten bis zu den Differentialen:

$$v = \frac{s_2 - s_1}{t_2 - t_1} = \frac{\Delta s}{\Delta t} = \frac{ds}{dt}.$$

Zählende Verfahren, bei denen nach Abschnitt 11.3 eine Frequenz f während einer Zeit t in einen Zähler läuft und eine Zahl $Z = f \cdot t$ ergibt, sind direkt einsetzbar. Wahlweise kann entweder die Zeit t oder die Frequenz f vorgegeben werden.

Zunächst wollen wir die Zeit als T_N vorgeben, in der ein Tor geöffnet ist, damit eine Frequenz f in den Zähler laufen kann. Diese Frequenz wird dadurch erzeugt, daß ein Code-Lineal nach Bild 16.1b (vgl. 16.1) abgetastet und die Anzahl Z der durchlaufenen Wegelemente Δs (das entspricht dem „Raster" T, also gilt hier Δs = T) in der Zeit T_N festgestellt wird. Dann ist $v = Z \cdot \Delta s / T_N$.

Entsprechend kann die Zeit Δt, welche zum Durchlaufen eines Rasterfeldes Δs benötigt wird, mit einer Normalfrequenz f_N ausgezählt werden. Dann ist $Z = f_N \cdot \Delta t$ und $v = \Delta s / (Z / f_N)$. Mit dem Zählverfahren kann auch festgestellt werden, welche Zeit $t_0 = Z / f_N$ benötigt wird, um eine bekannte Strecke s_0 zu durchlaufen. Am Anfang von s_0 wird der Zählvorgang gestartet, am Ende gestoppt. Als Geschwindigkeit folgt wie oben der Zusammenhang $v = s_0 / t_0 = s_0 / (Z / f_N)$.

Bei all diesen Verfahren wird eine mittlere Geschwindigkeit erfaßt, eben diejenige über die zum Zählen erforderliche Meßzeit. Die Messung der Augenblicksgeschwindigkeit ist ein anderes Problem. Sie kann in Sonderfällen über das Induktionsgesetz gemessen werden. Die induzierte Spannung u ist proportional zur Änderung des magnetischen Flusses $\Phi = B \cdot A$. Wird die Induktion B konstant gehalten und die vom magnetischen Fluß durchsetzte Fläche $A = l \cdot s$ geändert, so folgt schließlich

$$u \sim \frac{d\Phi}{dt} = B \cdot \frac{dA}{dt} = B \cdot l \cdot \frac{ds}{dt} = B \cdot l \cdot v.$$

Die auf Rotation ausgelegte Konstruktion ist der in Abschnitt 17.1 erwähnte Tachogenerator; die auf Längsbewegung ausgelegte Konstruktion ist selten und in den Abmessungen s meist sehr begrenzt. Deswegen mißt man Geschwindigkeiten oft auch durch entsprechende Auslegung von Beschleunigungsmessern, wie nachfolgend gezeigt wird.

17.4 Messen von Beschleunigungen

Das Messen von Beschleunigungen a geschieht mit dem Grundgesetz der Dynamik $F = a \cdot m$. Wir können somit erwarten, daß die Massen m Kräfte F erzeugen, welche mit Federkörpern (vgl. Abschnitt 15.2) über die Messung des Weges bzw. der Dehnung erfaßbar sind.

Da die Technik keine starren Körper kennt, wird sich jede Masse unter dem Einfluß von Beschleunigungskräften elastisch verformen, was mit einer Feder (Federkonstante c_f) darstellbar ist. Damit entsteht bereits ein schwingungsfähiges Gebilde mit der mechanischen Eigenfrequenz $\omega_0 = \sqrt{c_f/m}$, so daß eine Bremskraft, eine Dämpfung, nötig wird. Da der Beschleunigungsaufnehmer in ein Gehäuse eingebaut sein wird, entsteht die in **Bild 17.7** skizzierte prinzipielle Struktur für einen derartigen „federgefesselten" Beschleunigungssensor.

Die Masse m führt Bewegungen gegenüber dem Gehäuse in Richtung y aus, gemessen werden soll jedoch die Beschleunigung des gesamten Aufnehmers $a = d^2x/dt^2$, wobei x dessen Weg gegenüber der Umgebung ist. Wir listen nun alle wirksamen Kräfte auf und können dann vorgehen, wie wir es beim rotatorischen System der klassischen Meßwerke (vgl. 3.1, 3.2) schon gemacht hatten.

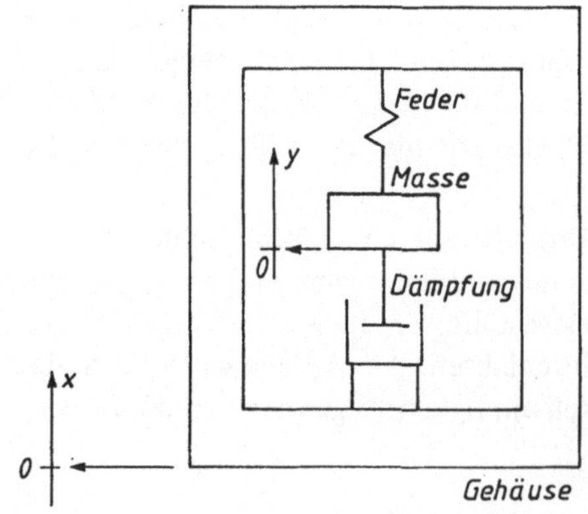

Bild 17.7

Prinzipieller Aufbau eines „federgefesselten" Beschleunigungsaufnehmers

Es wirken auf die Masse m

$$F = c_f \cdot y$$ Die Federkraft F proportional zur Federkonstante c_f

$$B = W \cdot dy/dt$$ Die Bremskraft B proportional zur Geschwindigkeit dy/dt

$$T = m \cdot \frac{d^2(x+y)}{dt^2}$$ Die Trägheitskraft T proportional zur Beschleunigung.

$$T = m \cdot \frac{d^2 x}{dt^2} + m \cdot \frac{d^2 y}{dt^2}$$ Wird das Gehäuse in x-Richtung bewegt, dann wird die Masse m infolge ihrer Trägheit einen Weg in $-y$-Richtung machen; der gesamte wirksame Weg ist somit $x - (-y) = x + y$. Die Ableitung des Summenweges ist gleich der Ableitung der Summanden.

Damit können wir die Differentialgleichung aufstellen, wobei die zu messende Beschleunigung $a = d^2 x/dt^2$ gleich auf die rechte Seite geschrieben wird:

$$m \cdot \frac{d^2 y}{dt^2} + W \cdot \frac{dy}{dt} + c_f \cdot y = -m \cdot \frac{d^2 x}{dt^2} = -m \cdot a \,.$$

Wird mit m dividiert und wie üblich für $dy/dt = \dot{y}$ geschrieben, dann folgt schließlich die Kurzform der Differentialgleichung mit

$$\ddot{y} + \frac{W}{m} \cdot \dot{y} + \frac{c_f}{m} \cdot y = -a \,.$$

Am besten gehen wir nun wieder so vor wie in Abschnitt 3 und betrachten einige typische Betriebsweisen des Systems:

a) hoch abgestimmtes System

Bei sehr steifer Feder ist auch c_f sehr groß, wählt man zusätzlich die Masse m klein, dann wird $c_f/m = \omega_0^2$ sehr groß. Von der Differentialgleichung bleibt nur noch der Teil

$$-a = \frac{c_f}{m} \cdot y = \omega_0^2 \cdot y$$

übrig: über den Weg y im Sensor läßt sich die Beschleunigung erfassen, wir haben den typischen Beschleunigungssensor vor uns. Wegen $F = c_f \cdot y$ kann die Messung auch über die Kraft erfolgen. Der Sensor wird weit unterhalb seiner mechanischen Eigenfrequenz betrieben, ist also „hoch abgestimmt".

b) stark bedämpftes System

Bei kleiner Masse m und weicher Feder (c_f klein) wird die Dämpfung W groß gemacht. Dann überwiegt das Glied mit $\dot{y}$ und es gilt

$$\frac{W}{m} \cdot \frac{dy}{dt} = -\frac{d^2 x}{dt^2} \,.$$

Einmal über der Zeit integriert folgt daraus (die Integrationskonstanten sind für die prinzipielle Betrachtung nicht interessant und deshalb weggelassen)

$$\frac{W}{m} \cdot y = -\frac{dx}{dt} = -v \,.$$

Dies ist ein geschwindigkeitssensitiver Aufnehmer, ausgewertet wird der innere Weg y oder die ihn hervorrufende Kraft $F = c_f \cdot y$.

c) weich aufgehängte große Masse

Eine sehr große Masse ist weich gefedert (c_f klein) und kaum gedämpft (W klein). Dann überwiegt in der Differentialgleichung das Glied mit $\ddot{y}$,

$$\frac{d^2 y}{dt^2} = - \frac{d^2 x}{dt^2} = - a,$$

woraus nach zweimaliger Integration die Beziehung $y = - x$ folgt. Wir haben einen Weg-Sensor vor uns, der allerdings in dieser Form wenig benützt wird, es sei denn als Seismograph zum Erfassen von Erdbeben; Erderschütterungen sind ja Wegdifferenzen.

Anschließend sollen diese Betriebsweisen noch anders dargestellt werden. Wir denken uns die Beschleunigung sinusförmig verlaufend nach $a = \hat{a} \cdot \sin(\omega t)$, dann wird der Weg im Aufnehmer nach $y = \hat{y} \cdot \sin(\omega t - \varphi)$ ebenfalls sinusförmig, aber um φ phasenverschoben sein. Weiter werden folgende Größen eingeführt:

das Dämpfungsmaß $\qquad D = \dfrac{1}{2} \cdot \dfrac{W}{m \cdot \omega_0}$,

die normierte Frequenz $\qquad \Omega = \omega / \omega_0$,

die normierte Amplitude $\qquad Y = \dfrac{\hat{y}}{\hat{a} / \omega_0^2}$.

Man kann nun die normierte Amplitude Y der Sensormasse m über der normierten Frequenz Ω in doppelt logarithmischem Maßstab auftragen und kommt so zu **Bild 17.8**. Dort lassen sich die betrachteten Betriebsweisen verdeutlichen; sie sind durch dicke Striche und die Buchstaben a), b) und c) hervorgehoben.

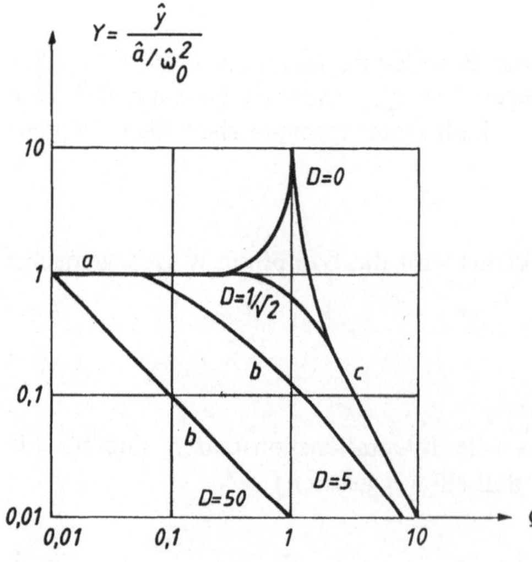

Bild 17.8

Das Schwingverhalten des „federgefesselten" Beschleunigungsaufnehmers

a) hoch abgestimmtes System

Der Aufnehmer gerät für $\omega = \omega_0$ in Resonanz. Für $\omega \ll \omega_0$ wird die Amplitude der Beschleunigung, $\hat{a}$ richtig übertragen, denn es ist $Y = \hat{y}/(\hat{a}/\omega_0^2) = 1$. Dies ist die Betriebsweise des Beschleunigungsmessers.

b) stark bedämpftes System

Bei größerem Dämpfungsmaß D zeigen sich Kurvenstücke mit der Steigung $-1{,}0$ (unter $-45°$ in Bild 17.8). Wegen der sinusförmig angenommenen Beschleunigung $a = \hat{a} \cdot \sin(\omega t)$ wird die Amplitude der Geschwindigkeit nach der Integration mit $1/\omega = \omega^{-1}$ multipliziert. Die geschwindigkeitsproportionalen Abschnitte der (normierten) Amplitude Y unserer Aufnehmermasse erscheinen im doppelt logarithmischen Maßstab als Geradenstücke unter $-45°$.

c) weich aufgehängte große Masse

Um zum Weg x zu kommen, ist nochmals eine Integration nötig, also wird die Amplitude des Weges mit $1/\omega^2 = \omega^{-2}$ bewertet. Geradlinig verlaufende Kurvenstücke mit der Steigung -2 weisen in Bild 17.8 die Bereiche auf, in denen der federgefesselte Aufnehmer weg-sensitiv arbeitet.

Damit sind die drei Betriebsweisen auch für die sinusförmige Schwingungsmessung aufgezeigt. Zum weiteren Eindringen in diese spezielle Materie sei auf die entsprechende Literatur verwiesen.

Die Bauformen von Beschleunigungssensoren sind sehr vielfältig, auch die Abnahme des Signals kann verschieden sein und als Auslenkung (Biegepfeil) oder Oberflächendehnung erfolgen. Häufig sind piezoelektrische Sensoren (vgl. 13.1), bei denen die Masse direkt auf den Kristall einwirkt, der seinerseits den Federkörper abgibt; dies ergibt sehr „steife" und somit „hoch abgestimmte" Sensoren.

Eine weitere häufige Bauform zeigt **Bild 17.9**: vom Gehäuse ist nur eine der Wandungen gezeigt, an welcher ein freier Biegebalken als Federkörper angebracht ist (vgl. dazu auch

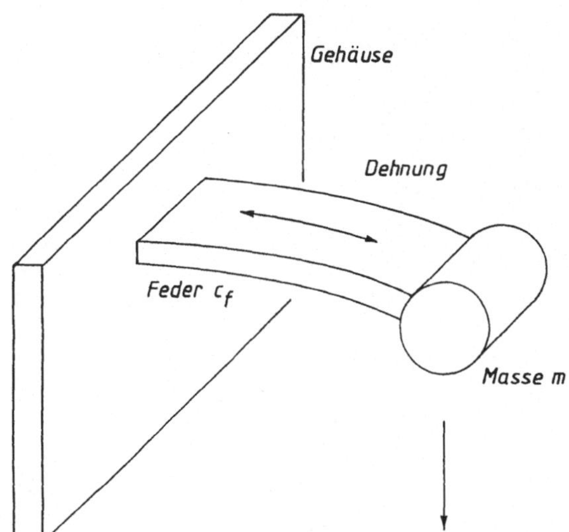

Bild 17.9
Biegebalken als Federkörper beim Beschleunigungsmesser

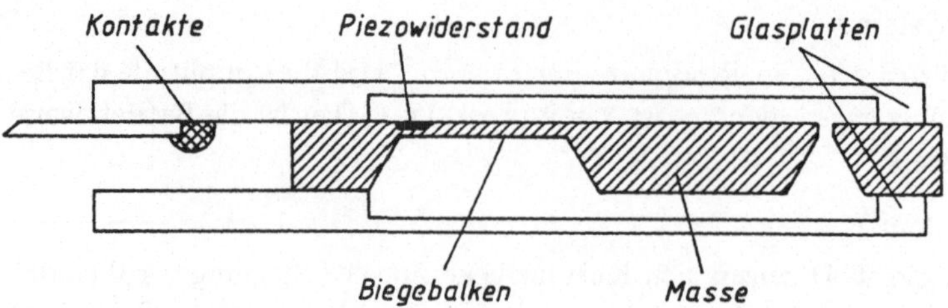

Bild 17.10 Schnitt durch einen mikromechanischen Beschleunigungsmesser

15.2, Tabelle 15.2). An seinem Ende sitzt die Masse m, die Dehnung ϵ an der Oberfläche des Biegebalkens (bzw. $-\epsilon$ an seiner Unterseite) bietet sich für Dehnungsmeßstreifen DMS an. Zum Herstellen sehr kleiner Beschleunigungssensoren wird die aus der Halbleiterherstellung bekannte Technik des Aufbringens bzw. Abätzens von Schichten als *Mikromechanik* eingesetzt. **Bild 17.10** zeigt den Schnitt durch einen solchen Sensor. Der Biegebalken entsteht durch Abätzen eines Materialstreifens; die Enden bleiben in der ursprünglichen Dicke erhalten und bilden die Masse bzw. die Einspannung. Auf dem dünn abgeätzten Biegebalken wird in derselben Technologie ein Halbleiter-DMS (piezoresistiver Widerstand) integriert. Eine geeignete Abdeckung (z. B. Quarz oder Glas) schließt das ganze Gebilde ab.

Messen verfahrenstechnischer Größen

18 Temperaturmessung

18.1 Widerstandsthermometer

Die Widerstandsänderung von Metallen über der Temperatur $\vartheta\,[^\circ C]$ läßt sich mit einer Potenzreihe beschreiben, die für Betriebsmessungen meist nach dem linearen, für Präzisionsmessungen nach dem quadratischen Glied abgebrochen wird:

$$R(\vartheta) = R_0 \cdot [1 + \alpha \cdot \vartheta + \beta \cdot \vartheta^2]$$

Dabei ist R_0 der Widerstandswert bei $0\,^\circ C$, $R(\vartheta)$ derjenige bei der Temperatur ϑ. Meist gebrauchtes Material ist Platin mit $\alpha = 3{,}90784 \cdot 10^{-3}/K$ und $\beta = 0{,}578408 \cdot 10^{-6}/K^2$ (bei $0\,^\circ C$). Die angegebene Gleichung (*Callendar*-Gleichung) gilt für Temperaturen über $0\,^\circ C$. Der Wert für α wird normalerweise nicht auf $0\,^\circ C$ bezogen, sondern als Mittelwert im Bereich zwischen $0\,^\circ C$ und $100\,^\circ C$ angegeben: $\alpha_0^{100} = 3{,}85 \cdot 10^{-3}/K = [R(100\,^\circ C) - R(0\,^\circ C)]/100 \cdot R(0\,^\circ C)$.

Für höhere Ansprüche im Bereich $-200\,^\circ C \dots 0\,^\circ C$ gilt die *Van-Dusen*-Gleichung

$$R(\vartheta) = R_0 \cdot [1 + \alpha \cdot \vartheta + \beta \cdot \vartheta^2 + \tau \cdot (\vartheta - 100\,^\circ C) \cdot \vartheta^3]$$

mit dem Koeffizienten $\tau = -4{,}481924 \cdot 10^{-12}/K^4$.

Platin-Sensoren haben meist einen Grundwiderstand von $R_0 = 100{,}0\ \Omega$ und werden dann als „Pt-100-Elemente" bezeichnet; es gibt auch Pt-Elemente mit anderen Grundwerten, z. B. $500\ \Omega$ und $1000\ \Omega$.

Für etwas geringere Ansprüche hat sich Nickel als wesentlich billigeres Sensormaterial für Widerstandsthermometer eingebürgert. Hier gelten die Werte $\alpha = 5{,}485 \cdot 10^{-3}/K$ und $\beta = 6{,}65 \cdot 10^{-6}/K^2$. Da Nickel einen höheren α-Wert besitzt und somit empfindlicher ist als Platin, kann man ein Ni-100-Element linearisieren und an das Verhalten eines Pt-100-Elementes anpassen: dazu wird dem Ni-100-Element ein Festwiderstand $R_p = 460\ \Omega$ parallel geschaltet und diese Parallelschaltung mit einem Reihenwiderstand $R_r = 17{,}9\ \Omega$ auf den Grundwert von $100\ \Omega$ ergänzt. Die Schaltung dazu zeigt **Bild 18.1**.

Widerstandsthermometer sind nach IEC 751 genormt (daneben gilt noch DIN 43 760). Für Pt-Elemente gibt es zwei Genauigkeitsklassen (Kl. A mit 0,2 % und Kl. B mit 0,5 %

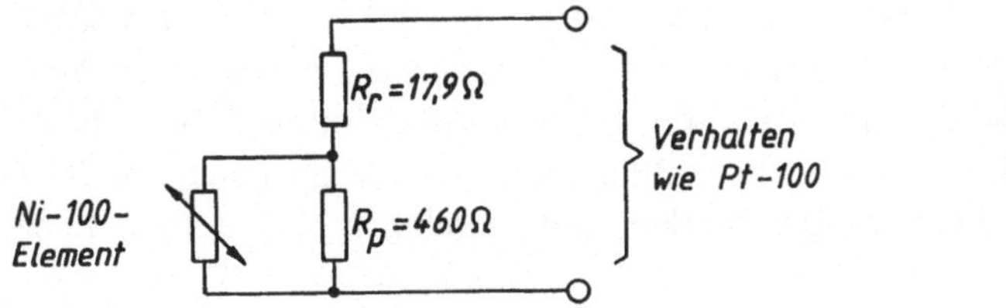

Bild 18.1
Beschaltung eines Ni-100-Elements

Tabelle 18.1 Grundwerte und Abweichungen für Pt-100; und Ni-100-Elemente (Auszug aus DIN 43 760)

Kurzzeichen des Meßwiderstandes	Ni 100			Pt 100				
Widerstands-Werkstoff	Nickel			Platin				
Mittlerer Temperaturkoeffizient des elektrischen Widerstandes zwischen 0 und $+100\,^\circ$C Einheit: $\frac{1}{K}$	Nennwert: 0,00618			Nennwert: 0,003850				
Anwendungsbereich	-60 bis $+180\,^\circ$C			-200 bis $+850\,^\circ$C				
Meßtemperatur $^\circ$C	Widerstand und zulässige Abweichung							
	Grundwert Ω	zulässige Abweichung Ω	$^\circ$C	Grundwert Ω	zulässige Abweichung Klasse A Ω	$^\circ$C	Klasse B Ω	$^\circ$C
-200	$-$	$-$	$-$	18,49	$\pm\,0{,}24$	$\pm\,0{,}55$	$\pm\,0{,}56$	$\pm\,1{,}3$
-100	$-$	$-$	$-$	60,25	$\pm\,0{,}14$	$\pm\,0{,}35$	$\pm\,0{,}32$	$\pm\,0{,}8$
-60	69,5	$\pm\,1{,}0$	$\pm\,2{,}1$	$-$	$-$	$-$	$-$	$-$
0	100,0	$\pm\,0{,}2$	$\pm\,0{,}4$	100,0	$\pm\,0{,}06$	$\pm\,0{,}15$	$\pm\,0{,}12$	$\pm\,0{,}3$
100	161,8	$\pm\,0{,}8$	$\pm\,1{,}1$	138,50	$\pm\,0{,}13$	$\pm\,0{,}35$	$\pm\,0{,}30$	$\pm\,0{,}8$
180	223,2	$\pm\,1{,}3$	$\pm\,1{,}7$	$-$	$-$	$-$	$-$	$-$
200	$-$	$-$	$-$	175,84	$\pm\,0{,}20$	$\pm\,0{,}55$	$\pm\,0{,}48$	$\pm\,1{,}3$
300	$-$	$-$	$-$	212,02	$\pm\,0{,}27$	$\pm\,0{,}75$	$\pm\,0{,}64$	$\pm\,1{,}8$
400	$-$	$-$	$-$	247,04	$\pm\,0{,}33$	$\pm\,0{,}95$	$\pm\,0{,}79$	$\pm\,2{,}3$
500	$-$	$-$	$-$	280,90	$\pm\,0{,}38$	$\pm\,1{,}15$	$\pm\,0{,}93$	$\pm\,2{,}8$
600	$-$	$-$	$-$	313,59	$\pm\,0{,}43$	$\pm\,1{,}35$	$\pm\,1{,}06$	$\pm\,3{,}3$
650	$-$	$-$	$-$	329,51	$\pm\,0{,}46$	$\pm\,1{,}45$	$\pm\,1{,}13$	$\pm\,3{,}6$
700	$-$	$-$	$-$	345,13	$-$	$-$	$\pm\,1{,}17$	$\pm\,3{,}8$
800	$-$	$-$	$-$	375,51	$-$	$-$	$\pm\,1{,}28$	$\pm\,4{,}3$
850	$-$	$-$	$-$	390,26	$-$	$-$	$\pm\,1{,}34$	$\pm\,4{,}6$

Abweichung). In **Tabelle 18.1** sind die Grundwerte und Abweichungen für Pt-100- und Ni-100-Elemente zusammengestellt. Werte mit einer feineren Abstufung sind der Norm zu entnehmen.

Die Auswertung von Widerstandsthermometern erfolgt über das Ohmgesetz: durch den Sensor wird ein Strom I_0 geschickt, dann läßt sich ein Spannungsfall $U = I_0 \cdot R(\vartheta)$ messen. Die drei dazu üblichen Schaltungen zeigt **Bild 18.2**. Schließt man den Temperatursensor nur mit zwei Leitungen an, dann werden die Zuleitungen A und B (samt ihrem Temperaturgang) mit erfaßt, auch wenn das Voltmeter ideal ist und einen extrem hohen Innenwiderstand hat; diesen *Zweileiter-Anschluß* zeigt Bild 18.2a. Beim *Dreileiter-Anschluß* nach Bild 18.2b wird das Voltmeter direkt am Beginn des Widerstandes $R(\vartheta)$ angeschlossen, der Zuleitungswiderstand A entfällt, ggf. kann die Leitung B noch stören. Ganz korrekt ist die *Vierleiter-Schaltung* nach Bild 18.2c. Da die Spannung an $R(\vartheta)$ direkt (und über den Instrumentierungsverstärker von Abschnitt 5.3.1 extrem hoch-

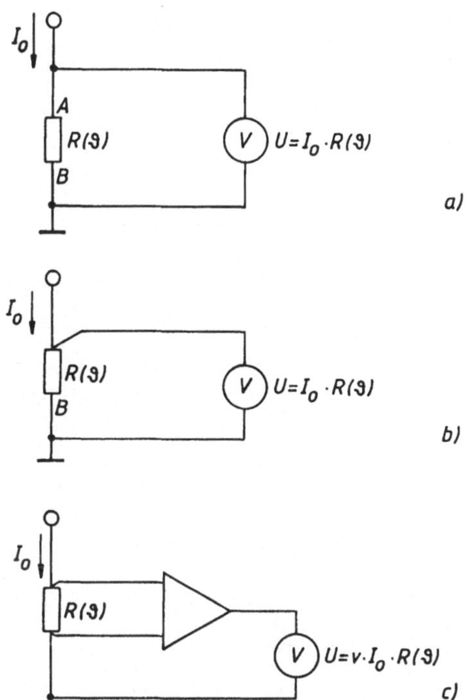

Bild 18.2

Anschluß für Widerstandsthermometer

a) Zweileiter-Schaltung

b) Dreileiter-Schaltung

c) Vierleiter-Schaltung

ohmig) gemessen wird, entfällt der Einfluß der Stromzuführungen völlig. Allerdings sind eben 4 Leitungen zwischen Auswertung und Sensor nötig.

Zum Abschluß sei ergänzend vermerkt, daß prinzipiell alle Möglichkeiten der Widerstandsmessung (vgl. 10.1 bis 10.5) verwendet werden könnten; üblich sind die Methoden nach Bild 18.2. Außer Platin und Nickel werden ab und zu noch Sonderlegierungen (z. B. mit $\beta = 0$) eingesetzt. Für sehr geringe Ansprüche genügt Kupfer mit $\alpha \approx 4 \cdot 10^{-3}/K$.

18.2 Thermoelemente

18.2.1 Thermoeffekt

Wird die Verbindungsstelle von Metallen gegenüber der Umgebung erwärmt, so entsteht eine kleine Spannung, die Thermospannung. Die **Tabelle 18.2** zeigt diese Spannungswerte (in mV für einen Temperaturunterschied von 100 °C und bezogen auf Platin).

Zur technischen Nutzung kommt man, wenn nach **Bild 18.3a** die Verbindungsstelle zweier geeigneter Metalle betrachtet wird, welche auf der Temperatur ϑ_1 liegt und einen Koeffizienten c_1 zugeordnet bekommt. Die Enden, zwischen denen eine Thermospannung auftreten kann, haben die Temperaturen ϑ_2, ϑ_3 und die Koeffizienten c_2, c_3. Sind alle drei Temperaturen gleich groß, dann darf keine Thermospannung auftreten. Daraus folgt jedoch, daß $c_2 = -(c_1 + c_3)$ sein muß.

Tabelle 18.2 Aus der thermoelektrischen Spannungsreihe

Metall	Spannung in mV		
Wismut			− 7,70
Konstantan	− 3,47	...	− 3,40
Nickel	− 1,94	...	− 1,20
Platin		− 0,00	
Zinn	+ 0,40	...	+ 0,44
Aluminium	+ 0,37	...	+ 0,41
Silber	+ 0,67	...	+ 0,79
Kupfer	+ 0,72	...	+ 0,77
Manganin	+ 0,57	...	+ 0,82
Eisen	+ 1,87	...	+ 1,89
Chromnickel			+ 2,20

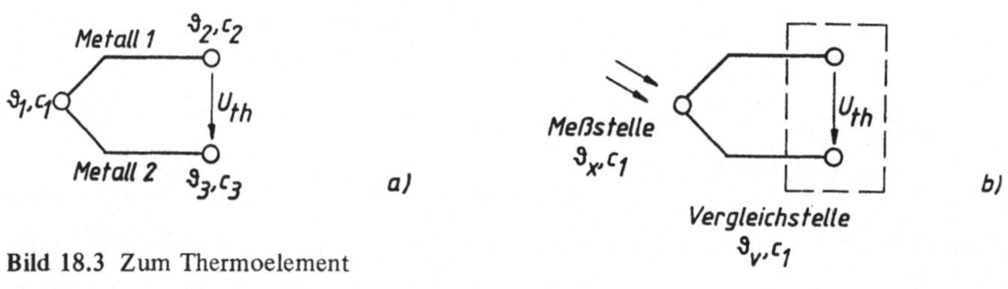

Bild 18.3 Zum Thermoelement

a) allgemein   b) zur technischen Temperaturmessung

Setzt man jetzt $\vartheta_1 = \vartheta_x$ als Meßtemperatur und $\vartheta_2 = \vartheta_3 = \vartheta_v$ als Vergleichsstellentemperatur, so folgt für die Beschreibung des Effekts nach **Bild 18.3b** die Beziehung

$$U_{th} = c_1 \cdot (\vartheta_x - \vartheta_v).$$

Die verwendeten Materialien und somit auch die Grundwerte der Thermospannungen sind nach IEC 584, 1–2 bzw. DIN 43 710 genormt. Für die Grenzabweichungen sind drei Genauigkeitsklassen definiert, denn die Koeffizienten c sind leider nicht konstant, sondern ihrerseits wieder eine Funktion der Temperatur. **Bild 18.4** zeigt den Verlauf der Koeffizienten für die verschiedenen Thermo-Paare, also die jeweils verwendeten Metall-Paarungen, für welche zur Kurzbezeichnung Buchstaben eingeführt worden sind. Bei den Materialien wird Kupfer-Nickel (CuNi) meist als Konstantan bezeichnet, die Paarung Ni-Cr/Ni wird in der englischsprachigen Literatur *Chromel/Alumel* genannt.

Bei technischen Temperaturmessungen wird die Meßstelle in vielen Fällen nicht mit der Anzeigestelle zusammenfallen, so daß gewisse Entfernungen (z. B. vom Kessel bis zur Schaltwarte) zu überbrücken sind. Als Leitung wird man dazu nicht die Thermometalle verwenden, insbesondere nicht die teureren Paarungen mit Platin Pt und Platinrhodium PtRh. Deswegen sind Sonderlegierungen entwickelt worden, welche gegenüber den Thermometallen keine Thermospannung aufweisen (c = 0), aber unedler und billiger sind. Sie werden als Ausgleichsleitungen bezeichnet.

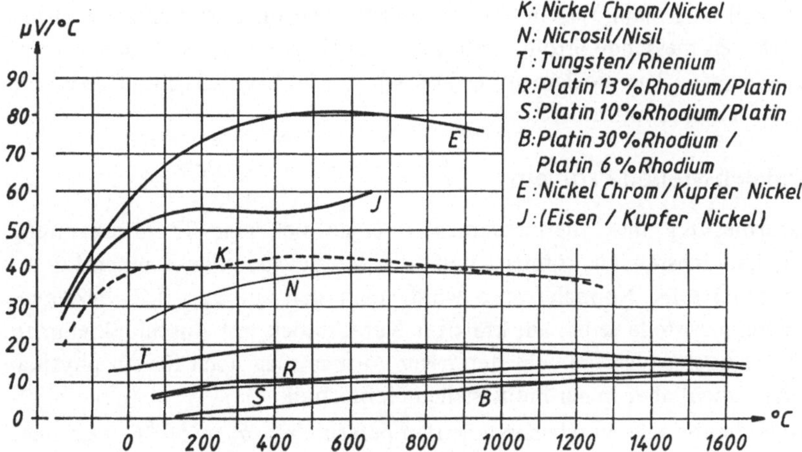

Bild 18.4 Die verschiedenen Thermopaare und der Temperaturverlauf ihrer Koeffizienten

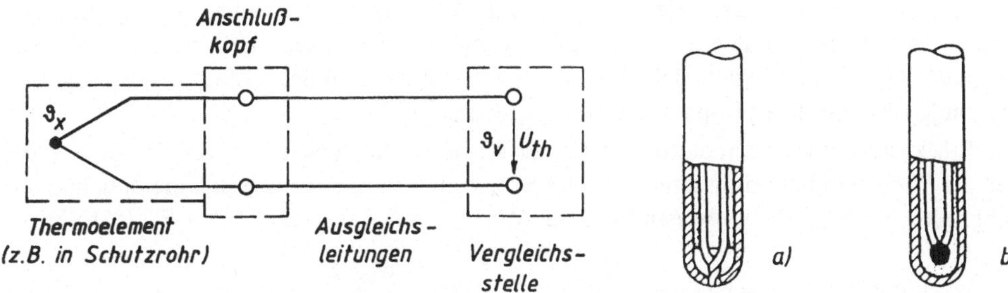

Bild 18.5 Thermoelement und Ausgleichsleitung

Bild 18.6 Mantel-Thermoelemente
a) verschweißt
b) isoliert

Eine typische Meßstelle hat also den in **Bild 18.5** skizzierten Aufbau: mit der Verbindungsstelle des Thermopaares wird die Temperatur ϑ_x erfaßt; im Anschlußkopf endet das Thermopaar, über Ausgleichsleitungen erfolgt die Verbindung zur Vergleichsstelle mit der Temperatur ϑ_v, dort wird die Thermospannung gemessen.

Dem Problem der Vergleichsstelle ist ein eigener Abschnitt gewidmet, so daß wir hier mit einigen Bemerkungen zur konstruktiven Ausführung von Thermoelementen abschließen können. Die Thermometalle sind meistens in einem Schutzrohr untergebracht und nur in den seltensten Fällen offen. Weit verbreitet sind Mantel-Thermoelemente, bei denen das Thermopaar nach **Bild 18.6** in ein Stahlrohr eingebaut ist. Dies kann nach Bild 18.6a isoliert oder nach Bild 18.6b eingeschweißt geschehen; als Isoliermaterial wird meist Al_2O_3-Pulver verwendet.

Der Thermoeffekt wird auch zum Messen von Wechselströmen bis zu hohen Frequenzen (GHz) verwendet. Der zu messende Strom fließt durch ein Heizdrähtchen, dessen Temperatur mit einem winzigen Thermoelement erfaßt wird. Die Kombination Heizdraht/ Thermoelement heißt Thermoumformer.

18.2.2 Das Vergleichsstellen-Problem

Bei der Temperaturmessung mit Thermoelementen ergab sich eine Thermospannung $U_{th} = c \cdot (\vartheta_x - \vartheta_v)$. Um messen zu können, muß die Vergleichsstellen-Temperatur ϑ_v bekannt (und konstant) sein. Normalerweise würde man sich auf $\vartheta_v = 0\,^\circ\mathrm{C}$ beziehen. Dann müßte die Vergleichsstelle selbst ein kräftiger Kupferblock mit Anschlußklemmen sein, eingebettet in schmelzendes Eis. Ein derartiger Aufbau mag noch für ein physikalisches Labor angehen, nicht aber in der industriellen Meßtechnik.

Deswegen wird dort häufig die Vergleichsstellentemperatur mit $\vartheta_v = 50\,^\circ\mathrm{C}$ weit über die übliche Umgebungstemperatur gelegt, so daß man sie mit (elektrisch beheizten) Thermostaten leicht erreichen und konstant halten kann. Ein anderer Weg besteht darin, die Umgebungstemperatur als Vergleichsstellentemperatur zu nehmen, sie zu messen und eine von dieser Messung abhängige Korrekturspannung zu der Thermospannung zu addieren. Zwei Möglichkeiten dieser Art werden angewandt.

Dies ist zunächst die *Ausgleichsdose* nach **Bild 18.7**. Wir kennen die Ausschlagsbrücke (vgl. 10.3) und wissen, daß eine ursprünglich abgeglichene Brückenschaltung eine Diagonalspannung U_{0D} liefert, wenn sich einer der Widerstände verändert. Eine solche Diagonalspannung wird zur Thermospannung addiert, so daß $U_{th}^* = U_{th} + U_{0D}$ entsteht.

Die Brücke besitzt als Temperaturfühler einen Kupferwiderstand $R_{Cu} = R_{20}\,(1 + \alpha_{20} \cdot \Delta\vartheta)$, der als Widerstandsthermometer (18.1) wirkt, wobei die Daten alle auf die übliche Umgebungstemperatur $20\,^\circ\mathrm{C}$ abgestimmt sind. Mit $U_{0D} = \alpha_{20} \cdot U_0 \cdot \Delta\vartheta/4\,(1 + R_v/R)$ folgt

$$U_{th}^* = U_{th} + U_{0D} = c \cdot \vartheta_x - c \cdot 20\,^\circ\mathrm{C} - c \cdot \Delta\vartheta + \frac{\alpha_{20} \cdot U_0}{4\,(1 + R_v/R)} \cdot \Delta\vartheta\,.$$

Da als Vergleichsstellentemperatur eine Raumtemperatur von $\vartheta_v = 20\,^\circ\mathrm{C}$ angestrebt wird, muß zum Funktionieren der Schaltung $4\,(1 + R_v/R) = \alpha_{20} \cdot U_0/c$ sein. $\Delta\vartheta$ ist dabei die Änderung gegenüber $20\,^\circ\mathrm{C}$, c der Koeffizient des Thermoelements, für Kupfer gilt der lineare Temperaturkoeffizient $\alpha_{20} \approx 4 \cdot 10^{-3}/\mathrm{K}$.

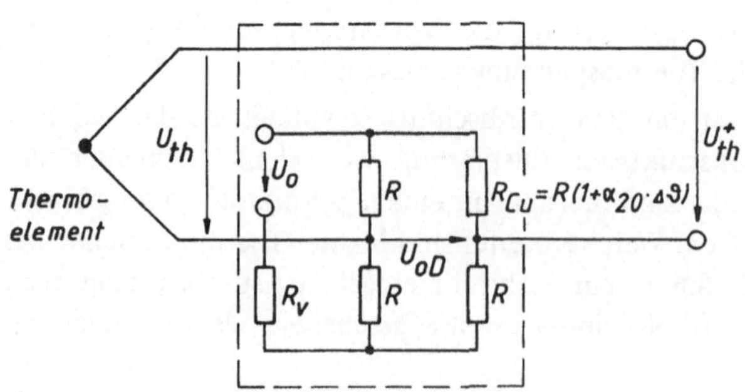

Bild 18.7

Prinzip-Anordnung einer Ausgleichsdose

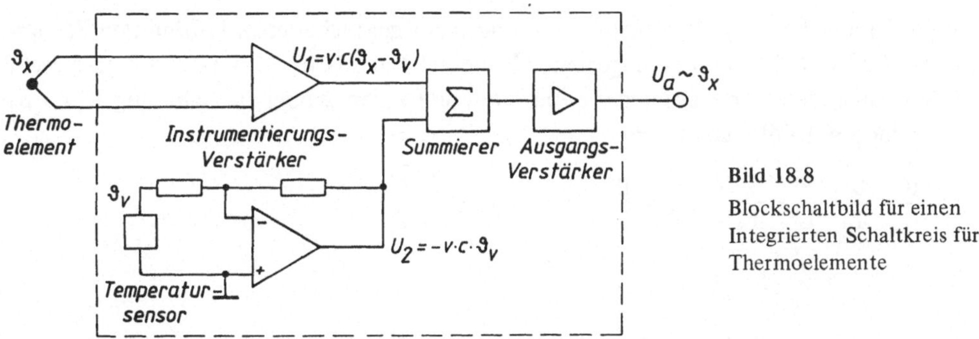

Bild 18.8
Blockschaltbild für einen
Integrierten Schaltkreis für
Thermoelemente

Mit der Halbleitertechnik und den Integrierten Schaltungen sind Bausteine auf den Markt gekommen, welche dasselbe Prinzip etwas anders realisieren. Ein grobes Blockschaltbild zeigt **Bild 18.8**. Die Thermospannung wird mit einem Instrumentierungsverstärker (vgl. 5.3.1) erfaßt und in der Größe $U_1 = v \cdot c \cdot (\vartheta_x - \vartheta_v)$ auf einen Summierer (vgl. 5.2.3) gegeben. Ein Temperatursensor mißt die Umgebungstemperatur, mit Hilfe eines invertierenden Verstärkers entsteht die zweite Spannung für den Summierer, $U_2 = -v \cdot c \cdot \vartheta_v$, so daß insgesamt ein Ausgangssignal $U_a \sim \vartheta_x$ verfügbar ist. Die Kalibrierung kann im Prinzip beliebig erfolgen, sie liegt für Temperaturen bis 100 °C meist bei 10 mV/K.

18.3 NTC-Widerstände

NTC-Widerstände sind Halbleiter-Keramik-Widerstände mit einem stark negativen Temperaturkoeffizienten (_negative_ _temperature_ _coefficient_). Ihr Widerstand nimmt mit der Temperatur ab, weswegen man sie auch als Heißleiter bezeichnet. Eine andere, jedoch nicht ausschließlich für NTC's gebrauchte Bezeichnung ist _Thermistor_.

NTC-Widerstände lassen sich recht gut analytisch beschreiben, und zwar bezüglich der absoluten Temperatur T (in Grad Kelvin, K):

$$\frac{1}{T} = A + \frac{1}{B} \cdot \ln[R_T/R_0] + \frac{1}{C} \cdot \ln[R_T/R_0]^3 .$$

R_0 ist der Widerstand bei der Bezugstemperatur T_0, R_T derjenige bei der zu messenden Temperatur T. Diese Beziehung ist nicht geschlossen in die einfache Form $R_T = f(T)$ überführbar. Setzt man Meß- und Bezugstemperatur mit $T = T_0$ gleich, dann muß auch $R_T = R_0$ sein, und die angegebene Gleichung bricht zusammen auf die Aussage $A = 1/T_0$. Meist wird das Glied mit der 3. Potenz vernachlässigt, so daß man schreiben kann

$$\frac{1}{T} = \frac{1}{T_0} + \frac{1}{B} \cdot \ln[R_T/R_0] ,$$

eine Gleichung, die sich wie gewünscht auflösen läßt mit

$$R_T = R_0 \cdot e^{(B/T - B/T_0)} = R_0 \cdot e^{-(B/T_0 - B/T)} .$$

Diese Beziehung ist zwar stark nichtlinear, beschreibt aber die Zusammenhänge sehr genau, so daß eine Linearisierung auf analytischem Wege (z. B. durch Berechnung im

Computer) möglich wird. Für kleine Änderungen ΔT gegenüber einer bestimmten Bezugstemperatur T_0 ergibt sich ein eingeengter Meßbereich der Größe $T = T_0 + \Delta T$. In diesem Fall kann man den Exponenten der e-Funktion umformen, wobei die Näherung $1/(1 + p) \approx 1 - p$ für $p \ll 1$ mitbenützt wird:

$$\frac{B}{T_0} - \frac{B}{T} = \frac{B}{T_0} - \frac{B}{T_0 + \Delta T} = \frac{B}{T_0} \cdot \left[1 - \frac{1}{1 + \Delta T/T_0} \right]$$

$$\approx \frac{B}{T_0} \left[1 - \left(1 - \frac{\Delta T}{T_0} \right) \right] = \frac{B}{T_0} \cdot \frac{\Delta T}{T_0}$$

Berücksichtigt man die Reihen-Entwicklung für die e-Funktion mit $\exp[x] = e^x = 1 + x/1! + x^2/2! + x^3/3! + ...$, dann ergibt sich schließlich

$$R_T/R_0 = \exp\left[-\frac{B}{T_0} \cdot \frac{\Delta T}{T_0} \right] = \exp\left[-k \cdot \Delta T/T_0 \right]$$

$$\approx 1 - k \cdot \frac{\Delta T}{T_0} + \frac{1}{2} \cdot k^2 \left[\frac{\Delta T}{T_0} \right]^2 - + ...$$

mit $k = B/T_0$. Die Konstante B wird häufig als Regelfaktor bezeichnet und liegt in der Größenordnung $2000\,K < B < 6000\,K$. Ein kleines Zahlenbeispiel soll zeigen, wie mit eingeengtem Meßbereich bereits recht lineare Zusammenhänge erreichbar sind. Zum Problem der Linearisierung von Temperatursensoren wird auf Abschnitt 18.8 verwiesen.

Beispiel 18-1

Ein NTC-Widerstand mit dem Regelfaktor $B = 4500\,K$ soll in der Umgebung der Raumtemperatur $T_0 = 293\,K = 20\,°C$ eingesetzt werden. Damit ergibt sich $B/T_0 = k \approx 15$. Die Kennlinie wird mit der Reihen-Entwicklung

$$R_T/R_0 = 1 - 15 \cdot (\Delta T/T_0) + 112,5 \cdot (\Delta T/T_0)^2$$

beschrieben.

Legt man den Meßbereich auf $\Delta T = \pm 20\,°C = \pm 2\,K$ fest, dann folgt $R_T/R_0 = 1 - 0,05 \cdot (\Delta T/K) + 0,0013 \cdot (\Delta T/K)^2$. Die Widerstandsänderung beträgt also immerhin 5 %/K. An den Enden des Meßbereichs (20 °C ± 2 °C) ergibt sich ein Fehler von 0,00524, also rund 0,5 %, durch die Nichtlinearität. Man kann die stark gekrümmte Kennlinie offensichtlich dadurch linearisieren, daß man sich auf sehr kleine Ausschnitte beschränkt. **Bild 18.9** zeigt die Kennlinie zu diesem Beispiel sowie den linearen Ausschnitt.

NTC-Widerstände werden in den verschiedensten Bauformen hergestellt und angeboten. Eine Praktikerregel lautet:

> Nie einen NTC-Widerstand an eine Spannungsquelle (mit geringem Innenwiderstand) legen!

Denn der durch den NTC fließende Strom erwärmt ihn. Dadurch wird sein Widerstand kleiner, so daß die Spannungsquelle einen größeren Strom liefern muß, der seinerseits den NTC noch mehr erwärmt ... bis dieser Vorgang bei einer Nichtlinearität endet: sei es, die Spannungsquelle bricht zusammen, sei es, der NTC brennt durch (oder lötet sich aus seiner Halterung aus).

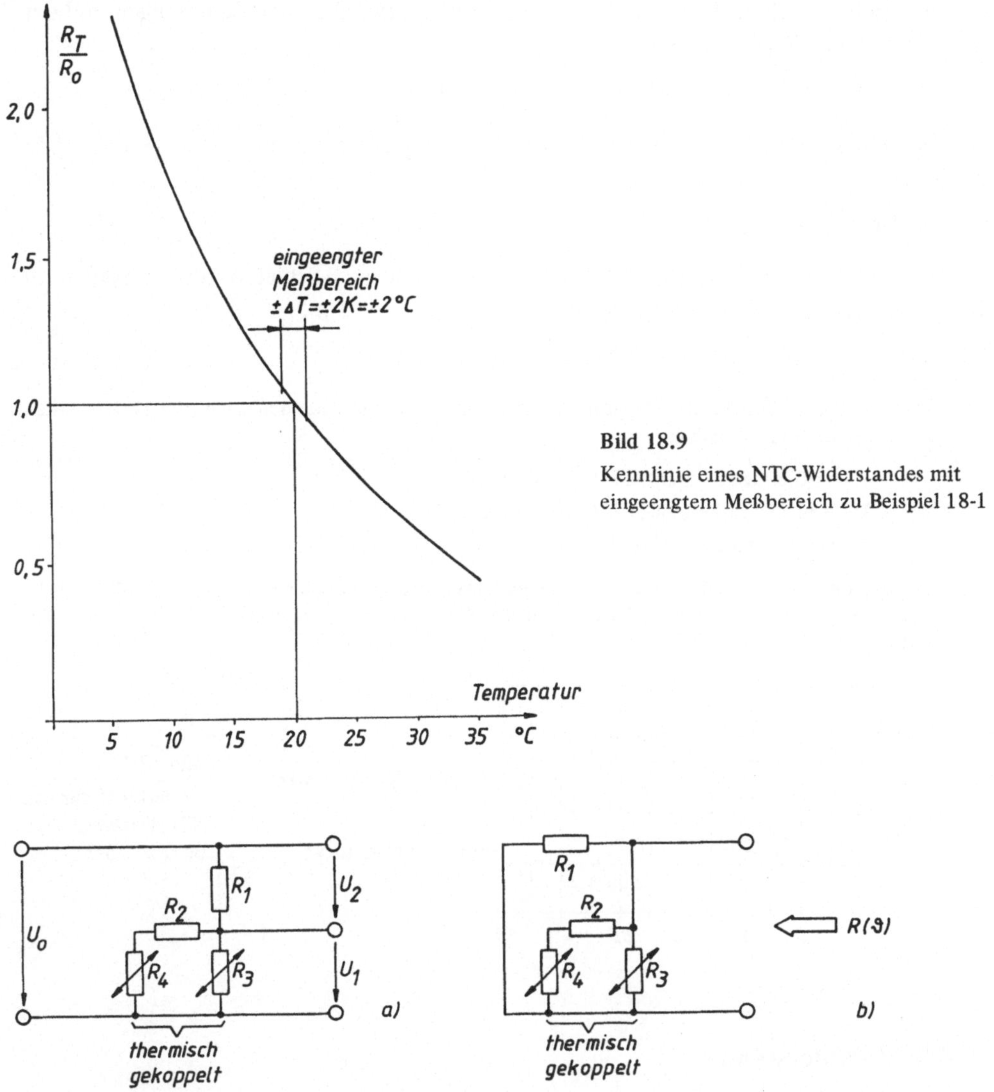

Bild 18.9

Kennlinie eines NTC-Widerstandes mit
eingeengtem Meßbereich zu Beispiel 18-1

Bild 18.10 NTC-Netzwerke

a) Umwandlung Temperatur in Spannung   b) Umwandlung Temperatur in Widerstand

NTC-Widerstände lassen sich sehr genau herstellen. Für genaue Aufgaben werden sie austauschbar mit einer auf 4 Stellen sicheren Zuordnung von Temperatur und Widerstand angeboten. Mit derart genauen NTC-Elementen lassen sich NTC-Netzwerke aufbauen, welche aus NTC- und Festwiderständen bestehen. Sie haben ebenfalls eine auf 4 Dezimalstellen angebbare Zuordnung zwischen Temperatur und Widerstand, zudem sind sie in weitem Temperaturbereich gut linear.

Bild 18.10 zeigt ein solches NTC-Netzwerk. Es besteht aus den beiden temperaturunabhängigen Festwiderständen R_1, R_2 und dem Doppel-NTC R_3/R_4. Nach Bild 18.10a als

Spannungsteiler geschaltet, gilt für den Zusammenhang zwischen den Spannungen und der Temperatur (ϑ in °C)

$$U_1 = (k_1 - k \cdot \vartheta) \cdot U_0, \quad U_2 = (k_2 + k \cdot \vartheta) \cdot U_0 \, .$$

Wird der Innenwiderstand $R(\vartheta)$ der Schaltung nach Bild 18.10b betrachtet, dann ergibt sich für ihn

$$R(\vartheta) = R_0 - k \cdot \vartheta$$

ebenfalls ein linearer Zusammenhang. Im nachfolgenden Beispiel werden Angaben zu einem marktgängigen NTC-Netzwerk gemacht:

Beispiel 18-2

Für eine handelsübliche Kombination aus NTC- und Festwiderständen nach Bild 18.10 werden folgende Angaben gemacht:

$$U_1 = (0,805858 - 0,0056846 \cdot \vartheta/K) \cdot U_0$$
$$U_2 = (0,194142 + 0,0056846 \cdot \vartheta/K) \cdot U_0$$
$$R(\vartheta) = (4\,593,39 - 32,402 \cdot \vartheta/K)\,\Omega \, .$$

Die Angaben erfolgen mit 5–6 Dezimalstellen, davon sind 4 Dezimalstellen garantiert. **Bild 18.11** zeigt den garantierten Toleranzbereich (± 0,15 °C) sowie den Verlauf der Fehlerkurve des Netzwerks.

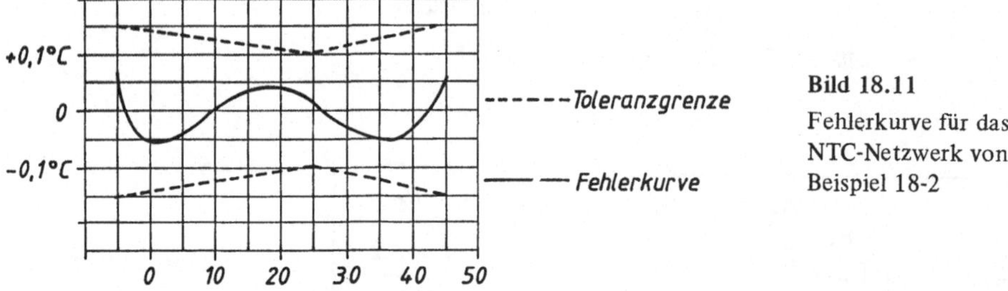

Bild 18.11
Fehlerkurve für das NTC-Netzwerk von Beispiel 18-2

18.4 PTC-Widerstände

PTC-Widerstände haben einen positiven Temperaturkoeffizienten (*positive temperature coefficient*) und bestehen aus halbleitenden sowie ferroelektrischen Materialien. Im kalten Zustand ist der Widerstandswert klein, der Temperaturkoeffizient (bedingt durch die Halbleitermaterialien) leicht negativ (NTC-Verlauf). Nach Durchlaufen eines Minimalwerts R_{min} bei der Temperatur ϑ_{min} (Temperaturangaben in °C) wird der Temperaturkoeffizient unter dem Einfluß der ferroelektrischen Materialien positiv, der Widerstand steigt an, wie dies **Bild 18.12** zeigt. Ein steiler Anstieg des Widerstandswerts mit der Temperatur erfolgt ab der Nenntemperatur ϑ_{nenn}, die für den Sensorwiderstand $R_{nenn} = 2 \cdot R_{min}$ definiert wird.

Ab dem Wertepaar ϑ_{nenn}, R_{nenn} erhöht sich der Widerstand um zwei bis drei Zehnerpotenzen innerhalb einer relativ engen Temperaturspanne. Nenntemperatur und Anstieg können durch eine geeignete Materialzusammenstellung beeinflußt werden. Der Sensor

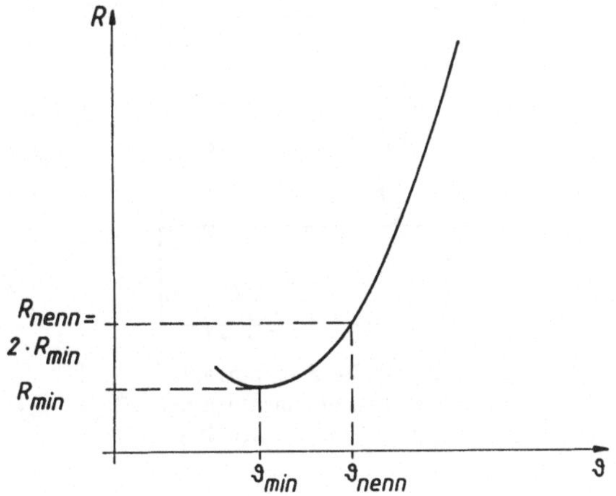

Bild 18.12
Prinzipielle Kennlinie eines PTC-
Widerstandes

wird häufig als Kaltleiter bezeichnet, weil sein Widerstand bei niedrigen Temperaturen gering ist.

Im Gegensatz zu den NTC-Widerständen sind die Fertigungsstreuungen bei den PTC-Sensoren wesentlich größer. Sie werden deswegen mehr zur Temperaturüberwachung eingesetzt. Man kann die hohe Empfindlichkeit in einem engen Temperaturbereich auch zur Füllstandsmessung ausnutzen: wird ein PTC von einem Strom durchflossen, also beheizt, so ist seine Kühlung in Luft geringer als z. B. in einer gut wärmeleitenden Flüssigkeit. Für Überwachungszwecke gibt es die verschiedensten Bauformen und Kennlinien. Auch werden PTC-Elemente angeboten, die bei gleichem Kennlinienverlauf in ihrer Nenntemperatur ϑ_{nenn} gestaffelt sind, z. B. im Abstand von je 10 °C. Der Temperaturkoeffizient erreicht mit 20 ... 40 %/K erstaunlich hohe Werte.

Eine Sonderanwendung soll abschließend noch vermerkt werden: der PTC als selbstregelndes Heizelement. Wird ein PTC an Spannung gelegt und somit elektrisch beheizt, dann erhöht sich der Widerstand ab der Temperatur ϑ_{nenn} erheblich. Damit nimmt der Strom und somit die Heizleistung ab, und so regelt sich ein solcher PTC selbst auf eine bestimmte Temperatur ein. Außer den üblichen Bauformen (zylindrisch, scheibenförmig, im Transistorgehäuse usw.) gibt es auch PTC-Folien, so daß einfache Thermostaten mit diesen Elementen möglich sind.

18.5 Silizium-Temperatursensoren (*spreading resistance*)

Bei dotiertem Silizium, wie es aus der Halbleitertechnologie bekannt ist, hängt die Beweglichkeit der Ladungsträger stark von der Temperatur ab. Dies kann man zum Bau von Si-Temperatursensoren ausnutzen. Im Prinzip wird nach **Bild 18.13** N-dotiertes Silizium-Kristall der Dicke D genommen. Die Unterseite ist metallisiert, an der Oberseite ist eine sehr kleine, kreisförmige Elektrode (Spitze oder Fenster genannt) mit dem Durchmesser d angebracht. Zwischen beiden Elektroden bildet sich in erster Näherung eine kegelförmige Stromverteilung aus, wirksam wird somit der radiale Ausbreitungswiderstand (*spreading resistance*), der diesen Sensoren den Namen gegeben hat.

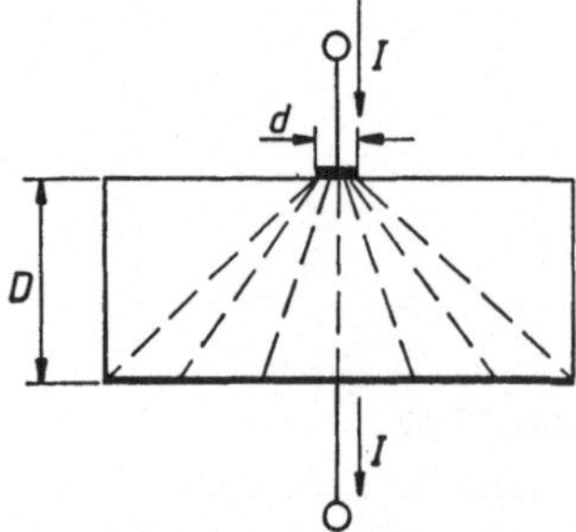

Bild 18.13 Anordnung beim
Spreading-Resistance-Sensor

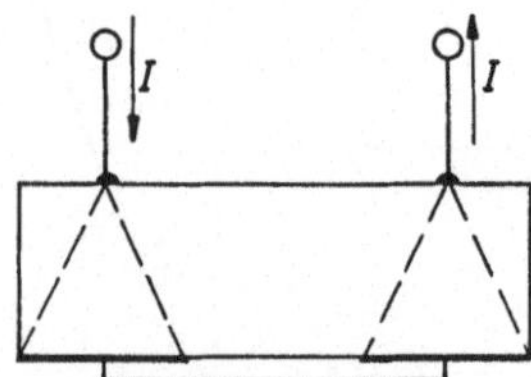

Bild 18.14 Zwei Spreading-
Resistance-Elemente gegensinnig in Reihe geschaltet

Geht man von einer halbkugelförmigen Stromverteilung aus und berücksichtigt man, daß
D ≫ d ist, so ergibt sich für den Widerstand

$$R = \frac{\rho}{2 \cdot \pi}\left[\frac{2}{d} - \frac{1}{D}\right] \approx \frac{\rho}{\pi \cdot d}.$$

Dabei ist ρ der spezifische, von der Temperatur abhängige Widerstand des Si-Materials.
Wegen des unsymmetrischen Aufbaus ist der Widerstand, vor allem bei etwas höheren
Strömen, von der Stromrichtung nicht völlig unabhängig.

Deswegen werden meist zwei der Anordnungen von Bild 18.13 gegensinnig in Reihe
geschaltet, wie es in **Bild 18.14** skizziert ist. Der Zusammenhang zwischen Temperatur
und Widerstand ist nicht genau linear, so daß man häufig die Darstellung in Form einer
Potenzreihe benützt (vgl. 18.1 *Callendar*-Gleichung). Andererseits ist die Nichtlinearität
wiederum so gering, daß eine einfache Linearisierung mit Festwiderständen erfolgen
kann, wie es in 18.8 näher beschrieben wird. Ein kleines Zahlenbeispiel soll die Daten
handelsüblicher Sensoren aufzeigen:

Beispiel 18-3

Für einen Spreading-Resistance-Sensor wird Material mit dem spezifischen Widerstand ρ = 6,5 Ωcm
(bei 25 °C) verwendet. Das Si-Plättchen ist D = 0,25 mm dick, das Eintrittsfenster für den
Strom hat einen Durchmesser von d = 20 μm = 0,002 cm, eine Größenordnung, wie sie üblich
ist. Aus diesen Daten ist zu entnehmen, daß $1/D$ = 4/mm ≪ $2/d$ = 100/mm ist; der Widerstand R
ist von der Dicke des verwendeten Si-Plättchens fast unabhängig.

Bei 25 °C hat ein solches Element einen Widerstand von R ≈ 1 kΩ. Soll bei zwei gegensinnig in
Reihe geschalteten Elementen (nach Bild 18.13) derselbe Widerstandswert entstehen, dann muß
das Eintrittsfenster für den Strom auf ca. 40 μm vergrößert werden.

18.6 PTAT-Sensoren

PTAT steht für *proportional to absolute temperature:* es handelt sich um Temperatursensoren, deren Signal die absolute Temperatur T in Kelvin K erfassen. Dies geschieht über
die Temperaturabhängigkeit sogenannter PN-Übergänge in Halbleitermaterialien.

PN-Übergänge sind die Grundlage für das Verhalten von Dioden und Transistoren. Für ihre Strom-Spannungs-Kennlinie gilt

$$I \approx I_s \, \exp[U/U_T].$$

In dieser Gleichung bedeutet I_s den Sättigungs-Sperrstrom, eine für den betreffenden PN Übergang typische Größe. $U_T = k \cdot T/q$ ist die Temperaturspannung, die von der *Boltzmannkonstanten* $k = 1{,}23 \cdot 10^{-23}$ Ws/K, der Ladung des Elektrons mit $q = 1{,}59 \cdot 10^{-19}$ As und der absoluten Temperatur T abhängt.

Macht man den Strom I = konst. (ein eingeprägter Strom), so folgt aus der Auflösung der oben angegebenen Exponentialgleichung der Zusammenhang

$$U = U_T \cdot \ln(I/I_s) = \frac{k}{q} \cdot \ln(I/I_s) \cdot T$$

ein streng linearer Zusammenhang zwischen der Spannung an einem PN-Übergang und der absoluten Temperatur.

Tatsächlich kann jede Diode als Temperatursensor benützt werden. Bei marktgängigen PTAT-Transistoren sind jedoch die nötigen Bausteine (z.B. eine Quelle für einen eingeprägten Strom und Ausgangsverstärker) als IC zusammengefaßt. Als Ausgangssignale sind eingeprägte Ströme (typisch $1\,\mu$A/K) bzw. niederohmige Ausgangsspannungen (z.B. $10\,$mV/K) üblich. Soll die Anzeige oder Auswertung auf $^\circ$C bezogen werden, dann ist eben der für $0\,^\circ$C = 273 K entstehende „Offset" mit entsprechenden Schaltungen zu unterdrücken.

18.7 Quarz-Temperatur-Sensoren

Der in 13.1 beschriebene piezoelektrische Effekt ist umkehrbar: wird ein Quarz mechanisch belastet, so zeigen sich an seiner Oberfläche Ladungen, welche ein elektrisches Feld aufbauen; wird umgekehrt der Quarz mit einem solchen Feld beansprucht, also etwa an eine Spannung gelegt, dann verformt er sich. Diese Wechselwirkung wird bei Quarzgeneratoren genutzt: ein mechanisch schwingungsfähiges Quarzplättchen korrespondiert mit einer geeigneten Schaltung. Ihr kann die elektrische, jedoch von den mechanischen Bedingungen des Quarzkristalls bestimmte Schwingung entnommen werden. Die Frequenz ist äußerst stabil, was jedermann von den so arbeitenden Quarzuhren her bekannt ist.

Bei entsprechender Behandlung des Quarzes ergibt sich eine Temperaturabhängigkeit der Schwingung. Die Frequenzänderung Δf, bezogen auf die Grundfrequenz f_0 bei der Bezugstemperatur T_0, läßt sich mit

$$\Delta f/f_0 = \alpha \cdot (T - T_0) + \beta \cdot (T - T_0)^2 + \tau \cdot (T - T_0)^3$$

beschreiben. Dabei ist $\alpha = 35 \cdot 10^{-6}$/K, $\beta \approx 12 \cdot 10^{-9}$/K^2 und $\tau \approx 70 \cdot 10^{-12}$/K^3. Der Effekt ist zwar mit 35 ppm/K nicht groß, dafür kann bei nicht allzuweiten Temperaturbereichen eine gute Linearität unterstellt werden. Auch wenn die Kennlinie gekrümmt ist, so hat sie doch eine so gute Reproduzierbarkeit, daß der Abgleich an einem Punkt ausreicht. Dieser Abgleich erfolgt z.B. über einen voreingestellten elektronischen Frequenzteiler, der die hohe Quarzfrequenz (bis 1 MHz) in den kHz-Bereich herunterholt. Der Quarzsensor ist das einzige Verfahren, Temperaturen direkt in die analog wie digital gut verarbeitbare Größe Frequenz umzusetzen.

18.8 Dynamik und Linearisierung

Die hier besprochenen Temperatursensoren werden überwiegend für Berührungsthermometer eingesetzt. Diese beruhen auf der Tatsache, daß sich die Temperatur zweier Körper so lange ausgleicht, bis beide dieselbe Temperatur angenommen haben. Der Ausgleich erfolgt über Wärmeleitung bei direktem Berühren, über Konvektion des umgebenden Mediums (oder über Wärmestrahlung). Bei Berührungsthermometern sollte die (thermische) Sensormasse klein sein gegenüber derjenigen des zu messenden Körpers, der Wärmekontakt muß möglichst gut sein und das Thermometer sollte keine Wärme an seine Umgebung abführen.

Bei rascher Änderung der Temperatur („Wärmesprung", z. B. dadurch, daß das Thermometer plötzlich in heiße Flüssigkeit getaucht wird) und gutem Wärmekontakt ändert sich die Anzeige nach einer e-Funktion, wie dies **Bild 18.15** zeigt. Die Zeit t, welche für eine Anzeigeänderung ΔA bzw. $p = \Delta A/A$ (in %) benötigt wird, ist

$$t = \tau \cdot \ln\left[100/(100 - p)\right].$$

Dabei ist τ die Zeitkonstante. Außer ihr wird die Halbwertszeit $t_{0,5}$ angegeben, die zu einer Anzeige von 50 % der neuen Temperatur führt. Entsprechend gehört $t_{0,9}$ zu 90 % der Anzeige. Das Verhältnis $K = t_{0,9}/t_{0,5}$ gibt die Abweichung des Sensors vom theoretischen Verlauf der e-Funktion an. Für $K < 3{,}32$ ist der Sensor langsamer, für $K > 3{,}32$ schneller.

Nichtlineare Widerstandssensoren wie z. B. NTC- oder Spreading-Resistance-Elemente, lassen sich recht einfach durch Parallelschalten eines Festwiderstandes R_L linearisieren. Liegt die Kennlinie grafisch oder als Tabelle vor, so entnimmt man ihr die Werte R_1 für die Anfangstemperatur ϑ_1 sowie R_2 für die Endtemperatur ϑ_2 des Meßbereichs. Außerdem

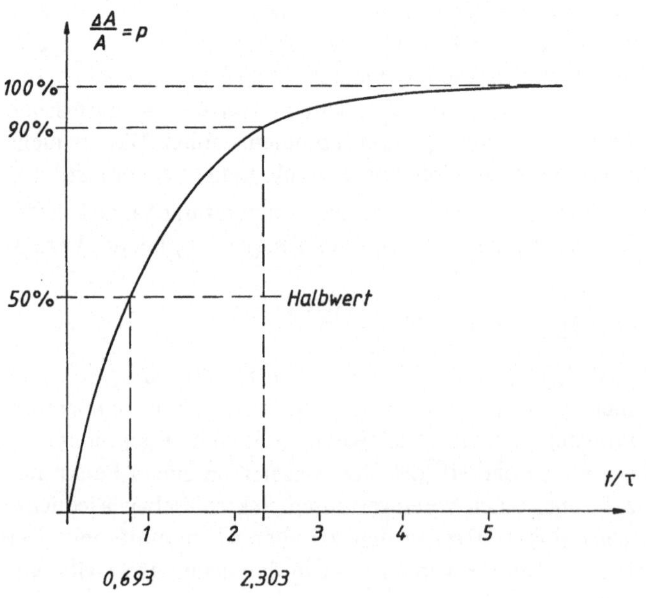

Bild 18.15
Die e-Funktion beim
„Temperatursprung"

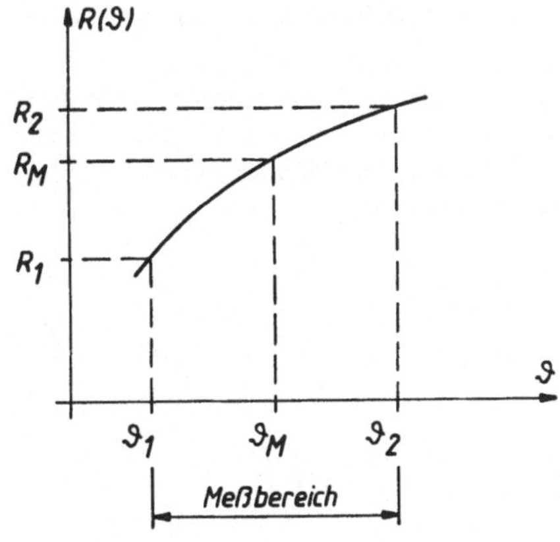

Bild 18.16

Zur Linearisierung von Temperatursensoren

wird noch der zur Mitte des Temperaturbereichs gehörende Wert R_M bei $\vartheta_M = (1 + 2)/2$ benötigt. **Bild 18.16** zeigt die Situation.

Das Rechenverfahren geht davon aus, daß die Werte der Parallelschaltung des Sensorwiderstandes $R(\vartheta)$ mit dem Linearisierungswiderstand R_L, also $R(\vartheta) \cdot R_L/[R(\vartheta) + R_L]$, für die Temperaturen ϑ_1, ϑ_M und ϑ_2 auf einer Geraden liegen sollen. Daraus folgt die Berechnungsformel

$$R_L = \frac{R_M \cdot (R_1 + R_2) - 2 \cdot R_1 \cdot R_2}{R_1 + R_2 - 2 \cdot R_M}$$

Das Verfahren ist rasch und griffig, wie das nachfolgende Beispiel zeigt.

Beispiel 18-4

Ein austauschbarer NTC-Widerstand (vgl. Abschnitt 18.3) soll im Bereich 20 °C bis 50 °C durch einen Parallelwiderstand R_L linearisiert werden. Aus der Wertetabelle ist zu entnehmen:

bei $\vartheta_1 = 20\,°C$: $R_1 = 12{,}490\,k\Omega$
bei $\vartheta_2 = 50\,°C$: $R_2 = 3{,}603\,k\Omega$

bei der Mittentemperatur $\vartheta_M = 35\,°C$ liefert die Tabelle den Wert $R_M = 6{,}530\,k\Omega$.

Aus der angegebenen Formel rechnet sich der benötigte Linearisierungswiderstand zu $R_L = 4{,}9693\,k\Omega$.

Der Widerstand der Parallelschaltung des Sensors $R(\vartheta)$ mit R_L sei R_p. Aus den angegebenen und errechneten Werten ergeben sich die beiden Endpunkte der linearisierten Kennlinie wie folgt:

bei $\vartheta_1 = 20\,°C$: $R_p = 3{,}5549\,k\Omega$
bei $\vartheta_2 = 50\,°C$: $R_p = 2{,}0886\,k\Omega$.

In **Bild 18.17** ist die gekrümmte Kennlinie des NTC-Sensors wie auch die mit R_L linearisierte Kennlinie eingetragen.

Berechnet man aus den beiden Endpunkten der linearisierten Kennlinie die zugehörige Geradengleichung, so ergibt sich diese als

$$R_p(\vartheta) = (4{,}5324 - 0{,}04888 \cdot \vartheta/°C)\,k\Omega.$$

Nun kann man zu jeder Soll-Temperatur ϑ_{soll} aus der Sensortabelle die Größe des NTC-Widerstandes entnehmen und mit dem Wert für R_L die Größe der Parallelschaltung R_p berechnen. Sie stimmt nur für die drei Temperaturen ϑ_1, ϑ_2 und ϑ_M mit den Werten aus der Geradengleichung für $R_p(\vartheta)$ zusammen.

Für alle übrigen Temperaturen kann man sich aus der Geradengleichung die durch sie fehlerhaft angegebene Ist-Temperatur $\vartheta_{ist} = (4{,}5324\ k\Omega - R_p)/0{,}04888$ berechnen. Auf diese Weise sind die Punkte der Fehlerkurve von **Bild 18.18** ermittelt worden. Mit einem Fehler von ca. $\pm\ 0{,}2\ ^\circ C$ ist die Linearisierung durch den Parallelwiderstand recht wirkungsvoll.

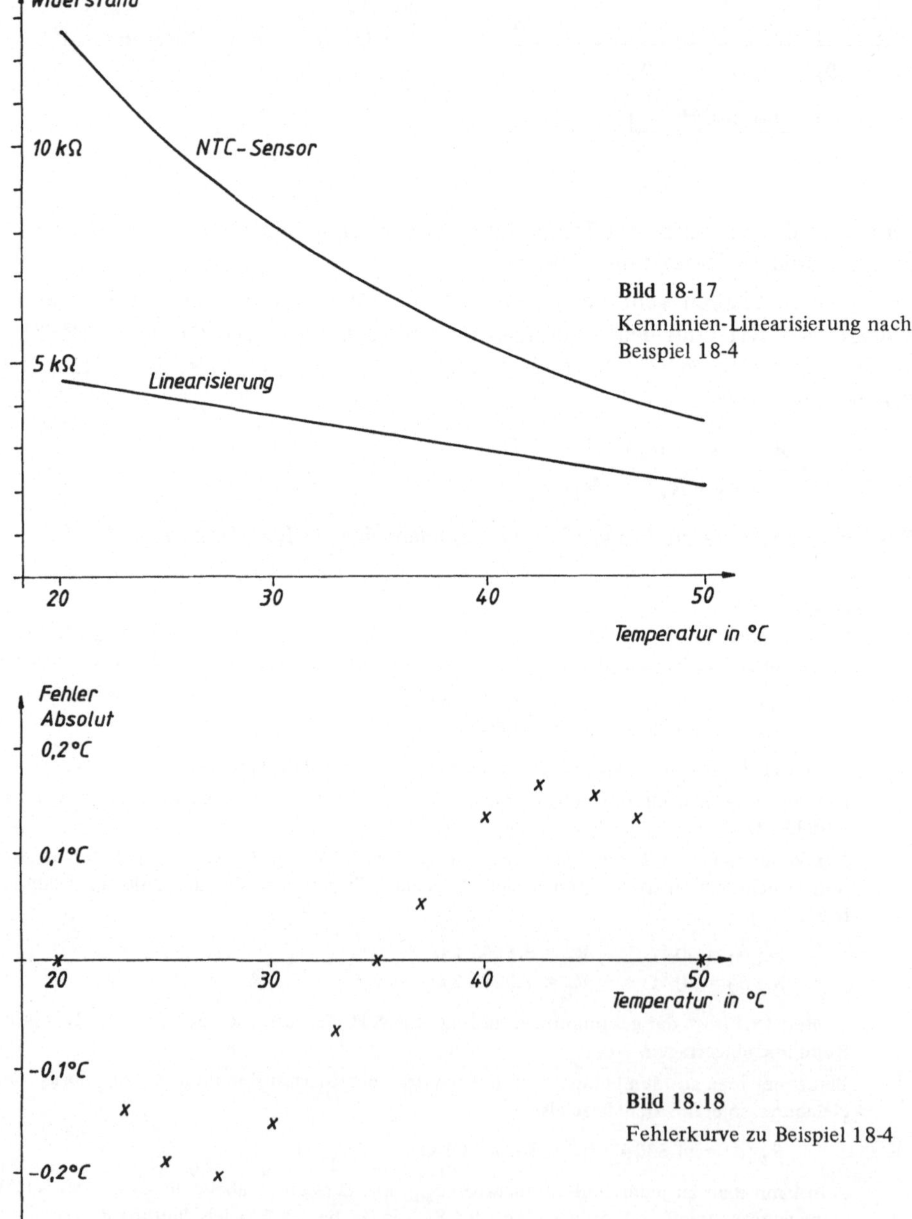

Bild 18-17
Kennlinien-Linearisierung nach
Beispiel 18-4

Bild 18.18
Fehlerkurve zu Beispiel 18-4

Liegt die Kennlinie analytisch vor in der Form

$$R\,(T) = R_0 \cdot [1 + \alpha \cdot T + \beta \cdot T^2\,],$$

dann soll der Verlauf der Parallelschaltung $R\,(T)/R_L$ bei der Mittentemperatur einen Wendepunkt haben, um beste Linearisierung zu erreichen. Dies führt auf die Berechnungsformel

$$R_L = R_0 \cdot [\alpha^2/\beta + 3 \cdot \alpha \cdot T_M + 3 \cdot \beta \cdot T_M^2 - 1\,].$$

Mit den beiden angeführten Methoden lassen sich selbstverständlich auch nichtlineare Widerstandssensoren für andere Meßgrößen linearisieren, wenn man die Formeln entsprechend benützt.

19 Füllstandsmessung

19.1 Messen mit Schwimmern

Soll der Füllstand von Flüssigkeiten gemessen werden, dann bietet sich an, den Pegel über einen Schwimmer abzunehmen und seine Höhe elektrisch abzugreifen. Dazu ist der Schwimmer, vor allem bei offenen Füllständen an Stauwehren u. ä., in einem Schwimmerschacht oder Schwimmergehäuse untergebracht. Die Auswertung des Schwimmerstandes kann auf sehr verschiedene Weise erfolgen.

Eine häufig vorkommende Anordnung ist in **Bild 19.1** dargestellt. Die Schwimmerhöhe wird über den Seilzug (und Gegengewicht) in eine Rotation der Welle übertragen. Als Basis-Sensoren zum Übertragen in ein elektrisches Signal können Potentiometer (vgl. 12.1.1), Inkremental-Geber (vgl. 16.1) oder codierte Absolutgeber (vgl. 16.2) eingesetzt werden. Beim letzteren Verfahren liegt es nahe, den Code auch von ferne abfragen und als Impulstelegramm per Leitung übertragen zu können.

Eine Variante zum hochauflösenden Erfassen einer Flüssigkeitshöhe ist die direkte Verbindung von Schwimmer und induktivem Sensor (vgl. 12.3.1) nach **Bild 19.2**.

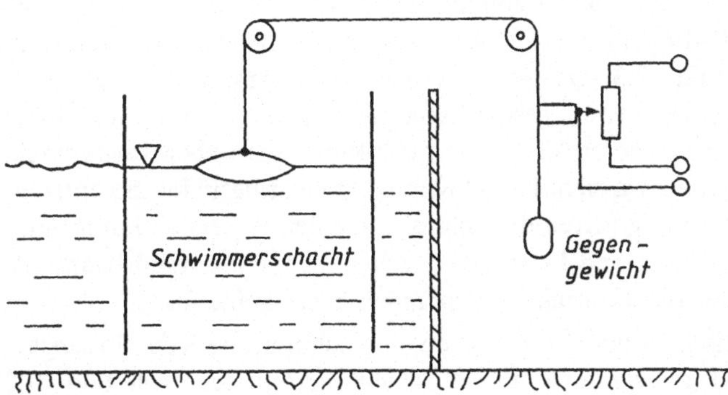

Bild 19.1

Schwimmer mit Seilzug und Potentiometer

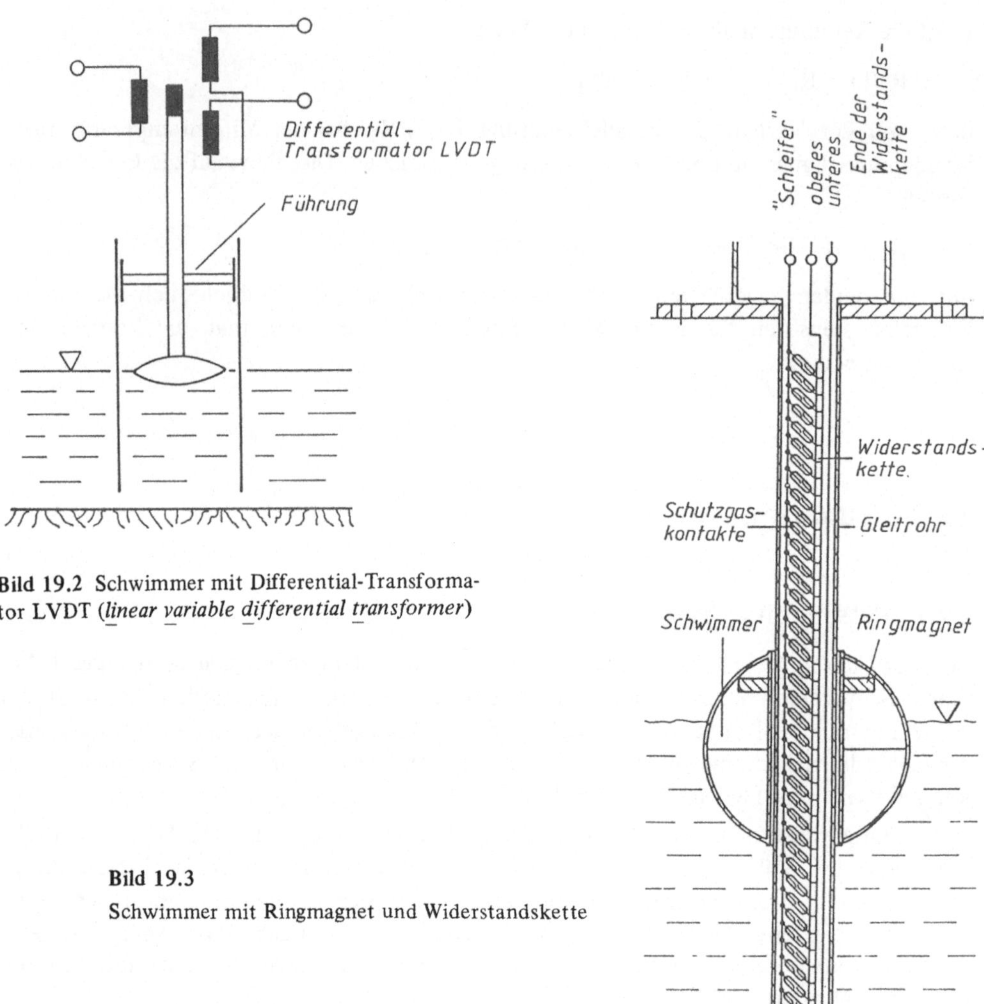

Bild 19.2 Schwimmer mit Differential-Transformator LVDT (*linear variable differential transformer*)

Bild 19.3
Schwimmer mit Ringmagnet und Widerstandskette

Meist sind jedoch nicht kleine Unterschiede, sondern eher erheblich schwankende Füllhöhen, oft unter erschwerten Bedingungen (z. B. aggressive Füllmedien) zu erfassen. Hierfür kann die Anordnung von **Bild 19.3** eingesetzt werden. Ein Ringmagnet ist in einem Schwimmer untergebracht, welcher über ein geschlossenes Rohr gleiten kann. Im Rohr ist eine Widerstandskette untergebracht; deren Verbindungspunkte werden über Reedkontakte dort nach außen durchgeschaltet, wo sich der Schwimmermagnet befindet. So entsteht eine Art Potentiometer, mit dem in Schritten die Füllhöhe in einen Widerstand umgesetzt wird. Anfang und Ende der Widerstandskette entsprechen der Widerstandsbahn, die zusammengeschalteten Enden der Reedkontakte entsprechen dem „Schleifer".

Die Reedkontakte sind hermetisch in ein Glasröhrchen eingeschmolzene Kontaktzungen, die von außen magnetisch betätigt werden können. Schwimmerschalter nach Bild 19.3

haben Auflösungen bis herunter zu 0,5 cm und Baulängen bis zu mehreren Metern. Schwimmer und Gleitrohr können in ihrem Material dem zu messenden Medium angepaßt werden.

19.2 Füllstandsmessung über Druck-Kriterium

Zum Erfassen des Füllstandes beliebiger Medien (Flüssigkeiten wie auch Schüttgüter) kann man die betreffenden Behälter auf Lastmeßzellen (geeignete Federkörper, vgl. 15.2) setzen und so das Gewicht erfassen. Das Leergewicht (Tara) ist entsprechend zu berücksichtigen: elektronisch ist das nichts anderes als ein geeigneter Offsetabgleich (vgl. dazu den Instrumentierungsverstärker 5.3.1).

Der Pegelstand von Flüssigkeiten kann auch über den hydrostatischen Druck erfaßt werden. Dazu wird eine Druckmeßdose am Grund der Flüssigkeit appliziert, wie dies in **Bild 19.4** für ein Oberflächengewässer skizziert ist. Um den Luftdruck auszugleichen, muß im Kabel mit den elektrischen Anschlüssen auch ein Luftausgleichsschlauch enthalten sein, der den atmosphärischen Druck hinter die Meßmembran bringt. Deren druckbedingte Auslenkung kann über Dehnungsmeßstreifen DMS oder anders (induktiv, kapazitiv) gemessen werden. Erfaßt wird die Füllhöhe h zwischen Flüssigkeitsoberfläche und der Lage der Membran der Druckmeßdose. Gegebenenfalls ist die Höhe der Membran über Grund als Korrektur zu berücksichtigen. Wasserfeste Druckmeßdosen zu solchen Messungen sind marktgängig.

Auch die *Ausperlmethode* ist ein Verfahren nach dem Druckkriterium. Über einen Durchflußregler (z. B. Differenzdruckregler mit Nadelventil) wird der Spülgasstrom konstant gehalten, vgl. **Bild 19.5.** Der Druck, unter dem das Spülglas am Ende des Tauchrohres ausperlt, entspricht genau dem hydrostatischen Druck an dieser Stelle und damit der Lage des Tauchrohrendes gegenüber der Füllhöhe.

Da nur dieses Tauchrohr mit der Flüssigkeit in Berührung kommt, eignet sich das Verfahren auch für aggressive Medien; entsprechend wird das Material des Tauchrohrs gewählt. Das Verfahren arbeitet auch bei bewegtem Pegelstand, unabhängig von der Fließgeschwindigkeit und selbst bei zähflüssigen Medien. Zur Messung des Drucks kann jede beliebige Einrichtung verwendet werden. Die Ausperlmethode wird sehr häufig bei der Überwachung von Oberflächengewässern (Flüsse, Bäche, Kanäle) mit stark wechselnden Pegel-

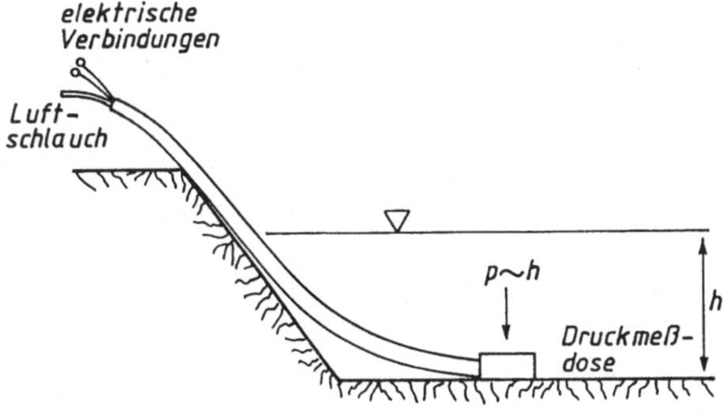

Bild 19.4

Messen des hydrostatischen Drucks

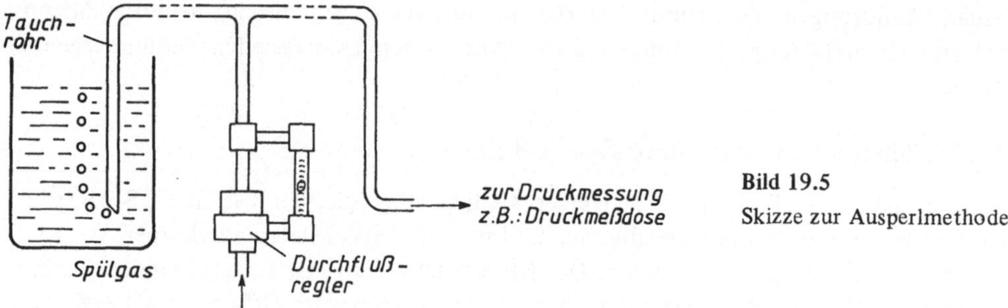

Bild 19.5

Skizze zur Ausperlmethode

stai.ien und Fließgeschwindigkeiten eingesetzt. Dann befindet sich das Ende des Ausperl-
rohrs oder -schlauchs auf dem Gewässergrund (vgl. Bild 19.4).

19.3 Messen mit Sonden

Nichtleitende Medien mit einer relativen Dielektrizitätskonstanten DK > 1 können mit
kapazitiven Sonden nach Bild 12.22 gemessen werden. Dabei ist unerheblich, ob es sich
beim zu erfassenden Medium um eine Flüssigkeit oder um ein Schüttgut handelt; bei letz-
terem muß selbstverständlich die mittlere DK des Schüttmaterials zusammen mit den
Luftzwischenräumen (entsprechend der Materialkörnigkeit) berücksichtigt werden. Dabei
läßt sich ein Metallbehälter als eine Elektrode benützen, die andere Elektrode ist dann
lediglich ein entsprechend angeordneter Stab. Mit derart einfachen und höchst robust aus-
führbaren Sensoren kann sogar der Schotterfüllstand in großen Silos erfaßt werden.

Bei leitenden Flüssigkeiten gibt es die Möglichkeit, eine Widerstandssonde einzubringen.
Von den vielen Möglichkeiten ist eine in **Bild 19.6** gezeigt. Die Speisespannung u_0 wird
durch zwei Widerstände R_3, R_4 geteilt. Die Meßsonde bildet gegenüber der leitenden
Behälterwand den Widerstand R_x, der proportional zum Füllstand sein soll. Mit einer
Vergleichssonde und deren Widerstand R_N werden Leitfähigkeitsunterschiede des Füll-

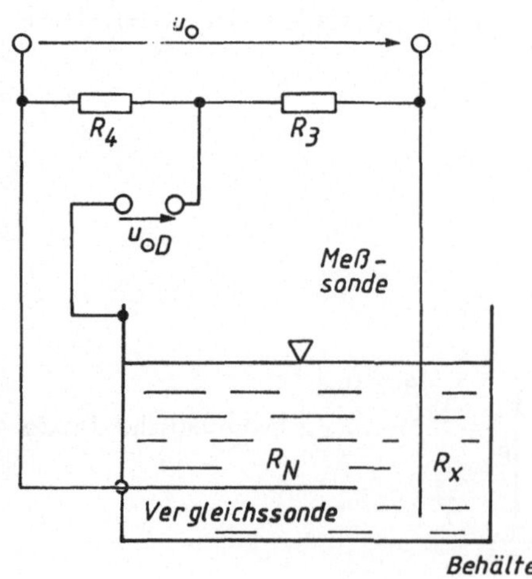

Bild 19.6

Füllstandsmessung mit Widerstandssonde

mediums (z. B. Temperaturabhängigkeiten) ausgeglichen; diese Sonde ist so angebracht, daß ihr Übergangswiderstand R_N zur Behälterwand vom Füllstand unabhängig ist.

Insgesamt entsteht mit der Anordnung von Bild 19.6 eine Widerstandsmeßbrücke, deren Diagonalspannung u_{0D} (in erster Näherung) ein Maß für den Füllstand ist; es wird also das Verfahren der Ausschlagsbrücke (vgl. 10.3 und auch noch 12.2.2, die „Viertelbrücke") angewandt. Um elektrolytische Zersetzungen zu vermeiden, ist die Betriebsspannung u_0 keine Gleichspannung, sondern ein periodischer Zeitverlauf ohne Gleichanteil, z.B. eine sinusförmige Spannung.

Auch Lichtleitsonden, also eine Form von Lichtschranken, können zur Pegelmessung bzw. -überwachung eingesetzt werden. Auf diese Art und Weise lernen wir hier wenigstens einer der in 16.4.2 angedeuteten Fälle der Kombination von Lichtschranke und Lichtleitung kennen.

Bei der Lichtleitung handelt es sich um die Totalreflexion an der Grenzschicht zweier Medien, wie es grundsätzlich in **Bild 19.7** dargestellt ist. Trifft ein Lichtstrahl unter dem Winkel β_1 gegenüber dem Einfallslot auf die Grenzfläche zwischen dem Medium 1 mit Brechungsindex n_1 nach dem Medium 2 mit n_2, dann wird er gebrochen. Es gilt das Brechungsgesetz

$$\frac{\sin(\beta_1)}{\sin(\beta_2)} = \frac{n_2}{n_1} .$$

Ist $n_1 > n_2$, so wird ab einem Winkel $\beta_1 = \beta_g \geqslant \arcsin(n_2/n_1)$ der Strahl an der Grenzfläche total reflektiert und gelangt nicht mehr ins Medium 2 hinein. Der Winkel β_g heißt *Grenzwinkel der Totalreflexion*.

Auf diesem Effekt beruhen die Lichtwellenleiter LWL. In der Nachrichtentechnik bestehen sie aus einer Glasfaser, die mit einer Glashülle von anderem Brechungsindex ummantelt ist. Das Ganze ist so abgestimmt, daß Lichtstrahlen mit geringsten Verlusten in der Glasfaser geführt werden. Für weniger hohe Ansprüche verwendet man biegsame Stränge oder Fasern aus glasklarem PVC (Polyvinylchlorid), als starres Material wird normalerweise Plexiglas ($n \approx 1{,}5$) eingesetzt. Mit dem Brechungsindex $n_2 = 1{,}00$ für umgebende Luft folgt hier für den Grenzwinkel der Totalreflexion $\beta_g = 42°$; der Ergänzungswinkel dazu ist der Auftreffwinkel $\alpha_g = 90° - \beta_g = 48°$

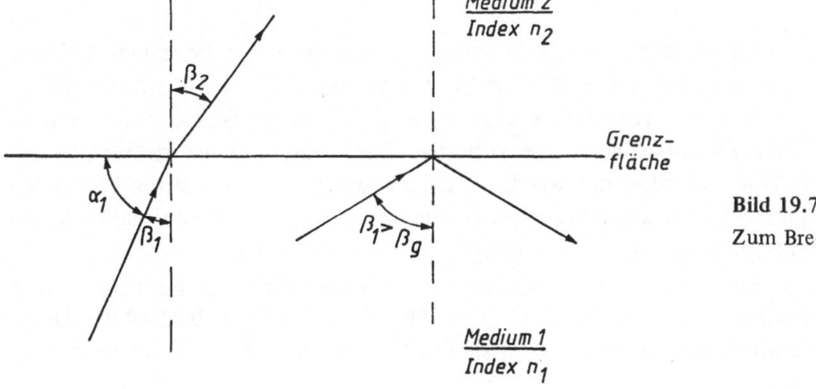

Bild 19.7
Zum Brechungsgesetz

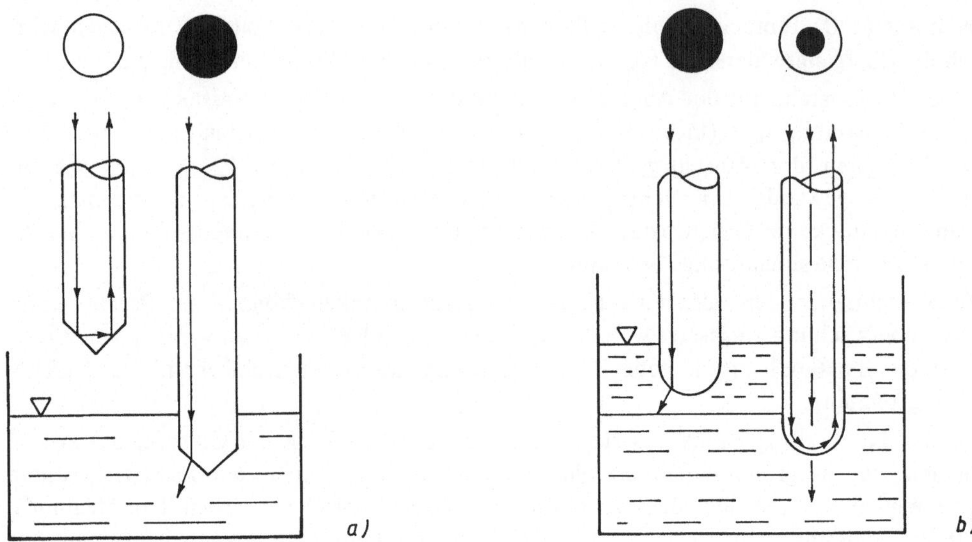

Bild 19.8 Füllstandsmessung mit Lichtleitsonden
a) Sondenabschluß mit 90°-Kegelspitze   b) Sondenabschluß gerundet

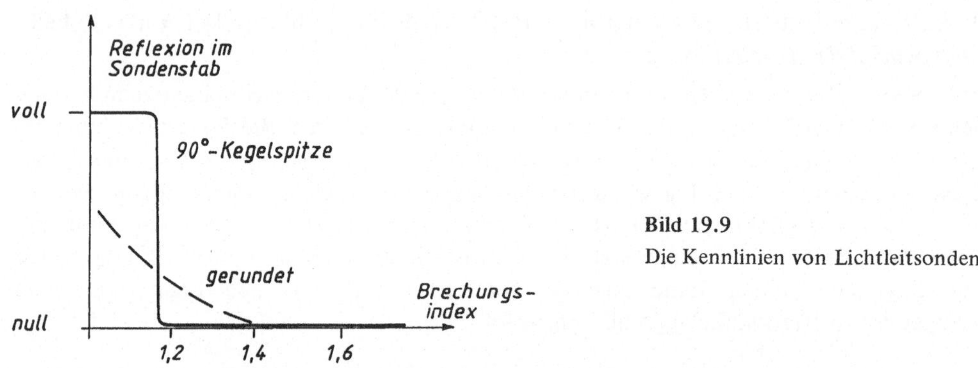

Bild 19.9

Die Kennlinien von Lichtleitsonden

Damit lassen sich nun nach **Bild 19.8** Sonden zum Abtasten des Flüssigkeitsstandes bauen. Man kann sich vorstellen, daß die Sonde fest angebracht ist und somit Pegelstände überwacht werden; mit einer Nachlaufsteuerung ist es aber auch denkbar, solche Sonden genau bis zur Flüssigkeitsoberfläche nachzuführen. Die Sonden selbst sind Stäbe aus Klarsichtmaterial, z. B. Plexiglas, mit Brechungsindizes um 1,5. Gase besitzen Brechungsindizes knapp über 1,0, Flüssigkeiten stets solche von über 1,3. Mit unterschiedlicher Form des Sensors ergeben sich auch unterschiedliche Verhaltensweisen:

Bei einer 90°-Kegelspitze des Stabes erhält man in Luft und allgemein bei Gasen Totalreflexion, in Flüssigkeit jedoch nicht. Dies ist in Bild 19.8a visualiert, **Bild 19.9** zeigt die scharfe Kennlinie eines derartigen Sensors; als Ordinate ist die Reflexion im Sensorstab aufgetragen. Bei gerundetem Stabende (Halbkugel, eliptische Formen) nach Bild 19.8b wird in dichter Flüssigkeit (z. B. Öl) keine Reflexion auftreten, bei optisch dünneren Flüssigkeiten erfolgt eine Teilreflexion. Nach der Kennlinie von Bild 19.9 ist hier eine Unterscheidung von Medien in Abhängigkeit ihres Brechungsindex möglich.

Abschließend sei vermerkt, daß Füllstände auch mit einer längs der Höhe der Behälterwand gestaffelten Reihe von Initiatoren verschiedenster Art überwacht bzw. (grob) gemessen werden können. Diese Initiatoren können einfache Durchlichtschranken (vgl. 16.4.2) sein, selbstverständlich kann auch die Bedämpfung einer Schwingung durch das Füllmedium nach Art der induktiven oder kapazititven Initiatoren (siehe 16.4.1) verwendet werden. Die Vielzahl möglicher Verfahren und/oder deren Kombination ist nahezu unbegrenzt.

19.4 Laufzeitmessungen

Vom Echolot her wissen wir, daß mit Ultraschallimpulsen Entfernungen meßbar sind. Dieses Verfahren läßt sich auch zur Messung von Füllständen einsetzen, wie in **Bild 19.10** prinzipiell skizziert. Ein Ultraschallsender S sendet periodisch kurze Ultraschallimpulse (50 ... 150 kHz) aus. Werden sie von einem Hindernis, z. B. von der Oberfläche des Füllmediums im Abstand x, reflektiert, so empfängt sie der Empfänger E um die Laufzeit t_x verspätet. Diese Laufzeit kann man z. B. mit einem Zählverfahren (siehe 11.3) einfach und genau ausmessen. Aus dem Grundzusammenhang mit der Schallgeschwindigkeit (in Luft) c, der Entfernung x und der Zeit t_x folgt

$$t_x = 2 \cdot x/c \quad \text{und} \quad x = c \cdot t_x/2.$$

In Bild 19.10 sind Sender und Empfänger nebeneinander gezeichnet, so daß sich eigentlich wegen der geneigten Schallstrahlen ein Fehler ergeben müßte. Dieser ist aber unerheblich, da der Abstand zwischen Sender und Empfänger bezogen auf die zu messende Entfernung x sehr klein ist; in vielen Fällen werden Sender und Empfänger auch so zusammengebaut (sozusagen „konzentrisch"), daß die Membran für Senden und Empfang dieselbe ist.

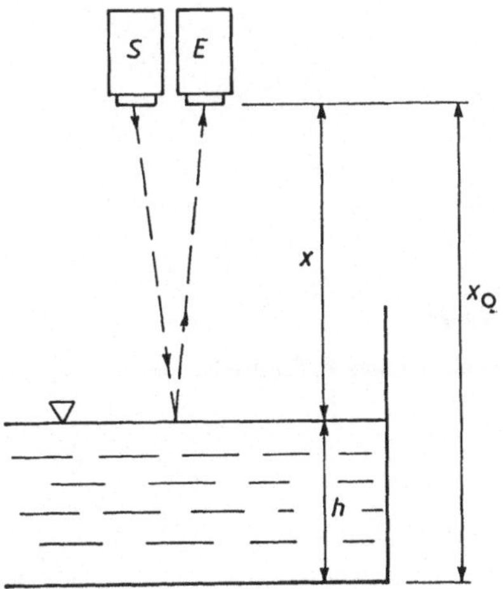

Bild 19.10
Füllstandsmessung mit Ultraschall

Füllstände beziehen sich normalerweise nicht auf die Entfernung der Füllmedienober-
fläche zur Meßeinrichtung, sondern auf den Abstand h zum Boden. Da jedoch die Höhe
x_0 der Meßeinrichtung bekannt ist, gilt einfach $h = x_0 - x$ und somit

$$h = x_0 - c \cdot t_x/2.$$

Leider ist die Schallgeschwindigkeit sehr stark von der Temperatur (zum Glück wenig vom
Luftdruck) abhängig. Dem Maschinenbauer dürfte der Zusammenhang für die Schallgeschwindigkeit in Gasen mit

$$c = \sqrt{\frac{c_p}{c_v} \cdot R \cdot T}$$

mit der spezifischen Wärme bei konstantem Druck c_p bzw. konstantem Volumen c_v
sowie der Gaskonstanten R nicht unbekannt sein. T ist die absolute Temperatur. Mit den
Zahlwerten $c_p/c_v = 1{,}4$ (Luft) und $R = 287$ Ws/kg $\cdot$ K ergibt sich schließlich

$$c = c_0 \cdot \sqrt{1 + \frac{\vartheta}{273\ K}}$$

$$\approx c_0 \cdot \left[1 + \frac{1}{2} \cdot \frac{\vartheta}{273\ K}\right] = [331{,}7 + 0{,}607 \cdot (\vartheta/^\circ C)]\ m/s.$$

Mit ca. 0,2 %/°C ist dieser Fehler nicht unerheblich. In vielen Fällen wird deswegen die
Lufttemperatur ebenfalls gemessen und abhängig von ihr, z. B. beim Auszählverfahren
durch Änderung der Zählfrequenz, die Auswertung entsprechend korrigiert. **Bild 19.11**
zeigt jedoch einen anderen Weg.

Hier wird eine künstliche Störstelle mit bekanntem Referenzabstand x_{ref} und den Ultra-
schallstrahl eingebracht (auch in dieser Zeichnung sind der Übersichtlichkeit wegen
Schall-Sender und -Empfänger nebeneinander angeordnet). Damit gelten die Grundbe-
ziehungen

$$x_{ref} = c \cdot t_{ref}/2 \quad \text{und} \quad x = c \cdot t_x/2.$$

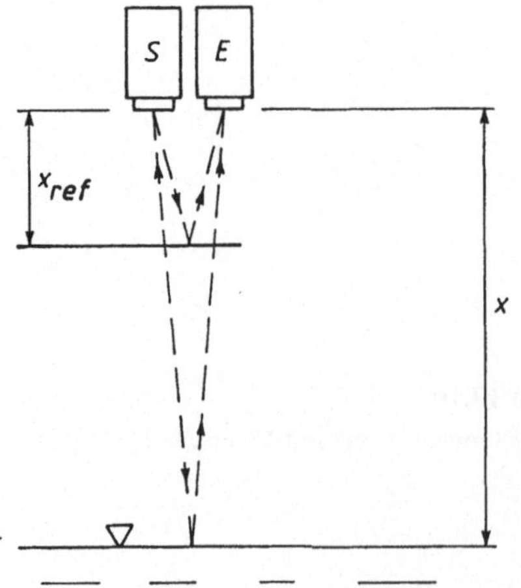

Bild 19.11
Verwenden eines Referenz-Echos

Aus ihnen läßt sich die temperaturabhängige Schallgeschwindigkeit c eliminieren, es folgt einfach

$$x = x_{ref} \cdot t_x / t_{ref}.$$

Wird das Verfahren auf die Verhältnisse der Füllstandsmessung nach Bild 19.10 angewandt, so ergibt sich

$$h = x_0 - x_{ref} \cdot t_x / t_{ref}.$$

Ultraschall-Füllstandsmessungen werden dort angewandt, wo es auf größere Genauigkeit ankommt, z. B. beim Vermessen von Grundwasserfeldern. Ein Beispiel soll die Zahlenverhältnisse näherbringen:

Beispiel 19-1

Es soll eine Füllhöhe nach Bild 19.10 überwacht werden. Die näheren Zahlenangaben lauten: $0 \leqslant h \leqslant 5$ m, $x_0 = 7$ m, offener Behälter mit Wasser, Temperaturbereich $0 \ldots 40\ ^\circ$C.

Der durch den Temperaturgang der Schallgeschwindigkeit bedingte Fehler ist im vorgegebenen Temperaturbereich mit $[0{,}607$ m/s $\cdot\ 40^\circ$C/$^\circ$C]/$(331{,}7$ m/s$) = 0{,}073 = 7{,}3$ % nicht mehr vernachlässigbar.

Die längste Laufzeit (bei 0°) und $h = 0$ ist für $x = x_0 = 7$ m zu berechnen und beträgt $t_x = 2 \cdot 7$ m/ $331{,}7$ m/s $= 42$ ms. Die kürzeste Laufzeit ergibt sich für $h = 5$ m und $x = (7-5)$ m $= 2$ m ist $t_x = 2 \cdot 2$ m/$331{,}7$ m/s $= 12$ ms. Als zugeschnittene Größengleichung folgt aus $x = x_0 - c_0 \cdot t_x / 2$ der Zusammenhang

$$x = [700 - 16{,}585 \cdot t_x / \text{ms}]\ \text{cm}.$$

Für die meßtechnische Auswertung nach dem Zählverfahren von Abschnitt 11.3 wird eine Auflösung der Zähleranzeige Z_x von 1 cm verlangt. Man wird also nach Bild 10.12 einen Vorwahlzähler zu Beginn jeder Messung auf die Vorwahl $Z_0 = 700$ setzen. Dann muß er mit einer Zählfrequenz f_N rückwärts so zählen, daß bei der Höhe $h = 0$ ($x = x_0 = 5$ m, $t_x = 42$ ms) der Zählerstand 0 bzw. bei $h = 5$ m ($x = 2$ m, $t_x = 12$ ms) der Zählerstand 500 entsteht.

Dies wird erreicht über den Zusammenhang $Z = t_x \cdot f_N$, und daraus folgt z. B. für 200 (Rückwärts-)Zählschritte bei Anzeige 500 eine Frequenz von $f_N = 200/12$ ms $= 16{,}66$ kHz, eine recht niedrige Auszählfrequenz. Nun kann man eine Größengleichung für die Zähleranzeige in cm aufstellen zu

$$x = Z_x = Z_0 - t_x \cdot f_N = 700 - t_x \cdot 16{,}66\ \text{kHz}.$$

Da Zählfrequenzen bis in die MHz üblich sind, kann man beim Verfahren der Messung mit Ultraschall die Auflösung recht hoch machen bzw. auch kleine Abstände erfassen.

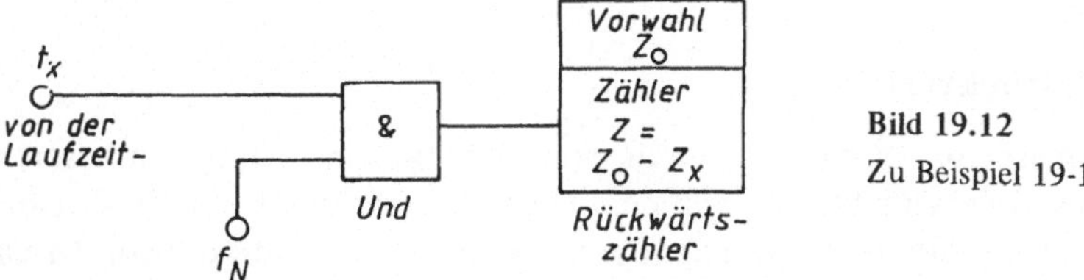

Bild 19.12
Zu Beispiel 19-1

Man könnte daran denken, auch andere Laufzeiten wie z. B. diejenige des Lichts, zur Laufzeitmessung zu benützen. Doch würden dann die Zeiten t_x sehr klein, legt das Licht doch die Entfernung von einem Meter in ca. $3{,}3$ ns $= 3{,}3 \cdot 10^{-9}$ s zurück. Es gibt aber

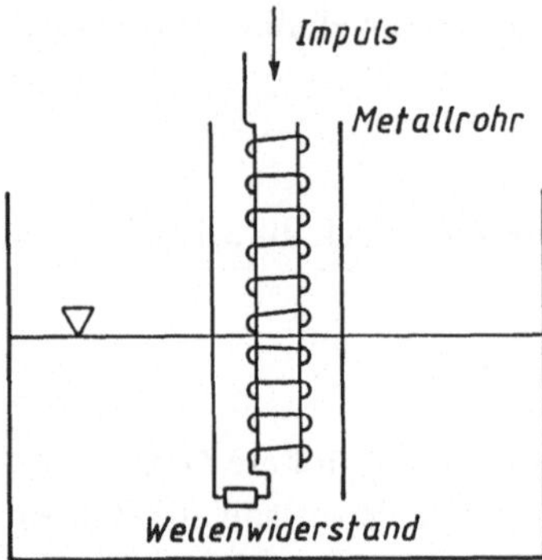

Bild 19.13
Füllstandsmessung mit HF-Impulsen

eine Methode, um derartige Zeiten zu verlängern, und zwar bei Hochfrequenzimpulsen auf (koaxialen) Kabeln.

Das Prinzip ist einfach: wird ein elektrischer Impuls auf ein lufterfülltes Kabel gegeben, dann läuft er theoretisch mit Lichtgeschwindigkeit. An einer Störstelle, ab der das Kabel nicht mehr mit Luft, sondern mit einem Medium der Dielektrizitätskonstanten DK > 1 erfüllt ist, wird ein Teil der Impulsenergie reflektiert und läuft zum Sender zurück. Eine solche Störstelle ist der Übergang vom lufterfüllten Kabel zur Füllung mit dem Medium, dessen Höhe zu messen ist.

Man kann nun dadurch die Laufzeiten drastisch erhöhen, daß das Kabel ein zur Spule aufgewickelter Draht in einem Abschirmrohr ist. Beim Spulendurchmesser D und einer Dichte von N Windungen je Spulenlänge x ist die vom Impuls zu durchlaufende Strecke $y = 2\,\pi \cdot D \cdot N$ wesentlich länger als die Abmessung x selbst. Die Spule wird nach **Bild 19.13** mit ihrem *Wellenwiderstand* (einer elektrotechnischen Kenngröße für Leitungen) abgeschlossen, ins zu messende Medium (z. B. Wasser) getaucht und mit Impulsen angeregt. Auf diese Weise ergeben sich Zeiten im Bereich von Zehntel-Mikrosekunden, die mit gängiger Technik beherrschbar sind. Die im Metallzylinder untergebrachte Spule ist zwar recht robust, für größere Baulängen aber auch recht aufwendig und teuer, so daß dieses Verfahren selten angewandt wird.

20 Durchflußmessung

20.1 Das Wirkdruckverfahren

Fließt ein Volumenstrom $\dot{V} = dV/dt$ durch ein Rohr mit einer Querschnittsverengung, dann entsteht vor dieser eine Stauung mit dem Druck P_1, dahinter herrscht der Druck P_2. In **Bild 20.1a** ist diese Situation skizziert. Die Strömungsgeschwindigkeit vor der Drosselstelle sei v_1, dahinter v_2. Die Verengungen sind nach DIN 1952 als Drosselgeräte in der Form von Düsen und Blenden genormt. Dabei entspricht die Düse einer „weichen" Querschnittsveränderung nach Bild 20.1a; das Verfahren funktioniert aber auch noch für die abrupte Form der Querschnittsveränderung bei einer Blende nach **Bild 20.1b** (selbst wenn der Druck p_2 im „toten Raum" hinter der Verengung auf A_2 abgenommen wird).

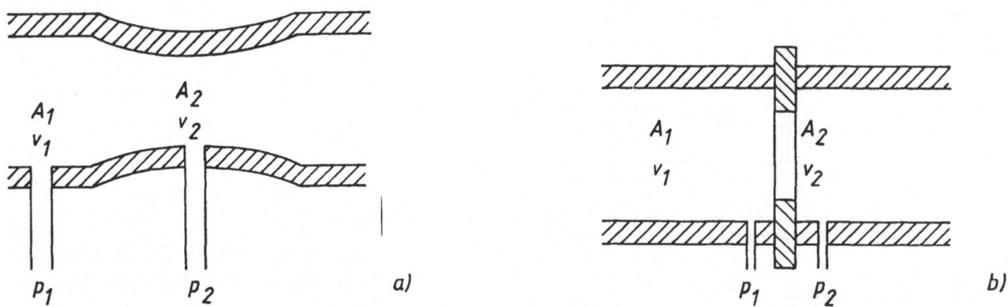

Bild 20.1 Zur Strömungsmessung nach dem Wirkdruckverfahren

Für das Strömungsgleichgewicht gilt (bei turbulenzfreier Strömung) nach *Bernoulli*

$$P_1 + \frac{1}{2} \cdot \rho \cdot v_1^2 = P_2 + \frac{1}{2} \cdot \rho \cdot v_2^2 .$$

Daraus ergibt sich die meßbare Druckdifferenz zu

$$\Delta P = P_1 - P_2 = \frac{1}{2} \cdot \rho \cdot (v_2^2 - v_1^2) .$$

Wird das zu messende Medium als inkompressibel angenommen, dann gilt für den Durchfluß $\dot{V}$ die Verträglichkeitsbedingung $\dot{V} = v_1 \cdot A_1 = v_2 \cdot A_2$. Mit ihr kann man (über die Querschnitte A_1 außerhalb und A_2 innerhalb der Verengung) die Geschwindigkeiten umrechnen, z. B. als $v_2 = v_1 \cdot (A_1/A_2)$. Wird dies in die Gleichung für die Druckdifferenzen eingesetzt, so ergibt sich

$$\Delta P = \frac{1}{2} \cdot \rho \cdot [(v_1 \cdot A_1/A_2)^2 - (v_1)^2]$$

oder wegen $A_1 \cdot v_1 = \dot{V}$ schließlich

$$\Delta P = \frac{1}{2} \cdot \rho \cdot (A_1 \cdot v_1)^2] [(1/A_1)^2 - 1/A_2)^2].$$

Der Volumendurchfluß hängt also mit der Druckdifferenz über die Wurzelfunktion $\dot{V} = k \cdot \sqrt{\Delta P}$ zusammen. Selbstverständlich hätte man genausogut nach der Strömungsgeschwindigkeit v_1 auflösen können und dann den Zusammenhang $v_1 = k^* \cdot \sqrt{\Delta P}$ erhalten. Ebenso ist der Massenstrom $\dot{m} = \rho \cdot \dot{V}$ bestimmbar.

Nun interessiert uns weniger das Problem der Strömungsseite als vielmehr die Aufgabe, eine Druckdifferenz (mit Druckmeßdose) zu erfassen und das Ausgangssignal danach zu radizieren. Deswegen dazu ein paar Anmerkungen.

Zunächst sei daran erinnert, daß Multipliziererbausteine in geeigneter Beschaltung (siehe 5.3.3) den Zusammenhang $U_a = k \cdot \sqrt{U_e}$ zwischen Eingangsspannung U_e und Ausgangsspannung U_a erzeugen können. Es ist weniger bekannt, daß man auch mit allen integrierenden AD-Umsetzern (vgl. 7.6) die Wurzelfunktion erreicht, was sich aber sehr einfach ableiten läßt:

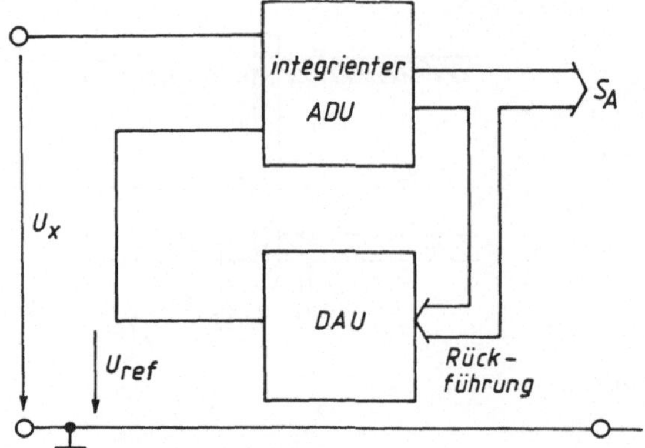

Bild 20.2
Radizierender Analog-Digital-Umsetzer
(Rückführung über Digital-Analog-
Umsetzer)

Bei allen integrierenden AD-Umsetzern hat die Umsetz-Funktion die Form

$$\text{Ausgangssignal } S_A = m \cdot \frac{U_x}{R_e} \cdot \frac{R_{ref}}{U_{ref}}.$$

Wird nun nach **Bild 20.2** dafür gesorgt, daß mittels eines DA-Umsetzers die Referenzspannung proportional zum Ausgangssignal, also $U_{ref} = n \cdot S_A$ gemacht wird, so folgt

$$\text{Ausgangssignal } S_A = m \cdot \frac{U_x}{R_e} \cdot \frac{R_{ref}}{n \cdot S_A}$$

oder aufgelöst nach diesem Ausgangssignal

$$S_A = \sqrt{\frac{m}{n} \cdot \frac{R_{ref}}{R_e} \cdot U_x}.$$

Es gibt hochintegrierte Bausteine für Digitalvoltmeter samt Anzeige, bei welchen ein
Anschluß für U_{ref} des eingebauten integrierenden DA-Umsetzers greifbar ist. Mit solchen
Bausteinen lassen sich relativ einfach radizierende, direktzeigende Umsetzer aufbauen, wie
sie z. B. für die Wirkdruckmessung benötigt werden.

20.2 Durchflußturbinen

Bei allen volumetrischen Durchflußmessern werden Teilmengen des zu messenden Mediums (Trommelzähler, Kolbenzähler u. a.) bzw. analoge (Teil-)Umdrehungen (Durchflußturbinen) von Meßflügeln laufend addiert und als proportional zum Durchflußvolumen
angezeigt. Das dabei auftretende elektrische Problem ist immer eine Drehzahlmessung und
wird entsprechend den in Abschnitt 17.1 besprochenen Methoden gelöst. Das Auswerte-
problem „Drehzahlmessung" zeigt sich am besten bei den Durchflußturbinen, weswegen
sie stellvertretend für die anderen Volumenzähler hier aufgeführt sind.

Eine sehr einfache Bauart sind die *Flügelradzähler* nach **Bild 20.3**, einstrahlig oder mehrstrahlig. Der Flüssigkeitsstrahl trifft das Flügelrad tangential und versetzt es in Drehung.
Beim Einstrahlzähler genügt ein glatter Strömungskanal, beim Mehrstrahlzähler sind besondere Vorkehrungen nötig, um die Flüssigkeit auf mehrere Strahlen aufzuteilen.

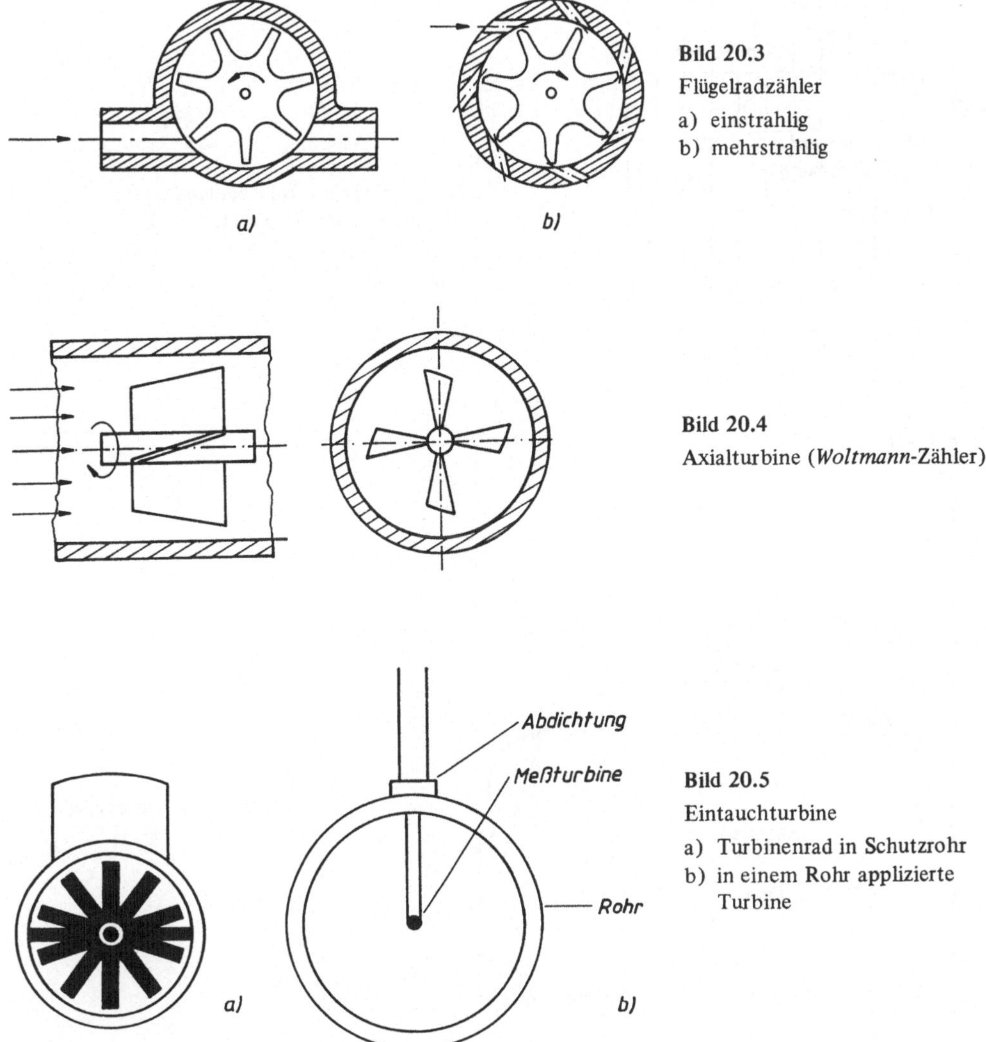

Bild 20.3
Flügelradzähler
a) einstrahlig
b) mehrstrahlig

Bild 20.4
Axialturbine (*Woltmann*-Zähler)

Bild 20.5
Eintauchturbine
a) Turbinenrad in Schutzrohr
b) in einem Rohr applizierte Turbine

Von der Strömung axial beaufschlagt werden die schräggestellten Schaufeln des *Woltmann*-Zählers nach **Bild 20.4**; dazu muß die Strömung im Rohr an der Meßstelle drallfrei sein. Der *Eintauch-Turbinenzähler* ist ein kleines Flügelrad, das in die (Gas- oder Flüssigkeits-)Strömung eingeführt wird, wie dies **Bild 20.5** anschaulich machen soll.

Die Eintauchturbinen erfassen häufig nur einen sehr kleinen Teil des Strömungsprofils; ihre Lage im Profil wäre nur dann ohne Einfluß, wenn eine mittlere Strömungsgeschwindigkeit $\bar{v}$ im gesamten Querschnitt gegeben wäre. Dies ist aber nicht der Fall, denn an der Rohrwandung muß die Teilchengeschwindigkeit Null sein, in Rohrmitte ist sie am größten.

Bei laminarer Strömung vermischen sich die Strömungsfäden nicht und gleiten nebeneinander her. Das Strömungsprofil ist eine rotationssymmetrische Parabel, von der **Bild 20.6**

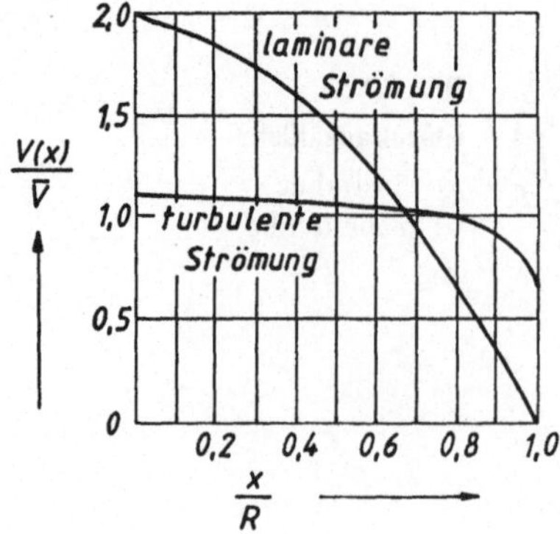

Bild 20.6

Strömungsprofil im Rohr bei laminarer
und bei turbulenter Strömung

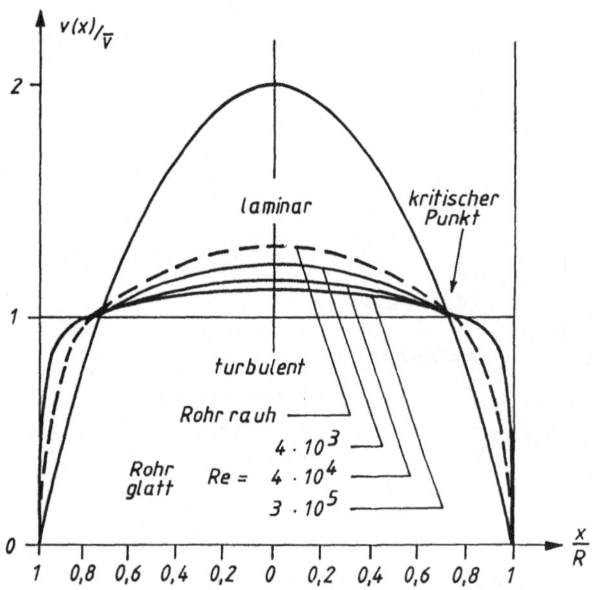

Bild 20.7

Applikation der Eintauchturbine
im kritischen Punkt

Tabelle 20.1 Zur Applikation von Eintauchturbinen

Angabe zur Strömung	$v(x)/\bar{v}$ in Rohrmitte	x/R im kritischen Punkt
laminar	2,0	0,707
turbulent		
$Re = 4 \cdot 10^3$	1,264	0,755
10^4	1,250	0,755
$4 \cdot 10^4$	1,233	0,757
10^5	1,222	0,758
$4 \cdot 10^5$	1,195	0,759
10^6	1,178	0,761
$4 \cdot 10^6$	1,156	0,765

die Hälfte zeigt. Dabei ist x eine radiale Variable, R der Rohrradius. Die auf die mittlere Geschwindigkeit $\overline{v}$ bezogene Verteilung lautet $v(x)/\overline{v} = 2 \cdot [1 - (x/R)^2]$. Mithin ist bei laminarer Strömung die mittlere Strömungsgeschwindigkeit an der Stelle $x = R/\sqrt{2}$ zu erfassen.

Bei turbulenter Strömung mischen sich die Strömungsfäden, das Profil der Strömungsgeschwindigkeit ist nicht mehr einfach analytisch angebbar und nähert sich (bis auf den Bereich der Rohrwandung) der mittleren Strömungsgeschwindigkeit v. Kennzeichnend ist die *Reynolds*-Zahl $R_e = 2 \cdot R \cdot v/\nu$ mit ν als der kinematischen Zähigkeit des Mediums; es herrscht laminare Strömung für Re < Re (krit), turbulente Strömung für Re > Re (krit). Die kritische *Reynolds*-Zahl wird für runde Rohrleitungen mit Re (krit) = 2320 angegeben.

Soll mit Eintauchturbinen die mittlere Strömungsgeschwindigkeit gemessen werden, so muß die Turbine im Rohrdurchmesser an einer Stelle x eingefügt sein, an welcher $v(x) = \overline{v}$ ist. Bei laminarer Strömung ist dies $x = R/\sqrt{2}$; für turbulente Strömung liegt dieser kritische Punkt in der Größenordnung $x \approx 0{,}75 \cdot R$, wie es in **Bild 20.7** skizziert und in **Tabelle 2.1** zusammengefaßt ist. Auf diese Weise kann die richtige Meßstelle für kleine Eintauchturbinen in großen Rohrquerschnitten bestimmt werden.

20.3 Durchflußmessung mit Ultraschall

Wesentlich sind zwei Verfahren, wobei beidemal die Komponenten der Strömungs- und der Schallgeschwindigkeit addiert werden. Wir gehen bei der Ableitung zunächst davon aus, daß im ganzen Leitungsquerschnitt dieselbe mittlere Strömungsgeschwindigkeit v gegeben sei. Werden nun nach **Bild 20.8** zwei Ultraschallsender und -empfänger A und B installiert, so ergibt sich zwischen ihnen für die Ultraschallimpulse eine Laufstrecke der Länge l unter dem Winkel α gegenüber der Strömungsgeschwindigkeit v.

Bei der Messung von A nach B addiert sich die Komponente $v \cdot \cos\alpha$ zur Schallgeschwindigkeit c im Medium, so daß eine Laufzeit $t_1 = l/[c + v \cdot \cos\alpha]$ gemessen wird. Bei Messung von B nach A hingegen zieht sich die Komponente $v \cdot \cos\alpha$ ab, die Laufzeit ist $t_2 = l/[c - v \cdot \cos\alpha]$. Aus der Differenz der beiden Laufzeiten kann v ermittelt werden:

$$t_2 - t_1 = \frac{2 \cdot l \cdot \cos\alpha}{c^2 \cdot [1 - (v/c)^2 \cdot (\cos\alpha)^2]} \cdot v \approx \frac{2 \cdot l \cdot \cos\alpha}{c^2} \cdot v.$$

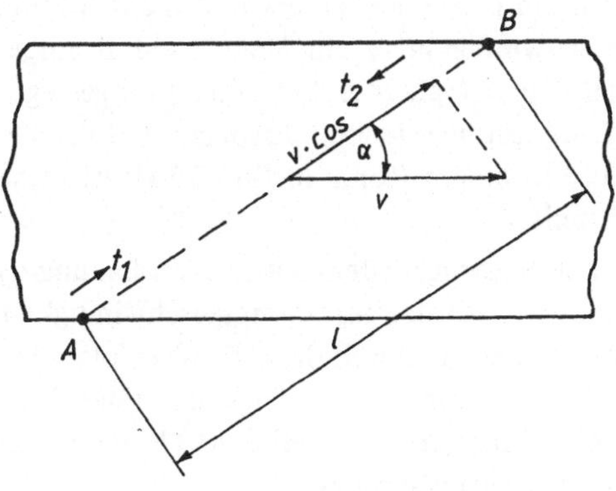

Bild 20.8
Ultraschallströmungsmessung mit einer Ultraschallstrecke

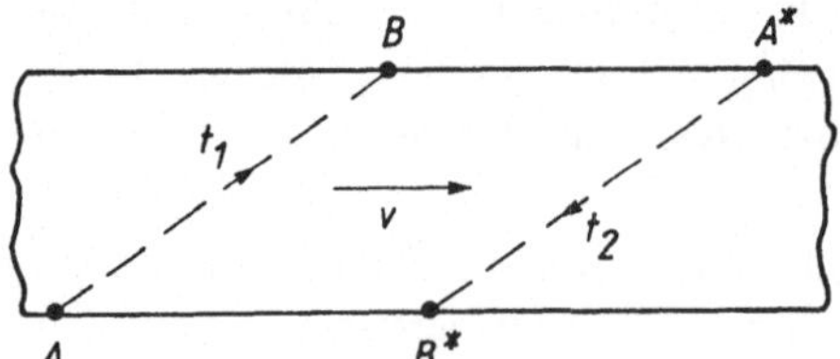

Bild 20.9

Ultraschallströmungsmessung mit zwei
Ultraschallstrecken

Das Verfahren ist von der Schallgeschwindigkeit im Medium abhängig, was ggf. zu Temperatureinflüssen führen kann (siehe auch 19.4). Dabei sind die Meßstrecken voneinander unabhängig, so daß Störechos gut ausgeschaltet werden können.

Das in **Bild 20.9** gezeigte Verfahren arbeitet mit zwei getrennten, identischen Strecken der Länge l. Für die Laufzeit vom Sender A zum Empfänger B ergibt sich $t_1 = l/(c + v \cdot \cos\alpha)$, vom Sender A* zum Empfänger B* folgt $t_2 = l/(c - v \cdot \cos\alpha)$. Trifft der Impuls des Senders A im Empfänger B ein, so wird dadurch der nächste Sendeimpuls ausgelöst; dasselbe gilt für die zweite Meßstrecke. Da die Triggerzeiten gegenüber den Laufzeiten vernachlässigbar sind, erregen sich zwei Frequenzen,

$$f_1 = 1/t_1 = (c + v \cdot \cos\alpha)/l \quad \text{und} \quad f_2 = 1/t_2 = (c - v \cdot \cos\alpha)/l$$

Als Differenzfrequenz folgt

$$f_1 - f_2 = \frac{2 \cdot \cos\alpha}{l} \cdot v \, ,$$

ein linearer Zusammenhang mit der mittleren Strömungsgeschwindigkeit v, in dem die Schallgeschwindigkeit c im Medium nicht mehr vorkommt. Dieser Vorteil wird allerdings dadurch kompensiert, daß Störechos sehr leicht die sich aufbauenden Frequenzen verfälschen und damit die Messung unbrauchbar machen können.

Bei beiden Ultraschallverfahren laufen die Ultraschallwellen durch das gesamte Strömungsprofil, durch die rascheren Strömungsfäden in der Rohrmitte und die langsameren am Rohrrand. Die Gesamtlaufzeit erfaßt somit recht gut, wenn auch nicht ganz exakt die mittlere Strömungsgeschwindigkeit $\bar{v}$, von der wir auch ausgegangen waren.

20.4 Magnetisch-induktive Strömungsmessung

Fließt eine elektrisch leitfähige Flüssigkeit durch ein (nicht leitfähiges und nicht magnetisches) Rohr und wird quer zur Strömungsgeschwindigkeit v ein Magnetfeld B aufgebracht, so haben wir genau die schon beim Hall-Effekt (vgl. 14.1.1) in Bild 14.4 gezeigte Situation. Bei der Strömungsmessung sind die Ladungsträger jedoch dissoziierte Moleküle, der Strom ist ein Flüssigkeitsstrom und verläuft in einem Rohr. In **Bild 20.10** ist diese modifizierte Situation für den Hall-Effekt dargestellt.

Die durch das Magnetfeld der Dichte B auf die Ladungsträger (der elektrischen Ladung q) wirkende Kraft ist $\underline{F}_m = q \cdot [\underline{v} \times \underline{B}]$. Da $\underline{B}$ senkrecht auf der Strömungsgeschwindigkeit steht, läßt sich der Betrag einfach zu $F_m = q \cdot v \cdot B$ angeben. Durch diese Kraft erfolgt eine Ladungstrennung, die sich als Querspannung (Hall-Spannung) U an diametral in das Rohr aus isolierendem Material eingefügten Elektroden messen läßt. **Bild 20.11** zeigt den prinzipiellen Aufbau eines magnetisch-induktiven Durchflußsensors.

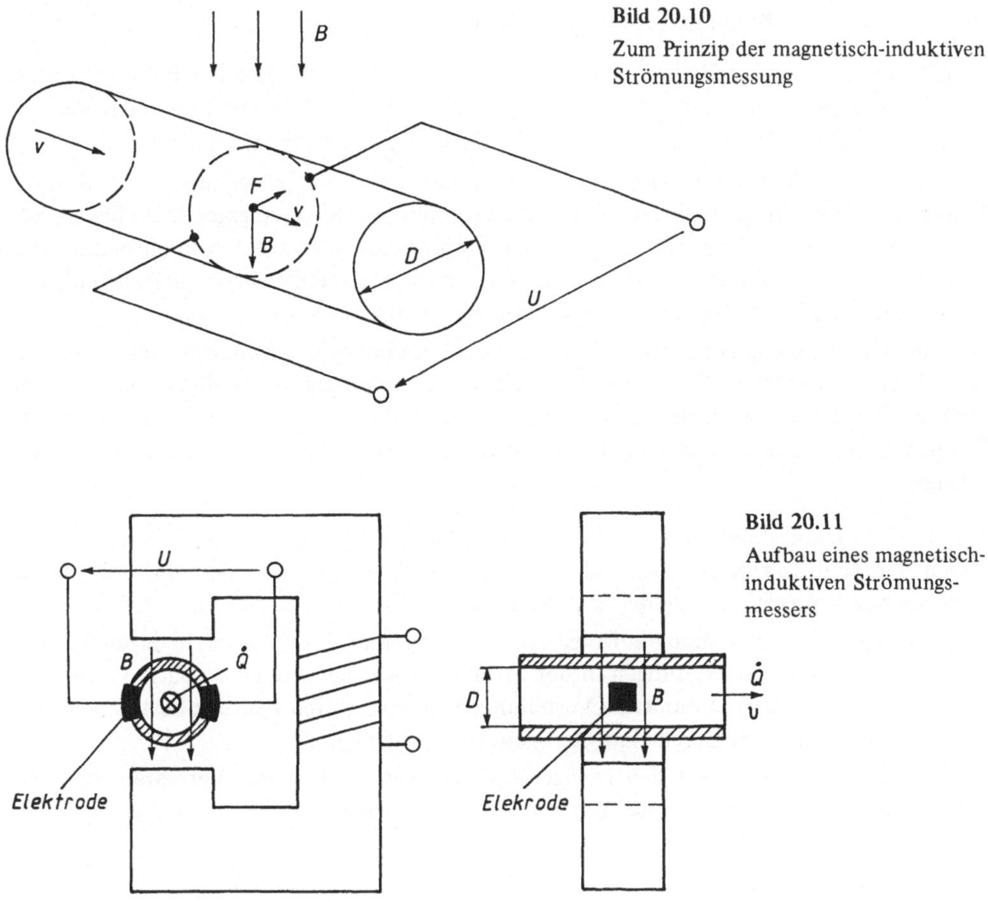

Bild 20.10
Zum Prinzip der magnetisch-induktiven
Strömungsmessung

Bild 20.11
Aufbau eines magnetisch-
induktiven Strömungs-
messers

Die Spannung U baut nun ihrerseits ein elektrisches Feld $E = U/D$ über dem Durchmesser des Rohrs auf, und die Ladungsträger erfahren eine Kraftwirkung zufolge des elektrischen Feldes mit $\underline{F}_e = q \cdot \underline{E} = q \cdot \underline{U}/D$. Im Gleichgewichtszustand folgt aus $F_m = q \cdot v \cdot B = F_e = q \cdot U/D$ ein Zusammenhang für die Strömungsgeschwindigkeit

$$v = U/(B \cdot D).$$

Erfaßt wird die mittlere Geschwindigkeit $\bar{v}$. Sie hängt über dem Rohrquerschnitt $A = (1/4) \cdot \pi \cdot D^2$ mit dem Durchfluß $\dot{V}$ nach $\dot{V} = \bar{v} \cdot A$ zusammen. Daraus folgt sofort

$$\dot{V} = \frac{1}{4} \cdot \pi \cdot (B/D) \cdot U.$$

Die Spannungen liegen im Millivolt-Bereich und sind sehr hochohmig. Da die Flüssigkeit selbst praktisch jedes beliebige elektrische Potential annehmen kann, muß U sehr hochohmig als echte Differenzspannung gemessen werden. Um elektrolytische Zersetzung der Flüssigkeit zu vermeiden, wird ein magnetisches Wechselfeld benützt.

20.5 Weitere Meßverfahren für Durchfluß

Es gibt noch eine ganze Reihe weiterer Durchflußmeßverfahren. Ihre Beschreibung würde jedoch den Rahmen dieses Kapitels sprengen. Deswegen sollen die wichtigsten der Verfahren zwar erwähnt, gleichzeitig jedoch auf die speziellere Literatur verwiesen werden.

Bei thermischen Verfahren wird davon ausgegangen, daß ein Heizelement im Gas- oder Flüssigkeitsstrom umso mehr gekühlt wird, je höher die Strömungsgeschwindigkeit ist. Man kann nun z. B. einen Temperatursensor vom durchfließenden Strom aufheizen und vom Medienstrom abkühlen lassen, man kann auch den Medienstrom heizen und den Wärmetransport feststellen. Es gibt eine ganze Reihe von Varianten.

Wird in eine Strömung ein Störkörper eingebaut, dann bildet sich hinter ihm eine *Kalman*-sche Wirbelstraße. Deren Frequenz entspricht der Strömungsgeschwindigkeit und ist von anderen Parametern weitgehend unabhängig. Das Problem liegt im Erfassen der Wirbelfrequenz; dies kann über thermische Sensoren, über Druckmessung und auf andere Art erfolgen.

Die *Coriolis*-Durchflußmesser nützen die bei rotierenden oder schwingenden Massen neben der Zentrifugalkraft noch auftretenden *Coriolis*-Kräfte. Das Medium fließt durch schwingende Rohrschleifen, deren Schwingungsverlauf genau gemessen wird.

Korrelationsverfahren basieren auf medieneigenen oder auch auf künstlich eingebrachten, statistisch verteilten Markierungen in der Strömung. Aus der Kreuzkorrelation zweier in gewissem Abstand aufgenommenen Verteilungen läßt sich deren Laufzeit bestimmen, was dann zum Ermitteln der Geschwindigkeit genutzt werden kann.

Diese wenigen Stichworte sollen genügen, um Hinweis zu sein auf Verfahren, die sich vermutlich im Laufe der Zeit immer mehr einführen werden.

21 Feuchte-Messung

21.1 Feuchte und Feuchte-Meßmethoden

Unter Feuchte verstehen wir überwiegend die Luftfeuchte. Sie ist definiert als die Wassermenge, welche in einem Luftvolumen enthalten ist. Das Verhältnis Masse des Wassers M_w zum Luftvolumen V_{Lu} wird als *absolute Feuchte* F_{abs} bezeichnet: $F_{abs} = M_w/V_{Lu}$ in $[g/m^3]$.

Die maximal mögliche Wassermenge in einem Luftvolumen wird *Sättigungsfeuchte*, $F_{sat} = M_{w\,max}/V_{Lu}$, genannt. Sie ist sehr stark von der Temperatur abhängig, wie **Bild 21.1** zeigt. Die zur Sättigung der Luft gehörende Temperatur wird als *Taupunkt* bezeichnet: wird mit Wasserdampf gesättigte Luft abgekühlt, so kann sie weniger Wasser aufnehmen als zuvor, das überschüssige Wasser kondensiert in Tropfen aus, es wird zum Tau.

Die *relative Feuchte* F_{rel} ist das Verhältnis der absoluten zur Sättigungsfeuchte, $F_{rel} = F_{abs}/F_{sat}$, meist in Prozent angegeben. Viele Vorgänge und Reaktionen werden von der relativen Feuchte bestimmt, z. B. das körperliche Wohlbefinden, aber auch Rostbefall

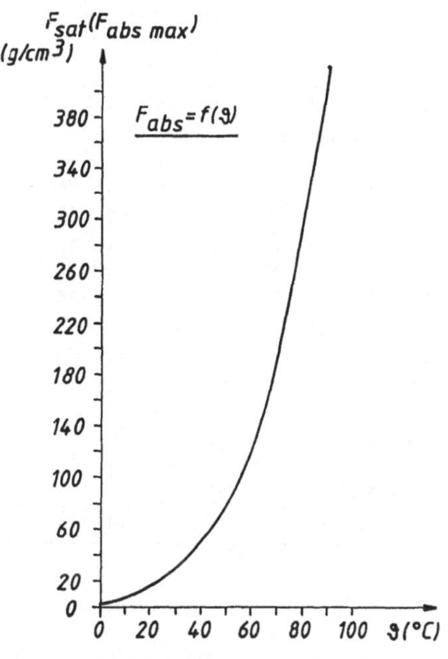

Bild 21.1
Kurve der Sättigungsfeuchte für Luft

oder Schimmelbildung. Das Messen der relativen Feuchte ist eine sehr häufig gestellte Aufgabe, für die es eine ganze Reihe von Verfahren gibt.

Hygroskopische Verfahren:

> Bei ihnen beeinflußt die Feuchte ein Medium, dessen Veränderung gemessen werden kann. Hierher gehört die Längenänderung hygroskopischer Fasern (Haare, Kunststoffe) und die Änderung der Leitfähigkeit oder Dielektrizitätskonstante von Stoffen.

Sättigungsverfahren:

> Auf geeignete Art wird die Sättigungstemperatur gemessen, z. B. durch Abkühlen der Luft, bis ein Spiegelchen sich mit Tau beschlägt und den Strahl einer Licht- schranke verändert. In die Gruppe der Sättigungsverfahren gehört auch der später kurz beschriebene Lithium-Chlorid-Feuchtesensor.

Weitere Methoden wie etwa das Verdunstungsverfahren (Psychrometer) oder Spektral- verfahren spielen eine geringere Rolle und werden hier weggelassen. Wir konzentrieren uns auf die gängigen Sensoren und Verfahren der elektrischen Meßtechnik.

Zur Kalibrierung von Feuchtesensoren wird folgende Tatsache ausgewertet: im abge- schlossenen Luftraum über gesättigten Lösungen gewisser Salze stellt sich eine genau angebbare relative Feuchte ein. Man bringt also solche Lösungen in abgeschlossene Kam- mern. Über der gesättigten Lösung befindet sich der Sensor. Es dauert bei kleinen Luft- volumen eine oder einige Stunden, bis sich das erwünschte Gleichgewicht und damit die entsprechende relative Feuchte eingestellt hat. Bei Volumina von mehreren Hundert

Tabelle 21.1 Materialien zum Kalibrieren von Feuchtesensoren

Salz		Temperatur (° C)									
		1	10	15	20	25	30	35	40	45	50
					relative Feuchte (%)						
Kaliumsulfat	K_2SO_4	98	98	97	97	97	96	96	96	96	96
Kaliumnitrat	KNO_3	96	95	94	93	92	91	89	88	85	82
Kaliumchlorid	KCl	88	88	87	86	85	85	84	82	81	80
Ammoniumsulfat	$(NH_4)_2SO_4$	82	82	81	81	80	80	80	79	79	78
Natriumchlorid	$NaCl$	76	76	76	76	75	75	75	75	75	75
Natriumnitrit	$NaNO_2$	–	–	–	65	65	63	62	62	59	59
Ammoniumnitrat	NH_4NO_3	–	73	69	65	62	59	55	53	47	42
Natriumbichromat	$Na_2Cr_2O_7$	59	58	56	55	54	52	51	50	47	–
Magnesiumnitrat	$Mg(NO_3)_2$	58	57	56	55	53	52	50	49	46	–
Kaliumkarbonat	K_2CO_3	–	47	44	44	43	43	43	42	–	–
Magnesiumchlorid	$MgCl_2$	34	34	34	33	33	33	32	32	31	30
Kaliumazetat	CH_3COOK	–	21	21	22	22	22	21	20	–	–
Lithiumchlorid	$LiCl$	14	14	13	12	12	12	12	11	11	11

Millilitern auch länger. In **Tabelle 21.1** sind einige wichtige Lösungen für Feuchte-„Normale" zusammengestellt. Angegeben ist die relative Feuchte der Lösungen bei verschiedenen Temperaturen.

21.2 Fadenhygrometer

Fadenhygrometer stellen eine sehr alte Form von Feuchtemessern dar, die eine direkte mechanische Anzeige geben und trotzdem einfach elektrisch abgreifbar sind, wie dies in **Bild 21.2** dargestellt ist. Als Meßelement dient ein durch Federzug gespannter, um eine Rolle geführter Faden, dessen Länge sich mit der relativen Feuchte ändert. Sehr gut geeignet sind Frauenhaare, es gibt auch Kunststoffbänder mit recht guten Eigenschaften. Die Dehnung wird über die Rolle als Winkel auf den Zeiger übertragen und ist gleichzeitig über ein Potentiometer als elektrischer Widerstand verfügbar. Die elektrische Auswertung kann in einem der üblichen Verfahren erfolgen (vgl. dazu 10.2, 12.2).

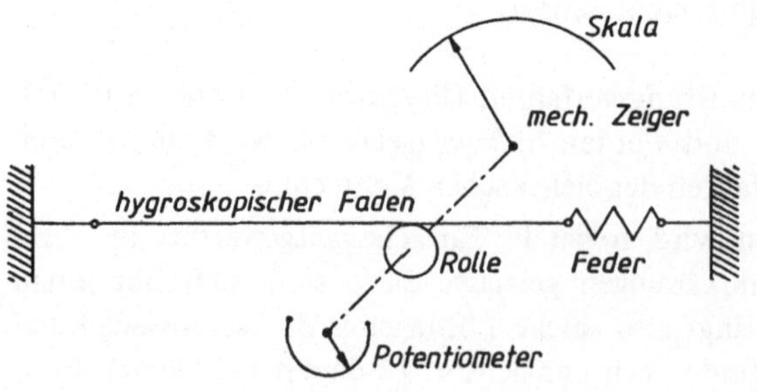

Bild 21.12
Prinzipieller Aufbau eines Fadenhygrometers

21.3 Lithium-Chlorid-Feuchtefühler

Das Lithium-Chlorid-Taupunkthygrometer nützt die Eigenschaft, daß Lithium-Chlorid LiCl, ein Salz, stark hygroskopisch ist. Es nimmt Feuchtigkeit aus der Luft auf und wird zu einer LiCl-Lösung, welche elektrisch leitfähig ist; LiCl-Salz indes ist ein schlechter Leiter. Die Umwandlung zwischen LiCl-Salz und LiCl-Lösung hängt von der Feuchte und von der Temperatur ab, womit man zu der Kurve für die Sättigungsfeuchte von Luft (Bild 21.1) noch die Umwandlungskurve von LiCl zwischen Lösung und Salz einzeichnen kann, was in **Bild 21.3** geschehen ist. Somit ergibt sich ein strenger Zusammenhang zwischen der Feuchte der Umgebungsluft und dem Umwandlungspunkt von LiCl.

Dies kann für folgenden Feuchtesensor genützt werden: Ein Rohr ist nach **Bild 21.4** mit einem Geflecht (oftmals einem Gewebe aus Glasfasern) umgeben, in das zwei voneinander isolierte Drähte als Elektroden eingebunden sind. Das Geflecht wird mit LiCl-Lösung getränkt. Innerhalb des Rohrs befindet sich ein Temperatursensor (z. B. ein Pt-100-Element, vgl. 18.1).

Werden die beiden eingewobenen Elektrodendrähte mit Wechselspannung (bei Gleichspannung würde elektrolytische Zersetzung eintreten) gespeist und befindet sich das LiCl noch im Lösungszustand, dann fließt ein Strom, der das LiCl aufheizt. Aus der LiCl-Lösung verdampft solange Wasser, bis das LiCl von der Lösung zum schlecht leitenden Salz geworden ist; der Strom wird praktisch unterbrochen, die Heizwirkung hört auf. So wird das LiCl laufend auf der zur entsprechenden absoluten Feuchte der Umgebungsluft

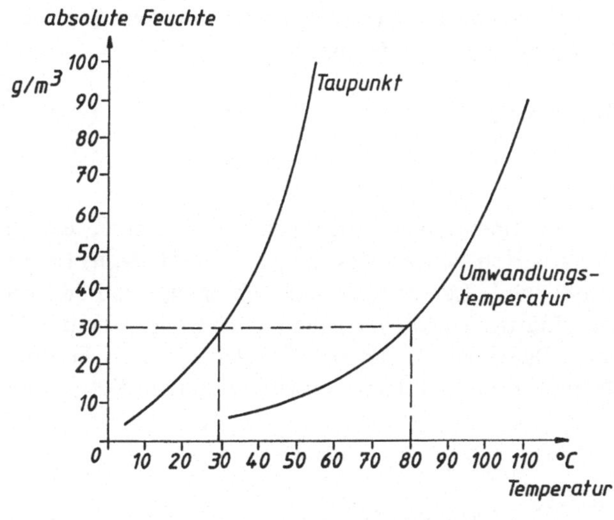

Bild 21.3
Zum Lithium-Chlorid-Feuchtesensor

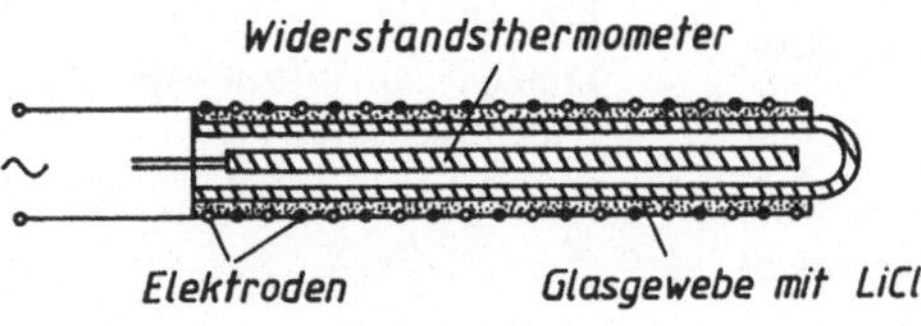

Bild 21.4
Aufbau eines Lithium-Chlorid-Feuchtefühlers

gehörenden Umwandlungstemperatur gehalten, die mit dem Temperatursensor direkt gemessen werden kann. Damit ist die absolute Feuchte der Umgebungsluft bestimmbar. Über die Kurve der Sättigungsfeuchte für Luft ist auch deren relative Feuchte F_{rel} zu gewinnen, wird mit einem weiteren Temperatursensor die Lufttemperatur mitgemessen. Ein Beispiel soll dies näher erläutern:

Beispiel 21-1

In Bild 21.3 ist gestrichelt eingetragen, daß in einem vorliegenden Fall die Umwandlungstemperatur des LiCl auf 80 °C gehalten und in dieser Höhe von dem im LiCl-Fühler eingebauten Temperatursensor gemeldet wird. Das bedeutet aber für die umgebende Luft einen absoluten Feuchtegehalt von $F_{abs} = 30 \ gr/m^3$.

Wäre diese Umgebungsluft gesättigt, so gehörte dazu eine Taupunkttemperatur von $\vartheta_{tp} = 28 \ °C$. Wird jedoch mit einem zweiten Temperatursensor eine Lufttemperatur von $\vartheta_{Lu} = 35 \ °C$ festgestellt, dann könnte Luft von dieser Temperatur (nach der Kurve von Bild 21.1) sogar bis zu $40 \ gr/m^3$ aufnehmen, um die Sättigungsfeuchte (und damit den Taupunkt) zu erreichen.

Mithin hat die Umgebungsluft mit einer (eigens gemessenen) Temperatur von 35 °C eine relative Feuchte von

$$F_{rel} = \frac{30 \ gr/m^3}{40 \ gr/m^3} = 0{,}75 \mathrel{\hat=} 75 \ \%.$$

Das Verfahren funktioniert nicht nur in Luft, sondern auch in Gasen wie N_2, O_2, H_2, Edelgasen und Stadtgasen u. a. m. LiCl-Sensoren sind weit verbreitet und werden je nach Anwendungsfall (Messen der Raumfeuchte, Messen der Feuchte in strömenden Gasen u. a. m.) in entsprechenden Gehäusen appliziert. Die Genauigkeit ist mit $\pm 0{,}5 \dots 1 \ °C$ für den Taupunkt und $\pm 2 \ \%$ für die relative Feuchte recht gut. Leider sind diese Sensoren sehr langsam und brauchen Minuten (bis zu einer Stunde), um sich einzustellen.

21.4 Feuchtemessung über Impedanzen

21.4.1 Kapazitive Feuchtesensoren

Kapazitive Feuchtefühler arbeiten mit einem hygroskopischen Dielektrikum, dessen Dielektrizitätskonstante DK von der relativen Feuchte des umgebenden Mediums (meist Luft, auch andere Medien) beeinflußt wird. Der Aufbau hält sich an das in **Bild 21.5** dargestellte Schema: auf einer meist kräftigen leitenden Trägerschicht oder einem Substrat ist das Dielektrikum aufgebaut. Dieses enthält Poren, in welche je nach Feuchte mehr oder weniger Wassermoleküle eindringen und damit die DK verändern. Das poröse

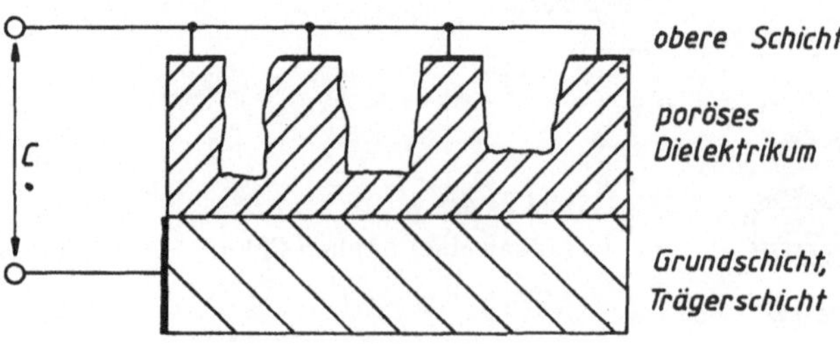

Bild 21.5
Prinzipieller Aufbau kapazitiver Feuchtesensoren

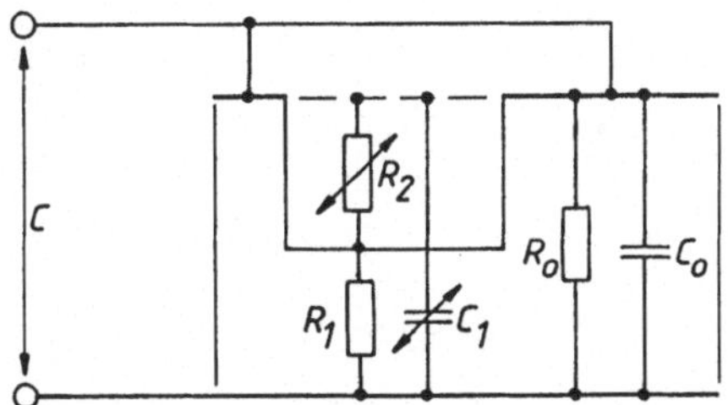

Bild 21.6

Elektrisches Ersatzbild zu Bild 21.5

Dielektrikum ist mit einer zweiten leitenden, oftmals sehr dünnen Schicht abgedeckt, da sie nur auf dem Material des Dielektrikums aufsitzt, läßt sie dessen Poren offen.

Bild 21.6 zeigt das zugehörige elektrische Ersatzbild, eine Pore im Dielektrikum ist noch angedeutet. C_0 ist die Grundkapazität zwischen den leitenden Schichten, bestimmt von der Fläche der oberen Schicht (ohne Porenfläche); R_0 ist der zugehörige Isolationswiderstand des Dielektrikums. Beide Größen sind konstant. Dringt in die Pore leitfähiges Wasser ein, so addiert sich zum Isolationswiderstand R_1 zwischen Pore und Grundschicht der veränderliche Widerstand R_2, weiterhin ergibt sich eine von der Feuchte abhängige Kapazität C_1.

Das Verhalten dieser Sensoren hängt ungeheuer stark von den verwendeten Materialien und deren Schichtdicken ab. Zwei Beispiele für den Aufbau kapazitiver Feuchtefühler seien genannt:

Beispiel 2-2

Auf einem Aluminiumträger ist eine dünne Schicht ($< 0,3\ \mu$m) Aluminiumoxid als poröses Dielektrikum aufgebracht. Die Oxidschicht ist mit Gold bedampft. Die Kapazität steigt streng linear mit der relativen Feuchte des Umgebungsmediums.

Ein anderer Sensor benützt als Träger zunächst eine Glasplatte, auf welcher eine Tantalschicht als unterer Kondensatorbelag aufgebracht ist. Als Dielektrikum dient ein hygroskopisches Polymer. Die obere leitende Schicht besteht aus einer porösen Chromschicht. Da diese relativ dick ist, ergibt sich eine gute Haltbarkeit des Sensors in verschmutzter, insbesondere auch in schwefelhaltiger Atmosphäre. Die Kennlinie dieses Sensors fällt linear zur relativen Luftfeuchte im Bereich zwischen ca. 300 pF und 250 pF.

Kapazititve Sensoren werden immer häufiger eingesetzt. Mit einer Genauigkeit von $\pm$ 1 ... 2 % F_{rel} genügen sie den meisten Ansprüchen. Sie reagieren weit rascher als Hygrometer oder das LiCl-Verfahren. Die Auswertung dieser kapazitiven Sensoren kann sehr vielfältig (vgl. dazu 12.3.5) und der Prozeßmeßtechnik angepaßt geschehen.

21.4.2 Resistive Feuchtefühler

Bei resistiven Feuchtefühlern sind zwei mäanderartig ineinander verzahnte Gold-Elektroden nach **Bild 21.7** auf ein Keramik-Substrat aufgebracht. Darüber befindet sich ein Film aus hygroskopischem Polymer. Dringt Feuchte in die Poren des Polymers ein, dann ändert sich die Leitfähigkeit (und auch die Kapazität) zwischen den beiden Gold-Elektroden. Dabei nimmt in erster Näherung der Widerstand exponentiell mit der relativen Feuchte ab, die Kapazität nimmt exponentiell zu. Diese Sensoren sind nicht sehr genau, aber äußerst preiswert. In **Bild 21.8** ist die (resistive) Kennlinie gezeigt.

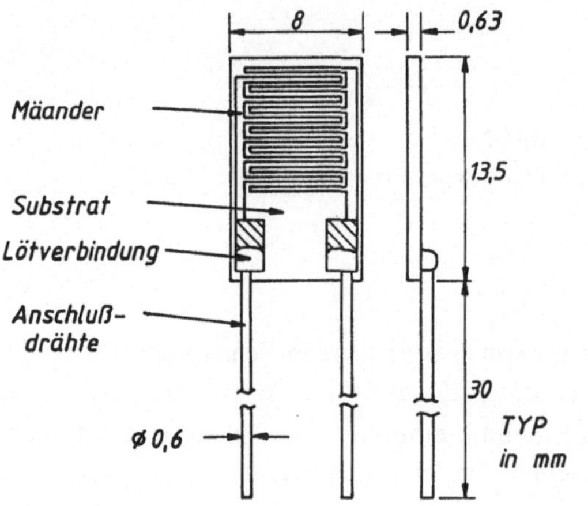

Bild 21.7
Aufbau eines resistiven Feuchtesensors

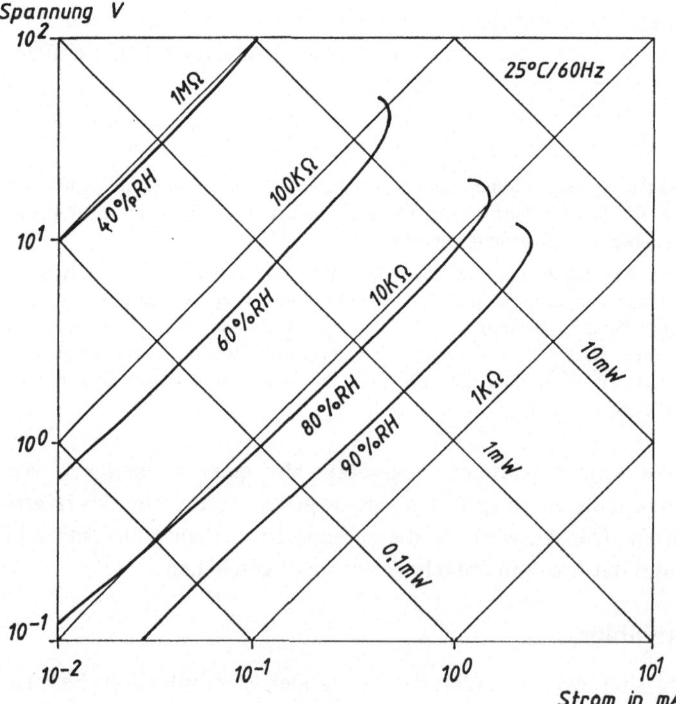

Bild 21.8 Kennlinien eines resistiven Feuchtesensors

Meßpraxis

22 Störungen

22.1 Offset, Drift, Rauschen

Den Begriff *Offset*-Fehler hatten wir schon in 2.3 kennengelernt. Bei linearen Übertragungs- und Meßkettengliedern soll am Ausgang das Signal Null erscheinen, wenn der Eingang auf Null liegt. Dies ist jedoch in der Praxis fast nie der Fall: am Ausgang zeigt sich ein von Null abweichendes Signal, der *Offset,* der sich als y-Achsenabschnitt der Übertragungskennlinie auswirkt und prinzipiell abgleichbar ist.

In 5.4.2 wurde auf das Offsetproblem bei Operationsverstärkern hingewiesen. Sehr viele solche Verstärker besitzen Anschlüsse für ein kleines Trimm-Potentiometer, mit dem auf geeignete Weise eine kleine Spannung in den Eingang einaddiert wird, so daß bei Eingangsspannung Null die gewünschte Ausgangsspannung Null entsteht. Die Eingangsströme I^+ und I^- solcher Verstärker sind nicht gleich groß. Deswegen sorgt man in kritischeren Fällen dafür, daß die im invertierenden und nicht-invertierenden Eingang wirksamen Gesamtwiderstände gleich groß sind; sonst könnte ja durch ungleiche Spannungsfälle $I \cdot R$ ein weiterer Offset hervorgerufen werden. Für das Beispiel der invertierenden Grundschaltung ist eine solche Symmetrierung in **Bild 22.1** gezeigt.

Vom invertierenden Eingang (−) sieht man in die Schaltung hinein (wenn nach unserer Ersatzquellentheorie die wirksamen Spannungen u_e und u_a zu Null gemacht, also durch Kurzschlüsse ersetzt worden sind) die Parallelschaltung von R_e und R_f. Also wird man

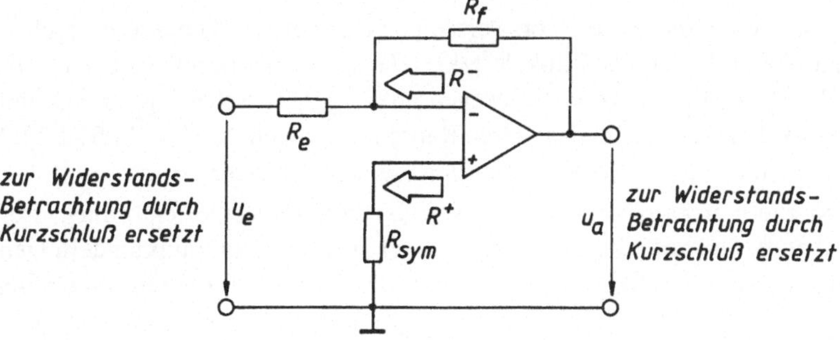

Bild 22.1 Zur Symmetrierung der Eingänge einer Operations-Verstärkerschaltung
R^- Widerstand, vom invertierenden Eingang in die Schaltung gesehen
R^+ Widerstand, vom nicht invertierenden Eingang in die Schaltung gesehen

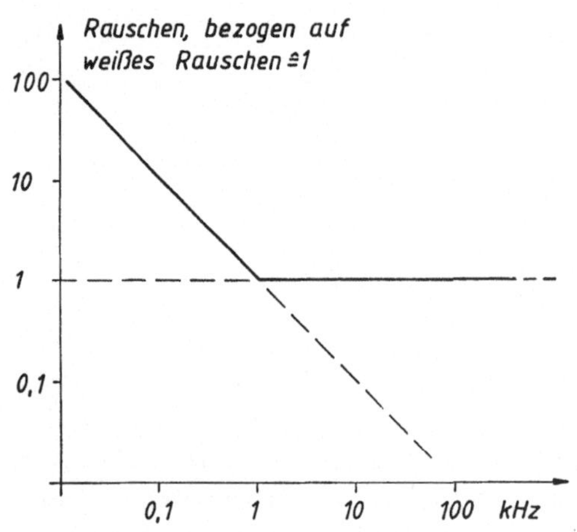

Bild 22.2
Weißes Rauschen und „1/f-Rauschen"

den nicht invertierenden Eingang (+) nicht direkt an Masse legen, sondern denselben Ersatzwiderstand $R_{sym} = R_e \cdot R_f/(R_e + R_f)$ einfügen. Bei anderen Schaltungen wird entsprechend verfahren.

Leider ändern sich die Offsetgrößen mit der Zeit bzw. mit der Temperatur, eine Erscheinung, die unter der Bezeichnung *Drift* zusammengefaßt wird. In den Datenblättern wird die Temperaturdrift in μV/°C (für Ströme in nA/°C) angegeben, bei Langzeitdriften gilt entsprechend μV pro Stunde oder Tag.

Eine spontane und unvermeidbare Änderung der Nullpunktsverhältnisse ist das Rauschen. *Thermisches Rauschen* (*thermionic noise*) ist bei Widerständen und Halbleitern auch ohne einen Stromfluß infolge der thermischen oder sonstigen regellosen Bewegung der Ladungsträger zu beobachten. Die Rauschleistung ist für alle Frequenzen etwa konstant, man spricht vom „weißen Rauschen" (*white noise*). Für eine bestimmte Bandbreite läßt sich das Widerstandsrauschen als eine wirksame und meßbare Rauschspannung (*noise voltage*) $U_r = \sqrt{4 \cdot k \cdot T \cdot B \cdot R}$ angeben. Dabei ist R der Widerstand, B die Bandbreite des Systems (z. B. Verstärker), T die abs. Temperatur und k die Boltzmannkonstante mit $1{,}38 \cdot 10^{-23}$ Ws/K.

Oberflächeneffekte an den Grenzzonen von verschieden dotierten Halbleitern ergeben ebenfalls einen Rauschanteil, der als Funkeleffekt (*flicker noise*) bezeichnet wird. Er nimmt proportional mit der Frequenz ab (deswegen auch „1/f-Rauschen" genannt) und ist ab einigen wenigen kHz gegenüber dem anderen Rauschen vernachlässigbar. In **Bild 22.2** ist der prinzipielle Verlauf der Rauschgrößen über der Frequenz skizziert.

Insgesamt kann man alle hier beschriebenen Effekte als Nullpunktfehler einordnen. Der zeitlich konstante Anteil sind die Offsetgrößen, zeitlich langsame Nullpunktänderungen die Drifterscheinungen. Das Rauschen ist eine Nullpunktänderung mit breitem Frequenzspektrum.

Beispiel 22-1

Für gute Operationsverstärker werden Driften um $5~\mu$V/°C angegeben, das Eingangsrauschen liegt bei $0{,}1~\mu$V $\cdot \sqrt{\text{Hz}}$ und erreicht somit bei einer Verstärkerbandbreite von 10 kHz immerhin $10~\mu$V.

Für extrem stabile Operationsverstärker werden 0,05 $\mu V/°C$ und weniger angegeben, die Langzeitdrift liegt bei 0,1 $\mu V/\sqrt{\text{Monaten}}$, das Rauschen bei 0,01 pA $\cdot \sqrt{\text{Hz}}$.

Ein auf 60 °C erwärmter Widerstand von 100 kΩ bringt bei einer Bandbreite von 10 kHz eine Rauschspannung von ca. 2 μV.

22.2 Störungen von außen

Von außen auf eine Meßanordnung einwirkende Störquellen gibt es viele. Eine der wichtigsten ist die Netzspannung bei netzbetriebenen Geräten. Dies ist nicht auf unser Stromversorgungsnetz (50 Hz) beschränkt, sondern betrifft auch sog. Inselnetze (mit autonomem Generator) oder Gleichspannungsspeisung. Die wesentlichsten Störformen sollen kurz aufgeführt sein:

Spikes sind nadelförmige, der Netz-/Speisespannung überlagerte Impulse. Sie haben häufig eine sehr steile Vorderflanke (im ns- und μs-Bereich) und fallen dann langsamer ab. Je nach Störquelle treten Spikes periodisch oder unregelmäßig auf. Sie haben geringen Energiegehalt und deswegen keine zerstörende Wirkung, wohl aber eine störende: sie ändern Register- und Zählerinhalte, lassen die EDV „abstürzen" oder täuschen Spitzen in Meßergebnissen vor. Ähnlich können sich die Impulse von Rundsteueranlagen auswirken, mit denen die Energieversorgungsunternehmen z. B. verschiedene Tarifzeiten bei Elektrizitätszählern über Netz fern umschalten. Hochfrequenz-Verseuchungen (oft auch als *bursts* bezeichnet) rühren von Industrie-HF-Generatoren oder auch von kräftig einfallenden lokalen Rundfunk- oder Fernsehsendern her.

Spannungserhöhungen und -einbrüche sind Störungen im Bereich von Millisekunden (ms) und führen zu kurzzeitigen Störungen der Stromversorgung. Da jedoch die Elektronik meistens mit Gleichspannung versorgt wird, überbrücken die großen Ladekondensatoren solche Störungen. Oberschwingungen auf dem Netz (bis in den Bereich um ein kHz) wirken sich im Gleichspannungsteil meist ebenfalls nicht mehr aus.

Fließen die Störströme $i_{stör}$ vom Netz nach **Bild 22.3a** in die Elektronik und dann wieder zurück, so spricht man von Gegentaktstörung (*normal mode*). Es gilt das Ersatzschaltbild einer normal gespeisten Last, Abhilfe bringt ein Entstörfilter mit zwei Längsdrosseln und mit wenigstens einem Kondensator. Fließen jedoch die Störströme wie in **Bild 22.3b** gleichsinnig auf beiden Leitungen zur Meßeinrichtung, dann liegt eine Gleichtaktstörung (*common mode*) vor. Die Störquelle (*noise source*) wirkt auf beide Anschlüsse einer Last gegen Masse bzw. Erde. Im Entstörfilter sind die beiden Spulen so gepolt, daß sich die Störströme gegenseitig aufheben. Entwurf und Bau von Netz-Entstörfiltern sind ein Gebiet für sich, **Bild 22.4** zeigt noch eine Möglichkeit für ein universelles solches Filter.

Filter sollen Störungen wie Spikes oder eingestreute HF abhalten. Energetisch gesehen gelangt die in der Störung enthaltene Energie nicht in das zu schützende Meßgerät, wird aber — zumindest teilweise — wieder in das Netz reflektiert; dort kann dieselbe Energie an anderer Stelle jedoch erneut als Störung wirken! Deswegen geht man dazu über, die Filter so zu bauen, daß sie die Störenergie in Wärme umsetzen und so unschädlich machen; man spricht von absorbierenden Entstörfiltern.

Von außen kommende magnetische Störungen lassen sich mit der Anordnung von **Bild 22.5** erklären. Neben einer Leitung, mit welcher die Meßspannung U_m (sie ist als Gleichspannung eingetragen, kann sich aber selbstverständlich auch zeitlich verändern) zum Meßsystem übertragen wird, befindet sich eine davon völlig unabhängige andere Leitung,

z. B. ein Netzkabel. Hier treibt die Störwechselspannung $u_{stör}$ einen Strom $i_{stör}$ über eine Last. Der Strom $i_{stör}$ baut ein Magnetfeld $H_{stör}$ auf. Durchdringt dieses die von der Meßleitung aufgespannte Fläche A, so wird eine Störspannung induziert, welche sich der Meßspannung U_m überlagert.

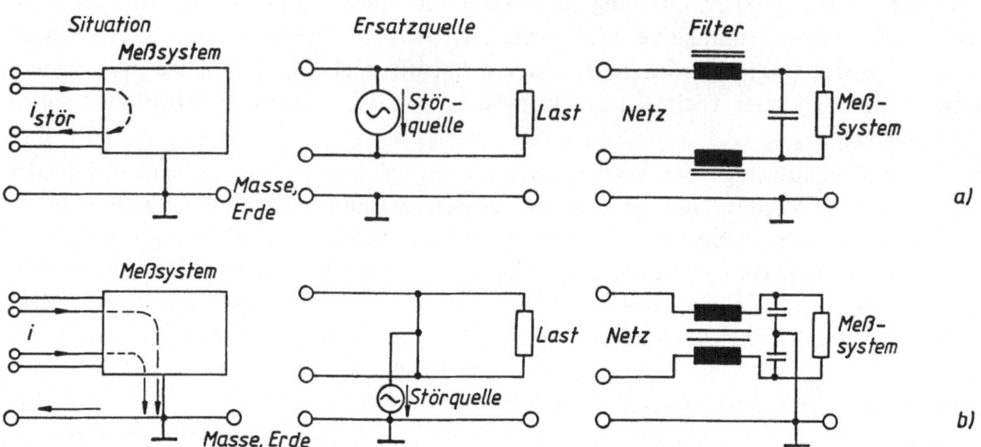

Bild 22.3 Netzstörungen: Arten, Ersatzbild, Filter
a) Gegentaktstörung   b) Gleichtaktstörung

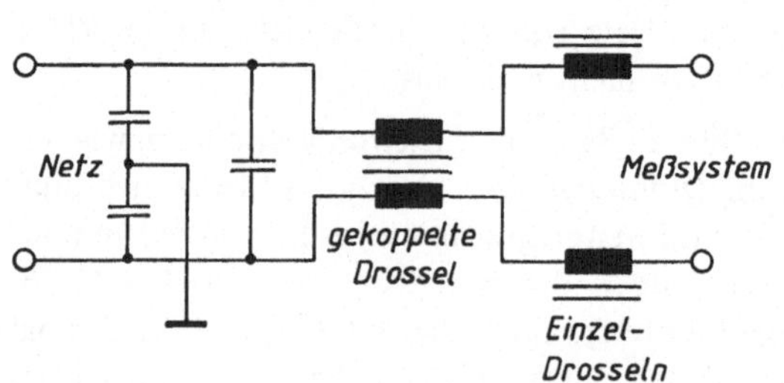

Bild 22.4
Ein universelles Netzentstörfilter

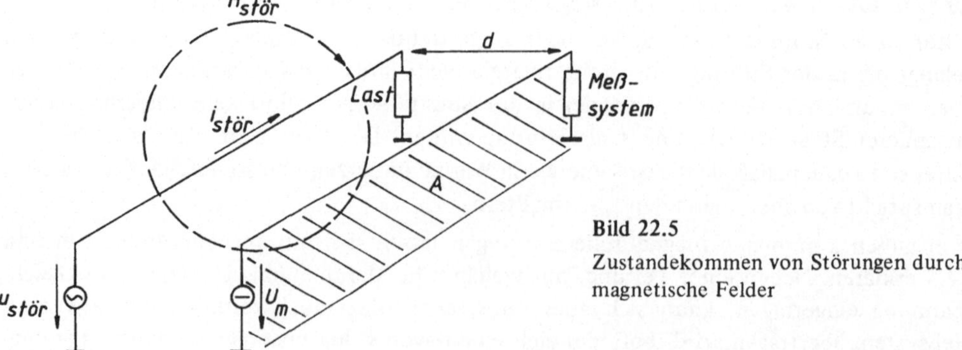

Bild 22.5
Zustandekommen von Störungen durch magnetische Felder

Es ist sofort erkennbar, daß die Fläche A möglichst klein sein sollte, um magnetische Einstreuungen gering zu halten. Dies kann z. B. durch Verdrillen der Meßleitungen geschehen (*twisted pair*). Doch wird dadurch die Leitungskapazität (in Bild 22.6 mit C_L eingetragen) vergrößert, was oft nicht erwünscht ist. Vergrößerung des Abstandes d ist ebenfalls wirkungsvoll, gilt doch der Zusammenhang $H \sim 1/d$. Auch durch magnetische Abschirmung läßt sich das Störfeld $H_{stör}$ unterdrücken; doch darüber Näheres im nächsten Abschnitt.

In **Bild 22.6** ist das Zustandekommen elektrischer Störungen mit demselben Modell wie in Bild 22.5 gezeigt. Die störende Leitung, gespeist von der Störwechselspannung $u_{stör}$, ist mit der Meßleitung durch die Aufbau- und Koppelkapazität C_k verknüpft. An ihr erfolgt eine Spannungsteilung zwischen Koppelkapazität C_k und den Leitungskapazitäten C_L. Man könnte somit daran denken, letztere recht groß zu machen, doch wirkt sich dies nachteilig auf die kapazitive Belastung der Meßquelle U_m aus und begrenzt die übertragbaren Frequenzen. Wenn schon $C_k \ll C_L$ erreicht werden soll, um eine für die Störspannung $u_{stör}$ möglichst ungünstige Spannungsteilung zu erreichen, dann muß eben C_k so klein wie irgend möglich gehalten werden. Das geschieht zunächst durch möglichst großen Abstand d, weil $C_k \approx 1/d$ ist. Über elektrische Abschirmungen siehe nächster Abschnitt.

Zum Schluß soll noch das Stichwort *Elektromagnetische Verträglichkeit* (EMV) angesprochen werden. Darunter wird nicht nur die elektromagnetisch bedingte Störung, sondern auch die Zerstörung verstanden. Letztere spielt zwar in der normalen Meßtechnik keine Rolle, doch ist es interessant, die Größenordnungen der Energie zu kennen, welche zur Störung bzw. Zerstörung ausreichen. Einige Zahlen finden sich in **Tabelle 22.1**.

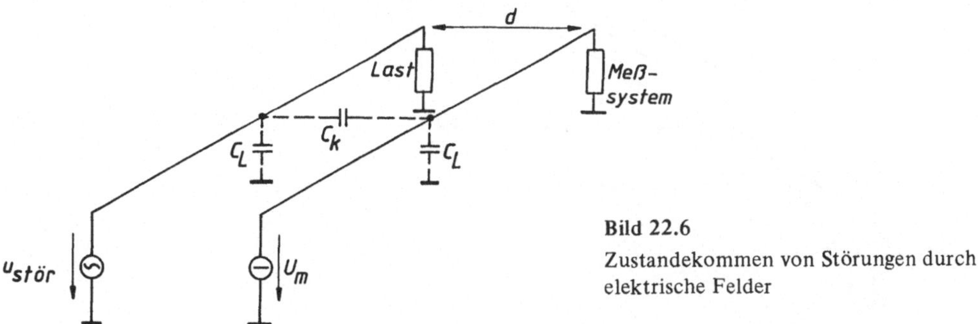

Bild 22.6
Zustandekommen von Störungen durch elektrische Felder

Tabelle 22.1 Einige Angaben zur Elektromagnetischen Verträglichkeit (EMV)

Bauteil	ausreichende Energie (in J = Ws) zur	
	vorübergehenden Störung	Zerstörung
Mikrowellendiode	–	10^{-7}
CMOS-Schaltkreise	10^{-7}	10^{-6}
Schaltdioden, Low-Power-Transistoren	10^{-5}	10^{-4}
Integrierte Schaltkreise	10^{-6}	10^{-4}
Transistoren	–	10^{-3}
Elektronenröhren, Relais	–	10^{0}

22.3 Schirmung und Guard-Technik

Die Leitung zwischen Meßquelle u_m und Meßsystem kann nach **Bild 22.7** mit einer Abschirmung (*guard*) versehen werden. Je nach Material und Aufbau werden magnetische und/oder elektrische Felder abgehalten.

Ein magnetisches Feld $H_{stör}$ dringt je nach Frequenz und Material mehr oder weniger tief in das Schirm-Material ein; in **Tabelle 22.2** sind einige Eindringtiefen zusammengestellt. Gegen magnetische Beeinflussung wirken ferromagnetische Materialien (z. B. Eisen oder geeignete Legierungen) am besten. Daß die Eindringtiefe mit wachsender Frequenz der Störung abnimmt, liegt am „Haut"-Effekt (*skin effect*): ein magnetisches Feld induziert in Metallen Wirbelströme, welche dem Feld Energie entziehen. Das von den Wirbelströmen ihrerseits aufgebaute Magnetfeld ist dem erzeugenden Stör-Magnetfeld nach der Lenzschen Regel entgegengerichtet. In jedem Fall muß die Schirmdicke magnetischer Abschirmung größer als die Eindringtiefe sein. In extrem gelagerten Fällen kann man zu einer doppelten magnetischen Abschirmung übergehen.

Durch Koppelkapazitäten C_k aufgeworfene (bedingte) Einstreuungen werden vom geerdeten Schirm nach Masse/Erde abgeleitet und beeinflussen die Meßleitung nicht. Bei der elektrischen Abschirmung spielt die Materialdicke keine Rolle, auch ist lediglich hochleitendes, nicht aber ferromagnetisches Material erforderlich. Die Leitung und das Kabel bilden miteinander die Schirmkapazität C_s, welche wie die seitherige Leitungskapazität C_L gegen Masse/Erde wirkt, aber meist höher ist. Auf die Nachteile einer großen Leitungskapazität sind wir schon eingegangen.

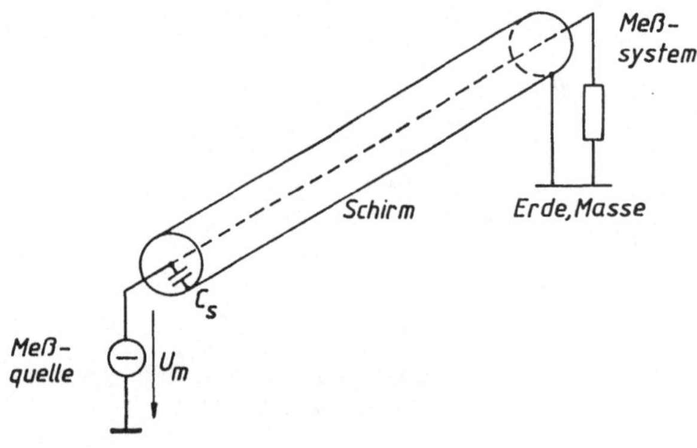

Bild 22.7
Das Prinzip der Abschirmung

Tabelle 22.2 Eindringtiefe magnetischer Felder in Metalle. Angaben in mm (gerundet)

Metall / Frequenz	Kupfer	Aluminium	Stahl
50 Hz	9	11	0,09
100 Hz	7	9	0,7
1 kHz	2	3	0,2
10 kHz	0,7	0,8	0,08
100 kHz	0,2	0,3	0,02
1 MHz	0,1	0,1	0,01

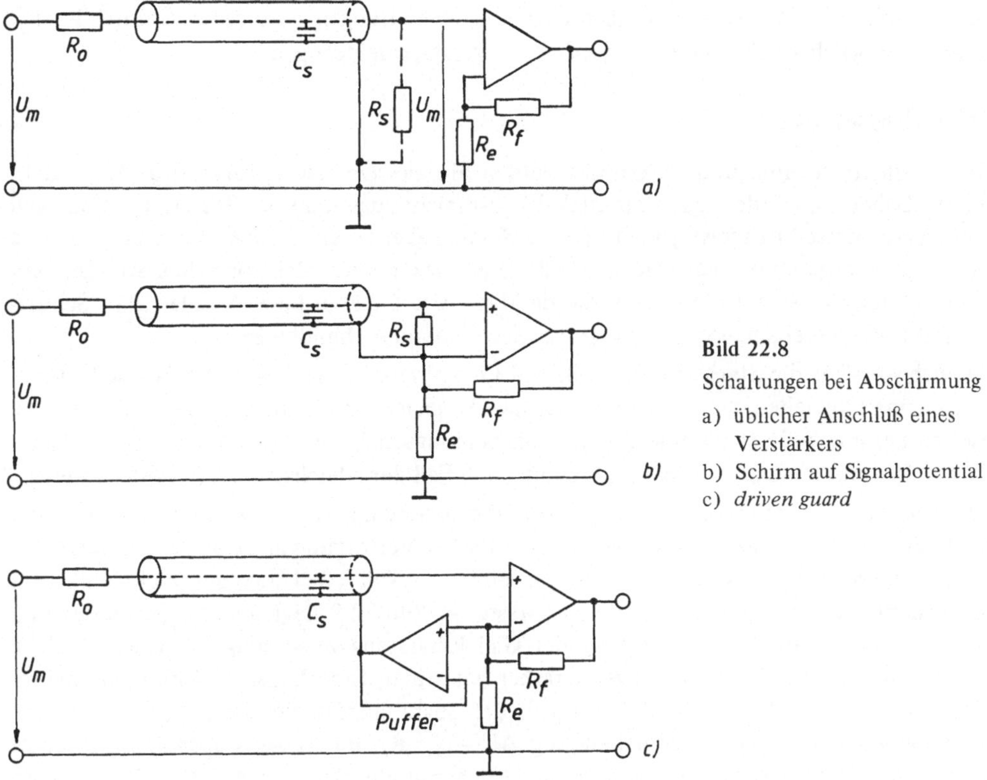

Bild 22.8

Schaltungen bei Abschirmung

a) üblicher Anschluß eines Verstärkers

b) Schirm auf Signalpotential

c) *driven guard*

Die Abschirmung wirft aber noch weitere Probleme auf. Wird nach **Bild 22.8a** ein (idealer) nicht-invertierender Verstärker an die Meßleitung angeschlossen, dann kann man zunächst seinen Eingangswiderstand vernachlässigen. Hat die Meßquelle U_m einen größeren Innenwiderstand R_0, dann bildet er zusammen mit dem Isolationswiderstand R_s des abgeschirmten Kabels einen Spannungsteiler. Am Verstärkereingang liegt nur noch $U_m^* = U_m \cdot R_s/(R_0 + R_s) < U_m$ an. Die Schirmkapazität C_s liegt parallel zum Isolationswiderstand R_m und wirkt als Tiefpaß, der die Ansprechgeschwindigkeit und die übertragbaren Frequenzen verringert.

Dies läßt sich mit der Schaltungsvariante nach **Bild 22.8b** umgehen. Hier liegt der Schirm am niederohmig bemessenen Teiler R_f, R_e und dem invertierenden Verstärkereingang, mithin aber auf dem Potential des nicht invertierenden Eingangs, auf der Spannung U_m. Am Isolationswiderstand R_s liegt keine Spannung mehr, also ist er wirkungslos. Dasselbe gilt für die Schirmkapazität C_s: sie ist ohne Spannung und deswegen ohne Wirkung.

Um den Schirm vom verstärkungsbestimmenden Spannungsteiler R_e, R_f zu entkoppeln, kann ein rascher Pufferverstärker verwendet werden. Das führt zu der in **Bild 22.8c** gezeigten Anordnung eines *driven guard*, eines spannungsgesteuerten Schirms.

Ein Schirm darf nur an einer Stelle geerdet werden, denn sonst könnte über ihn infolge einer Erdschleife — vgl. nächster Abschnitt — ein Ausgleichsstrom fließen, und dann hätten wir wieder genau die Situation von Bild 22.5 bzw. 22.6, die wir ja eigentlich umgehen wollten! Bei mehrereren abgeschirmten Meßleitungen wird jeder Schirm für sich geerdet, möglichst nahe bei den betreffenden Verstärkereingängen.

22.4 Erdschleifen

In der Elektrotechnik und Elektronik werden Signale sehr häufig gegen Erde/Masse definiert. Dabei ist „Erde" das Potential des Erdreichs, das man als Bezugspotential Null definiert; „Masse" ist meist gemeint als die Summe aller leitender, aber nicht an Spannung oder Signal angeschlossener (Metall-)Teile einer elektrischen/elektronischen Anlage. Man kann getrost Masse = Erde setzen, da die Masse von Geräten bzw. Anlagen über Schutzkontakt oder bereits bauseits mit dem Erdreich leitend verbunden ist.

Da sich vor allem die Starkstromtechnik und Energieversorgung dieser Erde/Masse bedient, muß man unterstellen, daß keineswegs geringe Ausgleichsströme fließen, deren Spannungsfall an Leitungswiderständen leicht als Störspannungsquelle in Meßsystemen wirken kann. Wir wollen uns anhand von **Bild 22.9** einmal den Fall der Gleichstromversorgung ansehen.

Üblicherweise ist ein Pol der Gleichspannungsversorgung von Elektronik auf Potential Null, also an Erde/Masse gelegt. Bei symmetrischer Versorgung analoger Elektronik (z. B. Operationsverstärker) ist dies die Mittenspannung „Null", bei digitaler Elektronik liegt normalerweise der negative Pol an Erde/Masse. In Bild 22.9 liegt nun die Masse des Eingangsverstärkers an der Null-Leitung der Gleichspannungsversorgung $\pm U_B$, über welche ein Strom I_B fließt. Der Ausgangsverstärker hat seinen Erde/Masse-Anschluß an anderer Stelle der Null-Leitung. Somit kann sich der Spannungsfall des Betriebsstroms I_B am Leitungswiderstand R_L als Störspannung $\Delta U = I_B \cdot R_L$ im Ausgang auswirken; in unserem Falle wie ein Offset, weil es sich um Gleichspannung DC handelt. Die Verkopplung zur Schleife kann durch äußere Beschaltung, aber auch durch die Anordnung der Leiterbahnen auf Elektronik-Platinen zustande kommen.

Umfassen solche Schleifen den Bereich der Netzwechselspannung, so werden 50 Hz-Spannungen einaddiert, die man als „Brumm" bezeichnet. Dazu kommen noch alle Störungen, die das Netz führt, von Spikes bis zu Oberschwingungen. Alle Schleifen sind recht niederohmig, so daß auch die Störspannungen sehr niederohmig und somit äußerst schwer zu beseitigen sind.

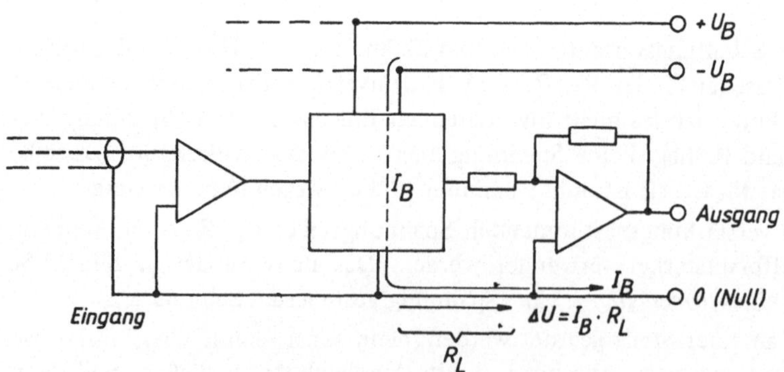

Bild 22.9 Einfache Schleifenbildung mit der Gleichspannungs-Stromversorgung

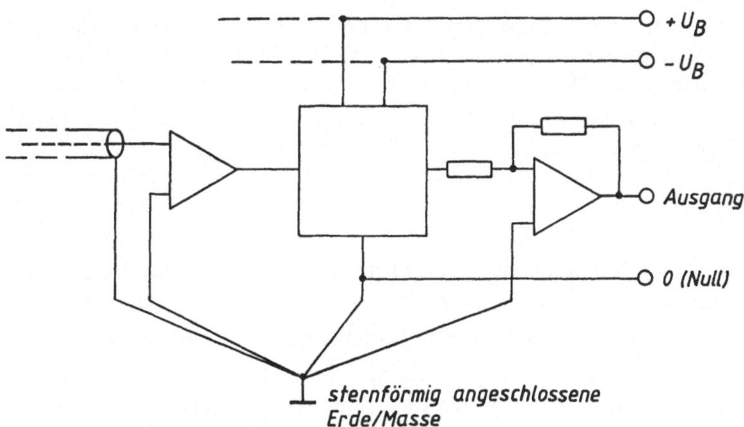

Bild 22.10 Sternförmig aufgebauter Anschluß Erde/Masse

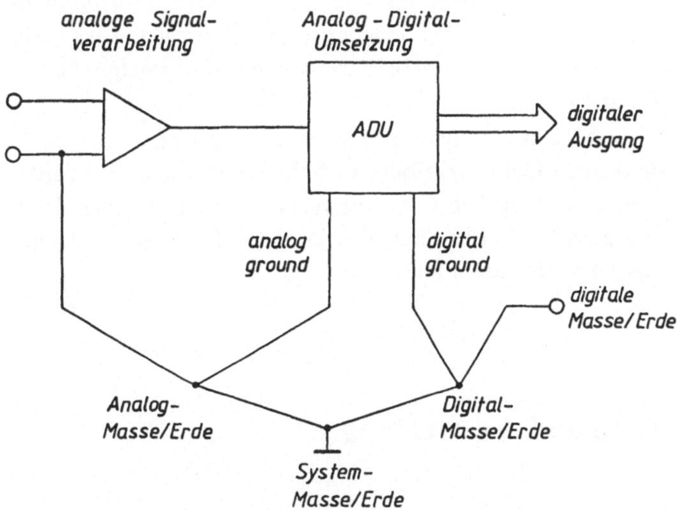

Bild 22.11 Analoge/Digitale Masse/Erde und System-Erde

Deswegen gilt als oberstes Gebot: alle Erde/Masse-Anschlüsse werden nach **Bild 22.10** an einem Punkt zusammengeführt! Bei Anordnungen mit analogem und digitalem Teil hat der DA-Wandler oftmals getrennte Anschlüsse für Analog- und Digital-Masse (*analog/ digital ground*). Dann werden Analog- und Digital-Masse zunächst getrennt sternförmig zusammengeführt und ggf. wiederum sternförmig zu einer Systemmasse verbunden, wie dies **Bild 22.11** zeigt.

Beispiel 22-2

Eine Verkopplung nach Bild 22.9 auf ungünstig angelegter Leiterplatte bringt rasch 50 mΩ Leitungswiderstand. Bei $I_B = 10$ mA folgt daraus eine Störspannung von 0,5 mV, die neben den anderen Offsetgrößen noch kaum eine Rolle spielt. Wird jedoch von derselben Speisespannung ein Leistungstransistor versorgt, der mit 1 A ein Stellglied betätigt, dann ist die Störspannung bereits 50 mV, liegt weit über jedem sonstigen DC-Offset und stellt, bezogen auf eine maximale Ausgangsspannung eines Meßsystems mit 10 V bereits einen Fehler von 0,5 % dar.

Bei Schleifen im Bereich der Netzversorgung sind die Widerstände wegen der größeren Leitungsquerschnitte zwar kleiner, dafür aber die Ströme größer. Eine Brummspannung von 50 mV ist nicht nur störend, sondern auch kaum zu beseitigen – es sei denn, durch sorgfältige, sternförmige Erdung.

Die ganze Störproblematik mit Einstreuungen, Abschirmung, Erdung, Erdschleifen usw. ist äußerst komplex. Jeder Fall ist anders gelagert und muß für sich analysiert werden. Dabei treten jedoch immer die hier vorgestellten grundsätzlichen Zusammenhänge auf.

Man hat deswegen nach Möglichkeiten der galvanischen Trennung gesucht, damit verschiedene Teile einer Elektronik oder eines Meßsystems für sich geerdet werden können, ohne daß Schleifen entstehen. Die Signalübertragung kann auf verschiedene Weise erfolgen. Magnetisch kann das Signal mit Übertragern getrennt werden; das ist jedoch nur für Wechselspannungen möglich. Also muß das Meßsignal entweder eine Wechselspannung sein, oder das Signal wird entsprechend moduliert und dann mit dem Wechselspannungsträger zusammen übertragen. Eine weitere Art zur magnetischen Übertragung wäre ein Kern mit eingefügtem linearen Hall-Sensor (ein LOHET, wie wir ihn im Prinzip schon in 8.6.2 und 14.1.1 kennengelernt hatten).

Auch mit Lichtschranken (vgl. 16.4.2) ist eine galvanische Trennung möglich. Das Meßsignal kann entweder analog (als analoge Lichtstärke oder Lichtfrequenz) oder auch digital (z. B. seriell codiert) übertragen werden. Lichtübertragungsstrecken zur galvanischen Trennung werden als Optokoppler bezeichnet. Verstärker, welche eines der gängigen Trennverfahren implizieren, werden als Trennverstärker angeboten.

23 Meßwert-Aufbereitung und Auswertung

23.1 Hardware-Konfigurationen

23.1.1 Messen – Speichern – Rechnen

In unseren Betrachtungen von Abschnitt 1.1 (Die Meßkette, vgl. Bild 1.2) und Abschnitt 1.5 (Messen – Steuern – Rechnen – Regeln, Bild 1.11) waren wir davon ausgegangen, daß ein zu messendes (ggf. von einem Sensor aufgenommenes) Signal vorliegt und dieses dann angezeigt bzw. ausgewertet wird. Die Auswertung übernahm dabei ein Rechner, der über Analog-Digital-Umsetzer (ADU) mit den anderen Gliedern der Meßkette verbunden war.

Dabei wurde jedoch nicht in Betracht gezogen, ob der Rechner die Daten direkt verarbeitet, so wie sie anfallen, also in Echtzeit. Dieser Betrieb, auch als *on-line*-Betrieb bezeichnet, ist in **Bild 23.1a** nochmals skizziert (und war in den oben erwähnten beiden Abbildungen ebenfalls unterstellt gewesen). Man kann die Meßdaten jedoch auch zunächst in einen Speicher übernehmen und zu einem späteren Zeitpunkt in beliebiger Zeitfolge

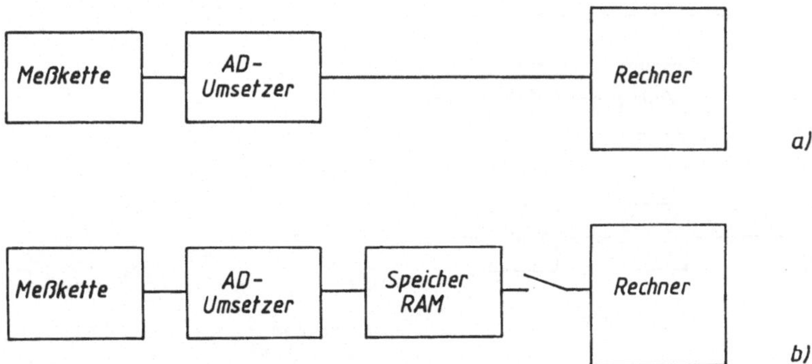

Bild 23.1 Grundkonfigurationen von Meßhardware
a) für Online-Betrieb (Echtzeit)   b) für Offline-Betrieb

(Zeitdehnung, Zeitraffung) den Speicherinhalt vom Rechner abarbeiten lassen. Dies ist der *off-line*-Betrieb nach **Bild 23.1b**. Eine ähnliche Konfiguration hatten wir bereits beim Speicheroszilloskop (vgl. 6.5.3) kennengelernt, nur war hier noch ein DA-Umsetzer nötig, weil das Oszilloskop analoge Signale verlangt.

Der Hardware-Block zum Off-line-Betrieb kann als autonomes Gerät arbeiten: es werden Daten aufgenommen und abgespeichert. Das kann für mehrere Meßgrößen (eines Prozesses etwa) parallel erfolgen, samt Abspeicherung von Datum, Uhrzeit, Kanalnummer u. a. m. Ein solches Gerät wird als *Daten-Logger* bezeichnet, in einfacherer Ausführung kann es auch unter der Bezeichnung Daten-Sammler (*data-collection*) laufen. Es ist dabei ohne Belang, ob mehrere Meßkanäle parallel erfaßt und deren Daten in eigenen Speichern (oder Speicherbereichen) abgelegt werden, wie dies **Bild 23.2a** zeigt, oder ob die einzelnen Meßkanäle entsprechend **Bild 23.2b** zeitlich nacheinander abgetastet und abgespeichert werden. Die dann nötigen Umschalter werden als Multiplexer (MUX) bezeichnet und sind heute fast ausschließlich als elektronische CMOS-Schalter realisiert. Dargestellt ist eine Anordnung, bei der mit Analog-Schaltern zeitmultiplex auf einen AD-Umsetzer gearbeitet wird. Man kann auch (vgl. Bild 23.2a) jedem Kanal einen ADU zuordnen und danach erst, mit digitalen Multiplexern, umschalten.

Zum Überwachen von Transienten werden Off-line-Anordnungen häufig eingesetzt, man spricht dann von Transientenspeichern oder -recordern. Vgl. dazu auch 6.5.3 Transienten-überwachung.

Der Personal-Computer PC hat so viel Rechenleistung, daß er die Meßwertverarbeitung übernehmen kann. Im einfachsten Falle wird er nach **Bild 23.3** mit einer Interface-Karte ausgerüstet, die mit DA- und AD-Umsetzern bestückt ist. Über den AD-Umsetzer können im Multiplexverfahren mehrere analoge Meßsignale in den Rechner übernommen werden; mit den DA-Umsetzern kann der PC analoge Signale nach außen abgeben und so Meß-vorgänge steuern. Meistens sind auch noch digitale Ein- und Ausgänge vorgesehen, so daß der PC zum universellen Meßgerät wird.

Seine Software übernimmt nicht nur die (evtl. rechnerische) Aufbereitung der Meß-daten, sondern auch deren Anzeige- bzw. Ausgabe in Form von Ziffern, Tabellen, Kurven-

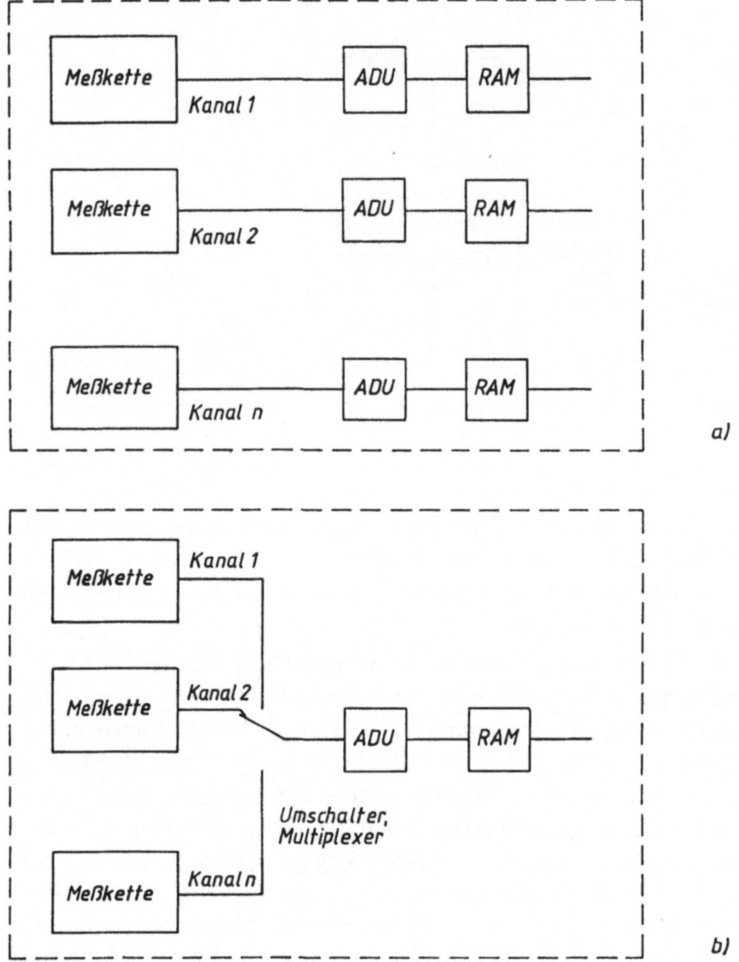

Bild 23.2 Zum Daten-Logger/data-collection
a) Parallelbetrieb
b) zeitmultiplexer Betrieb

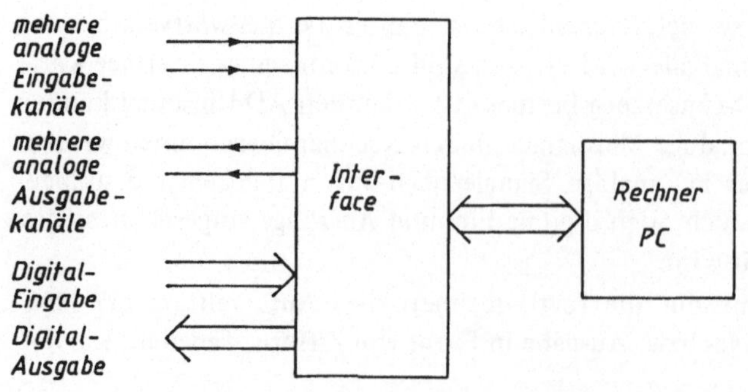

Bild 23.3
Der Personal-Computer PC mit
Interface-Karte als Meßgerät

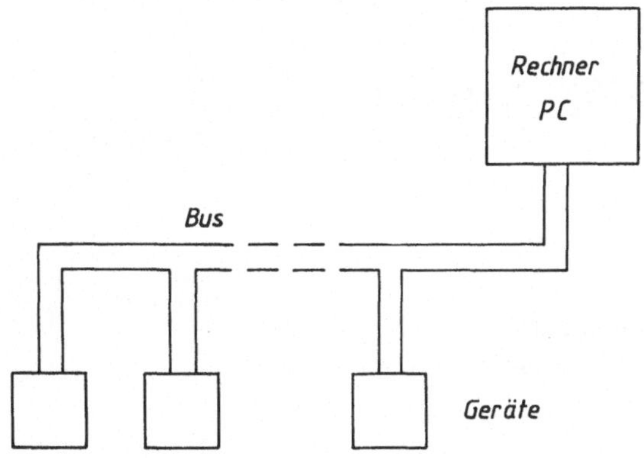

Bild 23.4

Ein PC als Steuerrechner arbeitet über Bus
auf verschiedene (Meß-) Geräte

zügen und anderen grafischen Darstellungen, sowie das Abspeichern (z. B. auf Diskette
oder Festplatte). Die Software ermöglicht es, Auszüge aus Meßdateien in vergrößertem
Maßstab (Zoom) darzustellen oder mehrere Meßkanäle parallel als kleinere Bildchen auf
dem Bildschirm anzuzeigen. Mit einem Cursor können Grafiken abgetastet, die Koordinaten der Abtaststellen wiederum direkt numerisch ausgewertet und ausgegeben werden.
Es gibt eine ungeahnte Fülle von Möglichkeiten dieser Art.

Die genannten Fähigkeiten legen es nahe, den PC mit dem Speicheroszilloskop zu verknüpfen. Denn Signale, die im RAM des Speicher-Scope abgelegt sind, können in den
Rechner übernommen und per Software ausgewertet und dargestellt werden.

Von hier aus ist es nur ein kleiner Schritt, den PC mit einer ganzen Reihe von Meßgeräten
korrespondieren zu lassen, mit Netzgeräten, Generatoren, Frequenzzählern, Meßbrücken,
Multimetern usw. Als Verbindungsmedium dient eine Art Daten-Sammelschiene, der
Daten-Bus. Weitverbreitet ist der IEC-Bus (Normschnittstelle nach IEEE 488), welcher
8 Bit für Daten, 5 Bit für Steuerbefehle und 3 Bit für Quittungsbefehle (*handshake*)
vorsieht. Die einzelnen Geräte können vom Rechner angesprochen werden bzw. sich
ihrerseits beim Rechner melden. **Bild 23.4** zeigt die Struktur.

Busfähige Meßgeräte gibt es in zwei Versionen. Die eine Gruppe besitzt wie üblich eine
Frontplatte mit Einstell- und Anzeigeelementen; solche Geräte können auch autonom
als Standardgeräte arbeiten. Die andere Gruppe ist nicht mehr für direktes Handhaben
vorgesehen, hat keinerlei Einstell- und Anzeigemöglichkeiten auf der Frontplatte und
wird ausschließlich über den Rechner angesprochen, der mit seinem Bildschirm das
zentrale Meßgerät bzw. die zentrale Meßanlage darstellt.

23.1.2 Signalabtastung

Jeder AD-Wandler benötigt eine gewisse Zeit, um das analoge Eingangssignal in ein
digitales Ausgangswort umzusetzen. Während der Wandlungszeit (*conversion time*)
sollte jedoch dieses Eingangssignal konstant bleiben. Deswegen wird vor AD-Umsetzer
meist ein Abtast-Halte-Verstärker (*sample and hold*, S + H) geschaltet. Es handelt sich
um einen analogen Speicher, bei welchem der Augenblickwert der Signalspannung auf
einem Kondensator abgelegt wird.

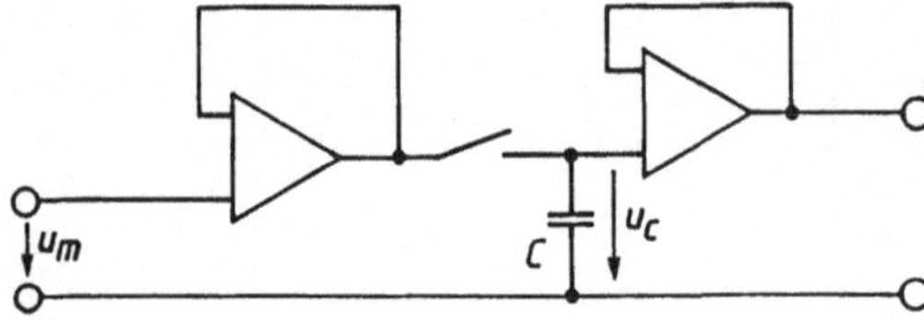

Bild 23.5

Grundschaltung für einen Sample + Hold-Verstärker

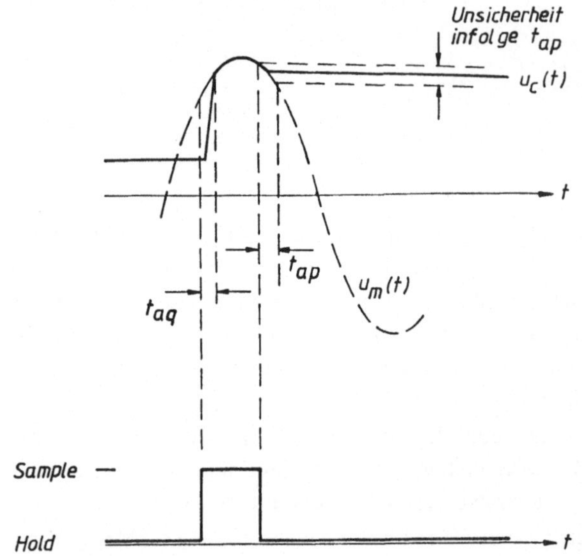

Bild 23.6

Kenngrößen beim Sample + Hold-Verfahren

Eine einfache Prinzipschaltung ist in **Bild 23.5** dargestellt. Die Signalspannung u_m wird zunächst von einem Pufferverstärker sehr niederohmig gemacht und somit nicht belastet. Denn wenn der Schalter S schließt, fließt ein Ladestrom in den Kondensator C, bis dessen Spannung mit $u_c = u_m$ der Meßspannung folgt. Die Einstellzeit t_{aq} (*aquisition time*) wird von der Größe C, dem Durchgangswiderstand des geschlossenen Schalters und dem Ausgangsinnenwiderstand des Puffers bestimmt und ist klein. Wird vom Zustand „Abtasten" auf „Halten" umgeschaltet, dann dauert auch dies eine gewisse Zeit, die *Apertur-* oder Öffnungszeit t_{ap} (*aperture time*). Weil man wegen dieser Zeit nicht exakt bestimmen kann, welcher Wert der Signalspannung u_m (t) nun wirklich gespeichert wurde, ist sie ein Maß für die daraus folgende Unsicherheit, wie dies **Bild 23.6** darstellt.

Nach dem Umschalten vom Abtasten zum Halten entlädt sich der Kondensator, wenn auch nur wenig, über den hohen Eingangswiderstand des zweiten Pufferverstärkers. Die Schalter sind elektronische CMOS-Schalter. Beim Verfahren Sample and Hold wird sehr kurz abgetastet, beim Verfahren *track and hold* wird die Kondensatorspannung u_c der Meßspannung u_m eine gewisse Zeit nachgeführt, die Speicherung erfolgt mit dem Umschalten vom Nachführen (track) auf Speichern (hold).

Bei der Schaltung nach Bild 23.5 ist von Nachteil, daß sich die Offsetfehler der beiden Pufferverstärker voll auswirken können. Durch die in **Bild 23.7** gezeigte Rückführung

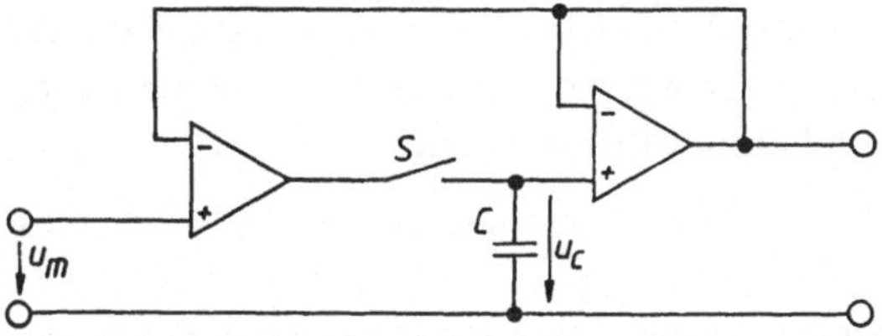

Bild 23.7
Eine verbesserte Sample + Hold-Schaltung

wird dieser Einfluß verringert. Insgesamt ist der Entwurf von S + H-Schaltungen ein umfangreiches und sehr komplexes Gebiet, weswegen wir hier nicht weiter eindringen wollen. Für den Anwender ist es wichtig, über die grundsätzliche Wirkungsweise und die wesentlichen Kenngrößen Bescheid zu wissen. Abschließend sei noch einmal darauf hingewiesen, daß bei der Abtastung die Bedingungen des Abtasttheorems (vgl. 6.5.3) einzuhalten sind.

23.2 Linearisierung

23.2.1 Zum Prinzip

Normalerweise sind Meßkettenglieder mit linearer Übertragungsfunktion erwünscht. Wir haben aber schon feststellen müssen, daß nicht alle Sensoren einen linearen Zusammenhang zwischen gemessener Größe und elektrischem Ausgangssignal liefern, z. B. beim Spreading-Resistance-Temperatursensor von Abschnitt 18.5. Dort hatten wir auch gesehen, wie in diesem Sonderfall (eines Widerstandsaufnehmers) durch einfache Parallelschaltung eines Widerstandes ein guter Linearisierungseffekt erreicht wird. Ebenso ist uns bekannt, daß es Meßverfahren mit nichtlinearem Zusammenhang gibt, etwa rückgeführte, integrierende AD-Umsetzer. Deren Eigenschaft zu radizieren hatten wir schon benützt, um einen quadratischen Meßzusammenhang zu linearisieren.

In diesem Abschnitt steht nun das Thema der Linearisierung prinzipiell an, **Bild 23.8** macht die Situation klar: ein nichtlinearer Zusammenhang (Sensor, Verfahren, Meßkettenglied) macht aus der eigentlich zu erfassenden Größe x ein Signal $y = f(x)$. Will man die ursprüngliche Größe x wiederherstellen, dann braucht man einen Funktionsbaustein, eine Linearisierungsschaltung, welche die Kehrfunktion erzeugt, denn es gilt ja $x = f^{-1}(y)$.

Nachfolgend sollen die wichtigsten Verfahren gezeigt werden, mit denen man ganz allgemein Funktionszusammenhänge zwischen einer Eingangsgröße x und einer Ausgangsgröße

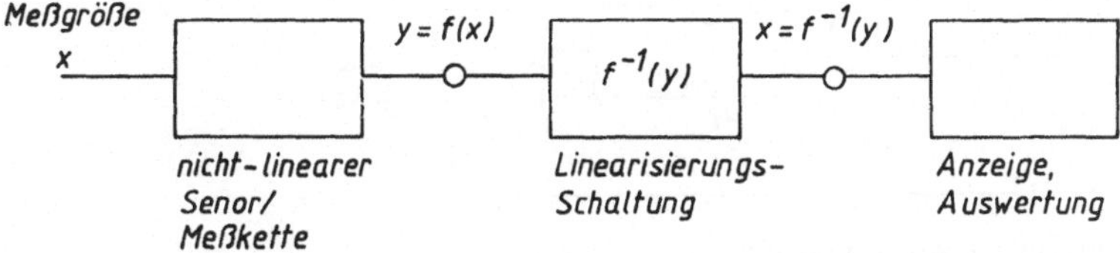

Bild 23.8 Zum Prinzip der Linearisierung

y, also y = f(x), herstellen kann. Die Größen selbst sind wie üblich Spannungen. Wird der Funktionsbaustein vor dem ADU in die Meßkette eingefügt, dann muß die Linearisierung analog erfolgen; nach dem ADU ist eine digitale Linearisierung nötig.

23.2.2 Analoge Linearisierung

In der Meßtechnik werden häufig Potenzreihen benützt, um die Abweichung eines Ist-verlaufs von der Soll-Geraden darzustellen. In der Potenzreihe

$$y = a_0 + a_1 \cdot x + a_2 \cdot x^2 + a_3 \cdot x^3$$

ist durch Offsetabgleich $a_0 = 0$ erreicht worden. Damit läßt sich aber ein Faktor x ausklammern und die Potenzreihe insgesamt als Multiplikation verschachtelter Summanden anschreiben:

$$y = x \cdot \{a_1 + x \cdot [a_2 + x \cdot (a_3 \dots)]\} \,.$$

Betrachten wir den angeschriebenen Fall einer Funktion dritten Grades, dann ist die Multiplikation der Größe x mit einer Konstanten, a_3, einfach ein Verstärker mit dem Verstärkungsfaktor $v_B = a_3$. Die Summation $a_2 + a_3 \cdot x$ erledigt ein Summierer (Summierverstärker, vgl. 5.2.3), die Multiplikation $x \cdot (a_2 + a_3 \cdot x)$ leistet jeder Multiplizierer (vgl. 5.5.1). Die Schaltung zum Realisieren der oben angegebenen Potenzreihenschreibweise ergibt sich so geradezu zwangsläufig und ist in **Bild 23.9** gezeigt.

Eine andere Möglichkeit, Funktionen darzustellen, sind vorgespannte Dioden. Eine Diode leitet dann und nur dann Strom, wenn sie positiv gepolt ist. In **Bild 23.10** sind eine Anzahl Dioden über Spannungsteiler mit der Referenzspannung U_{ref} und der Eingangsspannung U_e verbunden. Je nach Bemessung des Teilers R_{11}, R_{12} und der Spannung U_{ref} wird das Potential von Punkt (1) größer als Null, Diode D_1 beginnt einen Strom I_1 zu ziehen. Dieser wird vom Summierverstärker aufgenommen und in eine Ausgangsspannung U_a umgesetzt. Bei mehreren derart vorgespannten Dioden läßt sich erreichen, daß mit wachsender Eingangsspannung U_e immer wieder eine der Dioden leitend wird und die Ausgangsspannung U_a (dem Betrage nach, U_a ist beim invertierenden Verstärker ja negativ) entsprechend steiler anwachsen läßt.

Auf diese Art ist es möglich, monoton ansteigende Kurven y = f(x) durch eine Anzahl von Geradenstücken, durch einen Polygonzug, anzunähern, wie dies **Bild 23.11** prinzi-

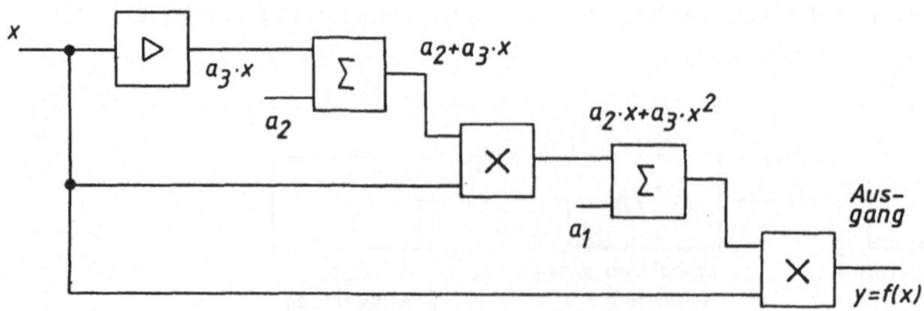

Bild 23.9 Schaltung zur Erzeugung von Potenzreihen

piell zeigt. Die Knickpunkte in x-Richtung sind durch die Widerstände R_{i1}, R_{i2} bestimmt; die Steigung ist durch den Stromzuwachs gegeben, den die Diode D_i beisteuert.

Durch Erweitern der Schaltung können Kurven mit Minima, Maxima und mit Wendepunkten in allen 4 Quadranten der x-y-Ebene angenähert werden. Der Aufwand ist zwar nicht gering, weil jedoch der Durchlaßknick von Dioden abgerundet verläuft, wird aus dem Polygon mit seinen Ecken eine gerundete Funktion, mit wenigen Knickpunkten ist schon eine gute Annäherung möglich. Das Umsetzen der Dreieckspannung eines Funktionsgenerators (vgl. 5.3.3) in eine Sinus-Ausgangsspannung geschieht sehr häufig mit Netzwerken vorgespannter Dioden und heißt dann *sine-shaper*.

An dieser Stelle sei daran erinnert, daß ein Funktionsnetzwerk in der Rückführung eines Operationsverstärkers grundsätzlich zur Kehrfunktion führt (vgl. 5.2.3 und 7.5). Nach **Bild 23.12** kann man also eine Eingangsfunktion y = f (x) umkehren, wenn in die Rückführung des Operationsverstärkers dieselbe Funktion f (x) eingefügt wird. Am Ausgang ist $x = f^{-1}(y)$ verfügbar, wie dies durch Betrachtung der Spannungen leicht erkennbar

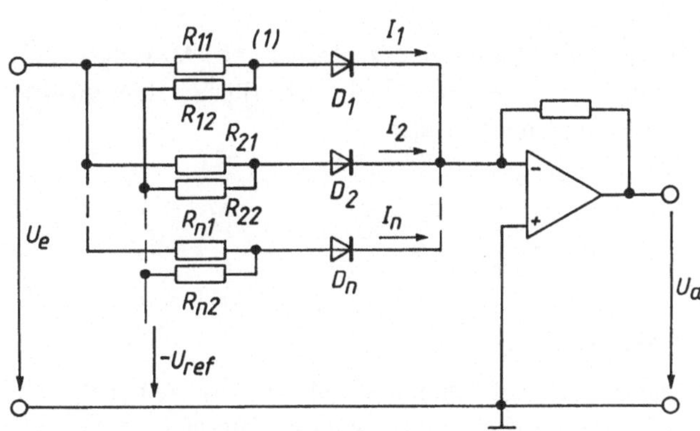

Bild 23.10

Vorgespannte Dioden und Summierverstärker

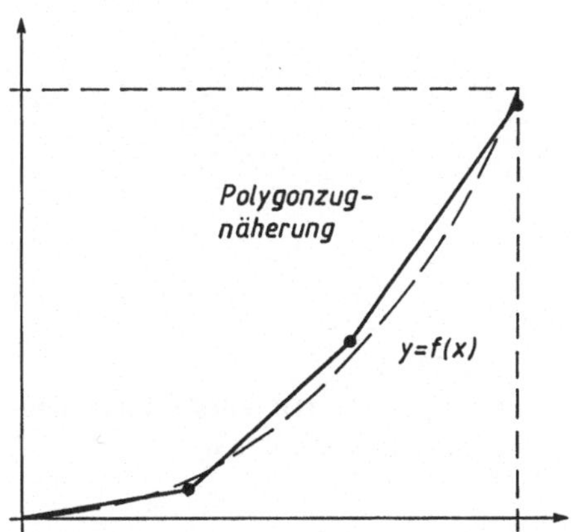

Bild 23.11 Kennlinien-Annäherung mit Polygonzug

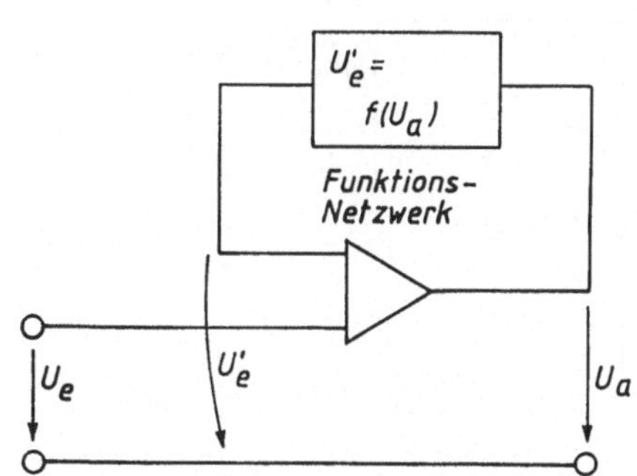

Bild 23.12 Funktionsnetzwerk in der Rückführung eines Operationsverstärkers

wird: es ist $U_e^* = f(U_a) = U_e$ bzw. somit $U_a = f^{-1}(U_e)$. Das Verfahren ist vor allem dann interessant, wenn das Erzeugen der benötigten Umkehrfunktion schwierig ist, während man die Originalfunktion schaltungstechnisch einfach gewinnen kann. Es leuchtet ein, daß die Umkehrfunktion f^{-1} eindeutig sein muß, damit die Schaltung stabil bleibt. Ob das Funktionsnetzwerk in der Rückführung über Potenzreihennetzwerke nach Bild 23.9 oder über Diodennetzwerke nach Bild 23.10 realisiert wird, ist ohne Belang.

Eine weitere Funktionsbildung ist mit integrierenden AD-Umsetzern und Rückführung möglich; auf den Sonderfall des Radizierens wurde schon in Abschnitt 20.1 hingewiesen. Nun soll anhand von **Bild 23.13** diese Eigenschaft allgemeiner untersucht werden.

Beim integrierenden AD-Umsetzer (vgl. 7.6) gilt allgemein für das Ausgangssignal A der Zusammenhang

$$A = k \cdot U_y / U_{ref}.$$

Die Referenzspannung wird aus dem Ausgangssignal A (über DA-Umsetzung) gebildet, und zwar nach

$$U_{ref} = U_0 + m \cdot A,$$

wobei m ein beliebiger Faktor, z. B. die Verstärkung des (analogisierten) Ausgangssignals A ist. Die Eingangsspannung U_y ist mit $U_y = a_1 \cdot x + a_2 \cdot x^2$ eine nichtlineare, hier quadratisch angenommene Funktion. Durch Einsetzen erhält man

$$A = k \cdot \frac{a_1 \cdot x + a_2 \cdot x^2}{U_0 + m \cdot A},$$

woraus durch Ausmultiplizieren

$$U_0 \cdot A + m \cdot A^2 = (a_1 \cdot x + a_2 \cdot x^2) \cdot k$$

folgt. Über Koeffizientenvergleich lassen sich bei bekannten Faktoren a_1, a_2 der Potenzreihe für die nichtlinear mit der Meßgröße x zusammenhängende Spannung $U_y = f(x)$ die Parameter U_0, m der Rückführschaltung ermitteln.

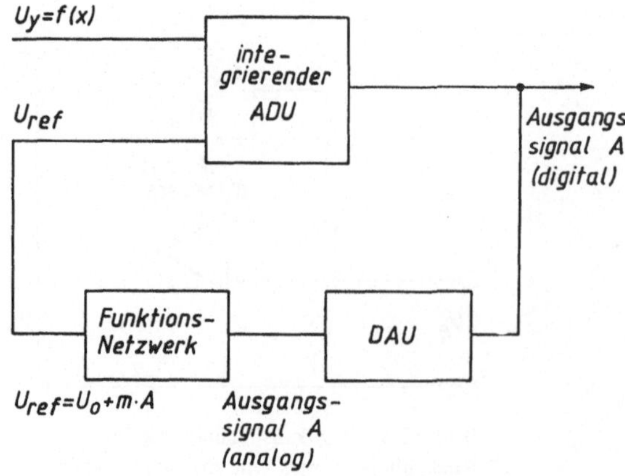

Bild 23.13

Integrierender ADU mit Funktionsnetzwerk in der Rückführung

Wird die Potenzreihe für U_y bis zur dritten Potenz getrieben und die Rückführung als quadratischer Funktionszusammenhang ausgelegt, ist wiederum Koeffizientenvergleich möglich. Allgemein ist der Grad der Funktion in der Rückführung um eine Einheit niedriger als der Grad der Potenzreihe. Ein sinnvoller Ansatz geht bis zu einem quadratischen Zusammenhang für $U_y = f(x)$.

23.2.3 Digitale Linearisierung

Zum Darstellen einer digitalen Linearisierung muß Bild 23.8 nur ein wenig modifiziert werden: nach einer nichtlinearen Meßkette, welche statt dem eigentlichen Meßwert x den unerwünschten Funktionszusammenhang $y = f(x)$ liefert, folgt ein Analog-Digital-Umsetzer ADU, dann ein Festwertspeicher. Dieser kann unveränderbar sein (ROM, _read only memory_), es kann aber auch eine programmierbare Type (EPROM, _eraseable programmable read only memory_) verwendet werden. Das digitale Ausgangswort des ADU, welches ja der Funktion $f(x)$ in digitaler Form entspricht, wird als Adresse auf den Festwertspeicher gegeben. In den jeweiligen Zellen sind die Werte der Kehrfunktion f^{-1} abgelegt, so daß Funktion und Kehrfunktion sich aufheben und nach dem ROM/EPROM der Meßwert x unverfälscht verfügbar ist, wie dies **Bild 23.14** darstellt. Ein solches ROM/EPROM arbeitete wie ein Lexikon: unter dem „Stichwort" der Funktion $f(x)$ für einen Meßwert x ist der korrigierende Wert $f^{-1}(x)$ abgelegt, zugeordnet. Man bezeichnet derart eingesetzte Festwertspeicher häufig als Zuordner.

Der Speicherbedarf kann einfach abgeschätzt werden. Die Angabe für einen Digitalspeicher erfolgt üblicherweise in Anzahl der Speicherzellen $\times$ Inhalt jeder Zelle. Liefert der ADU ein binäres Ausgangswort mit n Bit, so sind 2^n Zellen nötig, von denen jede wiederum n Bit Inhalt haben muß, um den Kehrwert f^{-1} in derselben Auflösung zu speichern, welche der ADU besitzt. Mithin ist ein ROM/EPROM mit einem Speicherplatz von $2^n \times n$ Bit einzusetzen.

Ist das Ausgangswort des ADU nicht dual organisiert, sondern in BCD (_binarycoded decimal_), dann erfolgt die Abschätzung anders: bei einer Auflösung von p Zehnerpotenzen, auch „Digit" genannt, werden 10^p Werte unterschieden und sind somit 10^p Speicherzellen nötig. Um eine Zehnerpotenz digital darzustellen, braucht man 4 Bit; jede der Speicherzellen muß also $4 \cdot p$ Bit aufnehmen können, der gesamte Speicherinhalt des ROM/EPROM beläuft sich auf $10^p \times 4 \cdot p$ Bit.

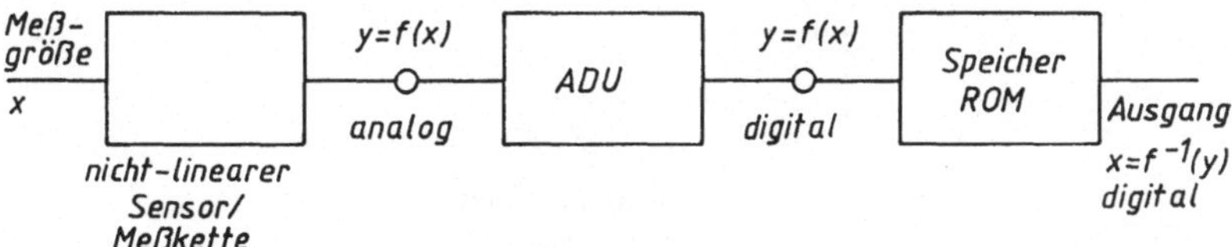

Bild 23.14 Digitale Linearisierung mit ROM/EPROM

Beispiel 23-1

Bei einer Auflösung von 8 Bit, was einfachen Ansprüchen der Betriebsmeßtechnik entspricht, werden $2^8 = 256$ Werte unterschieden (das entspricht $100/256 \approx 0,4\,\%$). Der benötigte Speicher muß folglich mit 256 X 8 Bit oder 256 X 1 Byte organisiert sein, weil 8 Bit als 1 Byte bezeichnet werden.

Bei einer Auflösung von 12 Bit (guter Standard, $2^{12} = 4096$ Werte, was $100/4096 \approx 0,02\,\%$ entspricht) ist eine Organisation von 4096 X 12 Bit nötig. Da es keine Speicher mit 12 Bit je Zelleninhalt gibt, muß man 3 Speicher zu je 4096 X 4 Bit „parallel" legen.

Bei einer dezimalen Auflösung mit 4 Digit sind 10^4 Werte ($0,01\,\%$) abzulegen. Der Speicherbedarf wäre 10 000 X 4 · 4 Bit, also 10 000 X 2 Byte.

Eine Art Sonderfall stellt der ADU mit DAU in der Rückführung eines Operationsverstärkers dar, wie er in 7.5 besprochen wurde. Zwischen Zähler und DAU von Bild 7.7 kann ein ROM/EPROM eingefügt werden, das den der Funktion f (x) entsprechenden Zählerstand korrigiert. Da jedoch der DAU in der Rückführung des Verstärkers liegt und somit daraus schon der Effekt der Kehrfunktion gegeben ist, enthält das ROM/EPROM nicht die Kehrfunktion f^{-1}, sondern die Originalfunktion f, wie dies **Bild 23.15** zeigt. die Abschätzung des Speicherbedarfs bleibt unverändert.

Selbstverständlich kann die Linearisierung auch im Rechner erfolgen. Bei den in Abschnitt 23.1.1 beschriebenen Hardware-Konfigurationen werden die vom ADU digitalisierten Meßwerte in den Rechner übernommen. Sind sie nicht das lineare Abbild des Meßwerts x, sondern durch irgendwelche Nichtlinearitäten erzeugte Daten y = f(x), dann kann der Rechner per Software die Linearisierung erledigen. So kann etwa in seinem Arbeitsspeicher die Kehrfunktion f^{-1} abgelegt sein, so daß dieselbe Linearisierung erfolgt, wie sie Bild 23.14 beschrieben hat. Mit dem Rechner ist es darüber hinaus möglich, auch rechnerisch zur Kehrfunktion zu kommen, wenn die Funktion y = f (x) analytisch bekannt ist oder wenn geeignete Algorithmen zur (näherungsweisen) Berechnung bekannt sind.

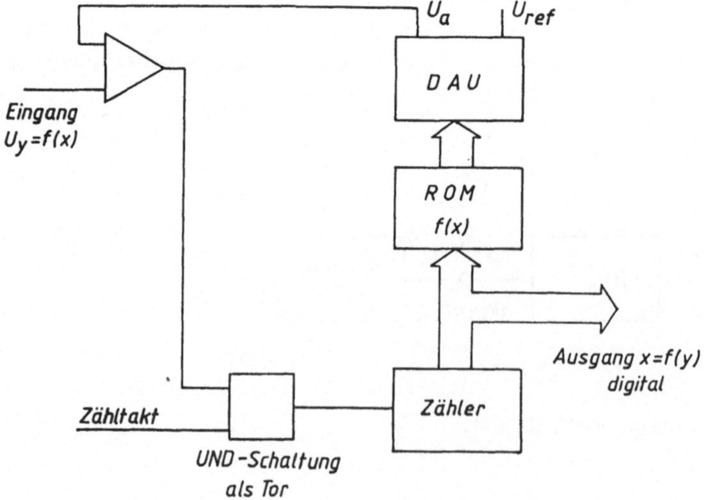

Bild 23.15 Digitale Linearisierung in der Rückführung eines Operationsverstärkers

23.3 Glättung und Filterung

Meßwerte stellen meist den Zusammenhang zwischen zwei (oder auch mehreren) Größen dar, sei es in der Form $y = f(x)$ oder als Zeitabhängigkeit $y = f(t)$. Die Funktion ist nicht lückenlos gemessen, sondern mit einzelnen Stützstellen x_i, y_i, die ihrerseits wieder fehlerbehaftet und ggf. von Störungen überlagert sind. Aus diesen Meßdaten sollen brauchbare Aussagen ableitbar sein.

Zunächst ist eine übersichtliche, eingängige Darstellung von Zusammenhängen der Form $y = f(x)$ erwünscht, z.B. als Liniendiagramm. Liegt eine solche Darstellung vor, dann kann graphisch zwischen zwei Stützpunkten interpoliert werden. Noch angenehmer wäre es, wenn aus den gemessenen Werten eine analytische Beschreibung der Funktion $y = f(x)$ gewonnen werden könnte, für die Meßreihe insgesamt oder auch nur stückweise; dann wäre eine rechnerische Interpolation, evtl. auch Extrapolation sowie eine weitere mathematische Verarbeitung möglich.

Meßwerte sind grundsätzlich fehlerbehaftet und häufig von periodischen oder sporadischen Störgrößen überlagert. Deswegen wird bei der Darstellung und Interpolation von Meßdaten verlangt, daß diese Störungen eliminiert werden. Die Darstellung (graphisch und/oder analytisch) soll mit einem glatten, einfachen Verlauf den gemessenen Zusammenhang möglichst richtig darstellen. Dabei muß unterschieden werden, ob ein bestimmter Zusammenhang $y = f(x)$ vermutet bzw. erwartet wird, oder ob der Zusammenhang in seinem Verlauf unbekannt war und erst aus der Messung abzuleiten ist.

Dieses ganze Feld der Bearbeitung von Meßwerten kann man aufteilen in die Methoden zur Darstellung und Interpolation von gemessenen Daten, zu Ausgleich und Glättung und zur Filterung. Filterverfahren dienen nicht nur der Glättung, sondern sollen ganz allgemein unerwünschte Frequenzanteile eliminieren, z.B. um den Aliasing-Effekt zu vermeiden.

23.3.1 Darstellung und Interpolation

Verbindet man die bekannten oder angenommenen Stützstellen x_i, y_i durch Geraden, dann ist auf den Geradenstücken eine lineare Interpolation möglich: die Darstellung läßt Aussagen über Werte y auch an nicht durch Messung erfaßten Stellen x zu, und zwar rein zeichnerisch wie auch rechnerisch. Dies ist das uns schon bekannte Verfahren der Eich- und Fehlerkurven (vgl. 2.1.1). Eine Extrapolation über die Stützstellen hinaus ist möglich, aber unsicher.

Um eine bessere, optimale Kurve zu gewinnen, kann man ein Polynom n-ten Grades durch $n + 1$ bekannte Stützstellen legen. Dann wird die gesamte Meßreihe durch eine einzige mathematische Funktion beschrieben, was Interpolation und weitere rechnerische Verarbeitung möglich macht. Eine Glättung wird dadurch nicht erreicht. Vor allem Extrapolation ist bei solchen Funktionen höheren Grades sehr kritisch, weil deren weiterer Verlauf nicht abschätzbar ist.

Eine recht gute Interpolation zwischen gemessenen Stützpunkten liefern die *Spline*-Funktionen. Von den verschiedenen Arten sollen hier nur kurz die normalen, kubischen Splines genannt werden. Bei ihnen wird zwischen je zwei benachbarte Stützpunkte x_i, y_i und x_{i+1}, y_{i+1} eine kubische Parabel der Form $y = a \cdot x^3 + b \cdot x^2 + c \cdot x + d$ eingefügt.

Durch die Punktprobe in den beiden verwendeten Stützpunkten sind zwei Freiheitsgrade vergeben. Die restlichen beiden Freiheitsgrade werden belegt, indem man in den Stützpunkten die erste sowie die zweite Ableitung der Parabel (also Steigung und Krümmung) mit denjenigen der in den links und rechts anschließenden Intervallen verwendeten Parabeln gleichmacht. Aus diesen Bedingungen ergibt sich ein Satz von Gleichungen, aus deren Lösungen die gesuchten Parameter der einzelnen Spline-Funktionen zwischen je zwei Stützpunkten berechenbar sind.

Diese Vorgehensweise liefert zwischen je zwei Stützpunkten eine analytisch angebbare Funktion. Der Übergang in den Stützpunkten erfolgt ohne Knick. Lediglich der erste und der letzte der Meßwerte (gleich Stützpunkte) werfen ein Problem auf: es fehlen ja Nachbar-Intervalle. Man kann deswegen an den Enden des gemessenen Bereichs sinnvolle Randbedingungen einführen. Normale Splines gehen durch alle Stützpunkte und tragen ebenfalls nicht zur Glättung bei. Eine numerische Interpolation ist möglich, Extrapolation je nach den am Rand gesetzten Bedingungen möglich, aber nicht unkritisch. Bei Splines müssen die Stützpunkte nicht gleichabständig sein. Splines sind also, grob gesagt, ein numerisches, auf den Computer angepaßtes Kurvenlineal.

Bei Ausgleichssplines kann man jedem Stützpunkt, also Meßwert, eine Gewichtung geben. Sie hängt davon ab, wie sicher der betreffende Meßwert gewonnen wurde bzw. wie gut er im erwarteten Zusammenhang liegt. Ausgleichssplines gehen nicht durch alle Punkte und

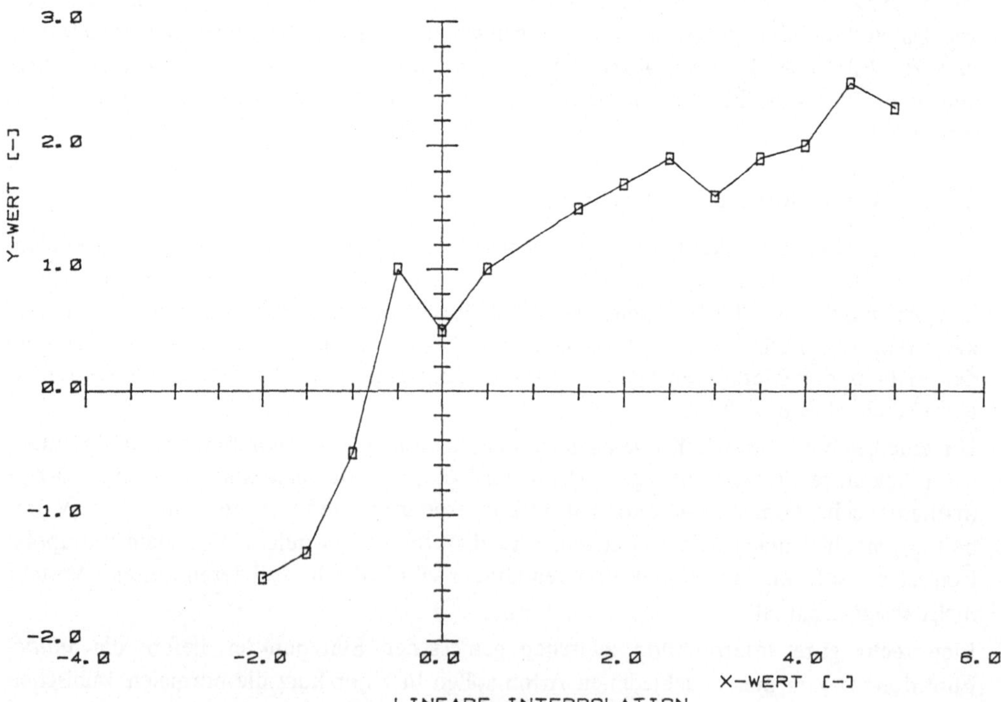

Bild 23.16 Einige Meßpunkte (P_1 ... P_{14}) mit geradliniger Verbindung

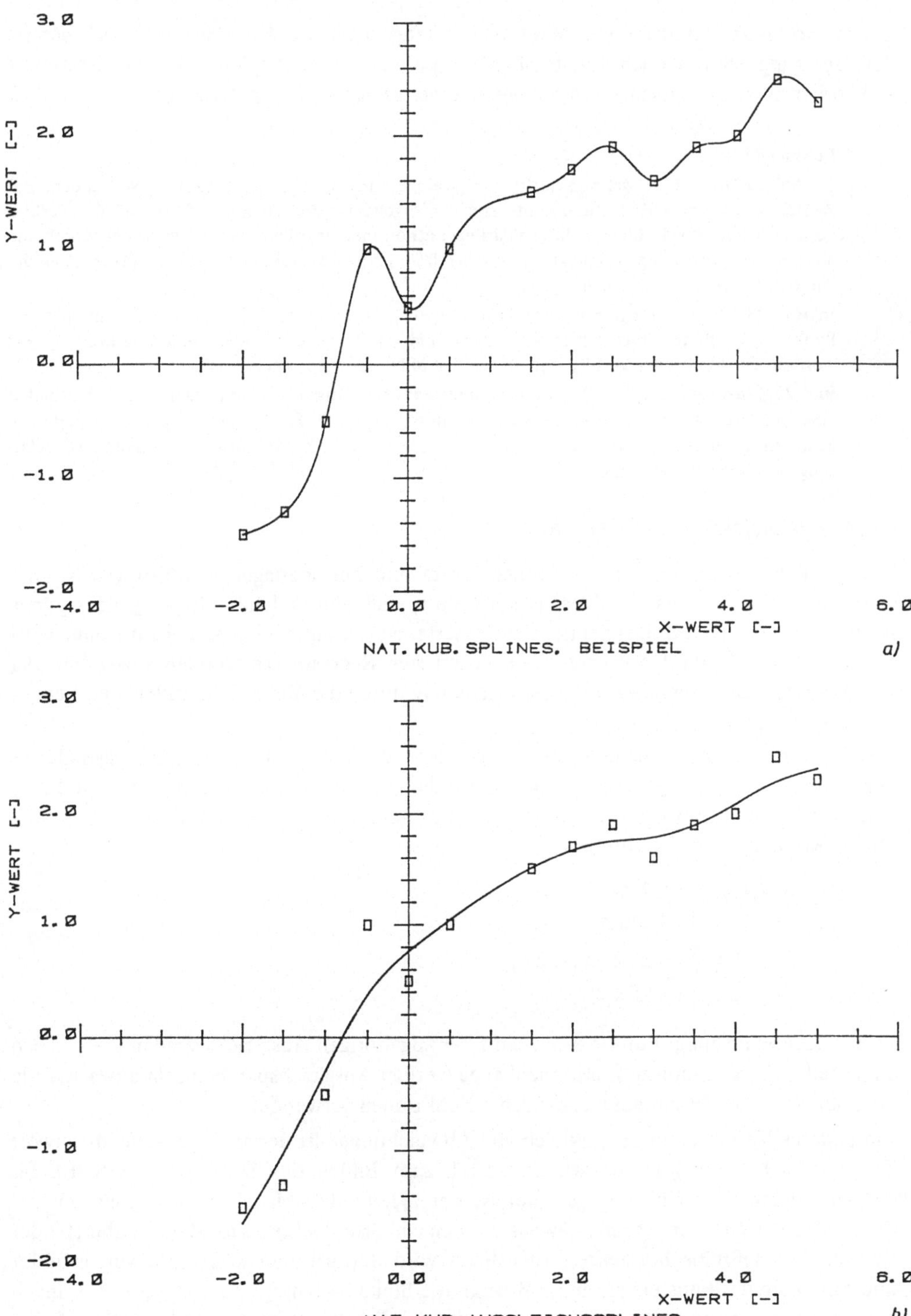

Bild 23.17 Die Meßpunkte von Bild 23.16, dargestellt mit
a) natürlichen kubischen Splines   b) Ausgleichssplines

können somit zur Glättung von Meßreihen herangezogen werden. Dies ist jedoch bereits der Übergang vom Bereich Darstellung/Interpolation zum Bereich Glättung. Deswegen soll vorher noch die Wirkung von Splines an einem Beispiel gezeigt werden:

Beispiel 23-2

In **Bild 23.16** sind 14 Meßpunkte P_1 ... P_{14} eingetragen und jeweils geradlinig verbunden. Für Zwischenwerte in x-Richtung könnte also der zugehörige Zwischenwert für y auf den Verbindungsgeraden durch lineare Interpolation entnommen werden. Der Verlauf der durch die Meßpunkte gebildeten Funktion $y = f(x)$ läßt keinen geläufigen Zusammenhang (Gerade, Parabel, Sinus o. ä.) erkennen.

In **Bild 23.17a** wurden durch diese Punkte natürliche kubische Splines gelegt. Somit sind alle Punkte als gültige Stützpunkte verwendet und ist durch sie eine Schmierungskurve gelegt worden. Die Punkte P_4 und P_5 sind als relative Maxima/Minima geblieben.

Bild 23.17b zeigt dieselben Meßpunkte, jetzt aber mit Ausgleichssplines dargestellt. Sie bilden eine mittlere Kurve, die relativen Maxima/Minima wie z. B. P_4, P_5 werden gar nicht mehr angefahren, sondern als Ausreißer, als abseits einer mittleren Kurve liegend, behandelt. Die Glättungswirkung ist offenkundig.

23.3.2 Ausgleich und Glättung

Vor allem bei Streuung der gemessenen Werte und bei überlagerten Störungen ist eine Glättung erwünscht. Es wurde schon erwähnt, daß eine solche mit Ausgleichssplines möglich ist. Ist die Funktion $f(x)$ des gemessenen Zusammenhangs bekannt oder wird ein bestimmter Verlauf erwartet, dann lassen sich Regressionsmethoden anwenden. Bei ihnen werden die Parameter der Ausgleichskurve durch die Methode der kleinsten Fehlerquadrate bestimmt.

Das bekannteste und am häufigsten eingesetzte Verfahren ist die Ausgleichsgerade; es wurden n Werte x_i, y_i gemessen, man weiß (oder vermutet), daß die zugehörige Funktion eine Gerade der Form $y = a \cdot x + b$ ist. Dann bestimmen sich die beiden Koeffizienten dieser Funktion aus den Gleichungen

$$a = \frac{n \cdot \Sigma (x_i \cdot y_i) - \Sigma x_i \cdot \Sigma y_i}{n \cdot \Sigma (x_i^2) - [\Sigma x_i]^2}$$

$$b = \frac{\Sigma y_i \cdot \Sigma (x_i^2) - \Sigma (x_i \cdot y_i) \cdot \Sigma x_i}{n \cdot \Sigma (x_i^2) - [\Sigma x_i]^2}$$

In **Bild 23.18** sind einige Punkte x_i, y_i samt der zugehörigen Ausgleichsgeraden $y = a \cdot x + b$ dargestellt. Für gekrümmte Zusammenhänge werden Ausgleichsparabeln, für anwachsende oder abnehmende Zusammenhänge auch e-Funktionen verwendet.

Ein anderes Verfahren zum Ausgleich von Abweichungen ist der arithmetische Mittelwert $\bar{x} = (x_1 + x_2 + ... + x_n)/n$, den wir aus 2.1.1 zum Bilden des Sollwerts ($\bar{x} \to$ SOLL für $n \to \infty$) kennen. Zur Glättung geeignet ist der „gleitende" Mittelwert (bei gleichabständigen Meßwerten). Es werden jeweils m benachbarte Meßpunkte als Ausschnitt oder Fenster der Meßreihe betrachtet. Aus ihnen wird der arithmetische Mittelwert gebildet und innerhalb des Fensters als neuer Wert an die Stelle $i = [(m-1)/2 + 1]$ gesetzt. Danach wird das Fenster um einen Meßwert versetzt und dieselbe Prozedur durchgeführt. Dabei gibt es wieder Probleme am Anfang und Ende der vorhandenen Stützpunkte: hier werden

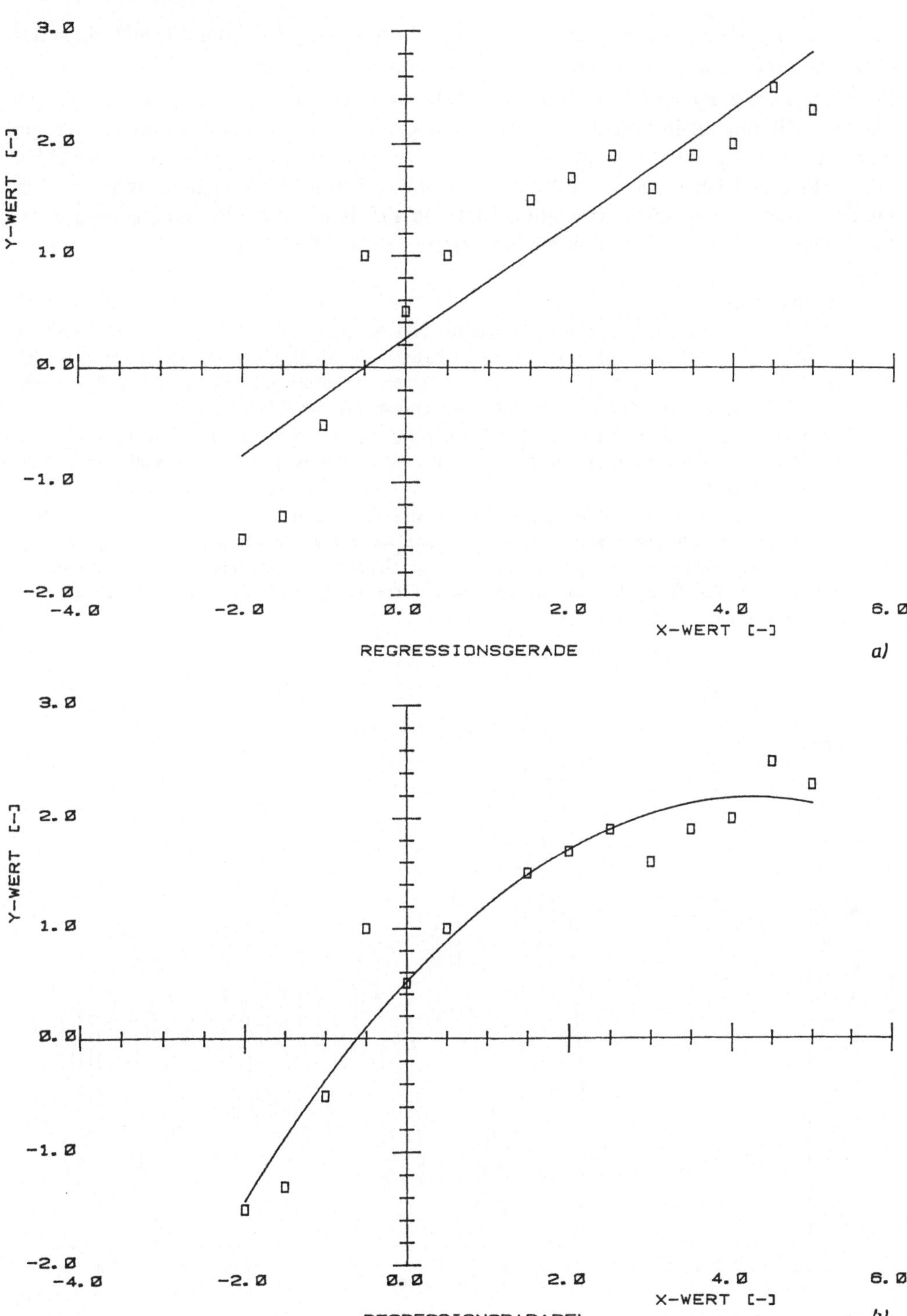

Bild 23.18 Die Meßwerte von Bild 23.16

a) mit Ausgleichsgerade   b) mit Ausgleichsparabel

die ersten und letzten $(m-1)/2$ Punkte verfälscht, weil man Zusatzpunkte außerhalb der Meßreihe annehmen muß, um die Mittelwertbildung durchzuführen.

Bei allen bislang genannten Verfahren muß die Messung abgeschlossen gewesen sein. Es handelt sich um off-line-Meßdaten, weswegen grundsätzlich schon bekannt ist, welche Werte x_{i+1}, y_{i+1} auf den Meßpunkt x_i, y_i folgen werden. Somit tritt — im Unterschied zur nachfolgend besprochenen Filterung — keine (zeitliche) Verschiebung zwischen den Originalpunkten und der Interpolation/Glättung auf. Bevor auf Filter eingegangen wird, soll ein weiteres Beispiel das Anliegen der Glättung verdeutlichen.

Beispiel 23-3

Zunächst soll nochmals auf die Meßpunkte von Beispiel 12-2, Bild 23.16, zurückgegriffen werden. Durch diese Punkte ist in **Bild 23.18a** eine Ausgleichsgerade (Regressionsgerade) gezogen worden. Bezogen auf diese Gerade streuen die ersten 6 Meßwerte (P_1 ... P_6) erheblich, während sich die anderen Werte sehr wohl entlang der Geraden befinden.

Ähnlich ist die in **Bild 23.18b** gezeigte Regressionsparabel durch die 14 Punkte zu beurteilen. P_4 ist ein Ausreißer, auch die Punkte P_{10} ... P_{14} liegen abseits, gruppieren sich aber doch noch um die Ausgleichsparabel.

Mit der Behandlung der 14 Meßpunkte aus Beispiel 23-2, Bild 23.16, wird deutlich: der Meßtechniker muß sehr genau wissen, was er will und was er darf. Wird ein linearer oder quadratischer Zusammenhang erwartet, dann wären die Glättungen nach Bild 23.18a, b zulässig; es müßte aber geprüft werden, ob die einzelnen Werte nicht doch zu weit vom erwarteten Verlauf abweichen.

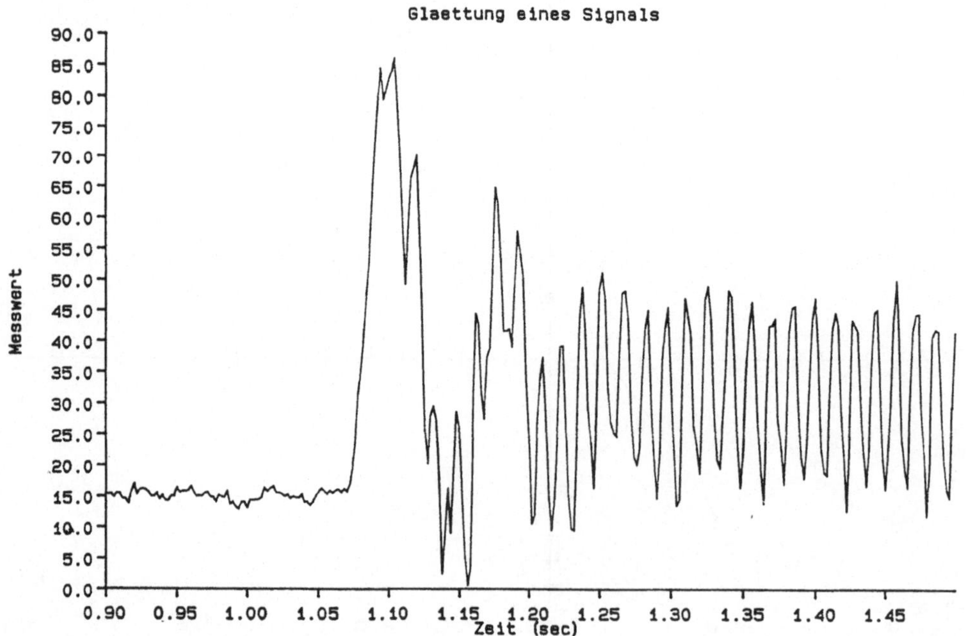

Bild 23.19 Ein Meßverlauf mit überlagerten Schwingungen

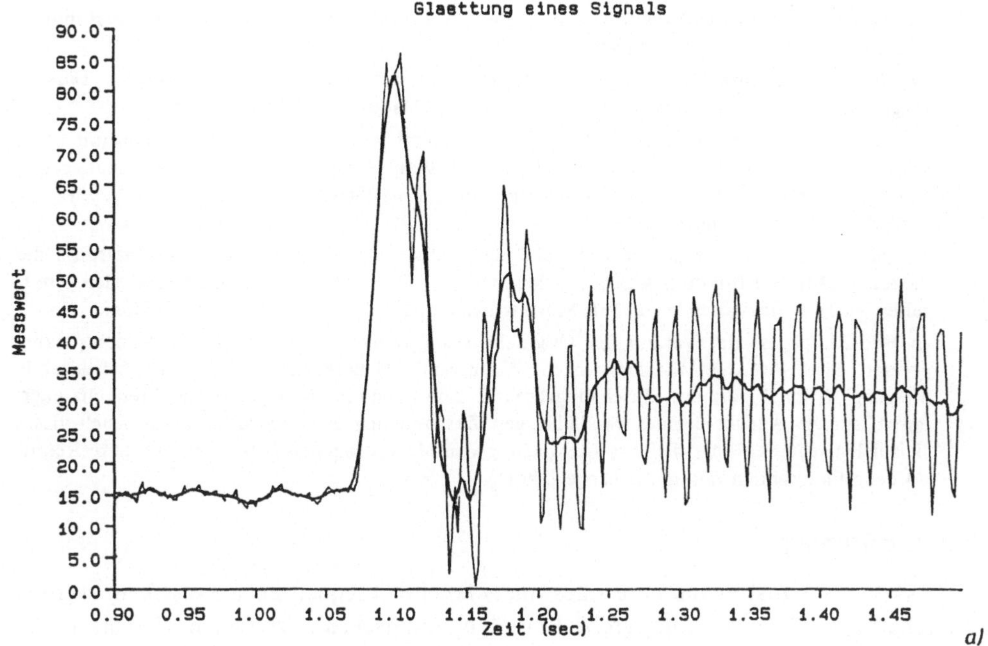

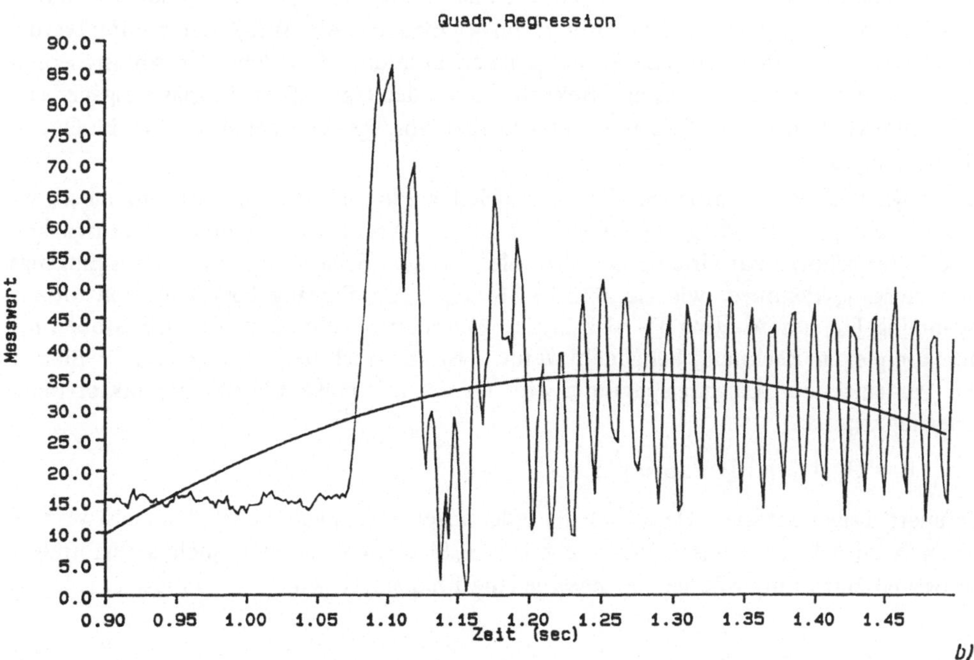

Bild 23.20 Zur Glättung des Verlaufs von Bild 23.19

a) über geeignet gewählten gleitenden Mittelwert   b) über (hier ungeeignete) Ausgleichsparabel

Ist jedoch der Zusammenhang offen, so werden die Darstellungen durch geradlinige Verbindung oder mit Splines „richtigere" Auswertungen liefern.

Die Behandlung eines Stoßvorgangs mit überlagerten Schwingungen soll das Problem Darstellung/Glättung noch einmal unter etwas anderen Gesichtspunkten deutlich machen.

Bild 23.19 zeigt einen gemessenen Vorgang. Es handelt sich um einen Impulsverlauf mit Überschwinger, dann rascher Beruhigung und anschließend ruhigem Verlauf. Wegen überlagerter Störschwingingen ist dies jedoch kaum erkennbar. Eine Glättung, vor allem eine Beseitigung der Schwingungen, ist nötig.

Da die unerwünscht überlagerte Frequenz bestimmbar ist, kann man die Fensterbreite für die gleitende Mittelwertbildung geeignet wählen. **Bild 23.20a** zeigt den originalen sowie den gemittelten Verlauf. Die störende (und als Störung bekannte) Schwingung ist verschwunden.

In **Bild 23.20b** ist der Verlauf der Originalmessung sowie eine zugehörige Ausgleichsparabel gezeigt. Diese Art der Mittelung macht das gesamte Meßergebnis zunichte. Die vorliegende Messung ist im Prinzip ein Einschwingvorgang, dem noch eine (unerwünschte) Frequenz überlagert ist. Die Annahme eines parabelartigen Zusammenhangs wäre völlig falsch. Auch dieses Beispiel macht deutlich, daß zur Auswertung von Meßergebnissen Erfahrung und gute Kenntnis der zu messenden Zusammenhänge gehört.

23.3.3 Filterung

Um aus einem Signal erwünschte oder unerwünschte Frequenzen auszusieben, werden Filterschaltungen benützt. Eine grobe Einteilung unterscheidet zwischen Tiefpässen, die Frequenzen bis zu einer Grenzfrequenz f_g durchlassen, höhere Frequenzen also sperren, Hochpässen, welche ab einer Frequenz f_g durchlässig sind und Bandpässen, welche nur Frequenzen im Bereich $f_1 < f < f_2$ passieren lassen und alle anderen Frequenzen sperren. In der Meßtechnik sind die Tiefpaßfilter am wichtigsten. Als Anti-Aliasing-Filter werden mit ihnen die Frequenzanteile in Meßsignalen unterdrückt, welche das Abtasttheorem verletzen und somit zum Aliasing-Effekt führen würden (vgl. 6.5.3). Tiefpässe eigenen sich auch zum Glätten von Meßwerten. Filter werden vorzugsweise bei Messungen im Online-Betrieb eingesetzt.

Bevor wir uns die wesentlichen Merkmale üblicher Filter (Tiefpässe) ansehen, müssen wir uns mit ein paar grundlegenden Begriffen aus der Nachrichtentechnik bekanntmachen. Alle Filter gehören zur Gruppe der Vierpole. Das sind Schaltungen mit je zwei Eingangs- und Ausgangsklemmen, wie sie **Bild 23.21** zeigt. Am Eingang liegt eine sinusförmige Spannung $\underline{U}_1$, am Ausgang $\underline{U}_2$. Da in der Wechselstromlehre sinusförmige Größen mit der komplexen Rechnung behandelt werden, ist dies auch hier der Fall. Das Verhältnis der Ausgangs- zur Eingangsspannung wird als der komplexe Übertragungsfaktor (auch Übertragungsmaß)

$$\underline{H} = \underline{U}_2 / \underline{U}_1 = |\underline{H}| \cdot \exp(-j\varphi)$$

definiert. Dabei gilt diese Definition für jede einzelne Frequenz f bzw. den meist verwendeten Ausdruck der Kreisfrequenz $\omega = 2\pi \cdot f$. Sind somit in einem nicht-sinusförmigen Meßsignal laut Fourier-Zerlegung verschiedene Frequenzen wirksam, so muß für jede von

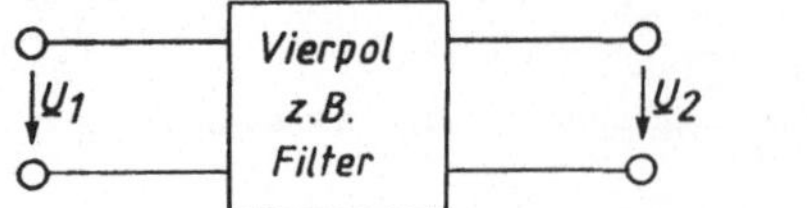

Bild 23.21
Zur Definition eines Vierpols

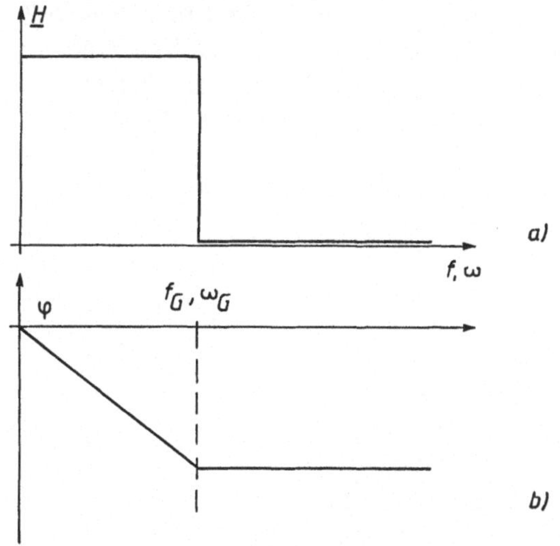

Bild 23.22

Ideale (nicht verwirklichbare) Kennlinien
eines Tiefpasses
a) Amplitudengang
b) Phasengang

ihnen das Übertragungsmaß $\underline{H}(\omega)$ bestimmt werden. Die Abhängigkeit des Betrages $|\underline{H}|$ von der Frequenz ω, also $H(\omega)$, heißt *Amplitudengang* des Vierpols, die Abhängigkeit des Phasenwinkels zwischen Ausgangs- und Eingangsspannung $\varphi(\omega)$ bezeichnet man als *Phasengang*.

Beide spielen bei den Filtern eine große Rolle. Für einen Tiefpaß ist der ideale Amplitudengang in **Bild 23.22a** gezeigt, aufgetragen über der Frequenz f. Der Tiefpaß läßt bis zur Grenzfrequenz f_g alle Frequenzanteile ungestört durch ($|\underline{H}| = 1 \mathrel{\widehat{=}} 100\,\%$), für Frequenzen $f > f_g$ sperrt er vollkommen ($|\underline{H}| = 0$). Außer dieser linearen Angabe für den Amplitudengang ist es üblich, das logarithmische Maß in der Form $20 \cdot \log(U_2/U_1)$ in Dezibel (dB) anzugeben. 20 dB sind eine Zehnerpotenz, eine Dekade. Wirken mehrere Übertragungsmaße in einer Meßkette zusammen, dann braucht man die logarithmischen Angaben nur zu addieren; bei der linearen Angabe ist eine Multiplikation nötig.

Der Phasengang $\varphi(\omega)$ kennzeichnet die Winkelverschiebung zwischen zwei sinusförmigen Größen, z.B. Spannungen. Es ist oftmals günstiger, statt des Winkels die zeitliche Verschiebung zwischen entsprechenden Punkten (z.B. dem Nulldurchgang) von Signalen anzugeben. Dies führt auf die sog. Phasenlaufzeit $t_p = -\varphi(\omega)/\omega$. Ist der Phasengang mit $\varphi(\omega) = -b \cdot \omega$ ein linearer Zusammenhang, so werden alle Frequenzen in gleicher Weise verzögert, denn es wird $t_p = -b$. Dies ist der ideale Fall des Phasengangs, der in **Bild 23.22b** eingetragen ist.

Bild 23.23 soll dies nochmals verdeutlichen: am Eingang eines Vierpols steht die sinusförmige Spannung $u_1(t)$; dann erscheint für $|\underline{H}| = 1{,}0 \mathrel{\widehat{=}} 100\,\%$ im eingeschwungenen Zustand auch am Ausgang eine sinusförmige Spannung. Sie ist gegenüber der Eingangsspannung um die Phasenlaufzeit t_p versetzt. Es sieht also aus, als ob die Spannung u_1 die Zeit t_p brauche, um den Vierpol zu durchlaufen — und damit ist diese Phasenlaufzeit eine sehr eingängige Größe.

Meßsignale sind jedoch nur ganz selten sinusförmig (vgl. Bild 23.18!), sondern enthalten nach Fourier eine Grundschwingung und ein ganzes Spektrum von Oberschwingungen.

Für den Fall amplitudenmodulierter Sinusgrößen ist nun noch die *Gruppenlaufzeit* $t_G = -\,d\varphi(\omega)/d\omega$ definiert. Sie gibt nach **Bild 23.24** an, welche zeitliche Verschiebung zwischen den Einhüllenden des Eingangs- und Ausgangssignals besteht. Die Phasenlaufzeit t_p beschreibt also die Zeitverschiebung *einer* Sinusfrequenz zwischen Eingang und

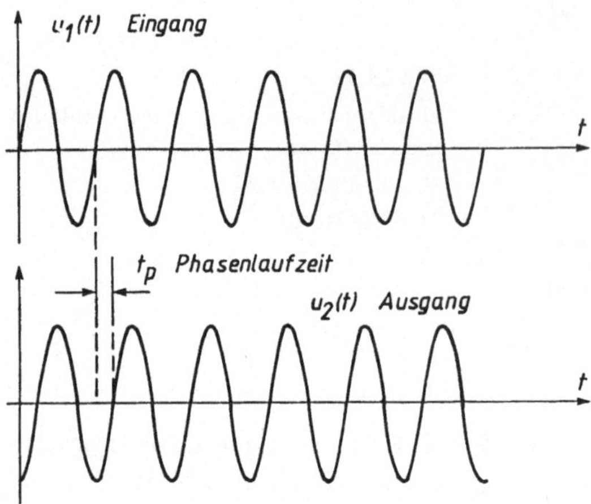

Bild 23.23
Definition der Phasenlaufzeit

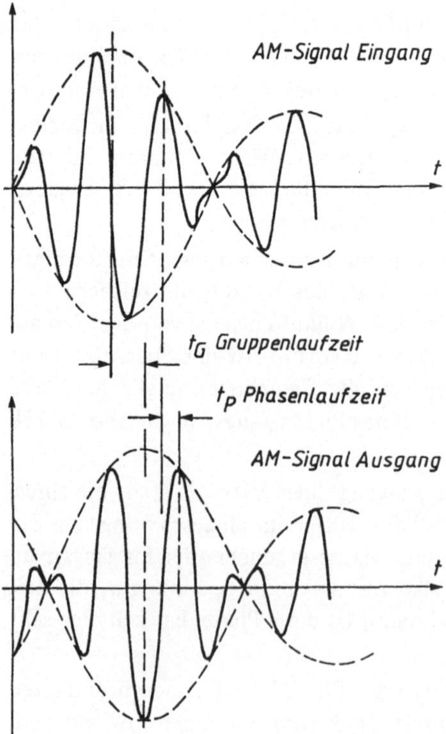

Bild 23.24
Zur Erklärung der Gruppenlaufzeit

Ausgang, die Gruppenlaufzeit t_G beschreibt die Verschiebung der Hüllkurven (bei Amplitudenmodulation). Für einen linearen Phasengang $\varphi(\omega) = -b \cdot \omega$ wird auch die Gruppenlaufzeit mit $t_G = d\varphi(\omega)/d\omega = -b$ konstant.

Zwar sind Meßsignale meist keine reinen amplitudenmodulierten Sinuskurven. Trotzdem kann man argumentieren, daß die Hüllkurven in vielen Fällen sehr nahe an das gewünschte, geglättete Meßsignal herankommen. Ist deswegen die Gruppenlaufzeit eines Filters konstant, dann sind kaum Verfälschungen des Meßsignals infolge Filterung zu erwarten. Ist dies nicht der Fall, so wandern die einzelnen Frequenzen einer Fourierzerlegung von Meßsignalen mit völlig unterschiedlichen Phasenlaufzeiten durch das Filter. Die Fouriersynthese nach dem Filter führt auf ein durch diese Laufzeitverzerrung verfälschtes Signal.

Nach dieser kurzen Einführung in einige nötige Begriffe sollen nun einige wichtige Filtertypen (als Tiefpässe) in ihren Eigenschaften kurz beschrieben werden. Der Entwurf von Filtern geht üblicherweise von den Forderungen aus, die gestellt werden. Das sind z. B. exaktes Durchlassen im Durchlaßbereich (bzw. Sperren im Sperrbereich) sowie eine bestimmte Steilheit im Übergang zwischen Durchlassen und Sperren in der Umgebung der Grenzfrequenz f_g. Die Steilheit wird meist in dB/Frequenzdekade angegeben. Die Grenzfrequenz f_G ist bei Tiefpässen üblicherweise als diejenige Frequenz definiert, bei welcher die Amplitude der Eingangsfrequenz nur noch mit 70,7 % ihres Werts im Ausgang erscheint (Faktor $0,707 \triangleq 3$ dB). Der Grad n der Filter hängt mit dem Grad der verwendeten Filterfunktion zusammen. Je höher der Grad, umso besser die Filterwirkung — und umso größer der Schaltungsaufwand.

- *Butterworth-Filter*

  sind im Durchlaßbereich glatt. Ihre Steilheit läßt sich in Abhängigkeit des Filtergrades n mit $n \cdot 20$ dB/Frequenzdekade einfach angeben, siehe **Bild 23.25a**. Leider ist die Gruppenlaufzeit t_G stark nichtlinear und zeigt vor allem in der Umgebung der Grenzfrequenz starke Änderungen.

- *Tschebyscheff-Filter*

  sind in ihrer Gruppenlaufzeit noch nichtlinearer als Butterworthfilter. Beim meist verwendeten Typ Tschebyscheff-I (**Bild 23.25b**) besteht im Durchlaßbereich eine Restwelligkeit, welche zur Filterberechnung vorgegeben wird. In vielen Fällen macht es Schwierigkeiten, die durchgelassenen Amplituden mehrere Prozent unterschiedlich übertragen zu bekommen. Die Steilheit der Tschebyscheff-I-Filter liegt über derjenigen der Butterworth-Filter.

  Die Tschebyscheff-II-Type ist selten, hat noch größere Steilheit wie Tschebyscheff-I und eine Welligkeit im Sperrbereich.

- *Bessel-Filter*

  sind auf möglichst konstante Gruppenlaufzeit hin entworfen und bringen nur geringe Laufzeitverzerrungen. Dafür liegt ihr Steilheit deutlich unter derjenigen anderer Filtertypen (**Bild 23.25c**).

Insgesamt sind Filter ein Gebiet für sich. Sie werden heute meist als aktive Filter entworfen, bei denen frequenzabhängige Elemente (C, L) mit Operationsverstärkern zusammenwirken. Da Induktivitäten nicht gern verwendet werden, ist die Gruppe der reinen

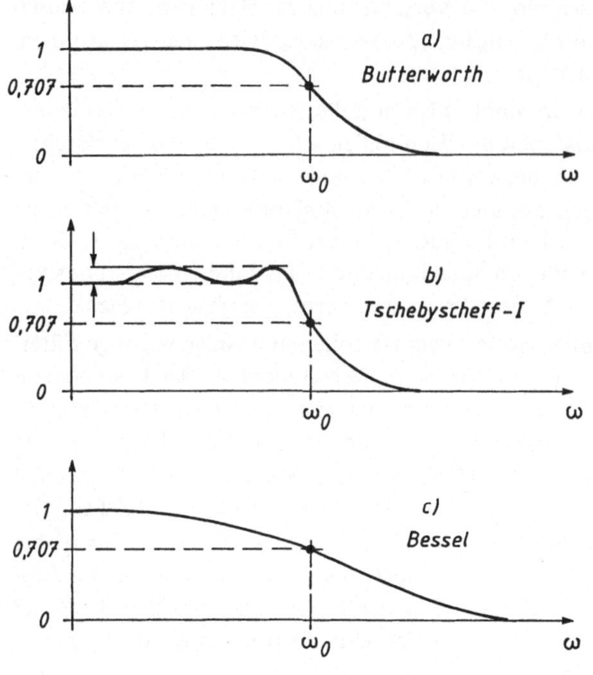

Bild 23.25
Amplitudengang verschiedener
Tiefpaßfilter
a) Butterworth-Typ
b) Tschebyscheff-I-Typ
c) Bessel-Typ

R-C-Filter entwickelt worden, die nur mit Widerständen und Kondensatoren (und Operationsverstärkern) auskommt. Für den Meßanwender wird es genügen, wenn er die grundsätzlichen Begriffe und die Haupteigenschaften der wichtigsten Filtertypen kennt. Dann kann er Abschätzungen durchführen und Entscheidungen treffen und ggf. in die Filterberechnung einsteigen. Sie ist heute z. T. standardisiert und tabelliert bzw. auch schon in Form käuflicher Rechenprogramme verfügbar. Ein Beispiel soll abschließend den Fall einer Abschätzung zeigen:

Beispiel 23-4

Ein im Meßsignal enthaltener 50 Hz-Brumm aus dem Netz soll unterdrückt werden, und zwar auf ca. 1 % seines Amplitudenwerts. In logarithmischem Maßstab bedeutet dies eine Dämpfung um log (100/1) = 2 Dekaden $\hat{=}$ − 40 dB.

Weiterhin wird verlangt, daß Frequenzen bis 20 Hz ungestört durchgelassen werden, es ist ein Butterworth-Filter (typ. Steilheit n · 20 dB/Frequenzdekade) vorgesehen. Dessen Grad n soll abgeschätzt werden.

Das Verhältnis 50 Hz/20 Hz entspricht log (50/20) = 0,4 (Dekaden). Mithin gilt der Ansatz

$$n \cdot 20 \, \frac{dB}{Dekade} \cdot 0,4 \text{ Dekaden} = (-) \, 40 \text{ dB,}$$

woraus sich für das Filter n = 5 ergibt. In **Bild 23.26** sind die Punkte

Dämpfung   0 dB   bei   20 Hz
             (−) 40 dB   bei   50 Hz

eingetragen. Die Verbindungslinie der Punkte hat die Steilheit 100 dB/Frequenzdekade. Bei n · 20 dB/Dekade ergibt sich auch hieraus ein Filter 5. Grades.

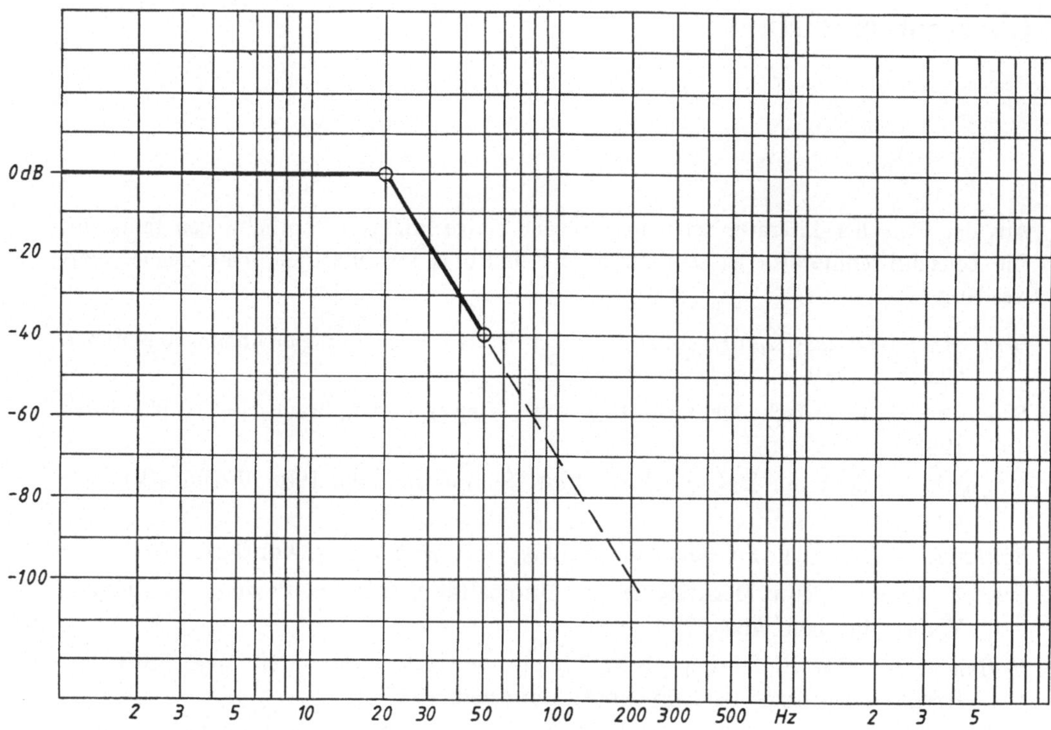

Bild 23.26 Zu Beispiel 23-4

Literaturverzeichnis

Aus der Fülle der Literatur seien nachfolgend einige Buchveröffentlichungen gennannt. Die Zeitschriftenliteratur ist sehr umfassend und muß im Einzelfalle näher recherchiert werden.

Hrsg.: Analog Devices GmbH, Analog Seminar Design, Buch zum gleichnamigen Seminar, München 1989.

Bergmann, K.; Elektrische Meßtechnik, 4. Aufl., Vieweg Verlag, Braunschweig/Wiesbaden 1988.

Bonfig, K. W.; Sensoren/Meßaufnehmer 1986; Symposium Juni 1986, Techn. Akademie Eßlingen.

Bonfig, K. W., Liske, A.; Füllstandsmesstechnik; Holzmann Verlag, Wörishofen 1973.

Bretschi, J.; Intelligente Meßsysteme zur Automatisierung techn. Prozesse; Oldenbourg Verlag, München/Wien 1979.

Hoffmann, K.; Eine Einführung in die Technik des Messens mit Dehnungsmeßstreifen; Hrsg.: Fa. Hottinger Baldwin GmbH, Darmstadt 1987.

Juckensack, D. (Hrsg.); Handbuch der Sensortechnik – Messen mechanischer Größen; Verlag Moderne Industrie, Landberg 1989.

Jüttemann, H.; Einführung in das elektrische Messen nichtelektrischer Größen; 2. Aufl. VDI Verlag, Düsseldorf 1988.

Körtvelyessy, L. v.; Thermoelement-Praxis; 2. Aufl., Vulkan Verlag, Essen 1987.

Lemme, H.; Sensoren in der Praxis; Franzis Verlag, München 1990.

Piller, O.; Einführung in die elektrische Meßtechnik; AT Verlag Aarau Stuttgart 1984.

Profos, P.; Meßfehler; Teubner Verlag Stuttgart 1984.

Reichl, H.; Halbleitersensoren; Expert Verlag, Eningen 1989.

Schanz, G.; Sensoren, Fühler der Meßtechnik; Hüthig Verlag, Heidelberg 1986.

Shay, R., et al.; Sensoren 1986/87, VDI Verlag, Düsseldorf 1986.

Sheingold, D. H.; Analog-Digital-Conversion; 3. Aufl. Prentice-Hall/Fa. Analog Devices 1986.

Sheingold, D. H.; Interfaceschaltungen zur Meßwertverarbeitung; Oldenbourg Verlag, München/Wien 1983.

Stechner, R.; Messung von Zeit und Frequenz; Berlin(Ost) 1990.

Schwab, A.; Elektromagnetische Verträglichkeit, Berlin 1990.

Taylor, J. R., Fehleranalyse; Weinheim 1988.

Tichy, J., Gautschi, G., Piezo-elektrische Meßtechnik; Springer Verlag, Berlin/Heidelberg 1980.

Sachwortverzeichnis

Mikroelektronik und Mikroprozessoren für Maschinenbauer

von Albert Haug

1986. VIII, 199 Seiten mit 140 Abbildungen. (Viewegs Fachbücher der Technik) Kartoniert.
ISBN 3-528-04370-9

Mikroelektronik und Mikroprozessoren sind dabei, sich in allen Gebieten der Technik durchzusetzen. Auch der Maschinenbauer muß sich damit befassen, wird doch die ganze heutige Steuerung, die Fertigung und auch schon die Konstruktion von der Mikroelektronik beherrscht. Er braucht jedoch zunächst kaum direkt anwendbare Detailkenntnis, sondern eine gute Einführung und einen tragfähigen Überblick.

Das Buch umgeht den sonst üblichen Anfangsballast und führt direkt in die zentralen Bausteine der Mikroelektronik ein:

- in Register und Speicher,
- in die Mikroprozessor-Zentraleinheit CPU,
- in die Datenbusse und Datenübertragung
- und in die Peripherie-Einheiten wie Ein-/Ausgabe.

Eventuell doch lückenhafte Kenntnisse der Grundbegriffe kann der Leser in einem knapp gefaßten Anhang rekapitulieren.

Nach dem Überblick über die Geräteseite (Hardware) folgt die Einführung in die Software:

- in den Befehlsvorrat einer CPU,
- in Programmentwicklung und Programmtest
- und in das Programmieren in Maschinensprache und in höheren Programmiersprachen.

Ein Überblick über die Architektur von Mikroelektronik und über den Sonderfall der speicherprogrammierbaren Steuerungen rundet das Buch ab.

Das Buch wendet sich

- an alle Maschinenbauer, die eine Einführung in Mikroelektronik und Mikroprozessoren suchen
- und an alle sonstigen „Einsteiger" in das neue Gebiet.

Dipl.-Ing. Dr. phil. habil. *Albert Haug* ist Professor an der Fachhochschule Ulm. Er vertritt dort das Gebiet der Elektr. Meßtechnik, der Sensortechnik und der Umweltmeßtechnik.

Verlag Vieweg · Postfach 58 29 · D-6200 Wiesbaden 1